高等学校新工科微电子科学与工程专业系列教材

CMOS 射频集成电路设计

段吉海 编著

西安电子科技大学出版社

内 容 简 介

本书以无线射频收发前端为应用目标，首先介绍射频集成电路设计必需的基本知识，包括传输线基本理论、二端口网络与S参数和Smith圆图的基本知识；目前常用的集成电路的工艺技术；阻抗匹配、集成电路元件、噪声与模型、无线系统射频前端、低噪声射频放大器、射频放大器、射频混频器、射频振荡器、射频功率放大器和射频频率合成器。除上述主要内容之外，还介绍了版图匹配设计、ESD防护设计、接地设计、电磁兼容以及射频集成电路的测试等内容，同时相应地给出了设计实例(或建模实例，或测试实例)等，使得全书内容更加全面，更具有创新性。

本书内容新颖，循序渐进，概念清晰，理论性和应用性强，不仅可作为集成电路方向的研究生教材和本科高年级学生教材，还可作为业界工程技术人员的技术资料和培训教材。

图书在版编目(CIP)数据

CMOS射频集成电路设计/段吉海编著．—西安：西安电子科技大学出版社，2019.8(2023.8重印)
ISBN 978-7-5606-5397-6

Ⅰ．① C…　Ⅱ．① 段…　Ⅲ．① CMOS电路—电路设计—高等学校—教材　Ⅳ．① TN432

中国版本图书馆CIP数据核字(2019)第160387号

策　　划　刘小莉
责任编辑　马晓娟
出版发行　西安电子科技大学出版社(西安市太白南路2号)
电　　话　(029)88202421　88201467　　　邮　　编　710071
网　　址　www.xduph.com　　　　　　　电子邮箱　xdupfxb001@163.com
经　　销　新华书店
印刷单位　广东虎彩云印刷有限公司
版　　次　2019年8月第1版　2023年8月第3次印刷
开　　本　787毫米×1092毫米　1/16　印张20
字　　数　472千字
定　　价　46.00元
ISBN 978-7-5606-5397-6/TN

XDUP 5699001-3

前　言

自无线电通信技术产生以来，射频电路与系统就是其不可或缺的部分。随着时代的变迁以及电子信息技术的进步，射频集成电路(RFIC)变得更加重要，而且其自身的发展也日新月异。

高性能、低成本的 CMOS 工艺技术的发展，使得采用 CMOS 工艺设计及制造 RFIC 成为典型技术。

本人已经从事无线通信系统研究、设计及教学 30 多年，从事微电子科学与工程及集成电路研究、设计及教学近20年，有着攻读集成电路方向博士学位、赴美做高级访问学者及在国企从事技术工作多年的经历。本人深切地感觉到有必要编写一本 CMOS 射频集成电路设计的实用科技书，经过几年的准备，终于付诸实施。

本书除涵盖国家集成电路工程领域工程硕士系列教材在射频集成电路与系统方面的主要内容要求外，还增加了版图匹配设计、ESD 防护设计、接地设计、电磁兼容以及射频集成电路的测试等内容，同时相应地增加了设计实例(或建模实例，或测试实例)等内容，使得内容更加全面，更具有创新性。

全书共12章，各章内容概述如下：

第1章：绪论。对 CMOS 技术的现状及发展趋势进行概述，涉及 CMOS 集成电路制程、摩尔定律等；介绍射频集成电路的发展历史、现状及发展趋势；介绍射频集成电路设计涉及的相关学科与知识、CMOS 模拟及射频集成电路设计的方法与步骤、CMOS 射频集成电路设计的常用软件(Cadence Virtuoso 集成电路设计平台、Agilent ADS 射频电路分析与设计软件)。

第2章：CMOS 射频 IC 器件模型。介绍无源元件及模型(包括电阻器件模型、电容器件模型和电感器件模型)、有源元件及模型(包括二极管模型、大信号和小信号双极型晶体管模型、MOS 器件的直流模型、MOS 器件的电容模型、MOS 器件的非准静态模型、大信号和小信号的场效应晶体管模型、有源器件的噪声模型)等，并给出建模实例(片上电感设计与建模仿真实例)。

第3章：无线通信的射频系统。介绍无线射频收发前端系统，包括无线通信系统(无线通信系统的构成、无线通信系统的常用性能指标、天线系统及性能指标)、传统无线收发信系统、可集成无线收发信系统、典型应用，并给出建模实例(无线通信信道的数学模型、超宽带(UWB)通信系统建模实例)。

第4章：射频系统的端口参量与匹配。介绍射频系统的端口参量与匹配，包括二端口网络及S参数、Smith圆图、阻抗匹配、匹配网络设计，并给出设计实例(L形匹配网络设计实例、π形匹配网络设计实例、T形匹配网络设计实例、Smith圆图法匹配网络设计实例)。

第5章：CMOS低噪声射频放大器。内容涉及低噪声放大器网络的噪声分析(包括二端口网络的噪声分析、MOS晶体管噪声模型及MOS晶体管最小噪声系数的计算)、CMOS低噪声放大器的基本电路结构和技术指标(包括CMOS低噪声放大器的几种电路结构、CMOS低噪声放大器的技术指标)，并给出设计实例(TH-UWB低噪声放大器设计实例)。

第6章：CMOS射频放大器。内容涉及射频放大器的稳定性(包括绝对稳定、稳定性判定的依据和方法、条件稳定)、CMOS射频放大器设计(包括基于最大增益的CMOS放大器设计、固定增益条件下的CMOS射频放大器设计)、CMOS宽带放大器设计(包括宽带放大器的带宽约束、宽带放大器设计及放大器带宽扩展技术)、射频放大器的非线性(包括非线性数学模型、非线性参量)，并给出设计实例(TH-UWB射频接收机的主放大器设计实例)。

第7章：CMOS射频混频器。内容涉及混频原理(包括线性时变原理，上、下变频，镜像频率及复数混频)、混频器指标、CMOS混频器结构(包括饱和区MOSFET混频器、简单开关混频器、MOS管电压开关型混频器及电流开关型混频器)、线性化技术与噪声分析(包括MOSFET的非线性、线性化技术、混频器的噪声分析)，并给出设计实例(下变频混频器设计实例)。

第8章：CMOS射频振荡器。内容涉及振荡器的主要指标(包括普通振荡器指标、压控振荡器指标)、振荡器的工作原理(包括正反馈与巴克豪森条件、负阻的概念及负阻式振荡器)、环形振荡器、LC振荡器(包括三点式LC振荡器、差分LC振荡器)、压控振荡器(包括可变电容器件、压控振荡器的结构和相位域模型)、振荡器的干扰和相位噪声(包括振荡器的干扰、振荡器的相位噪声、相位噪声产生的机理)、相位噪声带来的问题与设计优化(包括对邻近信道造成的干扰、倒易混频、对星座图的影响、设计优化),并给出设计实例(4～6 GHz宽频带CMOS LC压控振荡器设计实例)。

第9章:CMOS射频功率放大器。内容涉及技术指标、负载牵引设计方法、非开关型射频功放分类、开关型射频功放分类、CMOS工艺的射频功放面临的问题、CMOS射频功放的设计方法(包括采用差分结构、采用Cascode技术、应用键合线电感、采用输出级阻抗优化技术以及采用功率合成技术)、线性化技术等。

第10章:CMOS射频锁相环与频率合成器。内容涉及锁相环原理(包括锁相环的组成、锁相环的相位模型)、锁相环的主要专业术语、电荷泵锁相环(包括鉴频鉴相器与电荷泵、电荷泵锁相环的动态特性、TypeⅠ和TypeⅡ型锁相环、TypeⅡ型锁相环的非理想因素)、频率合成器(包括频率合成器的技术指标及原理、变模分频频率合成器、多环频率合成器、小数分频频率合成器、直接数字频率合成器),并给出设计实例(S波段频率合成器设计实例)。

第11章:版图匹配设计、ESD防护设计、接地设计及电磁兼容。涉及版图匹配设计(包括造成失配的原因、设计的规则及方法、版图布局设计的关键问题)、ESD防护设计(包括ESD测试模型、ESD防护基本原理、ESD防护元件、ESD防护电路、ESD版图设计)、接地设计(包括常见的接地问题、直流地与交流地、"零阻抗"电容、正确的接地设计)及电磁兼容(包括天线效应、数/模混合集成电路电磁兼容)等。

第12章:射频集成电路的测试。涉及洁净间的防静电管理、常用测试设备简介(包括在芯片测试探针台、其他测试仪器、键合与封装设备)、测试步骤与方法(包括射频放大器的S参数测量、低噪声放大器的噪声系数测量、其他参量测量模型、测试遇到的问题、去嵌入处理、测试结果的后处理与分析方法),并给出测试实例(射频频段均衡器芯片测试实例)。

值得说明的是,本书给出设计或建模实例的目的在于更深层次讲解具体模块或系统,对于本科或研究生教学来说可能存在课时不够等情况,因此这个部分只作为研究参考资料,而不作为教学重点,但这些内容对业界工程技术人员来说确实为有益的参考资料。

本书的大部分实例来源于本人或指导研究生时的部分研究成果，与此同时，本书还从参考文献中以及其他有关著作中汲取了许多有益的内容。在桂林电子科技大学研究生课程建设项目的大力资助以及西安电子科技大学出版社的帮助下，本书得以顺利出版，在此表示衷心的感谢！

鉴于水平有限，书中不当之处在所难免，殷切希望广大读者批评指正。

段吉海　教授/博士

2019 年 3 月

目　录

第1章 绪 论

1.1 CMOS 技术简介及发展趋势

互补金属氧化物半导体(complementary metal-oxide-semiconductor transistor, CMOS)技术发明于20世纪60年代。早在1963年,仙童半导体(Fairchild Semiconductor)公司的Frank Wanlass就发明了CMOS电路。CMOS的互补性具有两方面的意思:一是电路包含N、P两种类型的MOSFET(metal oxide semiconductor field effect transistor),材料类型有互补性;二是NMOS、PMOS对应的串联、并联互补,即在结构上互补。CMOS的互补结构具有很好的数字特性,因此率先用于数字电路。

1968年,美国无线电公司的一个由亚伯·梅德温(Albert Medwin)负责的研究团队成功研发出第一个CMOS集成电路(integrated circuit)。在当时,虽然CMOS元件功耗比晶体管-晶体管逻辑电路(transistor-to-transistor logic, TTL)低,但因其工作速度较慢,因而主要应用于低功耗、延长电池寿命等的场合,如电子手表等。如今的CMOS元件无论在面积、操作速度、功耗,还是在制造成本上都比另外一种主流的半导体制程双极型晶体管(bipolar junction transistor, BJT)有优势,使得很多利用BJT无法实现或是实现成本太高的设计,都可以利用CMOS来实现。

以前的CMOS器件实际上是用来设计逻辑电路的,原因是它的集成度高。在大多数高频应用中,双极型技术占了主导地位,早期的大多数模拟电路都是用双极型技术实现的。微波电路多采用砷化镓(gallium arsenide, GaAs)工艺和磷化铟(indium phosphide, InP)工艺制造,这两种工艺虽然昂贵,但工作频率很高。随着CMOS晶体管沟道长度的不断减小,到2004年,0.13 μm已经成为标准工艺,随后出现了90 nm的工艺。不断减小的沟道长度使得器件的工作速度不断提高,使CMOS器件能够在更高的频率上获得应用,于是出现以CMOS射频集成电路(RFIC)为主要应用的行业。如今,12 nm和7 nm的CMOS工艺已经走向应用,更先进的工艺正在开发之中。

1.1.1 CMOS 集成电路制程简介

在一块集成电路芯片中,多个元件只有通过相互连接构成电路,才能实现一个完整的系统。在数字系统中,最基本的电路是反相器,它的作用是将数字信号1变为0,或者将0变为1。

20世纪80年代,出现了一种成熟的集成电路工艺技术——CMOS技术。图1-1所示的互补型MOS工艺技术(CMOS技术)是当时主流的工艺技术。

在CMOS电路中,P沟道MOS管作为负载器件,N沟道MOS管作为驱动器件,这就要求在同一衬底上制造PMOS管和NMOS管,因此必须把一种MOS管做在衬底上,而另一种 MOS 管做在高于衬底浓度的阱中。按照导电类型来分，CMOS 电路分为 P 阱 CMOS、N 阱 CMOS 和双阱 CMOS 电路。本书仅以 P 阱硅栅 CMOS 工艺以及双阱硅栅 CMOS 工艺为例做简单介绍[8]。

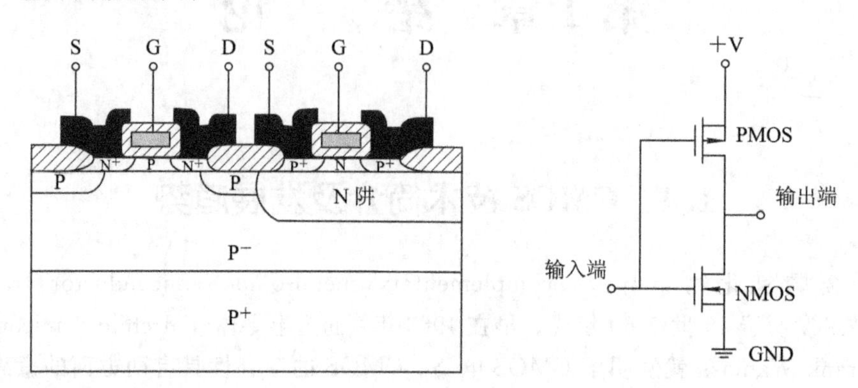

图 1-1 20 世纪 80 年代的典型工艺(CMOS 技术)

1. P 阱硅栅 CMOS 工艺和元件形成过程

典型的 P 阱硅栅 CMOS 工艺从衬底清洗到中间测试，总共有 50 多道工序，需要 5 次离子注入和 10 次光刻过程。图 1-2 给出了 P 阱硅栅 CMOS 反相器的工艺制程及芯片剖面示意图。

主要工艺步骤如下：

(1) 光刻 1——阱区光刻，刻出阱区注入孔(见图 1-2(a))。

(2) 阱区注入及推进，形成阱区(见图 1-2(b))。

(3) 去除 SiO_2，长薄氧，长 Si_3N_4(见图 1-2(c))。

(4) 光刻 2——有源区光刻，刻出 P 管、N 管的源、漏和栅区(见图 1-2(d))。

(5) 光刻 3——N 管区光刻，刻出 N 管区注入孔。N 管区注入，以提高场开启电压，减小闩锁效应及改善阱的接触(见图 1-2(e))。

(6) 长场氧，去除 SiO_2 和 Si_3N_4(见图 1-2(f))，然后长栅氧。

(7) 光刻 4——P 管区光刻(用光刻 1 的负版)。P 管区注入，调节 PMOS 管的开启电压(见图 1-2(g))，然后长多晶硅。

(8) 光刻 5——多晶硅光刻，形成多晶硅硅栅及多晶硅电阻(见图 1-2(h))。

(9) 光刻 6——P^+ 区光刻，刻去 P^+ 区上的胶。P^+ 区注入，形成 PMOS 管的源、漏区及 P^+ 保护环(见图 1-2(i))。

(10) 光刻 7——N^+ 区光刻，刻去 N^+ 区上的胶(用光刻 6 的负版)。N^+ 区注入，形成 NMOS 管的源、漏区及 N^+ 保护环(见图 1-2(j))。

(11) 长 PSG(phosphosilicate glass，磷硅酸玻璃)(见图 1-2(k))。

(12) 光刻 8——引线孔光刻。可先在长磷硅酸玻璃后开第一次孔，然后在磷硅酸玻璃回流及结注入推进后开第二次孔(见图 1-2(l))。

(13) 光刻 9——铝引线光刻。

(14) 光刻 10——压焊块光刻(见图 1-2(m))。

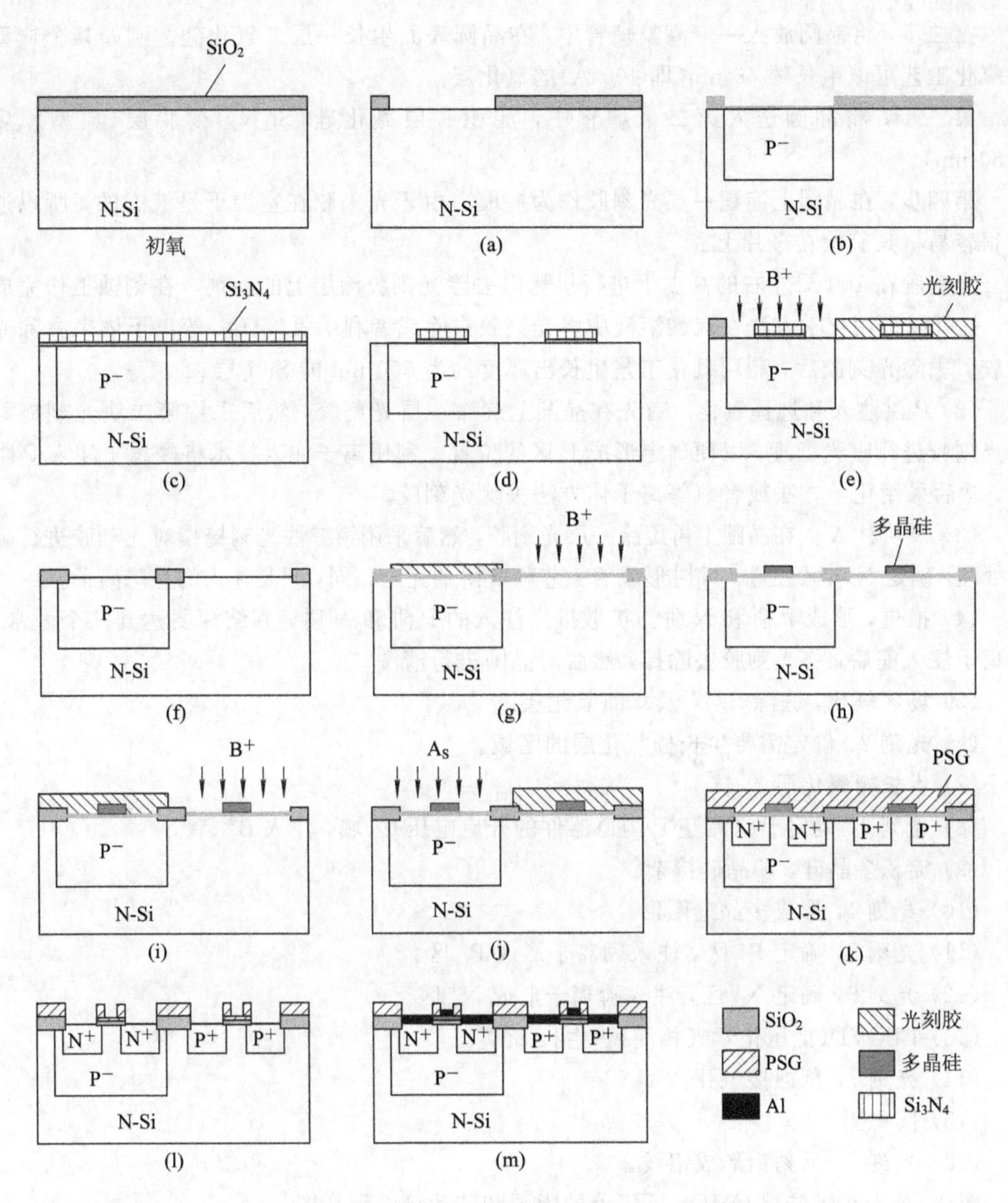

图 1-2　P 阱硅栅 CMOS 反相器的工艺制程及芯片剖面示意图

2. 双阱硅栅 CMOS 工艺

双阱 CMOS 工艺是为 P 沟道 MOS 管和 N 沟道 MOS 管提供各自独立的阱区的工艺。双阱 CMOS 工艺与传统的 P 阱 CMOS 工艺相比，能做出性能更好的 N 沟道 MOS 管，原因是它具有较低的电容和较小的衬底偏置效应。双阱 CMOS 的工艺制程除了阱的形成之外，其余与 P 阱 CMOS 的工艺类似，主要工艺步骤如下：

(1) 光刻 1：确定阱区，即有源区的形成。

典型的阱区表面掺杂浓度为 $10^{16}\sim10^{17}\ \mathrm{cm^{-3}}$，通常还要求衬底掺杂浓度必须远低于阱区浓度，一般在 $10^{15}\ \mathrm{cm^{-3}}$ 数量级。具体步骤如下：

第一步，对硅晶圆表面进行化学清洗，目的是清除晶圆表面的各种污染物。

第二步，将晶圆放入一个高温炉管中，在晶圆表面生长一层二氧化硅。例如某个典型的氧化工艺可以生长约 40 nm(即 400 Å)的氧化层。

第三步，将晶圆送入第二个炉管中，淀积一层氮化硅(Si_3N_4)薄膜层(典型厚度为80 nm)。

第四步，在晶圆上淀积一层光刻胶作为掩模。由于光刻胶在室温下是液态的，所以通常很容易将其旋涂在硅片上。

光刻胶在 100 ℃左右的高温下进行烘烤以去除光刻胶涂层上的溶剂。在刻蚀工作完成后，就可以采用化学方法在硫酸溶液中将光刻胶去除或者利用氧气(O_2)等离子体来去除光刻胶。去除光刻胶后，利用氧化工艺生长出厚度约为 500 nm 的 SiO_2层。

(2) P 阱注入和选择氧化。首先在晶圆上旋涂一层光刻胶，然后采用第二块光刻掩模对光刻胶进行曝光处理，以便确定形成 P 区的位置。利用离子注入技术将硼离子注入 P 阱区，然后采用化学方法或者氧等离子体方法去除光刻胶。

(3) N 阱注入。在晶圆上再旋涂一层光刻胶，然后采用第三块光刻掩模对光刻胶进行曝光处理，确定 N 阱区位置。N 阱形成的工艺和 P 阱的完全相同，只是注入的是磷离子。

(4) 推进，形成 P 阱和 N 阱。扩散推进注入的 P 阱和 N 阱，其结深要达到几个微米。磷离子注入完后，将光刻胶去除掉，然后对晶圆进行清洗。

(5) 场区氧化，去除 Si_3N_4及背面氧化层。

(6) 光刻 2，确定需要生长栅氧化层的区域。

(7) 生长栅氧化层。

(8) 光刻 3，确定 B^+(调整 P 沟道器件的开启电压)区域，注入 B^+。

(9) 淀积多晶硅，多晶硅掺杂。

(10) 光刻 4，形成多晶硅图形。

(11) 光刻 5，确定 P^+ 区，注入硼离子形成 P^+ 区。

(12) 光刻 6，确定 N^+ 区，注入磷离子形成 N^+ 区。

(13) LPCVD(低压化学气相淀积)生长 SiO_2。

(14) 光刻 7，刻蚀接触孔。

(15) 淀积铝。

(16) 光刻 8，反刻铝形成铝线。

图 1-3 为双阱硅栅 CMOS 反相器的版图和芯片剖面示意图。

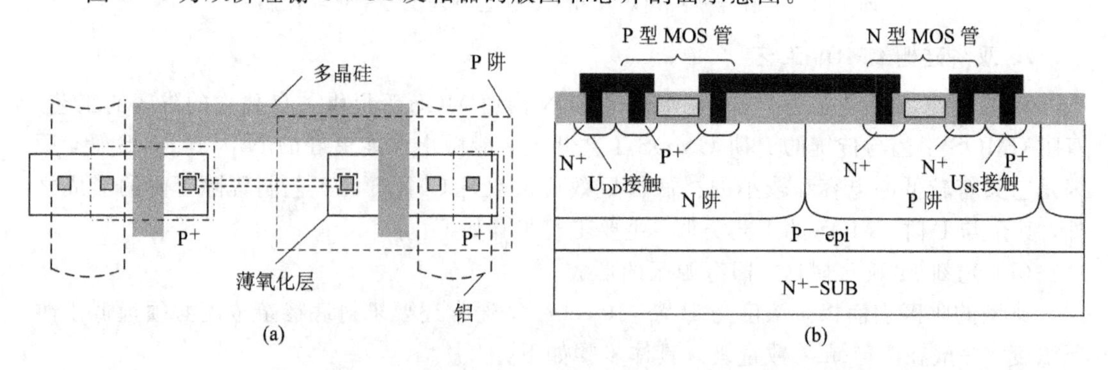

图 1-3 双阱硅栅 CMOS 反相器的版图和芯片剖面示意图

1.1.2 CMOS工艺特征尺寸的演变——摩尔定律

1965年，戈登·摩尔(Gordon Moore)提出摩尔定律，预测硅芯片每隔18个月集成度翻一番，而加工特征尺寸缩小为原来的$1/\sqrt{2}$。CMOS器件的发展有效地实践了摩尔定律。表1.1给出了符合摩尔定律的CMOS工艺特征尺寸的演变过程。

表1.1 符合摩尔定律的CMOS工艺特征尺寸演变过程(1995—2017)

年度	1995	1997	1999	2001	2003	2005	2007	2009	2011	2013	2015	2017
特征尺寸	0.35 μm	0.25 μm	0.18 μm	0.13 μm	90 nm	65 nm	45 nm	32 nm	22 nm	16 nm	12 nm	7 nm

1973～2003年的30年间，CMOS工艺的制造成本下降达到7个数量级，如每兆比特的存储单元成本从1973年的75000欧元下降到2003年的0.01欧元。这足以显现CMOS制作技术进步带来的明显的经济效益。

“光刻”的精度不断提高，元器件的密度也会相应提高，因此CMOS工艺具有极大的发展潜力。平面工艺被认为是“整个半导体的工业键”，也是摩尔定律问世的技术基础。2010年，三星公司实现了30 nm制程内存芯片量产；Intel于2011年推出了含有10亿只晶体管、每秒可执行1千亿条指令的芯片；2015年，三星公司为苹果公司大规模量产14 nm的A9移动处理器。2015年7月，IBM开发出7 nm芯片，该项突破性成果具备了在指甲盖大小的芯片上放置200亿只晶体管的能力。

1.1.3 发展趋势

1. 面临的挑战[1]

1）芯片尺寸极限

现有的硅芯片在未来几年内将可能达到物理极限，单只晶体管的大小将达原子级，这将是一个真正的物理极限。按照摩尔定律，集成电路CMOS工艺每下一步的线宽大约是上一步的0.7。若芯片生产集成度仍然以3年翻两番的速度发展，则在几年之后，就会面临硅芯片技术的物理极限。

2）漏电流

根据相关理论，当“栅极”的长度小于5 nm时，将会产生隧道效应。这是因为源极和栅极很近，电子会自行穿越通道，造成“0”、“1”逻辑错误。Intel的研究结果证明，隧道效应不管晶体管材质的化学特性怎样都会发生，当缩小晶体管尺寸到了一定程度时，必会产生隧道效应。

3）功耗和散热

众所周知，处理器的功耗密度不可能无限地提高。虽然可以通过各种方式来降低功耗，但难以从根本上解决这个问题，因此功耗和散热问题成为一大挑战。

4）成本

芯片制造设备成本的上升也给摩尔定律的延续带来了压力。IBM研究人员Carl

Anderson 提出"摩尔定律即将没电"的观点，认为IT行业的指数增长现象走到了尽头。因为越来越多的设计人员发现，日常应用并不需要时下最新的架构设计以及最高端的芯片，而高额的研发费用以及生产线的更新也仅有少数公司可以承受。

2. 未来发展

集成电路正在逐渐逼近尺寸和计算能力的极限，意味着严格定义上的摩尔定律可能结束，但是随后会有大量新技术接踵而来。大量的新课题不断涌现，人们正在研究超越CMOS的新型器件，包括很多可以实现非硅内存器件和逻辑开关的技术，如自旋电子器件、纳米管、纳米线和分子电子器件等。例如，隧道场效应晶体管（TFET）应用量子力学的隧穿原理，直接穿越源(source)和漏(drain)间的屏障而不是扩散过去，能够实现低电源电压、低功耗以及更好的次临界摆幅，可以与CMOS工艺兼容。单电子晶体管(SET)的栅端电压控制稳定状态间的调谐，实现"岛"上单一电子的增或减，具有高速、高器件密度、高能效等优势，从而带来新应用，同时与CMOS工艺兼容。除此之外，还有其他先进器件技术正处于研发和试验之中。

1.2 射频集成电路的发展历史、现状及发展趋势

1.2.1 发展历史

1864年，Maxwell在伦敦英国皇家学会发表论文，首次提出了电场和磁场通过在其所在的空间中交连耦合会使波传播的设想。1887年，Hertz实验证实了电磁能量可以通过空间发射和接收。1901年，Marconi成功地实现了无线电信号(radio signals)横越大西洋。从此，无线技术正式诞生，从1920年的无线电通信、1930年的TV传输，发展到1980年的移动电话、1990年的全球定位系统(GPS)及当今的移动通信和无线局域网(WLAN)等。

在无线通信系统中，射频前端包含了从接收天线下来的低噪声放大器、下变频器、发信机的上变频器、功率放大器及用于调制解调的频率合成器等五大模块，它和其他功能模块构成了无线通信系统的主体。

半导体技术对无线通信起到至关重要的推动作用。高速有源器件的发明，如锗硅、砷化镓和高速CMOS器件等使得射频和微波系统迅速走向集成化，因此产生了射频集成电路。在射频CMOS工艺中，由于电阻、电容及电感等无源器件能与晶体管同时制作在一片衬底上，从而实现了射频电路与系统的全集成化，大大地降低了射频系统的尺寸。

1.2.2 现状

现代通信系统变得越来越复杂多样，以智能手机为例，它几乎成为人们不可或缺的日常必备工具。移动支付的出现及盛行，更加体现智能手机的价值。这些复杂的通信设备的核心就是集成电路，包括模拟集成电路和数字集成电路，而其中的射频集成电路又充当着举足轻重的角色。

随着集成电路设计与制造技术的进步，集成电路朝着系统集成(system on a chip,

SoC)方向发展。如今，一个完整的射频系统已同时包含数字电路和模拟电路，即是一个数模混合系统。

长期以来，由于无源元件，特别是电感元件在CMOS工艺中难以实现高的Q值，从而限制了射频系统全集成化。基于这种现状，业界的科学家和工程师们不断努力，在工艺技术上不断改进，逐渐提高电感电路的Q值，为射频系统全集成化提供有力保证。

随着按比例缩小技术的发展，MOS晶体管的频率特性和噪声特性都进一步得到改善，因此CMOS射频集成电路仍是未来的发展方向。

1.2.3 发展趋势

RFIC发展趋势之一是频率高、带宽高。高的频率和带宽是决定信号高速传输的关键因素，目前高速无线传输的代表——超宽带无线技术UWB，其频率就高达10.6 GHz，带宽更是达到528 MHz。还有大家熟悉的WLAN-802.11n，信号传输速度达到600 Mb/s，最高频率也有5.8 GHz，带宽达到40 MHz，这样的带宽比起20世纪90年代的300 kHz，可以说是一个质的飞跃。

RFIC发展趋势之二是射频端口数多。以手机RFIC为例，已经经历了从2G到3G、4G的发展，很快将发展到5G。2G时代的Cell-phone RFIC，由于功能比较单一，制式多以GSM为主，其RFIC的端口数就相对较少，但是这种情况在3G、4G时代就发生了改变，多制式多频段手机的出现，WLAN、Bluetooth、GPS、DTV(digital TV)的集成，以及4G时代MIMO (multiple-input multiple-output)系统的使用，使Cell-phone RFIC的射频端口数大大增加，甚至超过12个端口。

1.3 射频集成电路设计涉及的相关学科与知识

成功的射频系统的集成化设计，除了涉及集成电路本身的专门知识以外，还涉及较多相关学科及知识。

射频集成电路所涉及的相关学科包括集成电路设计、器件模型、工艺与制造、微波理论、无线通信标准、EDA工具、射频测试技术、射频封装技术等。

从知识层面上，射频集成电路首先涉及无线通信系统方面的相关知识，其次涉及电路方面的相关知识，与此同时还涉及器件方面的相关知识，当然也涉及集成电路以及EDA (electronic design automation)的相关知识。系统知识包括：信息论基础、调制与解调技术、无线信道估计、信道均衡技术、编码与解码技术、系统规划等。电路知识包括：高增益的设计方法、噪声分析与优化、线性度性能优化、其他性能(包括功率、频率、带宽、匹配及稳定性等)指标的实现。器件知识包括：器件物理知识、$I-U$特性、器件建模与仿真、性能参数(如击穿电压、电流放大倍数等)分析与设计。

另外，还需要熟练掌握Cadence的Spectre RF和Agilent的ADS等集成电路设计自动化工具。

射频集成电路设计应该具备的知识面如图1-4所示。

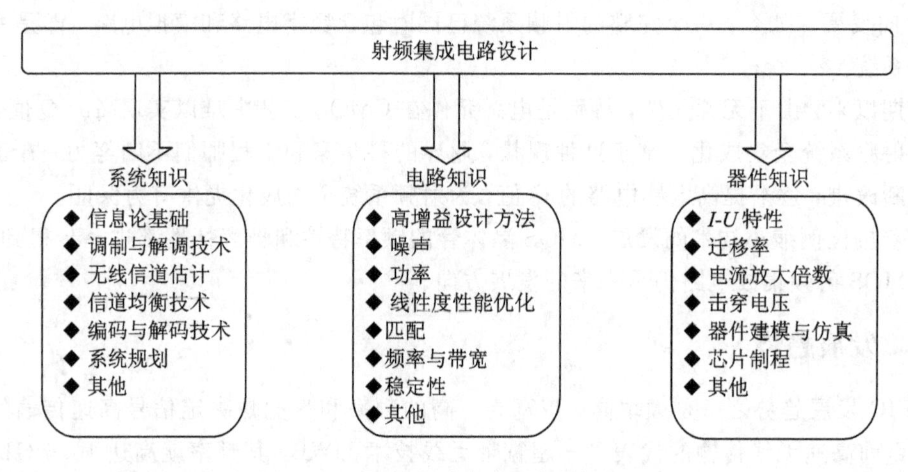

图 1－4　RFIC 设计应该具备的知识面

1.4　CMOS 模拟及射频集成电路设计的方法与步骤

CMOS 模拟集成电路设计与传统分立元器件模拟电路设计最大的不同在于，所有的有源和无源元器件都是制作在同一片半导体衬底上，尺寸极其微小，无法再用 PCB 进行设计验证。因此，设计者必须采用计算机仿真和模拟的方法来验证电路性能。CMOS 模拟集成电路设计包括若干个阶段，图 1－5 给出了 CMOS 模拟集成电路设计流程。

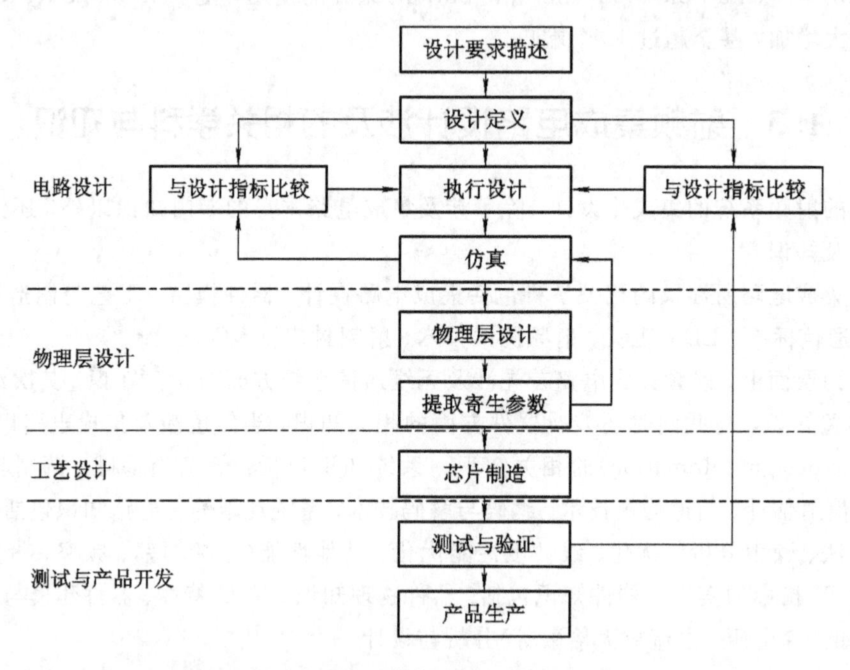

图 1－5　CMOS 模拟集成电路设计流程

基于 CMOS 模拟集成电路设计的流程，射频集成电路设计流程大致如下：

（1）根据系统协议和物理层标准来确定无线收发信的结构。

（2）根据系统的功能和技术指标进行模块划分和系统规划，并分配各个模块的性能指标。

(3) 根据代工厂(foundry)提供的器件模型，利用EDA工具进行各个模块的电路设计与仿真(称为前仿真)，若达不到指标要求则返回模块划分与系统规划，直至仿真满足要求为止。

(4) 根据代工厂提供的工艺文件，利用EDA设计工具进行版图设计，然后进行互连线寄生参数提取，并进行仿真(称为后仿真)；前、后仿真应该包括工艺角(process corner：slow、fast、typical)以及温度特性内容。

(5) 生成并向代工厂提交GDS-Ⅱ文件，以进行芯片制造(称为流片)。流片后得到的芯片需要进行测试。若测试结果满足指标，则芯片设计完成，否则返回模块划分与系统规划，重新进行芯片的优化设计。

1.5 CMOS射频集成电路设计的常用软件概述

射频集成电路设计离不开EDA设计软件的支持和应用。下面简单介绍几款常用的设计和分析软件。

1.5.1 Cadence Virtuoso

Cadence Virtuoso是一个集成电路设计平台。

1. Virtuoso Custom Design(Virtuoso定制设计)

Virtuoso定制设计平台是业界领先的设计系统，其优点为：业界唯一的设计说明驱动的环境；使用常用的语法、模型和方程式的多模式模拟；极度加速版图设计；用于0.18 μm以下工艺的先进硅分析；全芯片混合信号集成环境。Virtuoso平台使用Cadence CDBA数据库和业界标准的Open Access数据库。使用该平台，设计团队可以用1 μm及以下工艺迅速、准确、按时地设计出硅片。

2. Assura Design Rule Checker (设计规则检查器)

Assura设计规则检查器(DRC)是Virtuoso定制设计平台设计验证工具套件的一部分。Assura DRC是性能全面的工具，支持交互式和批处理操作模式，使用层次化的处理，即便是对最先进的设计也能快速、高效地识别和改正设计规则错误；具有独特的模式检查、密度检查，金属填充、层次化的处理，交互式和批处理验证。

图1-6所示为Assura DRC的图形界面。

3. Assura Layout VS. Schematic Verifier(版图原理图验证器)

Assura版图原理图(LVS)验证器是Virtuoso定制设计平台设计验证工具套件的一部分。Assura LVS确保在tapeout之前，物理设计的版图互连与原理图或网络所代表的逻辑设计相匹配，进行跨版图层级的自动提取的器件和线网与原理图的网表比较。Assura LVS以交互式和批处理方式提供快速、高效的验证。特点：具有图形用户界面LVS调试环境；支持混合信号设计；具有一体化的环境。图1-7所示为Assura LVS的图形界面。

4. Assura Parasitic Extraction(寄生参数提取)

Assura寄生参数提取(RCX)提供在全芯片版图上的硅精确高速寄生参数提取，有如

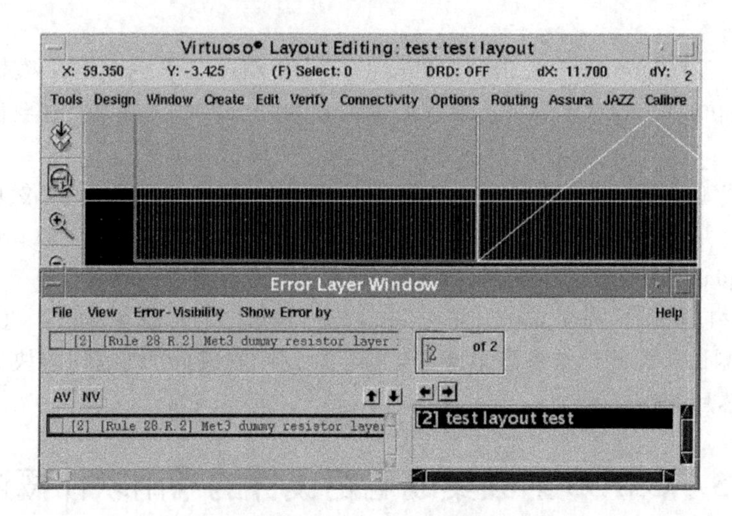

图 1-6 Assura DRC 图形界面

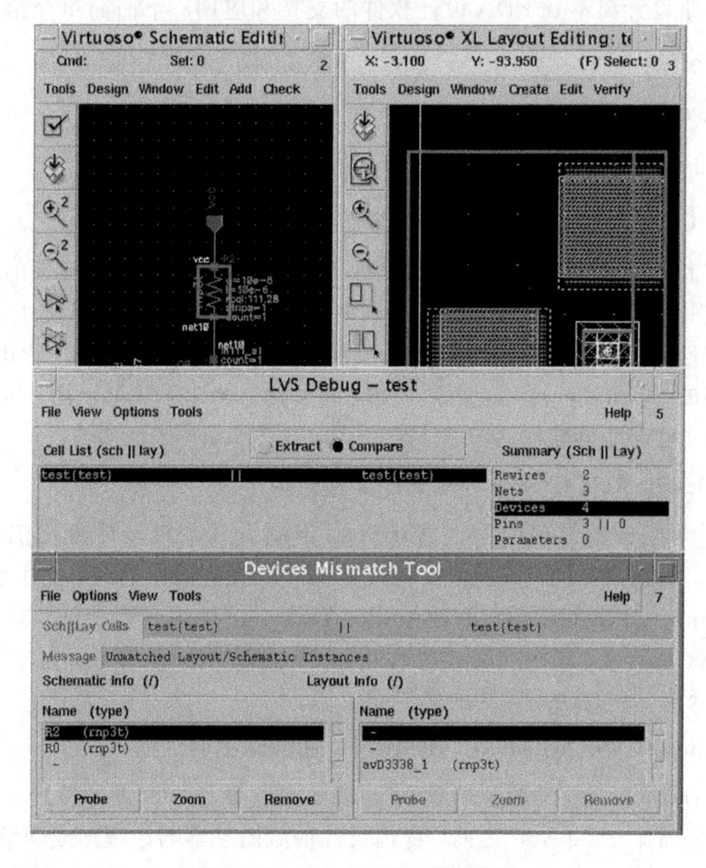

图 1-7 Assura LVS 图形界面

下特点：高精确、高容量、高性能。

高级物理建模功能支持 Si、SiGe 以及 SOI 工艺所有的特征尺寸。来自 130 nm 以下的铜制造和光学效应引起的 In-die 工艺漂移已经被集成进入三维模型。在高频设计中，寄生电感对芯片的性能起主要作用。Assura RCX-PL 选项用于电感和互感参数提取。高频还需要增加小寄生电容的精确性，Assura RCX-FS 作为嵌入式 field-solver 选项，为射频电路设计人员提供独一无二的解决方案。

集成在 Virtuoso 平台中，Assura RCX 能够反标集总式电阻和电容到原理图中，查看单个线网的寄生参数值，在原理图和版图之间交叉探测寄生参数，提取后的过滤，以及寄生参数缩减，用提取视图直接进行仿真，探测来自原理图的仿真数据。

5. Cadence ADE

Cadence ADE (analog design environment)是 Cadence 公司的 IC 设计自动化仿真软件，其功能强大，仿真功能多样，包括直流仿真(DC analysis)、瞬态仿真(transient analysis)、交流小信号仿真(AC analysis)、零极点分析(PZ analysis)、噪声分析(noise analysis)、周期稳定性分析(periodic steady-state analysis)和蒙特卡洛分析(Monte Carlo analysis)等。

1.5.2　Agilent ADS

Agilent ADS 是一个射频电路分析与设计软件。

ADS 的英文全称为 Advanced Design System，它经过多年的发展，仿真功能和仿真手段日趋完善，最大的特点是它集成了从 IC 级到电路级，直至系统级的仿真模块。此外，Agilent 公司还和各大元器件厂商广泛合作并提供最新的 Design Kit 给用户使用。例如，ADS 2008 具有操作界面、仿真模块、Momentum、数据显示窗口、电路模型、通信系统模型、厂商元件库等。ADS 2011 增加了一些新的功能，如多重技术协同设计、高速数字、综合的电磁场求解器、新的负载牵引数据控制器、新的版图改进等。ADS 2011 软件集成了 4 大仿真平台：模拟/射频仿真平台、数字信号处理仿真平台、Momentum 电磁仿真平台和 FEM 电磁仿真平台。它可以进行时域、频域仿真，模拟电路、数字电路仿真，线性、非线性电路仿真，可实现从单独元器件仿真，到系统仿真、数模混合仿真、高速链路仿真等。

1.6　本章小结

本章首先简单介绍了 CMOS 技术，其中分别对 P 阱硅栅 CMOS 工艺和元件形成过程以及双阱硅栅 CMOS 工艺及元件形成过程进行了详细介绍。这些内容将为后续相关章节的学习打下基础。

接着通过介绍摩尔定律帮助读者了解 CMOS 技术的发展规律和所面临的挑战。1965 年，戈登·摩尔(Gordon Moore)提出摩尔定律。摩尔定律预测了硅芯片每隔 18 个月集成度翻一番，而加工特征尺寸缩小为原来的 $1/\sqrt{2}$。这一定律现在仍然适用。

再接着介绍了 CMOS RFIC 的发展历史、现状及发展趋势，以及 RFIC 设计所涉及的相关学科与知识，并介绍了 CMOS 模拟与射频集成电路设计的方法与步骤。这部分内容是本章的重点之一。要成为一个精通 RFIC 的设计师，不仅要具有系统和电路层面的相关知识，还要具有器件层面的相关知识，涉及的内容广而深。

最后介绍了常用的 IC 设计与仿真软件。Cadence Virtuoso 集成电路设计平台已经成为各个高校和企业必备的设计工具。ADS 等射频电路分析与设计软件对射频和微波设计者来说是非常实用的仿真分析与设计软件。

习　题

1.1 P阱硅栅CMOS工艺有哪些制程?

1.2 N阱硅栅CMOS工艺有哪些制程?(查阅文献)

1.3 双阱硅栅CMOS工艺有哪些制程?

1.4 什么是摩尔定律?

1.5 RFIC设计涉及哪些学科知识?

1.6 CMOS RFIC的设计步骤是什么?

1.7 简述CMOS模拟集成电路设计流程。

1.8 DRC的作用是什么?

1.9 LVS的作用是什么?

1.10 集成电路设计平台有哪些?具有什么功能和特点?

参考文献

[1] CMOS是谁最先发明的. http://wenda.so.com/q/1414348153724780.

[2] Baker R J, Li H W, Boyce D E. CMOS电路设计:布局与仿真[M]. 陈中建,主译. 北京:机械工业出版社,2006.

[3] 世界半导体电路发展史(超细、超全). http://www.sohu.com/a/226639048_136745.

[4] 戴锦文,缪小勇. 摩尔定律的过去、现在和未来[J]. 电子与封装,2015,15(10):0-34.

[5] 池保勇,余志平,石秉学. CMOS射频集成电路分析与设计[M]. 北京:清华大学出版社,2007.

[6] 李智群,王志功. 射频集成电路与系统[M]. 北京:科学出版社,2011.

[7] Kim Nam Sung. Leakage current: Moore's Law Meets Static Power[J]. The IEEE Computer Society, 2003,12:68-75.

[8] 朱正勇. 半导体集成电路[M]. 北京:清华大学出版社,2001.

[9] Allen P E, Holberg D R. CMOS模拟集成电路设计[M]. 2版. 冯军,李智群,主译. 北京:电子工业出版社,2006.

[10] Willy M C Sansen. 模拟集成电路设计精粹[M]. 陈莹梅,主译. 北京:清华大学出版社,2014.

[11] 段吉海,黄智伟. 基于CPLD/FPGA的数字通信系统建模与设计[M]. 北京:电子工业出版社,2004.

[12] Plummer J D, Deal M D, Griffin P B. 硅超大规模集成电路工艺技术:理论、实践与模型[M]. 严利人,王玉栋,熊小义,主译. 北京:电子工业出版社,2005.

[13] 孙亚春. 领先的RFIC低成本测试方案[J]. 中国集成电路,2010,2:70-74.

[14] 尹飞飞,陈铖颖,范军,等. CMOS模拟集成电路版图设计与验证:基于Cadence Virtuoso与Mentor Calibre[M]. 北京:电子工业出版社,2017.

[15] 陈铖颖,杨丽琼,王统. CMOS模拟集成电路设计与仿真实例:基于Cadence ADE[M]. 北京:电子工业出版社,2013.

[16] 徐兴福. ADS 2011射频电路设计与仿真实例[M]. 北京:电子工业出版社,2018.

第 2 章　CMOS 射频 IC 器件模型

2.1　概　　述

随着集成电路的快速发展，芯片特征尺寸不断缩小，使得集成电路生产工艺线的投资费用越来越高。这种发展使得集成电路的设计和制作行业逐渐变成两个独立的产业方向，出现了专门从事集成电路制造的代工厂(foundry)和无生产线(fabless)的专业集成电路设计公司。

本书研究的芯片设计采用的是无生产线的集成电路设计方法。所谓无生产线芯片设计，是指设计者根据设计指标选择某一种特定的工艺和代工厂，基于代工厂提供的工艺模型和工艺套件，采用集成电路设计软件完成电路设计、前仿真、版图设计和后仿真，最后建立 GDS－Ⅱ文件，并提供给指定的代工厂，由代工厂来完成芯片的制造。这对于设计者来说，不需考虑具体制造环节，因此称为集成电路无生产线设计。无生产线集成电路设计的优势是可以利用境内外先进的集成电路生产线工艺，充分发挥集成电路设计人才优势，降低成本，从而完成具有自主知识产权的集成电路设计全过程。

目前，我国的大部分高校、研究所以及中小型集成电路设计企业，均采用多项目晶圆(multi-project-wafer，MPW)方式实现低成本的集成电路流片。

对于硅基工艺来说，都是以单晶硅为起点的，有两种生长单晶硅的方法。还有一种是以轻掺杂的硅晶圆为起点的工艺方法，通过外延层来形成器件。

随着 CMOS 工艺技术的发展，利用 CMOS 工艺制造 RF 电路已成为趋势，如美国 IBM 公司推出的 90 nm CMOS 工艺，其特征频率达到 200 GHz。随着各拥有 CMOS 工艺的代工厂提供的各种器件模型的精度的不断提高，集成电路设计者设计芯片的成功率也大大提高。

常用的 CMOS 工艺主要有 P 阱硅栅 CMOS 工艺、N 阱硅栅 CMOS 工艺和双阱硅栅 CMOS 工艺。

随着 CMOS 器件特征尺寸的不断减小，其特征频率不断提高。f_T可以表示为

$$f_T=\frac{1}{2\pi}\frac{g_m}{C_{gs}}=1.5\frac{\mu_n}{2\pi L^2}(U_{GS}-U_{TH}) \tag{2.1.1}$$

上式是从长沟道 MOS 晶体管模型的平方率公式推得的，若考虑短沟道效应，则 MOS 管的 f_T 大体上与 $1/L$ 成正比。表 2.1 列出了典型的 0.18 μm 标准 CMOS 工艺的一些特征参数。

表 2.1　CMOS 0.18 μm 标准工艺的一些基本特征参数

最小栅长/μm	特征频率/GHz	标准工作电压/V	金属层数
0.18	49	1.8/3.3	6

CMOS 0.18 μm标准工艺还提供了器件的混合信号(mixed-signal)模型。有源器件有NMOS、PMOS和二极管;无源器件包括Poly(多晶硅)电阻、阱电阻、MIM电容、可变电容,且提供了厚金属以制作电感。这些元件及其模型可用来支持射频集成电路的设计。

2.2 无源元件及模型

在射频集成电路设计中,不仅要考虑工艺库中的晶体管是否具有优良高频性能,而且要考虑工艺库中是否能提供具有高品质的无源器件。集成无源元件的选择主要依据无源元件的面积、品质因数、工作频率、寄生参数、容差、匹配、稳定性以及线性度等指标。

无源器件根据是否集成可分为分立无源元件和集成无源元件。本节主要考虑集成无源元件。集成无源器件模型包括集成电阻器件模型、集成电容器件模型和集成电感器件模型。

2.2.1 电阻器件模型

图2-1给出了一种通用射频电阻模型[3]。

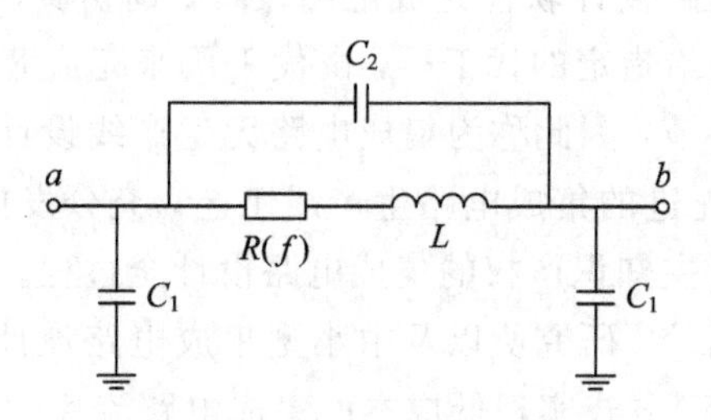

图2-1 射频电阻等效电路

图中,$R(f)$的电阻值是频率的函数;L表示寄生分布电感;C_1是对地或衬底等分布电容;C_2是两个焊盘之间的反馈电容。

在射频集成电路设计中,根据所选择的工艺不同,具体的电阻模型也有所不同,一般工艺库中包括金属层电阻、多晶硅电阻、MOS电阻和扩散电阻等。

2.2.2 电容器件模型

图2-2给出一种通用射频电容模型[3,8]。

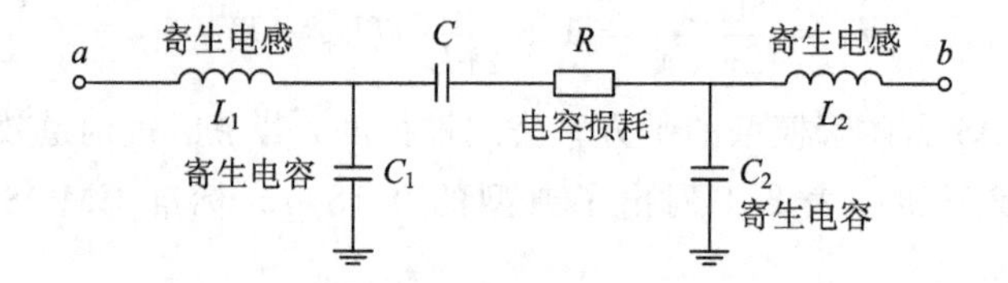

图2-2 射频电容等效电路模型

CMOS工艺的电容利用CMOS工艺中的两层金属和其间介质构成金属叠层电容。考虑到金属叠层电容的电容量很小,不利于集成,于是CMOS工艺提供金属-绝缘层-金属

(metal-insulator-metal，MIM)电容。例如，SMIC 0.18 μm 的 RF/mixed-signal 工艺在第五层金属(M5)和顶层金属(M6)之间又增加了一层金属，通过降低金属之间氧化层厚度增大电容值，该金属与 M5 之间形成的 MIM 电容约为 1 fF/μm^2。图 2-3 给出了 CMOS 工艺的 MIM 电容的等效电路模型[12]。

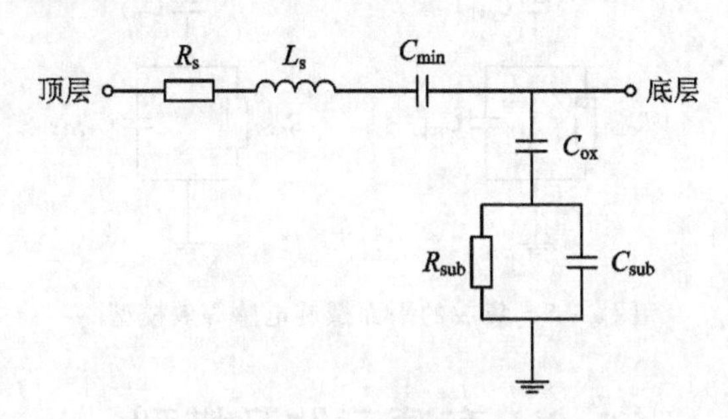

图 2-3　MIM 电容的等效电路模型

电容存在误差，通常以相对误差表示。电容的相对误差为

$$\frac{\Delta C}{C}=\frac{\Delta L}{L}+\frac{\Delta W}{W} \tag{2.2.1}$$

式中，L 和 W 分别表示 MIM 电容的金属层的长和宽。

2.2.3　电感器件模型

在利用 CMOS 工艺进行电路和芯片设计时，集成电感是要用到的一个重要元件。图 2-4 和图 2-5 分别给出了 0.18 μm CMOS 工艺的螺旋电感示意图和等效电路模型。

图 2-4 中，W 表示金属线宽度；S 表示金属线间距；N 表示电感圈数；$2R$ 表示内圈宽度。

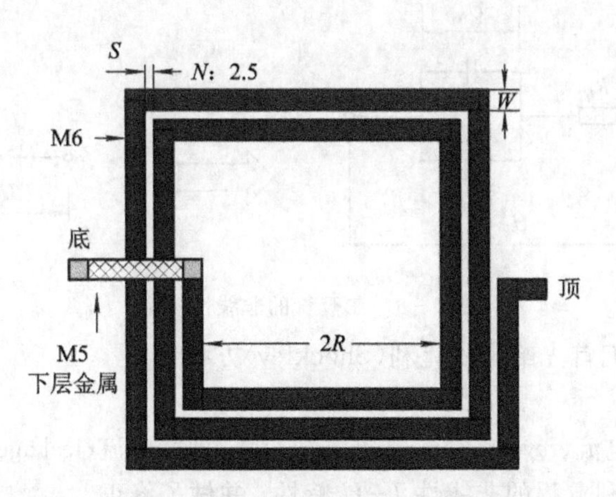

图 2-4　0.18 μm CMOS 工艺中的集成平面螺旋电感示意图

图 2-5 中，L_s 为该模型的串联电感；R_s 为金属的串联电阻；$C_{ox1,2}$ 为金属与衬底之间氧化层的电容；$C_{sub1,2}$ 为衬底电容；$R_{sub1,2}$ 为衬底的损耗电阻；C_s 是金属线圈之间的耦合电容。

具体的电感建模与设计方法将在后面的举例中进行详细介绍。

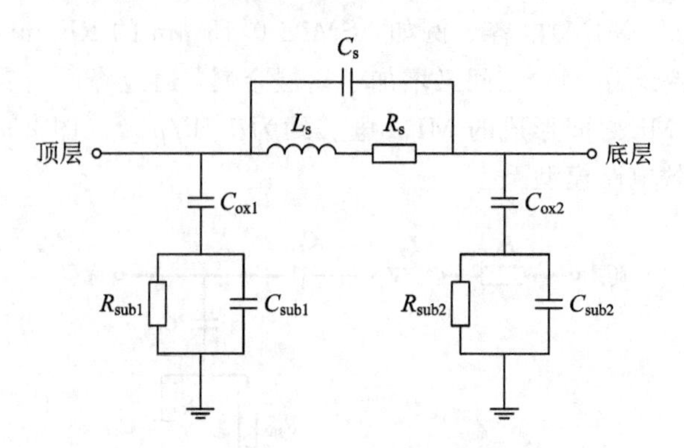

图 2-5 集成的平面螺旋电感等效模型

2.3 有源元件及模型

自 1987 年以来，MOS 晶体管的各层次的 BSIM(berkeley short-channel IGFET model)模型被定为工业标准 MOS 模型。在 BSIM 3/4 模型中，MOS 器件模型主要包括直流模型、MOS 电容模型、非准静态(NQS)现象及模型、MOS 非本征模型、MOS 高阶效应及模型和噪声模型。下面简单介绍一些模型，而噪声模型将在本章详细介绍。

2.3.1 二极管模型

1. 二极管非线性模型

pn 结二极管和肖特基二极管都可以用典型的非线性模型来处理，如图 2-6 所示[16]。

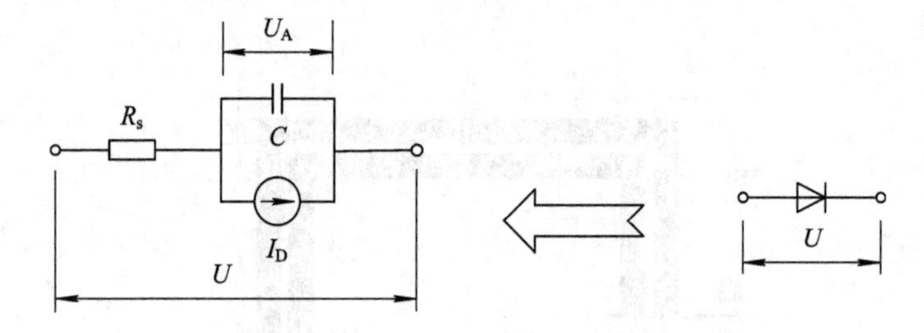

图 2-6 二极管的非线性模型

针对二极管，我们首先给出肖克利(Shockley)方程：

$$i = I_S(e^{U/U_T} - 1) \tag{2.3.1}$$

其中，I_S 为反向饱和电流(reverse saturation current)，即漏电流(leakage current)。图 2-6 所示的模型考虑了肖克利方程的非线性 $I-U$ 特性，并做了修正：

$$i_D = I_S(e^{U/nU_T} - 1) \tag{2.3.2}$$

其中，发射系数(emission coefficient)n 是一个附加参量，目的是使得模型与实际测量情况更加接近，一般 n 取 1。图 2-6 中的 C 由扩散电容 C_d 和结(或耗散层)电容 C_j 构成。C_j 表示为

$$C_j = \frac{dQ_j}{dU} = \frac{C_{j0}}{(1 - U/U_{diff})^m} \tag{2.3.3}$$

其中，m 是结区梯度系数(junction grading coefficient)。对于突变结来说，$m=0.5$；对于缓变结来说，$0.2\leqslant m\leqslant 0.5$。

对于结电容来说，一旦外加电压超过阈值电压 U_{TH} 后，结电容几乎与外加电压呈现线性关系。研究表明阈值电压通常为自建电势的一半，即 $U_{TH}=0.5U_{diff}$。因此在任意外加电压下，结电容的近似公式变为

$$C_j=\begin{cases}\dfrac{C_{j0}}{(1-U/U_{diff})^m}, & U<U_{TH}\\[2ex] \dfrac{C_{j0}}{(1-U/U_{diff})^m}\left(1+m\dfrac{U-U_{TH}}{U_{diff}-U_{TH}}\right), & U>U_{TH}\end{cases} \tag{2.3.4}$$

关于扩散电容 C_d，有如下数学表示式：

$$C_d=\frac{dQ_d}{dU}=\frac{I_S}{nU_T}e^{U/(nU_T)}\approx\frac{I_D\tau_T}{nU_T} \tag{2.3.5}$$

其中，τ_T 为渡越时间(transit time)。

2. 二极管线性模型

如果二极管工作在一个直流电压偏置点上，而且信号仅在该点附近发生微小变化，就引入了线性模型，即小信号模型(small-signal model)。二极管线性模型通过偏置点(以 Q 表示)处的切线来近似指数型 $I-U$ 曲线。Q 点的切线斜率为微分电导，即

$$G_d=\frac{1}{R_d}=\frac{dI_D}{dU_A}\bigg|_Q=\frac{I_Q+I_S}{nU_T}\approx\frac{I_Q}{nU_T} \tag{2.3.6}$$

这种方法称为切线近似法，其简化线性电路模型如图2-7所示。值得注意的是，此时的偏置点对应的扩散电容可以表示为

$$C_d=\frac{I_S\tau_T}{nU_T}e^{U_Q/(nU_T)}\approx\frac{I_D\tau_T}{nU_T} \tag{2.3.7}$$

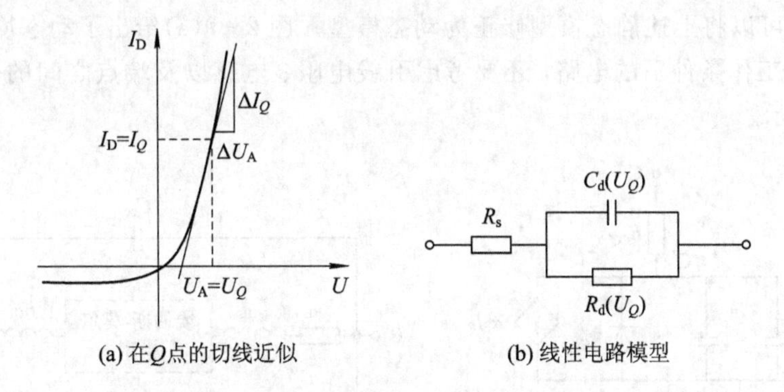

(a) 在Q点的切线近似　　(b) 线性电路模型

图2-7　正向偏置二极管的小信号模型

2.3.2　大信号和小信号双极型晶体管模型

1. 大信号双极型晶体管模型

在这一节，我们首先来讨论静态埃伯斯-莫尔模型，它是最流行的大信号模型之一。埃伯斯-莫尔模型早在1954年就已经提出，图2-8给出了注入模式(injection version)下的常规npn晶体管以及对应的埃伯斯-莫尔模型。

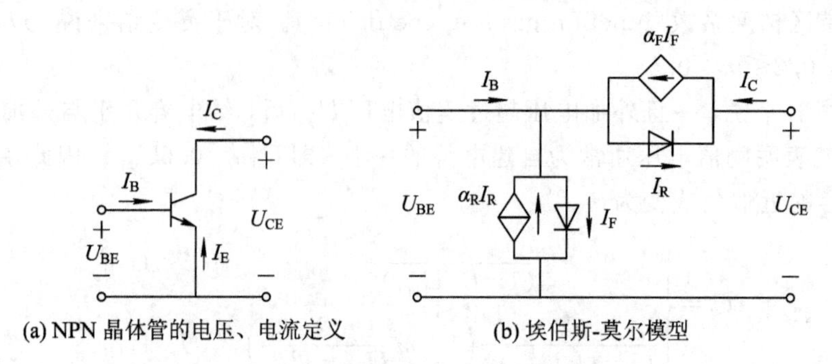

(a) NPN 晶体管的电压、电流定义　　(b) 埃伯斯-莫尔模型

图 2-8　大信号埃伯斯-莫尔模型

图 2-8 中有两个二极管，一个为正向偏置，另一个为反向偏置。两个由电流控制的电流源反映了两个二极管之间的相互耦合关系。正向电流增益 α_F 和反向电流增益 α_R(共基放大电路)的典型值分别为 $\alpha_F=0.95-0.99$ 和 $\alpha_R=0.02-0.05$[16]。

双二极管的埃伯斯-莫尔方程如下：

$$I_E=\alpha_R I_R-I_F \tag{2.3.8}$$

$$I_C=\alpha_F I_F-I_R \tag{2.3.9}$$

其中，二极管电流为

$$I_R=I_{CS}(e^{U_{BC}/U_T}-1) \tag{2.3.10}$$

$$I_F=I_{ES}(e^{U_{BE}/U_T}-1) \tag{2.3.11}$$

其中，集电极和发射极反向饱和电流(reverse collector and emitter saturation current) I_{CS} 和 I_{ES} 与晶体管饱和电流 I_S 有如下关系：

$$\alpha_F I_{ES}=\alpha_R I_{CS}=I_S \tag{2.3.12}$$

通过引入基极-发射极扩散电容、基极-集电极扩散电容(C_{de}、C_{dc})以及二极管的结电容(C_{je}、C_{jc})，可以将上述静态模型修正为动态模型。图 2-9(a)给出了动态埃伯斯-莫尔模型。对于射频工作条件下的电路，还要考虑引线电阻、电感以及端点之间的分布电容，如图 2-9(b)所示。

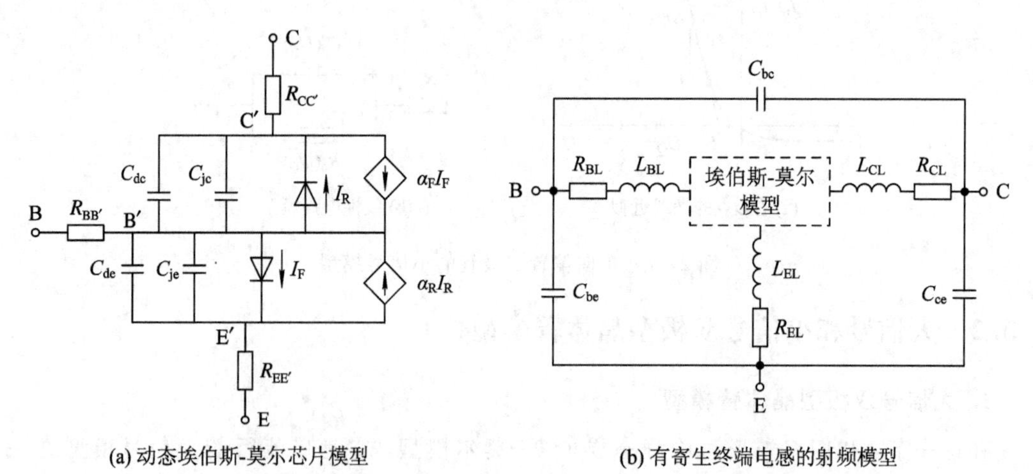

(a) 动态埃伯斯-莫尔芯片模型　　(b) 有寄生终端电感的射频模型

图 2-9　动态埃伯斯-莫尔模型及寄生元件

2. 小信号双极型晶体管模型

根据大信号埃伯斯-莫尔方程，可以推导出正向模式下的小信号模型。图2-10所示为双极型晶体管的小信号混合π埃伯斯-莫尔模型。基极-发射极pn结可由小信号二极管模型来描述，而集电极电流源被电压控制的电流源所代替。为了使得模型更加接近实际，反馈电容 C_μ 上并联了一个电阻 r_μ。在偏置点(Q点)附近用小信号交流电压 u_{be} 和电流 i_e 将输入电压 U_{BE} 和输出电流 I_C 展开为

$$u_{BE}=U_{BE}^Q+u_{be} \tag{2.3.13}$$

$$i_C=I_C^Q+i_c=I_S\exp\left(\frac{U_{BE}^Q+u_{be}}{U_T}\right)=I_C^Q\left[1+\left(\frac{u_{be}}{U_T}\right)+\frac{1}{2}\left(\frac{u_{be}}{U_T}\right)^2+\cdots\right] \tag{2.3.14}$$

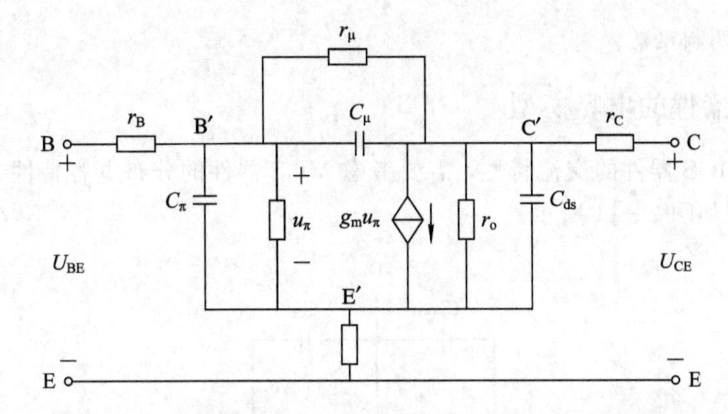

图2-10　双极型晶体管的小信号混合π埃伯斯-莫尔模型

2.3.3　MOS器件的直流模型

直流模型指根据在器件上所加的偏置电压，确定器件的直流终端电流。考虑到衬底偏置效应通常应算入阈值电压的变化(背栅效应)，按照栅偏电压和漏偏电压的不同，MOS器件工作在三个不同的区域：截止区、非饱和区和饱和区。

1. 阈值电压

阈值电压主要由平带电压和源衬底偏置电压决定，其数学表达式为

$$U_{TH}(U_{BS})=U_{FB}+2\phi_B+\gamma\sqrt{2\phi_B-U_{BS}} \tag{2.3.15}$$

式中，ϕ_B 为衬底费米电势；U_{FB} 为平带电压；U_{BS} 为衬底偏电压；γ 为体因子。U_{FB} 的数学表达式为

$$U_{FB}=\frac{\phi_{ms}}{q}-\frac{Q_0}{C_{ox}}=\phi_{ms}-\frac{Q_0 t_{ox}}{\varepsilon_0\varepsilon_{ox}} \tag{2.3.16}$$

式中，$\phi_{ms}=\phi_m-\phi_{sub}$，为栅电极和衬底接触处半导体的功函数差；$C_{ox}$ 为单位表面面积的栅电容；ε_{ox} 为二氧化硅的相对介电常数；t_{ox} 为栅氧化层的厚度；Q_0 为硅衬底与二氧化硅界面处的电荷密度。

费米电势 ϕ_B 的数学表达式为

$$\phi_B=U_T\ln\frac{N_A}{n_i} \tag{2.3.17}$$

式中，U_T表示热电压；n_i表示本征载流子浓度。

2. 漏极电流

根据MOS晶体管工作的三个不同区域，漏极电流具有不同的数学表达式。

截止区：漏极电流为零。

非饱和区(以NMOS为例)：

$$I_{DS}=\mu_n C_{ox}\frac{W}{L}\left[(U_{GS}-U_{TH})U_{DS}-\frac{1}{2}U_{DS}^2\right] \tag{2.3.18}$$

饱和区(以NMOS为例)：

$$I_{DS}=\frac{1}{2}\mu_n C_{ox}\frac{W}{L}[(U_{GS}-U_{TH})^2(1+\lambda U_{DS})] \tag{2.3.19}$$

式中，λ是沟道调制系数。

2.3.4 MOS器件的电容模型

为了估计MOS器件的交流特性，需要考虑MOS器件的分布电容特性。MOS晶体管的通用电容模型如图2-11所示。

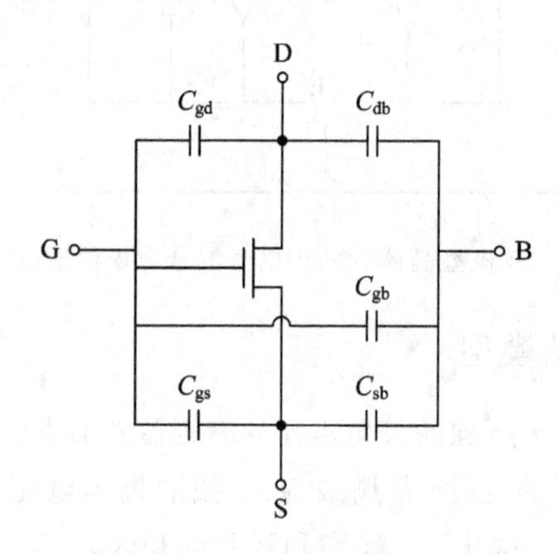

图2-11 通用MOS电容模型

2.3.5 MOS器件的非准静态模型

所谓非准静态，是指器件对外部激励的反应是非即时的。MOS器件的非准静态(non-quasi-static, NQS)模型的等效电路如图2-12所示[20]。图中，R_{Elmore}表示交直流等效电阻，用来模拟NQS效应，它的值由直流偏置决定，其数学表达式为

$$R_{Elmore}=\frac{L}{3WQ_{ch}}=\frac{L}{3WC_{ox}(U_{GS}-U_{TH})} \tag{2.3.20}$$

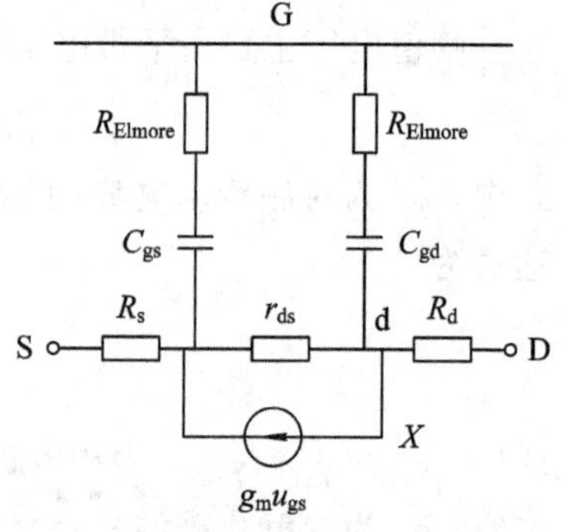

图2-12 MOS器件的非准静态模型等效电路

文献[12]中介绍了MOS非本征模型和MOS高阶效益及模型，本书不再一一介绍。

2.3.6　大信号场效应晶体管模型

在模拟场效应晶体管时，本书将主要针对非绝缘栅场效应晶体管。此类晶体管包括金属半导体场效应晶体管(MESFET)和高电子迁移率晶体管(HMET)。图 2-13 给出了基本的 n 沟道、耗尽模式金属半导体场效应晶体管模型(阈值电压为负)及其传输特性和输出特性。

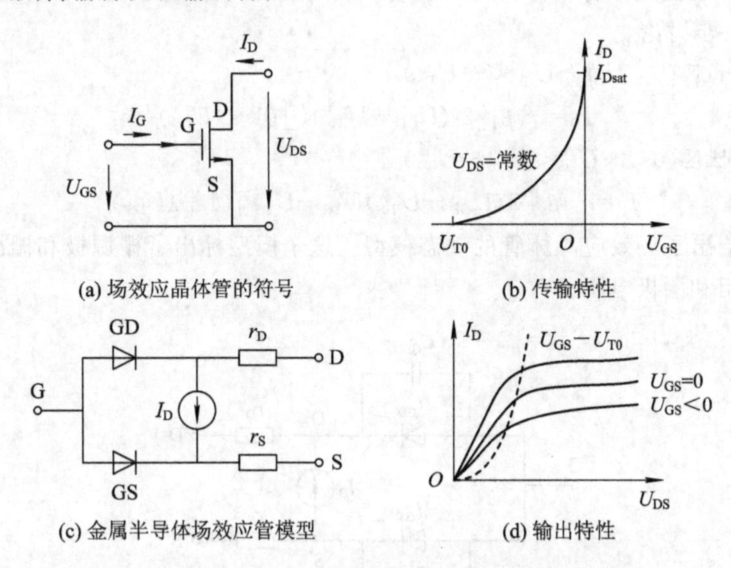

图 2-13　n 沟道静态 MOSFET 模型

在正向(正常)工作模式下，漏极电流的表示式构成了场效应晶体管模型的基础。

1) 饱和区($U_{DS}>U_{GS}-U_{T0}>0$)

饱和漏极电流表示式[16]为

$$I_{Dsat}=G_0\left(\frac{U_P}{3}-(U_d-U_{GS})+\frac{2}{3\sqrt{U_P}}(U_d-U_{GS})^{3/2}\right) \tag{2.3.21}$$

其中，$G_0=\sigma Wd/L$，$\sigma=q\mu_n N_D$，L 为沟道长度，W 为栅宽。

夹断电压(pinch-off voltage)U_P 为

$$U_P=\frac{qN_Dd^2}{2\varepsilon} \tag{2.3.22}$$

阈值电压 U_{T0} 为

$$U_{T0}=U_d-U_P \tag{2.3.23}$$

式(2.3.21)可以转换为

$$I_{Dsat}=G_0\frac{U_P}{3}\left[1-3\left(1-\frac{U_{GS}-U_{T0}}{U_P}\right)+2\left(1-\frac{U_{GS}-U_{T0}}{U_P}\right)^{3/2}\right] \tag{2.3.24}$$

对式(2.3.24)中的方括号项进行二项式展开，并保留前三项，得

$$I_{Dsat}=G_0\frac{U_P}{3}\left(\frac{3}{4}\right)\left(\frac{U_{GS}-U_{T0}}{U_P}\right)^2 \tag{2.3.25}$$

令电导系数(conduction parameter)为

$$\beta_n=\frac{1}{4}\frac{G_0}{U_P}=\frac{\mu_n\varepsilon W}{2Ld} \tag{2.3.26}$$

若考虑沟道调制效应，则有

$$I_{Dsat}=\beta_n(U_{GS}-U_{T0})^2(1+\lambda U_{DS}) \tag{2.3.27}$$

2）线性区（$0<U_{DS}<U_{GS}-U_{T0}$）

场效应晶体管线性区漏极电流表示式[16]为

$$I_D=\beta_n[2(U_{GS}-U_{T0})U_{DS}-U_{DS}^2](1+\lambda U_{DS}) \tag{2.3.28}$$

若$U_{DS}<0$，则场效应晶体管工作在反向模式。下面给出两种反向工作模式的漏极电流关系式，但不做进一步讨论。

3）反向饱和区（$0<U_{GD}-U_{T0}<-U_{DS}$）

$$I_D=-\beta_n[2(U_{GD}-U_{T0})^2](1-\lambda U_{DS}) \tag{2.3.29}$$

4）反向线性区（$0<-U_{DS}<U_{GD}-U_{T0}$）

$$I_D=-\beta_n[2(U_{GD}-U_{T0})U_{DS}-U_{DS}^2](1+\lambda U_{DS}) \tag{2.3.30}$$

图 2-14 给出了场效应晶体管的动态模型。这个模型标出了栅源极和栅漏极沟道电阻有关的源极电阻和漏极电阻。

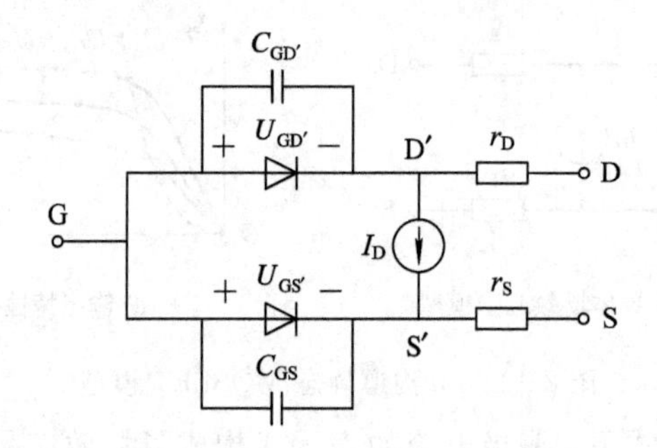

图 2-14 场效应晶体管的动态模型

2.3.7 小信号场效应晶体管模型

小信号场效应晶体管模型如图 2-15 所示。

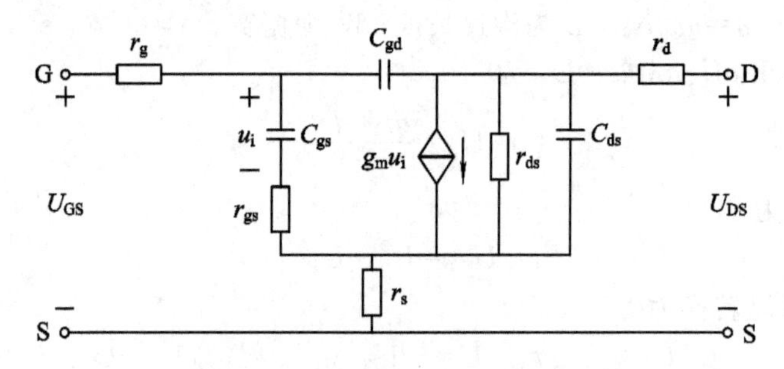

图 2-15 小信号场效应晶体管模型

这个模型的 Y 参量矩阵为

$$i_g=y_{11}u_{gs}+y_{12}u_{ds} \tag{2.3.31}$$

$$i_d=y_{21}u_{gs}+y_{22}u_{ds} \tag{2.3.32}$$

在低频条件下，输入导纳 y_{11} 与反馈电导 y_{12} 都很小，可以忽略。在高频条件下，通常引入极间电容，于是产生了如图 2-16 所示的电路模型。

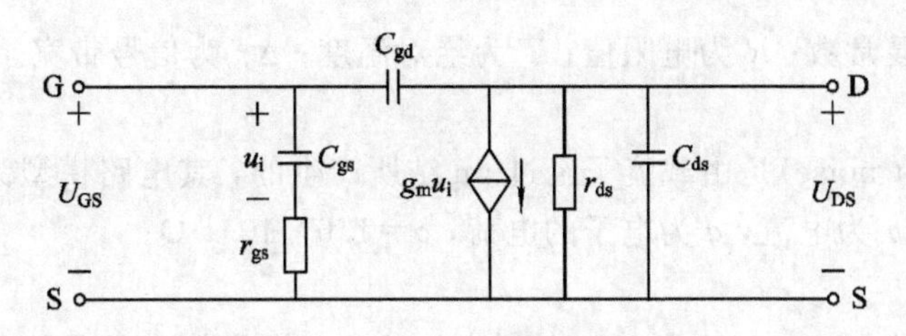

图 2-16　高频场效应晶体管模型

在直流和低频条件下，图 2-15 所示的电路模型可以被简化为输入与输出端口完全没有耦合的情况。根据漏极电流方程式计算正向饱和状态下的跨导 g_m 和输出电导 g_0：

$$y_{21}=g_m=\left.\frac{dI_D}{dU_{GS}}\right|_Q=2\beta(U_{GS}^Q-U_{T0})(1+\lambda U_{DS}^Q) \tag{2.3.33}$$

$$y_{22}=\frac{1}{r_{ds}}=\left.\frac{dI_D}{dU_{DS}}\right|_Q=\beta_n\lambda(U_{GS}^Q-U_{T0}) \tag{2.3.34}$$

其中，Q 是静态工作点，用 U_{DS}^Q 和 U_{GS}^Q 表示。

由于栅源电容和栅漏电容影响器件的频率特性，所以当分析截止频率 f_T 时，还要考虑输入电流 I_G 和输出电流 I_D 幅度相等时的短路电流增益，即

$$|I_G|=\omega_T(C_{gs}+C_{gd})|U_{GS}|=|I_D|=g_m|U_{GS}| \tag{2.3.35}$$

进一步推导得

$$f_T=\frac{g_m}{2\pi(C_{gs}+C_{gd})} \tag{2.3.36}$$

2.3.8　有源器件的噪声模型

1. 噪声源

噪声是一种随机过程，它通常用概率密度函数和功率密度函数来描述。

1) 电阻热噪声

电阻热噪声(thermal noise)是由导体中的随机运动引起的噪声，它会使导体两端电压产生波动，其功率谱密度与绝对温度成正比。电阻热噪声的模型如图 2-17 所示。

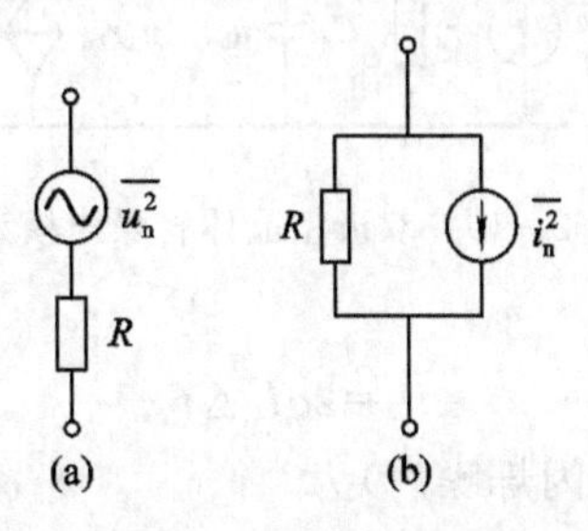

图 2-17　电阻热噪声模型

电阻热噪声的电压均方值为

$$\overline{u_n^2}=4kTR\Delta f \tag{2.3.37}$$

电流均方值为

$$\overline{i_n^2}=\frac{4kT\Delta f}{R} \tag{2.3.38}$$

其中，k 为玻尔兹曼常数；R 为电阻值；T 为绝对温度；Δf 为信号带宽。

2）散弹噪声

散弹噪声(shot noise)是由载流子经过pn结所产生的，其电路模型为一个并联的电流源：$\overline{i_n^2}=2qI$，其中 I 为电流，q 为电子的电荷，$q=1.6\times10^{-19}$ Q。

3）闪烁噪声

闪烁噪声(Flicker Noise)又称 $1/f$ 噪声，主要是由半导体中的晶格的缺陷产生的，其电路模型为一个并联的电流源：$\overline{i_n^2}=KI^a/f^b$，$a$ 为0.5～2，b 约为1。

2. 二极管噪声模型

二极管噪声包括散弹噪声和闪烁噪声，其噪声模型如图2-18所示。图中，I_D 表示流过二极管的电流，r_d 为二极管小信号等效电阻。值得注意的是，r_d 不是物理电阻，因而不产生噪声。

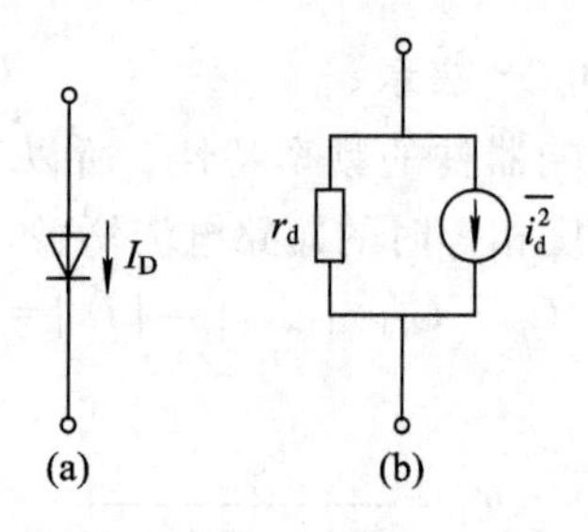

图2-18　二极管噪声模型

3. 双极型晶体管噪声模型

双极型晶体管噪声主要包括集电极-发射极的散弹噪声、基极-发射极的散弹噪声和闪烁噪声，以及基极寄生电阻的热噪声，其噪声模型如图2-19所示。

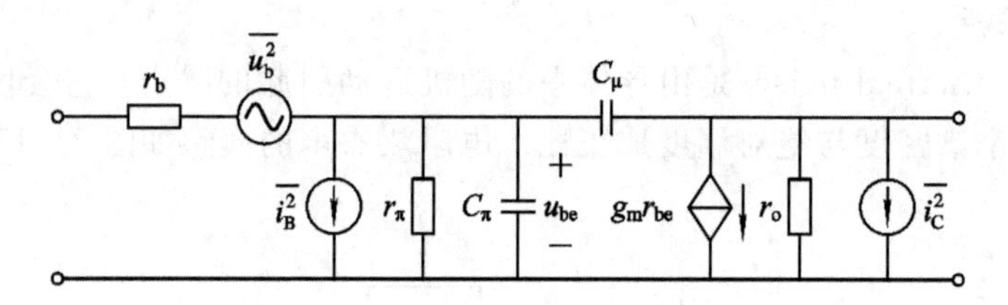

图2-19　双极型晶体管噪声模型

集电极-发射极散弹噪声为

$$\overline{i_C^2}=2qI_C\Delta f \tag{2.3.39}$$

基极-发射极的噪声(散弹噪声和闪烁噪声)为

$$\overline{i_B^2}=2qI_C\Delta f+K\frac{I_B^a}{f^b}\Delta f \tag{2.3.40}$$

基极寄生电阻的热噪声为

$$\overline{u_b^2}=4kTr_b\Delta f \tag{2.3.41}$$

图2-19中，r_b 和 r_π 不是物理电阻，因而没有噪声。

4. 长沟道 MOS 晶体管噪声模型

长沟道 MOS 晶体管的噪声主要包括栅极电阻热噪声、沟道热噪声、闪烁噪声和栅极电流散弹噪声，其噪声模型如图 2-20 所示。

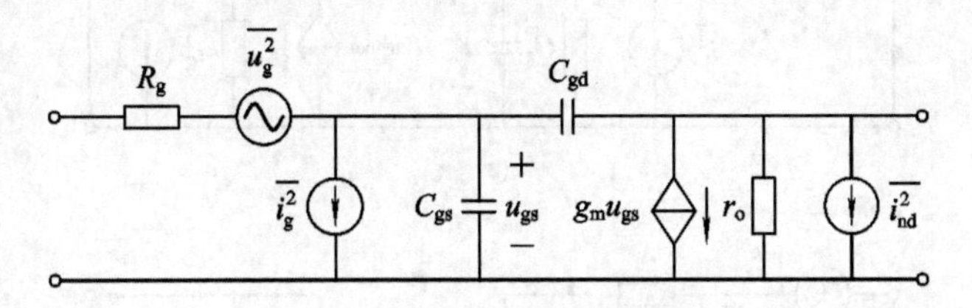

图 2-20　长沟道 MOS 晶体管噪声模型

栅极电阻热噪声为

$$\overline{u_g^2}=4k\dot{T}R_g\Delta f \tag{2.3.42}$$

栅极电阻主要是栅极多晶硅电阻。

沟道噪声与闪烁噪声为

$$\overline{i_{nd}^2}=4kT\frac{2}{3}g_m\Delta f+K\frac{I_D^a}{f^b}\Delta f \tag{2.3.43}$$

栅极电流散弹噪声为

$$\overline{i_g^2}=2qI_G\Delta f \tag{2.3.44}$$

这种噪声是由栅极中微量泄漏电流所产生的，一般可以忽略。

5. 晶体管等效噪声模型

1）有噪二端口网络的等效模型

任何一个有噪二端口网络的内部噪声都可以由其输入端的两个噪声源来等效：一个是与信号源相串联的噪声电压源，另一个是与信号源相并联的噪声电流源。把这个二端口网络看做一个无噪网络和这两种噪声源的集合，其等效模型如图 2-21 所示。

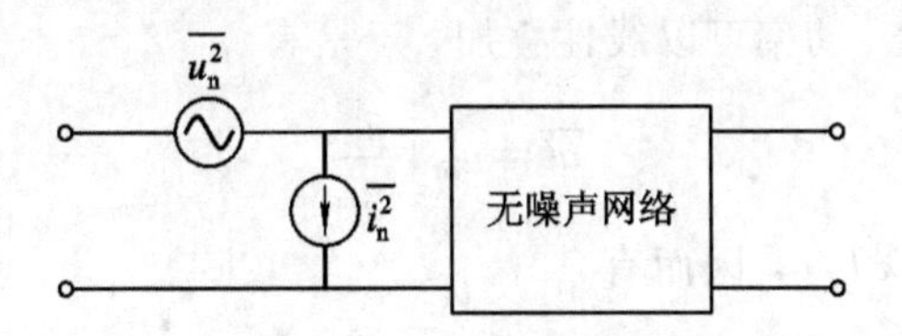

图 2-21　有噪声二端口网络的等效电路模型

2）双极型晶体管等效输入噪声模型及其噪声计算

图 2-22 给出了双极型晶体管等效输入噪声模型。针对图 2-22，采用输入端和输出端进行短路或开路的极端情形下的求解方法得到等效输入噪声电压$\overline{u_n^2}$和等效噪声输入电流$\overline{i_n^2}$。

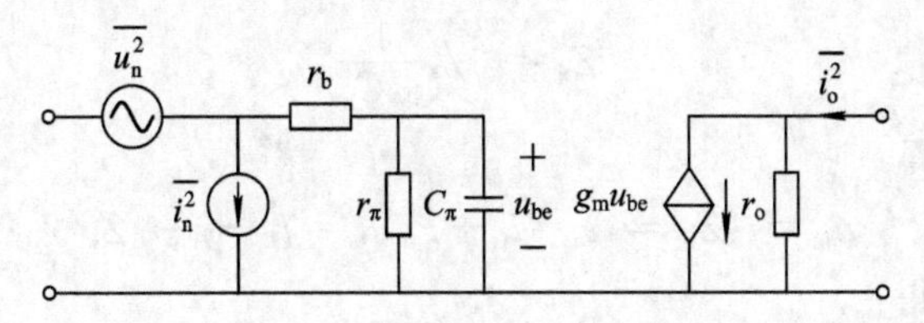

图 2-22　双极型晶体管等效噪声输入噪声模型

图 2－23 给出了计算$\overline{u_n^2}$的等效电路。

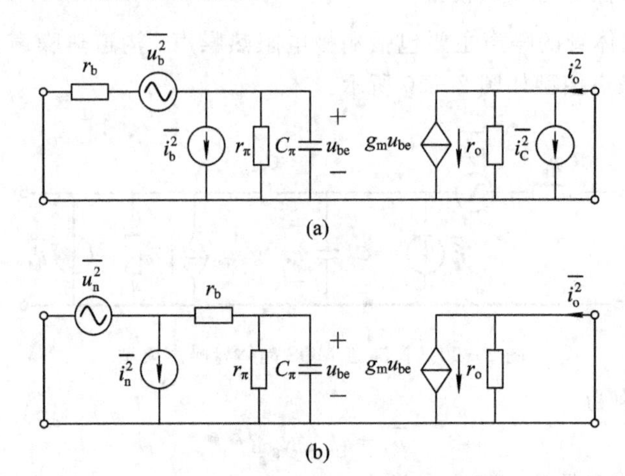

图 2－23　计算$\overline{u_n^2}$的等效电路

下面分析等效过程。在频率不太高时，有

$$r_b \ll \left| r_\pi /\!/ \frac{1}{j\omega C_\pi} \right|$$

由图 2－23(a)得

$$u_{be} = u_n - i_B r_b \tag{2.3.45}$$

$$i_o = g_m u_{be} + i_c = g_m u_b + g_m i_B r_b + i_C \tag{2.3.46}$$

由图 2－23(b)得

$$u_{be} = u_n \Rightarrow i_o = g_m u_{be} = g_m u_n \tag{2.3.47}$$

忽略体电阻的影响，并考虑两个电路输出短路电流相等，得

$$u_n = u_b + \frac{i_C}{g_m} \tag{2.3.48}$$

利用 u_b 和 i_C 的非相关性，功率可以线性叠加，于是有

$$\overline{u_n^2} = \overline{u_b^2} + \frac{\overline{i_C^2}}{g_m^2} \tag{2.3.49}$$

考虑到 $I_C = g_m U_T$，$U_T = kT/q$，因而有

$$\overline{u_n^2} = 4kT\left(r_b + \frac{1}{2g_m}\right)\Delta f \tag{2.3.50}$$

图 2－24 给出了计算$\overline{i_n^2}$的等效电路。通过该图，分别计算两个电路中的输出电流 i_o，并使之相等，最后推导出$\overline{i_n^2}$。

首先求出并联阻抗：

$$Z_\pi = r_\pi /\!/ \frac{1}{j\omega C_\pi} \tag{2.3.51}$$

根据图 2－24(a)，可得

$$u_{be} = i_B Z_\pi \Rightarrow i_o = i_C + g_m u_{be} = i_C + g_m i_B Z_\pi \tag{2.3.52}$$

根据图 2－24(b)，可得

$$u_{be} = i_n Z_\pi \Rightarrow i_o = g_m u_{be} = g_m i_n Z_\pi \tag{2.3.53}$$

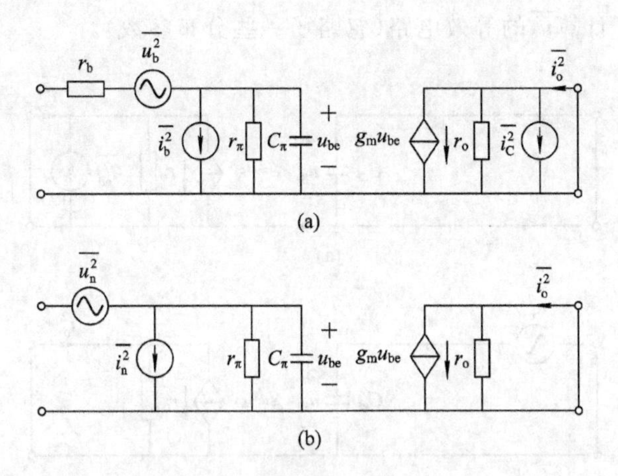

图 2-24 计算$\overline{i_n^2}$的等效电路

经整理得

$$i_C + g_m i_B Z_\pi = g_m i_n Z_\pi \Rightarrow i_n = i_B + \frac{i_C}{g_m Z_\pi} \tag{2.3.54}$$

考虑到 $g_m Z_\pi$ 实际上是晶体管交流信号的电流放大倍数，有如下数学表示式：

$$\beta(\omega) = g_m Z_\pi = g_m \frac{r_\pi}{1 + j\omega r_\pi C_\pi} \tag{2.3.55}$$

将式(2.3.55)代入式(2.3.54)得

$$i_n = i_B + \frac{i_C}{\beta(\omega)} \tag{2.3.56}$$

利用 i_B 和 i_C 的非相关性，使得功率可以线性叠加，有

$$\overline{i_n^2} = \overline{i_B^2} + \frac{\overline{i_C^2}}{|\beta(\omega)|^2} \tag{2.3.57}$$

对于 i_B 来说，考虑二极管噪声，即有散弹噪声和闪烁噪声：

$$\overline{i_B^2} = 2qI_B\Delta f + K\frac{I_B^a}{f^b}\Delta f \tag{2.3.58}$$

对于 i_C 来说，考虑集电极-发射极散弹噪声，即

$$\overline{i_C^2} = 2qI_C\Delta f \tag{2.3.59}$$

最后求出 i_n：

$$\overline{i_n^2} = 2qI_B\Delta f + K\frac{I_B^a}{f^b}\Delta f + \frac{2qI_B\Delta f}{|\beta(\omega)|^2} \tag{2.3.60}$$

3) MOS 晶体管的等效输入噪声模型及其噪声计算

图 2-25 给出了 MOS 晶体管等效输入噪声模型。

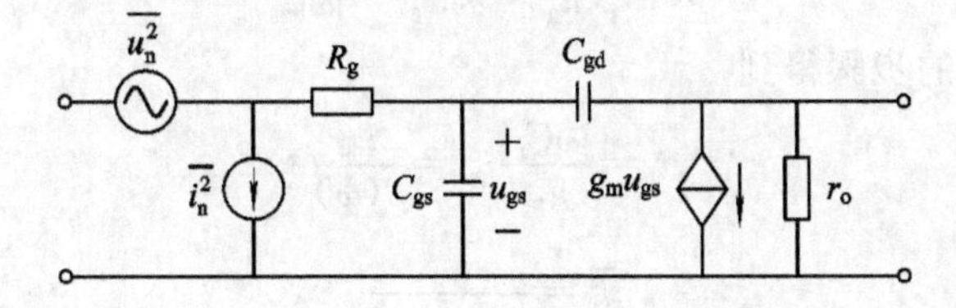

图 2-25 MOS 晶体管等效输入噪声模型

图 2-26 给出了计算$\overline{u_n^2}$的等效电路(忽略了一些分布参数)。

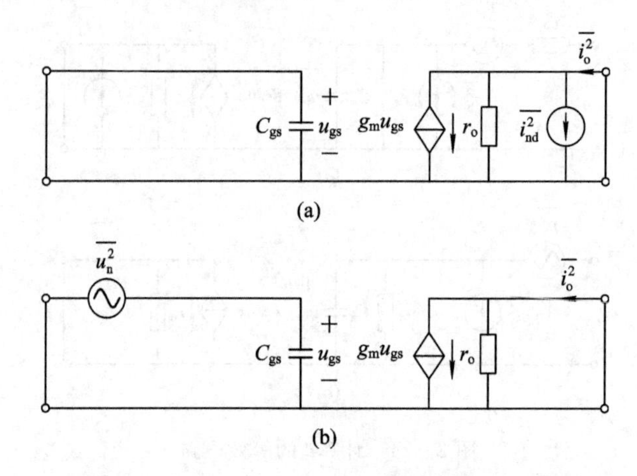

图 2-26　计算$\overline{u_n^2}$的等效电路

首先由图 2-26(a)得 $i_o = i_{nd}$，再由图 2-26(b)得 $i_o = g_m u_{gs} = g_m u_n$。考虑到

$$\overline{i_{nd}^2} = 4kT\,\frac{2}{3}g_m\Delta f + K\,\frac{I_D^a}{f^b}\Delta f$$

根据类似于双极型晶体管等效输入噪声模型及其噪声计算方法，可得

$$\overline{v_n^2} = 4kT\,\frac{2}{3}\frac{1}{g_m}\Delta f + \frac{K}{g_m^2}\frac{I_D^a}{f^b}\Delta f \tag{2.3.61}$$

图 2-27 给出了计算$\overline{i_n^2}$的等效电路。

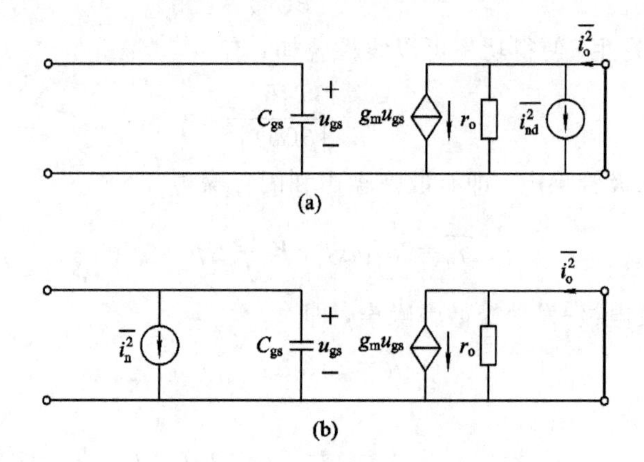

图 2-27　计算$\overline{i_n^2}$的等效电路

首先根据图 2-27(a)，得到电流增益表示式：

$$\beta(\omega) = \frac{g_m u_{gs}}{u_{gs}\cdot \mathrm{j}\omega C_{gs}} = \frac{g_m}{\mathrm{j}\omega C_{gs}} \tag{2.3.62}$$

同样按照与前面类似的步骤得到

$$i_n = \frac{\mathrm{j}\omega C_{gs}}{g_m}i_{nd} = \frac{i_{nd}}{\beta(\omega)} \tag{2.3.63}$$

$$\overline{i_n^2} = \frac{\overline{i_{nd}^2}}{|\beta(\omega)|^2} \tag{2.3.64}$$

2.4 片上电感设计与建模仿真实例

在硅基集成电路工艺发展的早期，业界普遍认为在硅基集成电路上集成电感是不实际的。1990 年伯克利大学研究人员首次在 IEEE JSSC（IEEE Journal of Solid State Circuits）发表了采用标准 CMOS 工艺在硅衬底上制造电感的文章[14]。

电感对于射频电路通常是必不可少的元件，广泛运用在匹配、滤波和谐振等电路中。由于标准的 CMOS 工艺为平面工艺，因而标准 CMOS 工艺中的电感基本都是平面螺旋形的，它采用工艺中的两层或者多层金属层绕成的螺旋形线圈构成。

2.4.1 片上电感的电学与几何参数

片上电感的电学参数包括电感感值 L、品质因数（quality factor，简称 Q 值）和自谐振频率（self resonant frequency，SRF）等。图 2-28(a)是经典的片上电感 π 型等效电路模型[13]，图 2-28(b)是片上电感常用的计算等效模型。（注：图 2-28(a)与图 2-5 是同一幅图。）

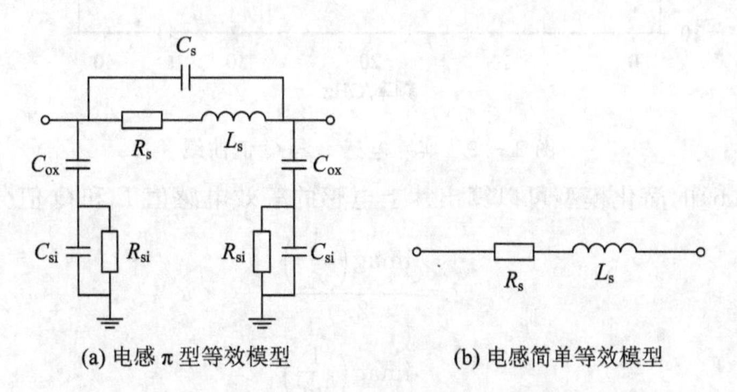

图 2-28　片上电感 π 型等效模型和简单计算等效模型

在图 2-28(a)所示的片上电感 π 型等效模型中，L_s 为片上电感本征感值，R_s 为电感线圈直流电阻与趋肤效应决定的寄生电阻，C_s 为电感线圈之间的寄生电容，C_{ox} 为电感线圈与衬底之间的电容，C_{si} 为衬底到地的电容，R_{si} 为衬底的损耗电阻。在一般的设计计算中，通常不需要考虑这么多寄生参数，因而可以将片上电感等效为理想电感和理想电阻的串联网络，如图 2-28(b)所示。

图 2-29 是实际片上电感的感值 L 和 Q 值与频率的关系曲线。由于片上电感各种寄生电容的影响，实际片上电感的有效感值是随着工作频率变化而变化的。图 2-29 所示的电感，在 5 GHz 频率处的感值为 3.09 nH，在 15 GHz 频率处达到最大值 5.78 nH，而在 23.8 GHz 频率处感值下降到 0，18.4 GHz 后的值为负值，说明此时的片上电感呈容性。电感的感值下降到 0 处的频率称为电感的自谐振频率 SRF，代表了一个电感可以工作的最高频率。

电感的 Q 值定义为在一定频率下电感的感抗与其等效损耗电阻之比。实际片上电感的感抗由其本征电感和寄生电容决定，是一个与频率相关的量。而实际片上电感的等效损耗电阻值由导线电阻与衬底损耗电阻决定，受趋肤效应的影响。导线电阻也与频率相关。

从图 2-29 的 Q 值曲线可以看出，片上电感的 Q 值也不是一个恒定的值，频率较低时感抗较低，电感的 Q 值也较低，随后随频率的增加，感抗增加，Q 值也变大，达到最大值后电感的 Q 值开始下降。电感的 Q 值在 SRF 频率处为零，代表此时电感的寄生电容和电感谐振，总的感抗为零，此时电感等效为电阻。

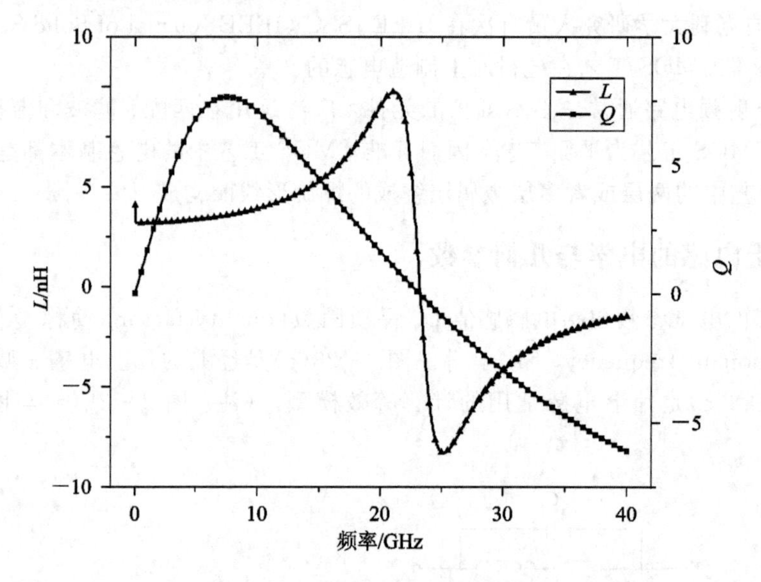

图 2-29 实际电感 L 与 Q 值曲线

由图 2-28(b)的简化模型可以算出片上电感的等效电感值 L 和 Q 值分别为

$$L=\frac{\text{imag}\left(\frac{1}{y_{11}}\right)}{2\pi f} \tag{2.4.1}$$

$$Q=\frac{\text{imag}\left(\frac{1}{y_{11}}\right)}{\text{real}\left(\frac{1}{y_{11}}\right)} \tag{2.4.2}$$

电感的几何参数包括电感的形状、圈数 N、线宽 W、线间距 S、内径 R_i 和外径 R_o 及电感面积 A。片上电感常用的几何形状有四边形、八边形和圆形等，如图 2-30 所示。此外，除了图 2-30 所示的几种普通电感外，采用电磁仿真软件还可以设计出差分电感、中心抽头电感、异形电感、片上巴伦、片上变压器和耦合电感等特殊感性器件。

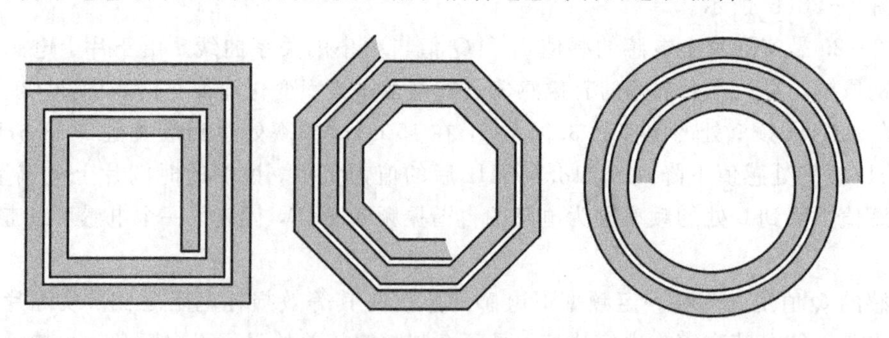

图 2-30 片上电感几何形状

现代的射频工艺代工厂通常都会在工艺库中提供一些经过工艺厂商优化过的标准化的电感，供设计者调用。如图 2-31 所示，在本书采用的 SMIC 0.18 μm 混合射频工艺库中提供了三种标准电感供用户调用。

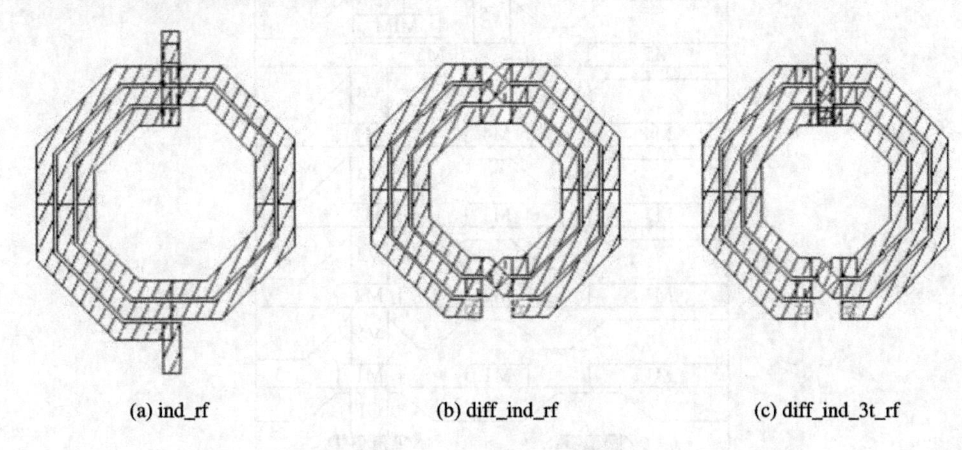

图 2-31　SMIC 0.18 μm MMRF 工艺中提供的三种电感

工艺厂商提供的标准电感模型极大地降低了射频电路设计人员设计电感的门槛与工作量。但是这些电感仅为射频电路设计作了优化，射频电路中的电感一般要求具有较大的品质因数。为了提高 Q 值，工艺厂商提供的电感的线宽一般都比较宽，且电感的内径都比较大，如本书采用的 SMIC 0.18 μm MMRF 工艺中，三种电感的线宽都被固定为 8 μm，电感的内径最小为 30 μm。同时为了减小周围导线对电感精度的影响，电感的周围通常会划一个较大的禁止布线区域，如 SMIC 0.18 μm MMRF 工艺中要求距电感 50 μm 距离内禁止其他走线。这些约束虽然有效提高了电感的 Q 值与精度，但是会极大地增加芯片面积。如实现约 2 nH 的电感，在 SMIC 0.18 μm MMRF 工艺中需要的最小的版图面积如表 2.2 所示。

表 2.2　SMIC 0.18 μm MMRF 工艺中实现约 2 nH 电感需要的最小面积

电感名称	电感值/nH	电感内径/μm	电感圈数	版图面积/μm^2
ind_rf	2.04	35	3.5	238×243
diff_ind_rf	2.23	30	4	233×233
diff_ind_3t_rf	1.99	30	4	233×233

2.4.2　芯片叠层结构

在使用电磁仿真工具对片上电感进行仿真之前，首先要根据实际的工艺设置仿真的叠层参数。叠层参数包括各层的厚度、介质的相对介电常数、导体的电导率等。图 2-32 所示的是 0.18 μm CMOS 工艺的叠层结构，该工艺一共包含了 16 个介质层、6 个金属层、1 个多晶硅层及 6 个过孔层。在该工艺中，为了提高电感的 Q 值特意在顶层增加了一个厚层金属 M6，其厚度明显大于 M1～M5 的厚度。选用最顶层金属设计电感的另一个原因是：顶层金属距离硅衬底最远，衬底损耗相对较小，有利于提高电感的 Q 值。

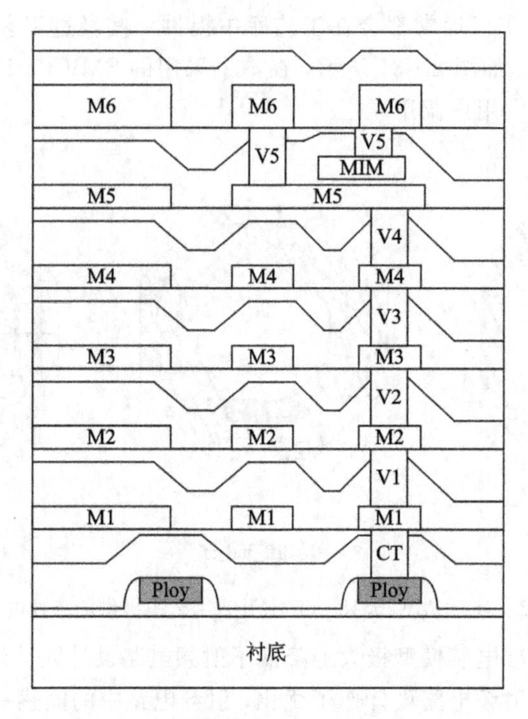

图 2-32 0.18μm CMOS 工艺的叠层结构

2.4.3 片上电感设计方法

片上电感设计方法一般有两种：一种是基于公式的解析设计；另一种是基于电磁的仿真设计。

公式解析设计方面主要有两种方法。一种方法是基于电感的物理特性，将电感拆分成若干直金属线段，然后利用直金属线的自感和互感计算公式分别计算得到每段金属的自感值与互感值，最后将所有自感与互感相加，得到电感的感值。这种方法的计算非常复杂，实际中并不常用。另一种方法是基于实测与电磁仿真得出数据拟合的公式。如 1999 年 Sunderarajan S Mohan 和 Maria del Mar Hershenson 等人通过拟合 19 000 个场求解器 ASITIC 仿真数据，拟合得出公式[15]：

$$L_{mon}=\beta d_{out}^{\alpha 1} w^{\alpha 2} d_{avg}^{\alpha 3} n^{\alpha 4} S^{\alpha 5} \tag{2.4.3}$$

式中，d_{out}为电感的外径；w 为电感的线宽；d_{avg}为电感内径 d_{in}和外径 d_{out}的平均值，即 $(d_{out}+d_{in})/2$；n 为电感的圈数；S 为电感的线间距。系数 β、$\alpha 1$、$\alpha 2$、$\alpha 3$、$\alpha 4$ 和 $\alpha 5$ 根据电感的外形取不同的值，如表 2.3 所示[10]。

表 2.3 式(2.4.3)的电感拟合公式系数

外形	β	$\alpha 1$	$\alpha 2$	$\alpha 3$	$\alpha 4$	$\alpha 5$
四边形	1.62×10^{-3}	−1.21	−0.147	2.40	1.78	−0.030
六边形	1.28×10^{-3}	−1.24	−0.174	2.47	1.77	−0.049
八边形	1.33×10^{-3}	−1.21	−0.163	2.43	1.75	−0.049

式(2.4.3)计算出来的电感值与实测值和仿真值的误差不超过5%[15]。

公式解析法的局限性在于：由公式求解到的电感值只是其直流电感值，而电感寄生参数与工艺关联较大，通常很难获得特定工艺下电感的寄生参数值，因而无法计算得出电感在高频下的感值 L、Q 值及 SRF。公式解析法的优点在于能够快速得到直流电感值，可用于电磁仿真之前预先确定电感的几何参数。

实际电感的精确值一般通过电磁仿真软件仿真得到。电磁仿真软件通过将电感导体进行网格剖分，求解特定边界条件下的麦克斯韦方程组，即可获得片上电感的S参数。利用电感的S参数可以计算得到片上电感的高频值和Q值等参数，S参数也可以在spice仿真器中直接仿真。

常用的片上电感建模仿真的电磁仿真软件有 HFSS、ADS Momentum、Sonnet、ASITIC等。HFSS属于三维电磁仿真软件，计算精度在这些软件中最高，但速度最慢。ADS Momentum 和 Sonnet 同属于三维平面(二维半或2.5D)仿真软件，其计算结果精度比较可靠，运算速度也较快。在易用性方面，Sonnet 和 ADS Momentμm 都可以和Cadence Virtuoso 软件集成，版图绘制完毕后都可以直接在 Layout 工具中调用这些软件进行仿真。Sonnet 的优点在于可以自动生成电感的电路模型和符号，在原理图仿真中可直接调用。本章主要采用 Sonnet 和 ADS 两种软件进行片上电感仿真建模。

2.4.4 ADS 片上建模与仿真

ADS(advanced design system)是 Keysight 公司（2014年从安捷伦公司中分拆出来)开发的电子设计自动化软件系统，被广泛应用于射频微波领域。Momentum 是 ADS 中的三维平面电磁场仿真器，使用 Momentum 可以计算微带线、带状线等的电磁特性，以及电路板上的寄生、耦合效应。同时，ADS 能与许多著名的 EDA 软件进行联合仿真，如 HFSS、CST、Cadence、Sonnet 和 Matlab 等。在 IC 设计领域，ADS 利用芯片生产厂家（如TSMC)提供的 PDK 进行原理图的初步设计与仿真。

在使用 ADS 进行片上电感设计仿真之前需要根据芯片的工艺叠层设定一个 ADS 中 Layout 所用到的叠层文件，该文件定义了芯片介质与金属层的厚度、介质的相对介电常数、金属的电导率等相关信息。以 TSMC 0.18 μm 工艺为例，该叠层文件应包含六层金属的厚度和电导率、金属层之间的介电常数和厚度、衬底的厚度等各方面的特性。

利用 ADS(2015.01 版本)进行电感建模的步骤如下：

(1) 打开 ADS 软件并新建工程，在此工程下新建 Layout。

(2) 打开菜单栏的叠层编辑器“Substrate Editor”，进行叠层的设置，注意要和芯片所用工艺的叠层参数相同。

(3) 根据所需电感的形状、线宽、线间距、圈数、内径等电感参数(圆形、四边形、六边形、八边形等)选择合适的绘图按钮。(这里以正四边形为例，选择菜单栏的“Insert Path”，设定线宽、线端形状和拐角形状，然后由内而外进行电感线圈的绕制。)

(4) 选择菜单栏“EM”的子菜单 Simulation Setup 或快捷键 F6 进行仿真设置。在左侧“Substrate”栏，选择对应的叠层文件；在 Layout 页面，依次选择菜单栏的“Insert”、“Pin”，在电感的端口处放置 Pin 脚(要特别注意 Pin 的类型与所处的金属层)，此时在仿真设置页面左侧的“Ports”上的黄色感叹号消失；在“Frequency Plan”处设置仿真类型、起始频率、终止频率、采样频率点个数等仿真参数。在“Simulation Setup”页面应确保左侧菜单栏不能出现黄色感叹号。(建议：采样频率点个数不宜设置过多，否则会大大增加仿真时间。)

(5) 在右下角“Generate”处选择“S-Paramaters”进行仿真，仿真结束后，自动弹出S参数的仿真结果。在仿真结果页面，依次选择“Tools”、“Data File Tool…”。在弹出的“dftool/mainWindow”页面，选择“Write data file from dataset”，左侧输入要输出数据的名称，右侧“File format to write”选择“Touchstone”，在下方“datasets”中选择与“Simulation Setup”页面“output plan”选项中名称一样的选项。

(6) 点击“Write to File”，生成电感仿真的S参数文件，保存在工程所在的主文件夹下。

(7) 在此工程下新建一原理图，名称自取，在下方“Schematic Design Templates (Optional)”的下拉选项中选择“ads_templates:S_Params”。

(8) 在原理图页面依次选择“Tools”、“SnP Utilities”、“Place SnP schematic”，在弹出的窗口中输入“2”(此处应与电感端口数一致)，将放置的S2P模型的1和2端口分别接Term1和Term2，“Ref”接地(与电感仿真时的Pin相对应)。双击S2P模型，在“File Name”处选择所生成的电感的S2P文件。

(9) 双击“S-PARAMETERS”控件，在“Frequency”处设置起始频率、终止频率、仿真步长等信息，在“Parameters”处选择“Y-parameters”。

(10) 按快捷键F7进行仿真。在弹出的仿真结果页面左侧选择“Eqn”按钮，输入公式“L=imag(1/Y11)/(2　pi　freq)”、“Q=imag(1/Y11)/real(1/Y11)”，然后选择左侧“Rectangular Plot”，在弹出页面的“Datasets and Equations”选择“Equations”，选择输出“L”和“Q”。

下面使用ADS仿真线宽为2.5 μm、线间距为1.5 μm、圈数为6圈、内径为30 μm的四边形、六边形和八边形电感的感值L、Q值和自谐振频率SRF。仿真结果如图2-33所示。

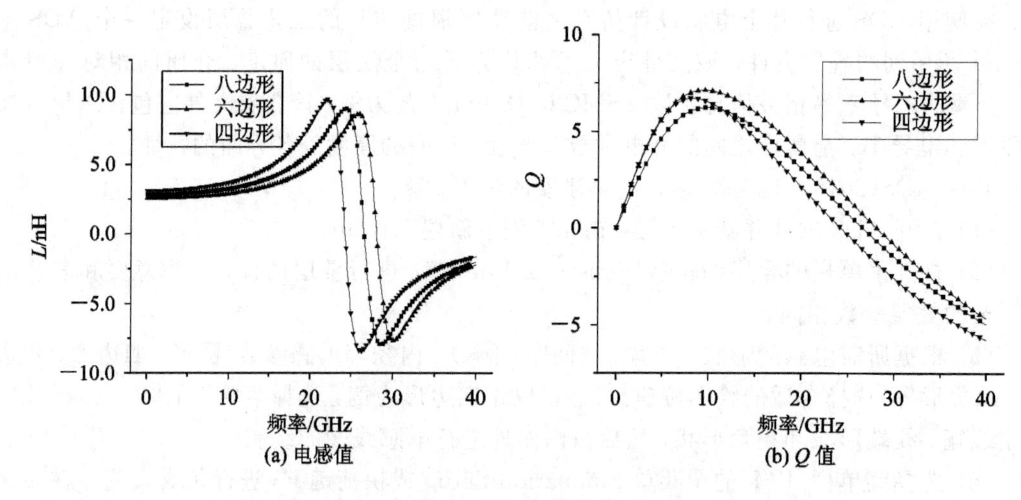

图2-33　仿真结果

ADS在5 GHz频率下的SRF、感值L和Q值如表2.4所示。在表2.4中，六边形电感具有最大的SRF，四边形电感的SRF最小。

表 2.4　三种电感 5 GHz 频率下的感值 L、Q 值与 SRF

形状	四边形	六边形	八边形
感值 L/nH	3.25	2.65	2.94
Q 值	5.72	5.67	4.7
SRF/GHz	24.2	28.1	26.6

2.4.5　Sonnet 片上建模与仿真

Sonnet 软件是一款专业的三维平面电磁仿真软件，其仿真精度较高，能够集成到 Cadence Virtuoso 中，直接将 Layout 的版图传送到 Sonnet 中进行仿真。图 2-34(a)为 Sonnet 仿真一个线宽为 4 μm，线间距为 1.5 μm，内径为 30 μm，圈数为 4.5 圈的平面四边形电感的三维视图。图 2-34(b)为 Sonnet 仿真结果与 ADS 仿真结果的对比。可以看出，两者仿真结果在低频时较为接近，由于两款软件在求解算法时存在差异，导致高频仿真结果存在一定合理范围内的偏差，并且 ADS 所需的叠层文件需人工编写，存在一定的误差，而 Sonnet 所需的叠层文件可以由芯片的工艺文件直接生成，可以认为 Sonnet 的仿真结果更加精确。采用 Sonnet 的另一个优点在于，Sonnet 可自动生成高精度的片上电感电路模型，可以极大地加快电路的仿真速度。

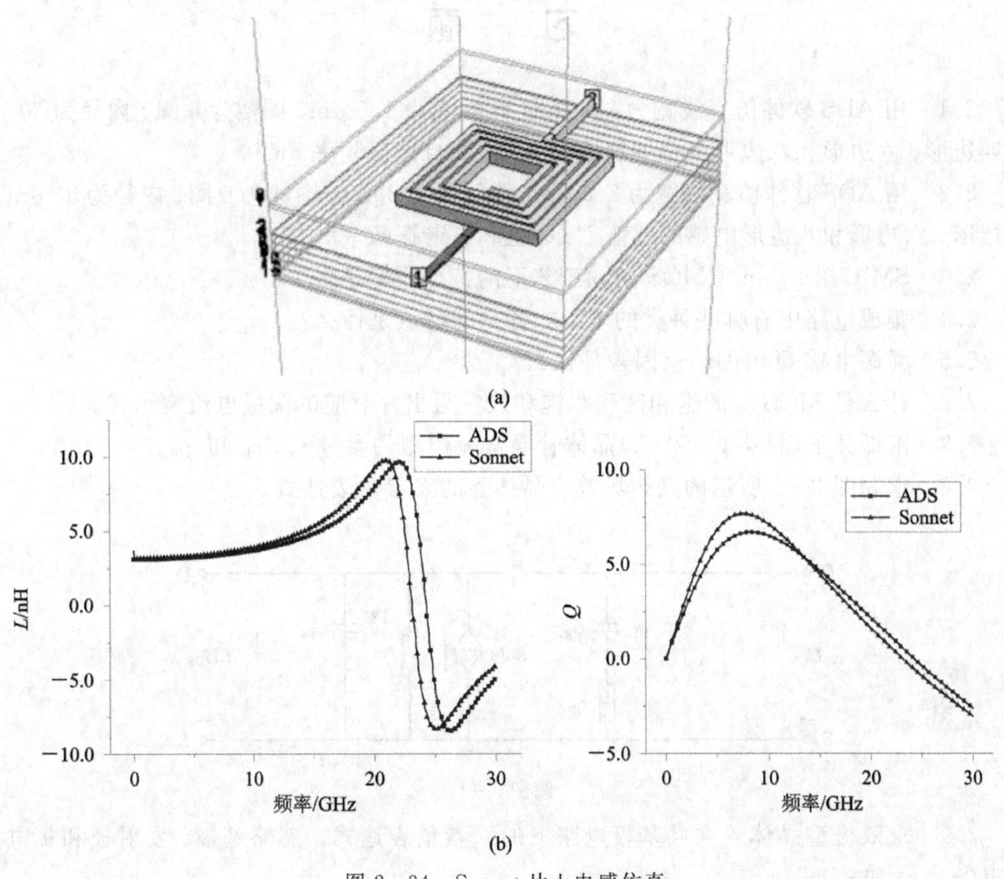

图 2-34　Sonnet 片上电感仿真

2.5 本章小结

本章在概述中介绍了CMOS器件特征频率的数学关系式以及0.18 μm标准CMOS工艺的基本特征参数。工艺的先进性直接影响到CMOS器件的特征频率。

无源元件包含电阻、电感和电容等。由于寄生效应的影响，这些元件在RFIC系统中具有相对复杂的等效电路模型。

有源器件及模型是RFIC分析与设计的重要基础。二极管模型包括非线性模型和线性模型。本章重点介绍双极型晶体管和场效应晶体管的各种模型。其中，双极型晶体管模型有大信号模型和小信号模型，它们为不同工作场合电路提供分析依据。场效应晶体管的直流模型包括阈值电压、漏极电流、MOS电容以及非准静态模型等。本章对这些模型做了详细的数学推导。

为方便诸如低噪声放大器等的理论推导，本章给出了有源器件的噪声模型，涉及噪声源的噪声分类及数学模型、二极管噪声模型、双极型晶体管和MOS场效应管噪声模型等。

在本章最后，通过设计举例，介绍了片上电感设计与建模仿真方法，为RFIC中电感的优化设计提供借鉴。

习　题

2.1　用ADS软件仿真线宽为2.5 μm、线间距为1.5 μm、圈数为6圈、内径为30 μm的四边形、六边形和八边形电感的感值L、Q值和自谐振频率SRF。

2.2　用ADS软件仿真线宽为3.5 μm、线间距为2 μm、圈数为6圈、内径为30 μm的四边形、六边形和八边形电感的感值L、Q值和自谐振频率SRF。

2.3　SMIC 0.18 μm CMOS射频工艺下的特征频率是多少？

2.4　集成电路中有哪些种类的电阻？各自的特点是什么？

2.5　无源电感Q值的约束因素是什么？

2.6　什么是MOS管的饱和区和非饱和区？写出其对应的漏极电流表示式。

2.7　求低频下(忽略C_μ和C_π)晶体管混合π模型的参量r_π、r_B和g_m。

2.8　求题图2-1所示的高频场效应晶体管的h参量表达式。

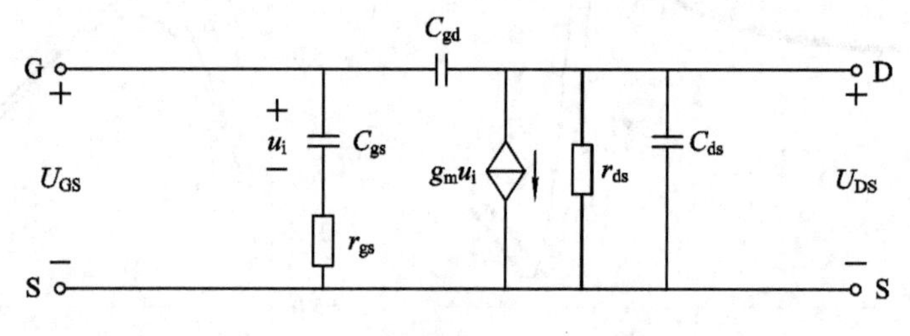

题图2-1

2.9　求双极型晶体管在共基极电路下的h参量表达式。忽略基极、发射极和集电极电阻(r_B、r_E和r_C)。

2.10　电路中常见的噪声源有哪些？列出双极型晶体管和场效应晶体管的主要噪声源。

2.11　计算题图 2-2 所示电路的 $1/f$ 噪声和热噪声的等效输入噪声电压。假设 V_1 和 V_2 均工作在饱和区。

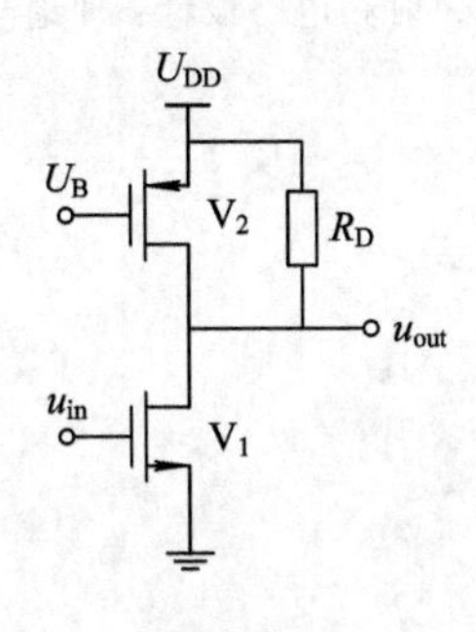

题图 2-2

2.12　试说明双极型晶体管的等效输入噪声的获取方法，并推导出等效输入噪声电压和噪声电流的表达式。

2.13　试说明长沟道 MOS 晶体管的等效输入噪声的获取方法，并推导出等效输入噪声电压和噪声电流的表达式。

2.14　什么是无生产线集成电路设计？有什么优点？

2.15　CMOS 器件特征频率与哪些参数有关？写出其数学表示式。

2.16　试补充满足式(2.3.18)条件的 U_{GS} 和 U_{DS} 的关系式。

2.17　试补充满足式(2.3.19)条件的 U_{GS} 和 U_{DS} 的关系式。

参考文献

[1]　王志功，朱恩，陈莹梅．集成电路设计[M]．北京：电子工业出版社，2006.

[2]　张兴，黄如，刘晓彦．微电子学概论[M]．北京：北京大学出版社，2003.

[3]　王志功．关于国家设立“集成电路设计人才培养专项基金‘中国芯片过程’”的建议 [J]．电气电子教学学报，22 (2)，2000：4-9

[4]　段吉海，王志功，李智群．跳时超宽带(TH-UWB)通信集成电路设计[M]．北京：科学出版社，2012.

[5]　Colelaser R C. Microelectronics Processing and Device Design. New York：Willy，1977.

[6]　Michael Quirk，Julian Serda. 半导体制造技术[M]．韩郑生，等译．北京：电子工业出版社，2004.

[7]　朱正勇．半导体集成电路[M]．北京：清华大学出版社，2001.

[8]　宋家友．微波单片集成功率放大器无生产线设计与研究[D]．南京：东南大学，2009.

[9]　张秀峰．高速串行信号均衡器研究与设计[D]．桂林：桂林电子科技大学，2017.

[10]　Mohan S S，Del M H M，Boyd S P，et al. Simple Accurate Expressions for Planar Spiral Inductances[J]．1999，34(10)：1419-1424.

[11]　訾端端．CMOS 平面螺旋电感的设计及其应用[D]．天津：天津大学，2007.

[12]　池保勇，余志平，石秉学．CMOS 射频集成电路分析与设计[M]．北京：清华大学出版社，2007.

[13]　Yue C Patrick，Wong S Simon. On-chip spiral inductors with patterned ground shields for si-based RF IC's [J]．IEEE Journal of Solid-State Circuits，1998，33(5)：743-752.

[14] Nguyen N M, Meyer R G. Si IC-compatible inductors and LC, passive filters[J]. IEEE Journal of Solid-State Circuits, 1990, 25(4): 1028 - 1031.

[15] Mohan S S, Del M H M, Boyd S P, et al. Simple Accurate Expressions for Planar Spiral Inductances[J]. 1999, 34(10): 1419 - 1424.

[16] Reinhold Ludwig, Gene Bogdannov. 射频电路设计：理论与应用[M]. 王子宇，王心悦，主译. 北京：电子工业出版社，2013.

第 3 章　无线通信的射频系统

3.1　概　　述

从第一代(1G)蜂窝移动电话系统到目前使用的 4G 蜂窝移动通信，均属于蜂窝式无线通信系统，而非蜂窝无线通信的应用亦有很多，如 IEEE 802.11（WIFI)系统、蓝牙通信、无线个域网(WPAN)、无线体域网(WBAN)以及超宽带(UWB)通信等。

如今，移动通信开始进入 5G 时代，“支付宝”和“微信支付”成为新时代的付费方式，造成了“一机在手，随时都有(钱)”的现象。毫无疑问，射频集成电路（RFIC）的发展对于无线通信技术的发展起到了关键性的推动作用，它是当代无线通信的基础。

随着无线通信技术的发展和演变，除了传统的频谱划分方式外，也产生了一些有争议的概念问题。例如，关于射频与微波的区分，射频集成电路与微波集成电路的区分，射频电路和射频集成电路的频段如何？事实上，这与集成电路工艺发展有着密切关系。总体来说，不管是射频集成电路还是微波集成电路，其工作频段都属于微波频段，其主要区别是：射频集成电路通常采用可集成的集中参数无源元件进行设计和前仿真，如利用 LC 集中参数元件进行匹配网络设计和仿真，在版图阶段则提取互连线的分布参数，进行后仿真。微波集成电路通常不采用 LC 集中参数元件进行匹配网络设计，而是采用传输线来完成这一任务的。而传输线属于分布参数元件，因此微波集成电路通常采用分布参数元件进行设计与仿真。

超外差(superheterodyne)结构的无线射频系统结构因其具有的高性能一直处于统治地位，但随着全集成的诉求，这种结构因为难以全集成，在 CMOS 单片集成射频系统中已不适用了，而一些适应于 CMOS 全集成的射频系统结构将会被采用。

本章主要介绍无线通信系统中的射频系统，包括无线通信系统、传统无线收发信系统和可集成的无线收发信系统等，最后提供了建模实例。

3.2　无线通信系统

3.2.1　无线通信系统的构成

1. 一般通信系统模型

图 3-1 所示为一般意义上的通信模型。图中各个模型功能如下：

(1) 信源：输出基带信号（baseband）。

(2) 发送设备：将基带信号进行调制，变换为适合信道传输的频率，并送入信道。调制后的信号称为已调信号或通带信号（passband）。

(3) 接收设备：将已调信号进行解调，还原成基带信号。

(4) 信宿：将解调后的基带信号变换为相应的信息。

(5) 信道：狭义上是指通信系统中的传输媒体系统。信道是传输媒介，分为有线和无线两类。有线信道：电线、电缆、光纤、波导；无线信道：自由空间。

为了更好地理清整个通信系统原理，下面介绍一些基本概念。

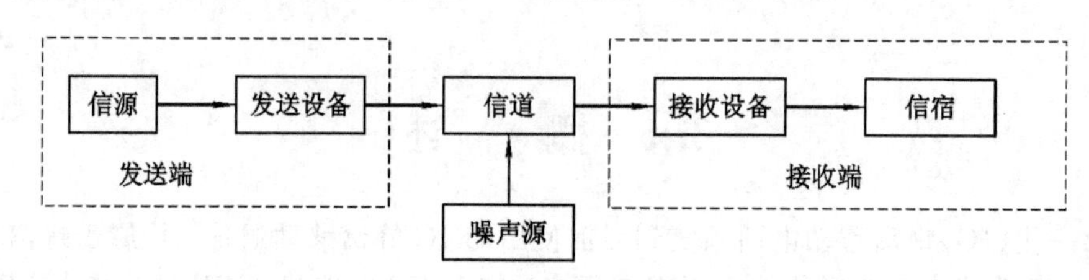

图 3-1　一般通信系统模型

1) 转换

所谓转换，是指将表达消息的感觉媒体(通常是非物理量)通过显示媒体转换为电物理量(电流、电压)。

2) 调制

调制的作用是将经转换获得的电信号(例如语音信号)的“频谱”在发信机中进行“搬移”，将它搬移到某个“载频”(即载波的频率)附近的频带内。这样做可以达到两个目的：一个是利用高载频电磁波向大气空间“强”的辐射能力，以满足无线电通信的需要；另一个是实现频分复用(frequency division multiplexing，FDM)，以满足多路通信的目的。

3) 基带信号

所谓“基带信号”，是指还没有被调制的信号，也称为调制信号。经过调制器调制后的信号称为已调信号。

4) 编码

所谓“编码”，简单来说，就是用一些“符号(例如正负脉冲)”按照一定的规律组合来表示某种消息的意义。编码的作用有：第一，提高信号的传输速率，此时所进行的编码称为“信源编码”，即提高有效性；第二，提高信号传输时的可靠性(抗干扰能力)，此时所进行的编码称为“信道编码”。

5) 消息与信息的区别

定义 3.1　用文字、符号、数据、语言、音符、图片、图像等能够被人们感觉器官所感知的形式，把客观物质运动和主观思维活动的状态表达出来，这就是消息。

从通信的观点出发，构成消息的各种形式要具有两个条件：一是能够被通信双方所理解；二是可以传递。因此，人们从电话、电视等通信系统中得到的是一些描述各种主、客观事物运动状态或存在状态的具体消息。

定义 3.2　信息是事物运动状态或存在方式的不确定性的描述。(香农信息的定义。)

信息是隐含在消息中的。例如，甲告诉乙说：“你考上了大学”，那么乙就获得了信息。如果丙又告诉乙同样的话，此时，对乙来说，他只是得到了一条消息，并没有获得其他任何信息。其实乙获得信息还有一个前提条件，就是乙参加了高考。如果乙根本没有参加高考，也就不可能考上大学，甲的话对乙来说就没有包含任何信息。

在这个事件当中，“考上了大学”是对考试结果的一种描述，而考试的结果不止一种。可见，乙在得到消息之前存在不确定性。在得到消息之后，只要甲没说错，乙的不确定性就消除了，也就获得了信息。

通过分析可知，在通信系统中形式上传输的是消息，但实质上传输的是信息。消息中包含信息，是信息的载体。得到消息，从而获得信息。同一则信息可以由不同形式的消息来载荷，如足球赛进展情况可用报纸文字、广播语言、电视图像等不同消息来表述。而一则消息也可载荷不同的信息，它可能包含非常丰富的信息，也可能只包含很少的信息。可见，信息与消息是既有区别又有联系的。

2. 模拟与数字通信系统

1）模拟通信系统模型

图 3－2 所示的模拟通信系统模型是载波传输方式的模型。

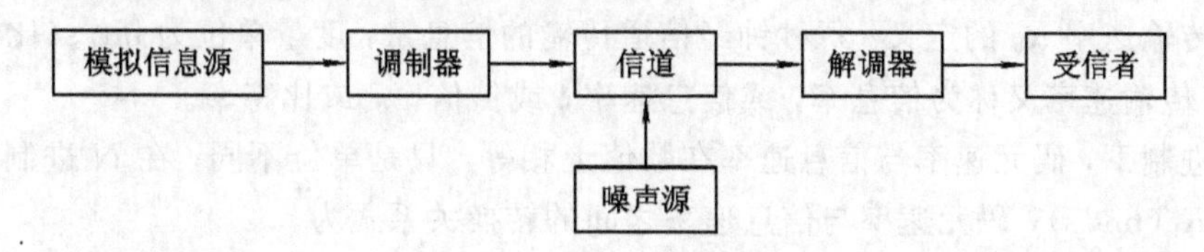

图 3－2　模拟通信系统模型

首先，发送端的连续消息要变换成原始电信号，接收端收到的信号要反变换成原连续消息。这里的原始电信号通常具有频率较低的频谱分量，它不适合直接传输。因此，需要将原始电信号再变换成其频带适合信道传输的信号，并在接收端进行反变换。这种变换和反变换分别称为调制和解调。

经过调制器调制后的信号称为已调信号。已调信号具有两个基本特征：一个是携带有消息；二是适应在信道中传输。

发送端调制之前和接收端解调之后的信号称为基带信号。因此，原始电信号又称为基带信号，而已调信号又称为频带信号。

2）数字通信系统模型

图 3－3 所示的是数字通信系统模型。

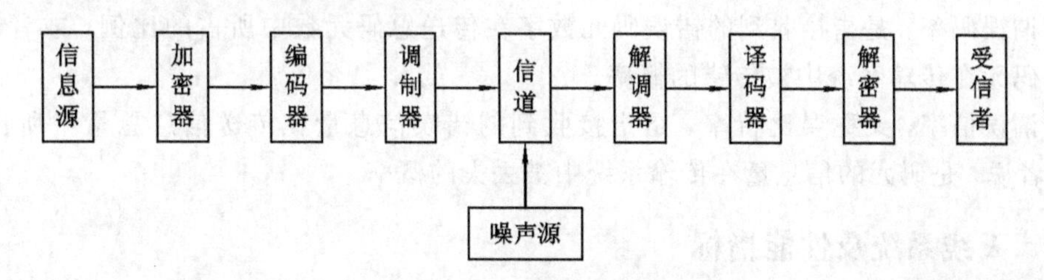

图 3－3　数字通信系统模型

数字通信的基本特征是，它传输的信号是“离散”或数字的。由于数字信号在传输时，信道噪声或干扰所造成的差错，原则上是可以控制的，它通过差错控制编码的方式实现。于是，数字通信系统中在发送端需要一个编码器，而在接收端需要一个译码器。当需要实现保密通信时，可以有效地将基带信号进行人为“搅乱”，即加上密码，因此，这种数字通信又多了一个发送端的加密器和接收端的解密器。除此之外，数字通信系统存在码元同步、码组同步、帧同步、群同步等系统同步问题。

3.2.2 无线通信系统的常用性能指标

1. 传输速率

1）码元传输速率

码元传输速率 R_c 的定义：每秒钟经信道传输的码元数，度量单位为 B(Baud 波特)。码元传输速率又称为码元速率，或传码率或波特率。设二进制码元速率为 R_{B2}，N 进制码元速率为 R_{BN}，且有 $2^k=N$，$(k=1, 2, 3, \cdots)$，则二进制与 N 进制的码元速率有如下转换关系式：

$$R_{B2}=R_{BN}\,\mathrm{lb}N \tag{3.2.1}$$

2）信息传输速率

信息传输速率 R_b 的定义：每秒钟经信道传输的信息量，度量单位为 bit/s(比特/秒)或 bps。信息传输速率又称为信息率，或信息速率，或传信率，或比特率。

在二进制下，码元速率与信息速率在数值上相等，只是单位不同；在 N 进制下，设信息速率为 R_b(bit/s)，码元速率与信息速率之间的转换关系式为

$$R_b=R_{BN}\,\mathrm{lb}N \quad (\mathrm{bit/s}) \tag{3.2.2}$$

或

$$R_{BN}=\frac{R_b}{\mathrm{lb}N} \quad (\mathrm{B}) \tag{3.2.3}$$

2. 信道容量

信道容量定义为

$$C=B\,\mathrm{lb}\left(1+\frac{S}{n_0B}\right) \quad (\mathrm{bit/s}) \tag{3.2.4}$$

其中，B 为信道带宽(Hz)；S 为信道输出功率(W)；n_0B 为信道输出加性白噪声功率(W)。式(3.2.4)就是著名的香农公式。

3. 误码率及误信率

所谓误码率，是指接收到的错误码元数字在传送总码元数中所占的比例，或者说，误码率是码元在传输系统中被传错的概率。

所谓误信率，又称误比特率，是指接收到的错误信息量在传送信息总量中所占的比例，或者说，是码元的信息量在传输系统中被丢失的概率。

3.2.3 天线系统及性能指标

天线系统是整个无线通信系统不可或缺的重要组成部分。RFIC 与集成电路天线密不可分。本节将简单介绍有关天线系统的主要参数指标。天线的种类有很多，如电偶极子天线、单极子天线、环形天线等属于线天线类，而喇叭天线、反射面天线以及透镜天线等属于孔径天线类。

当天线被注入能量时会产生两种形式的电磁场。一种是驻留在天线附近的场能；另一种是向外辐射的场能，即辐射场。

定义单位立体角内辐射的功率为辐射强度(radiation intensity)U。它是一个远场参量，与功率密度 W_{rad} 及距离 r 有如下关系：

$$U=r^2W_{rad} \tag{3.2.5}$$

1. 方向增益与方向性

沿所有方向都均匀辐射的天线被称为各向同性天线(isotropic antenna)。方向增益是指测试天线的辐射强度与各向同性天线的辐射强度之比，可表示为

$$D_G=\frac{U}{U_0}=\frac{4\pi U}{P_{rad}} \tag{3.2.6}$$

其中，U 为测试天线的辐射强度；U_0 为各向同性天线的辐射强度；P_{rad} 为总辐射功率；因此天线的方向增益与球坐标的 θ 和 ϕ 有关。如果辐射强度取最大值，则此时的方向增益称为方向性，即

$$D_0=\frac{U_{max}}{U_0}=\frac{4\pi U_{max}}{P_{rad}} \tag{3.2.7}$$

2. 天线增益

天线的功率增益(power gain)定义为空间一点的辐射强度与相同输入功率下均匀辐射产生的辐射强度之比，即

$$G_A=4\pi\,\frac{\text{辐射强度}}{\text{总输入功率}}=\frac{4\pi U(\theta,\ \phi)}{P_{in}} \tag{3.2.8}$$

如果用相对增益，定义为测试天线在给定方向下的功率增益与参考天线功率增益之比。这两个天线必须具有相同的输入功率。考虑到大多数参考天线是一个无耗的各向同性辐射器，因此有

$$G_A=\frac{4\pi U(\theta,\ \phi)}{P_{in}(\text{无耗各向同性天线})} \tag{3.2.9}$$

3. 辐射方向图和半功率波束宽度

所谓辐射方向图(radiation pattern)，是指在正交平面(θ 平面或 ϕ 平面)上离天线的恒定距离处辐射分布的图形，如图 3-4 所示。在两个谷之间的最大波峰称为主波瓣(main lobe)，其他的称为边瓣(side lobe)。

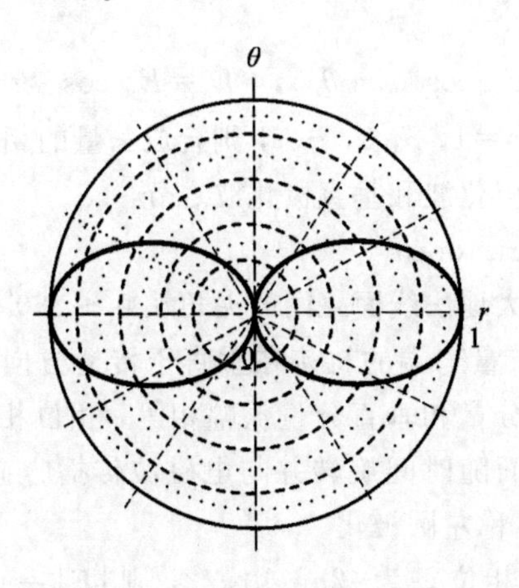

图 3-4　电偶极子在垂直(θ)平面上的辐射方向图

所谓半功率波束宽度(half-power beam width)，是指主瓣上相对于其最大值下降50%的两个半功率点的张角。

4. 天线效率

天线效率是指辐射功率与输入功率之比，即

$$e_{cd}=\frac{P_{rad}}{P_{in}} \tag{3.2.10}$$

天线的反射效率定义为进入天线的功率与馈源可用功率之比，若用反射系数描述，则有

$$e_r=1-|\Gamma|^2 \tag{3.2.11}$$

综合后的总的天线效率为

$$e_o=e_r e_{cd} \tag{3.2.12}$$

5. 带宽与极化

天线的带宽是指符合某些特定标准的天线频段宽度。天线特性包括增益、辐射方向图、阻抗等。

天线的极化特性是以天线辐射电磁波在最大辐射方向上电场强度矢量的空间取向来定义的，是描述天线辐射电磁波矢量空间指向的参数。由于电场与磁场有恒定的关系，故一般都以电场矢量的空间指向作为天线辐射电磁波的极化方向。

天线的极化分为线极化、圆极化和椭圆极化。线极化又分为水平极化和垂直极化；圆极化又分为左旋圆极化和右旋圆极化。

1) 线极化(linear polarization)

电场矢量在空间的取向固定不变的电磁波叫线极化。有时以地面为参数，电场矢量方向与地面平行的叫水平极化，与地面垂直的叫垂直极化。电场矢量与传播方向构成的平面叫极化平面。垂直极化波的极化平面与地面垂直；水平极化波的极化平面垂直于入射线、反射线和入射点地面的法线构成的入射平面。

在三维空间，沿Z轴方向传播的电磁波，其瞬时电场可写为

$$\boldsymbol{E}=\boldsymbol{E}_x+\boldsymbol{E}_y \tag{3.2.13}$$

若

$$\boldsymbol{E}_x=E_{xm}\cos(\omega t+\theta_x),\quad \boldsymbol{E}_y=E_{ym}\cos(\omega t+\theta_y) \tag{3.2.14}$$

且$\boldsymbol{E}_x$与$\boldsymbol{E}_y$的相位差为$n\pi(n=1, 2, 3, \cdots)$，则合成矢量的相位为常数，端点的轨迹为一条直线。线极化波又有水平极化波和垂直极化波之分。

2) 圆极化(circular polarization)

当无线电波的极化面与大地法线面之间的夹角从0°～360°周期地变化，即电场大小不变，方向随时间变化，电场矢量末端的轨迹在垂直于传播方向的平面上投影是一个圆时，称为圆极化。在电场的水平分量和垂直分量振幅相等，相位相差90°或270°时，可以得到圆极化。圆极化时，若极化面随时间旋转并与电磁波传播方向成右螺旋关系，称右圆极化；反之，若成左螺旋关系，称左圆极化。

若$\boldsymbol{E}_x$与$\boldsymbol{E}_y$幅度相等，相位差为$(2n+1)\pi/2$，则$|\boldsymbol{E}|=(\boldsymbol{E}_x^2+\boldsymbol{E}_y^2)^{1/2}=(E_{xm}^2+E_{ym}^2)$，为常数，而相位$\theta$随时间而变化：

$$\theta = \arctan\left(\frac{E_y}{E_x}\right) = \omega t \tag{3.2.15}$$

故合成矢量端点的轨迹为一个圆。

3）椭圆极化(elliptical polarization)

若 E_x 和 E_y 幅度和相位差均不满足上述条件，则合成矢量端点的轨迹为一个椭圆。椭圆极化波的椭圆长短轴之比，称为轴比。当椭圆的轴比等于1时，椭圆极化波即是圆极化波；当椭圆的轴比为无穷时，椭圆极化波即是线极化波。

根据电场旋转方向不同，椭圆极化和圆极化可分为右旋极化和左旋极化两种。沿波的传播方向看去，电场矢量在截面内顺时针方向旋称为右旋极化，逆时针方向旋称为左旋极化。

6. 等效各向同性辐射功率

等效各向同性辐射功率是指天线功率增益的一个度量，它等于某个各向同性天线所需的功率。某天线在这一功率下的给定点上可以提供与其定向天线相同的辐射强度。若输入到馈线的功率为 P_t，天线增益为 G_t，则有效各向同性辐射功率EIRP为

$$\text{EIRP} = \frac{P_t G_t}{L} \tag{3.2.16}$$

其中，L 是传输线的输入输出功率比。

3.3　传统无线收发信系统

3.3.1　无线接收机基本结构

无线射频接收机的基本模型如图3-5所示。

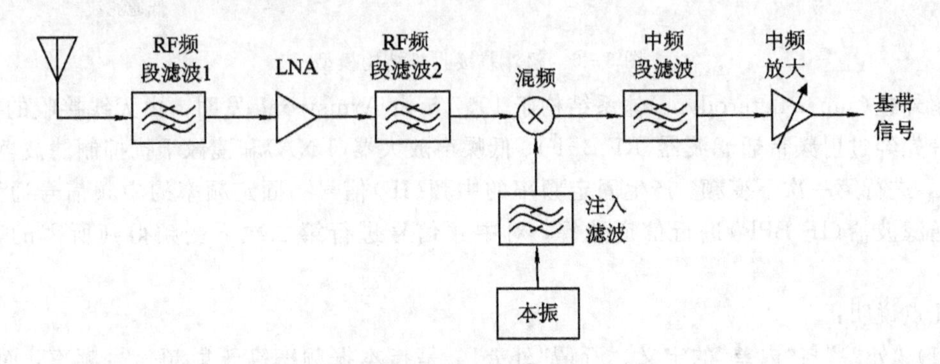

图3-5　无线接收机框图

1）RF频段滤波器1

选择工作频段，限制输入带宽，减少互调(IM)失真；抑制杂散(spurious)信号，避免杂散响应；减小本振泄漏，在FDD系统中作为频域双工器。

2）LNA

低噪声放大器(low noise amplifier，LNA)具有低噪声性能，在不造成接收机线性度恶化的前提下提供一定的增益，抑制后续电路噪声。

3）RF 频段滤波器 2

抑制由 LNA 放大或产生的镜像干扰；进一步抑制其他杂散信号，以减小本振泄漏。

4）混频器

它是一个下变频器，是接收机中输入射频信号最强的模块。它的线性度极为重要，同时要求较低的噪声。

5）注入滤波器

滤除来自本振的杂散信号。

6）中频滤波器

抑制相邻信道干扰，提供选择性；滤除混频器等产生的互调干扰；如果存在第二次变频，需要抑制第二镜频。

7）中频放大器

将信号放大到一定的幅度供后续电路（如模/数转换或解调器）处理，通常需要较大的增益并实现增益控制。

3.3.2 超外差接收机结构

超外差接收机结构如图 3-6 所示。

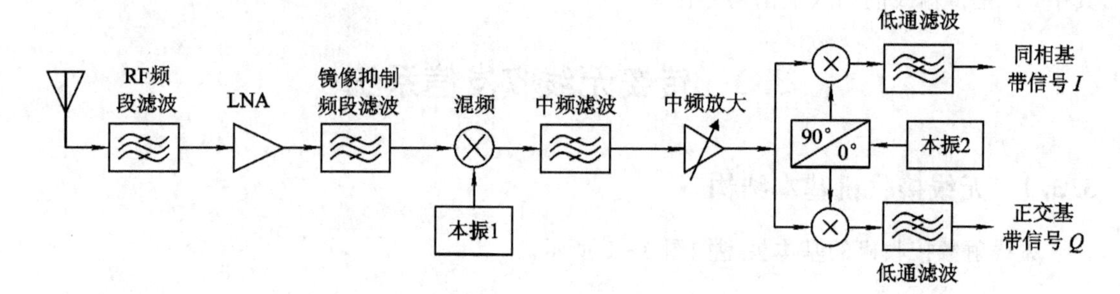

图 3-6 超外差接收机结构模型

超外差(super heterodyne)体系结构于 1917 年由 Armstrong 发明。由天线接收的射频信号首先经过射频带通滤波器(RF BPF)、低噪声放大器(LNA)和镜像干扰抑制滤波器(IR filter)，进行第一次下变频，产生固定频率的中频(IF)信号。固定频率的中频信号通过中频带通滤波器(IF BPF)进行信道选择，对中频信号进行第二次下变频得到所需的基带信号。

几点说明：

(1)“外差”与“内差”的定义。所谓“外差”，是指本振频率高于射频信号频率，而“内差”则刚好相反，指本振频率低于射频信号频率。

(2) 超外差的定义。采用一次下变频的外差式接收机称为外差接收机，而二次变频的外差式接收机称为超外差接收机。

1. 各个模块的作用

(1) RF 频段滤波器：衰减带外信号和镜像干扰。

(2) 镜像抑制滤波器：所谓镜像信号，是指与有用射频信号关于本振频率对称的信号，它与有用信号的频率差等于两倍中频频率。镜像信号经过 LNA 得到放大。镜像抑制滤波的作用是抑制镜像干扰，将其衰减到可接受的水平。

(3) 一次下变频器：使用可调的本地振荡器(本振 1)，全部频谱被下变频到一个固定的中频。

(4) 中频滤波器：用来选择信道，称为信道选择滤波器，在确定接收机的选择性方面起着非常重要的作用。

(5) 二次下变频器：产生同相(I)和正交(Q)两路基带信号。

2. 超外差结构特点

(1) 依靠周密的中频频率选择和高品质的射频(镜像抑制)和中频(信道选择)滤波器，一个精心设计的超外差接收机可以达到很高的灵敏度、好的选择性和宽的动态范围，因此长久以来成为了高性能接收机的首选。

(2) 超外差结构有多个变频级，直流偏差和本振泄漏问题不会影响接收机的性能。

(3) 使用混频器将射频信号搬到一个较低的中频频率，然后进行信道滤波、放大和解调，解决了高频信号处理所遇到的困难。

(4) 由于镜像干扰抑制滤波器和信道选择滤波器均为高 Q 值带通滤波器，它们只能在片外实现，因此难以进行单片集成。

(5) 超外差接收机的成本高、尺寸大。

(6) 由于中频远小于信号载频，因此在中频段对有用信道进行选择比在载频段的选择对滤波器的 Q 值要求要低得多。

3. 各模块增益的分配

1) 接收机从天线上接收到的信号很弱(－150～－90 dBm)

接收机需要放大 100～180 dB。为了使放大器稳定工作，一个频带内的放大器的增益一般不超过 50～60 dB。接收机方案将接收机总增益分摊到高频、中频和基带三个频段上。

2) 低噪声放大器(LNA)

低噪声放大器(LNA)要保证有一定增益放大微弱的射频信号，提高接收机灵敏度。LNA 的增益不宜太高，因为混频器是非线性器件，进入它的信号太大，会产生非线性失真。LNA 增益一般不超过 25 dB[1]。

4. 本振频率的选择

(1) 本振频率可以高于(high-side injection)或低于(low-side injection)射频信号频率，这通常考虑所引入镜像干扰的大小和振荡器设计的难易程度。

(2) 一般来说低频的振荡器相对于高频来说可以获得更好的噪声性能，但是由于频率低使得变频范围变小。

5. 寄生通道干扰

混频器一般不可能是一个理想乘法器，它实际上是一个能实现相乘功能的非线性器件。混频器将输入端的频率为 ω_{RF} 的有用信号和频率为 ω_{LO} 的本振信号，以及混入的干扰信号(如 ω_1、ω_2)，通过混频器非线性特性中的某一高次方项组合产生组合频率，可表示为

$$|p\omega_{LO} \pm q\omega_{RF}| \text{ 和 } |p\omega_{LO} \pm (m\omega_1 \pm n\omega_2)|$$

如果这些组合频率落在中频频带内，就会形成对有用信号的干扰。通常把这些组合频率引起的干扰称为寄生通道干扰。

最为严重的寄生通道干扰称为“镜像干扰”，而消除镜像干扰的最好办法是不让它进入混频器，因此需要射频滤波器滤除镜像干扰。“组合干扰频率点多”是超外差接收机的最大缺点之一。

6. 灵敏度与选择性

提高中频放大器增益可以提高接收机的接收灵敏度，但同时会降低信道的选择能力，即降低了接收机的选择性。为了解决灵敏度与选择性这对矛盾，以同时获得高的灵敏度和好的选择性，需要通过二次或更多次变频来实现。

7. 半中频(half-IF)干扰

半中频干扰问题通常是由超外差接收机中的射频放大器、混频器等存在二次失真造成的。

定义半中频的干扰频率为$\frac{\omega_{RF}+\omega_{LO}}{2}$，假设本振的二次谐波与半中频干扰的二次谐波相混频，得

$$2\omega_{LO}-2\,\frac{\omega_{RF}+\omega_{LO}}{2}=\omega_{LO}-\omega_{RF}=\omega_{IF} \tag{3.3.1}$$

这种情况下的半中频干扰如图 3-7(a)所示。

又假设本振信号与半中频干扰信号混频后经过二次失真，得

$$2\left(\omega_{LO}-\frac{\omega_{RF}+\omega_{LO}}{2}\right)=2\,\frac{\omega_{IF}}{2}=\omega_{IF} \tag{3.3.2}$$

该半中频干扰如图 3-7(b)所示。

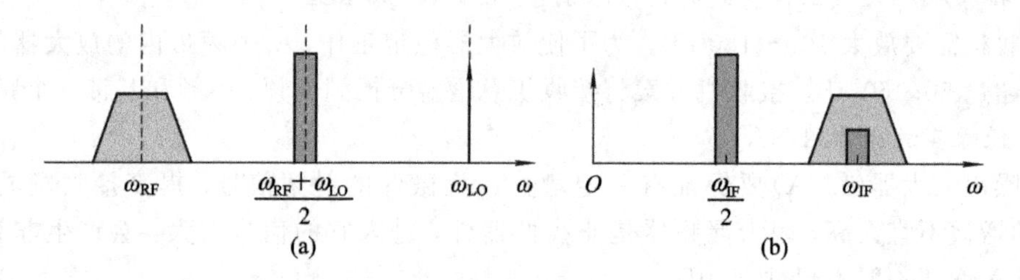

图 3-7 半中频干扰

3.3.3 超外差发信机结构

超外差发信机的结构模型如图 3-8 所示。此结构的功放与本振之间具有良好的隔离度。

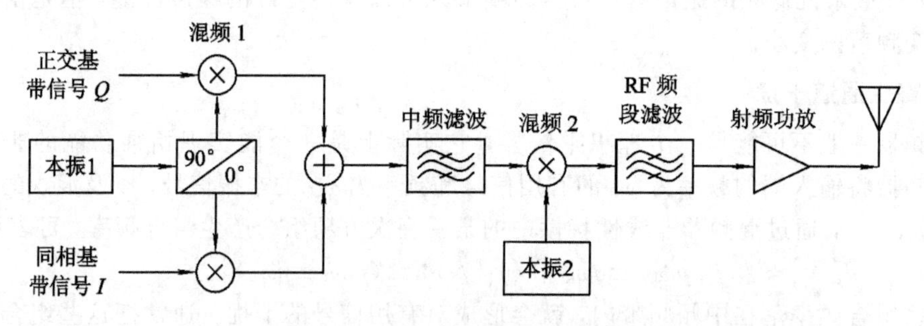

图 3-8 超外差发信机结构模型

3.3.4 其他经典接收机结构

为了解决超外差接收机中镜像滤波器难以集成的问题，Hartley 和 Weaver 提出了镜像抑制接收机。这两种结构都利用了正交混频，以便区分正频率和负频率成分，它对有用信号和镜像信号进行不同的处理，并通过叠加来增强有用信号、抑制镜像信号。

1. Hartley 镜像抑制接收机(image-reject receiver)

Hartley 镜像抑制接收机的系统结构如图 3-9 所示。它包含两个混频器、两个低通滤波器和一个 90°移相器(称为希尔伯特滤波器，Hilbert filter)。希尔伯特滤波器的传递函数为

$$H(\mathrm{j}\omega)=-\mathrm{j}\,\mathrm{sgn}(\omega) \tag{3.3.3}$$

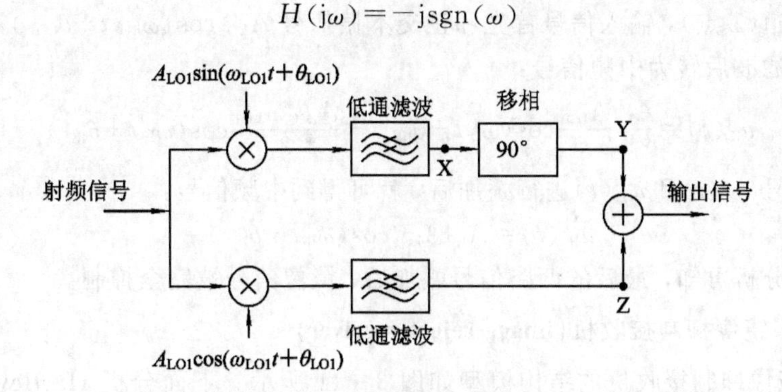

图 3-9　Hartley 镜像抑制接收机的系统结构

下面分析 Hartley 镜像抑制接收机的基本工作原理。本节采用如图 3-10 所示的频谱搬移过程来形象解释整个系统的工作原理。

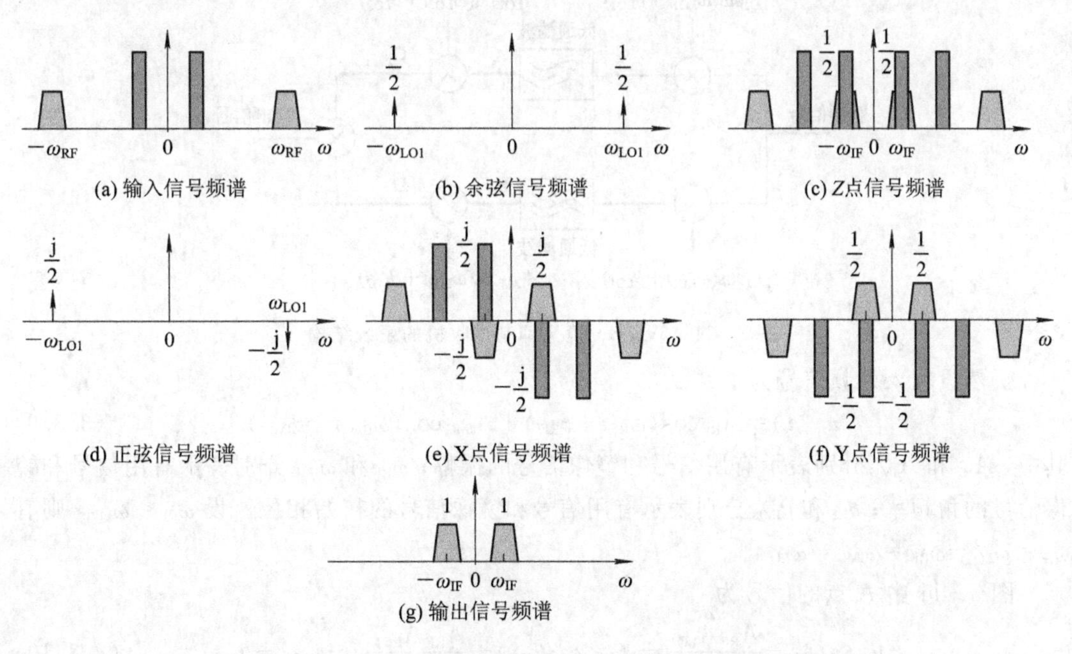

图 3-10　Hartley 镜像抑制接收机频谱搬移过程示意图

设输入射频信号为

$$u_{in}(t)=A_{RF}\cos(\omega_{RF}t+\theta_{RF})+A_{IMG}\cos(\omega_{IMG}t+\theta_{IMG}) \tag{3.3.4}$$

其中，A_{RF}和A_{IMG}分别表示有用信号和镜像信号的振幅；ω_{RF}和ω_{IMG}分别表示有用信号和镜像信号的角频率；θ_{RF}和θ_{IMG}分别表示有用信号和镜像信号的初始相位。设$\omega_{RF}<\omega_{LO}$，则有$\omega_{IF}=\omega_{LO}-\omega_{RF}=\omega_{IMG}-\omega_{LO}$。图3-9中X点的信号为

$$u_X=-\frac{A_{RF}A_{LO1}}{2}\sin(\omega_{IF}t+\theta_{IF1})+\frac{A_{RF}A_{LO1}}{2}\sin(\omega_{IF}t+\theta_{IF2}) \tag{3.3.5}$$

其中，$\omega_{IF}=\omega_{LO1}-\omega_{RF}=-(\omega_{IMG}-\omega_{LO1})$；$\theta_{IF1}=\theta_{LO1}-\theta_{RF}$；$\theta_{IF2}=-(\theta_{LO1}-\theta_{IMG})$。中频信号$u_X(t)$经过90°移相器后，得到的信号为

$$u_Y(t)=\frac{A_{RF}A_{LO1}}{2}\cos(\omega_{IF}t+\theta_{IF1})-\frac{A_{IMG}A_{LO1}}{2}\cos(\omega_{IF}t+\theta_{IF2}) \tag{3.3.6}$$

在正交通道(Z点)，输入信号首先和正交本振信号$A_{LO1}\cos(\omega_{LO1}t+\theta_{LO1})$混频，得到的结果经过低通滤波后转为中频信号：

$$u_Z(t)=\frac{A_{RF}A_{LO1}}{2}\cos(\omega_{IF}t+\theta_{IF1})+\frac{A_{IMG}A_{LO1}}{2}\cos(\omega_{IF}t+\theta_{IF2}) \tag{3.3.7}$$

当两路信号$u_Y(t)$和$u_Z(t)$进行叠加后，就可得到中频信号：

$$u_{IF}(t)=A_{RF}A_{LO1}\cos(\omega_{IF}t+\theta_{IF1}) \tag{3.3.8}$$

经过上述分析可知，最后的两路信号叠加后，镜像信号被完全抑制。

2. Weaver镜像抑制接收机(image-reject receiver)

Weaver镜像抑制接收机的结构模型如图3-11所示。下面分析Hartley镜像抑制接收机的基本工作原理。本节采用如图3-12所示的频谱搬移过程来形象解释整个系统的工作原理。

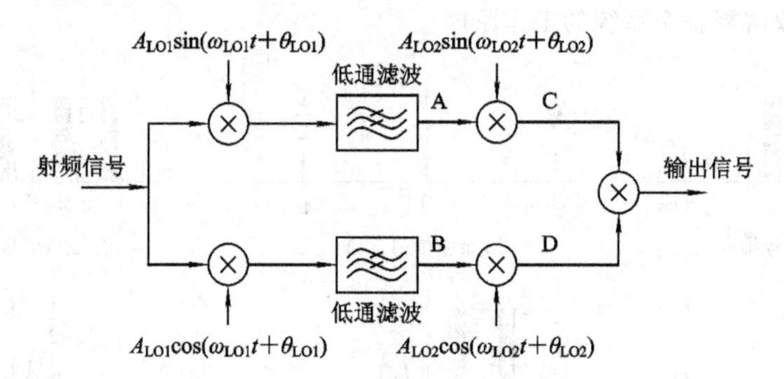

图3-11 Weaver镜像抑制接收机的系统结构

仍然设输入射频信号为

$$u_{in}(t)=A_{RF}\cos(\omega_{RF}t+\theta_{RF})+A_{IMG}\cos(\omega_{IMG}t+\theta_{IMG}) \tag{3.3.9}$$

其中，A_{RF}和A_{IMG}分别表示有用信号和镜像信号的振幅；ω_{RF}和ω_{IMG}分别表示有用信号和镜像信号的角频率；θ_{RF}和θ_{IMG}分别表示有用信号和镜像信号的初始相位。设$\omega_{RF}<\omega_{LO}$，则有$\omega_{IF}=\omega_{LO}-\omega_{RF}=\omega_{IMG}-\omega_{LO}$。

图3-11中A点的信号为

$$u_A(t)=-\frac{A_{RF}A_{LO1}}{2}\sin(\omega_{IF}t+\theta_{IF1})+\frac{A_{RF}A_{LO1}}{2}\sin(\omega_{IF}t+\theta_{IF2}) \tag{3.3.10}$$

其中，$\omega_{IF}=\omega_{LO1}-\omega_{RF}=-(\omega_{IMG}-\omega_{LO1})$；$\theta_{IF1}=\theta_{LO1}-\theta_{RF}$；$\theta_{IF2}=-(\theta_{LO1}-\theta_{IMG})$。

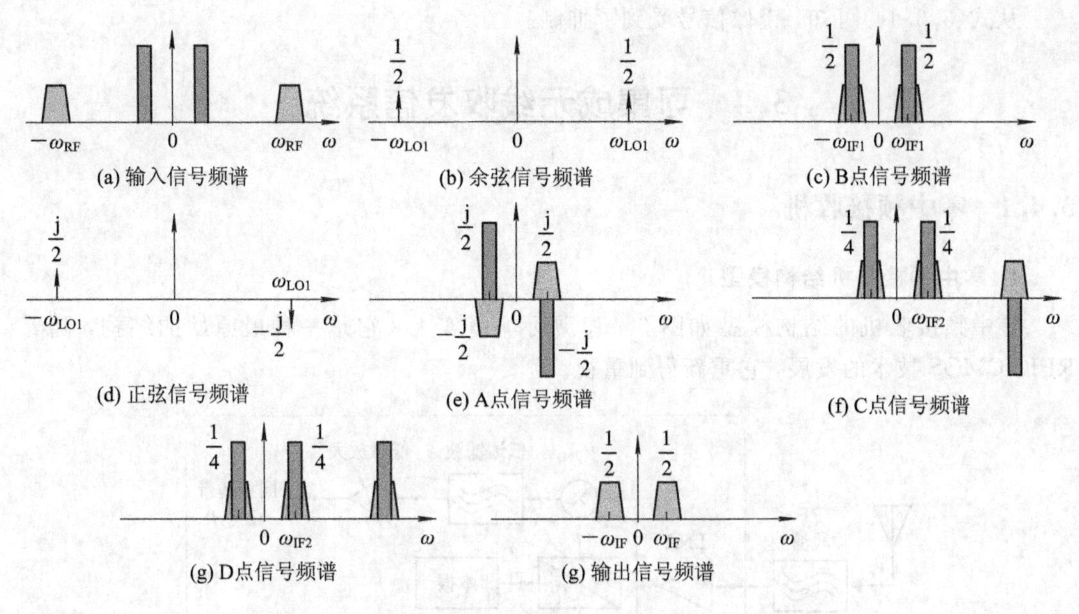

图 3-12 Weaver 镜像抑制接收机频谱搬移过程示意图

图 3-11 中的 B 点的信号为

$$u_B(t)=\frac{A_{RF}A_{LO1}}{2}\cos(\omega_{IF}t+\theta_{IF1})+\frac{A_{IMG}A_{LO1}}{2}\cos(\omega_{IF}t+\theta_{IF2}) \tag{3.3.11}$$

C 点的信号为

$$\begin{aligned}u_C(t)=&-\frac{A_{RF}A_{LO1}A_{LO2}}{4}\cos[(\omega_{LO2}-\omega_{IF1})t+(\theta_{LO2}-\theta_{IF1})]\\&+\frac{A_{RF}A_{LO1}A_{LO2}}{4}\cos[(\omega_{LO2}+\omega_{IF1})t+(\theta_{LO2}+\theta_{IF1})]\\&+\frac{A_{IMG}A_{LO1}A_{LO2}}{4}\cos[(\omega_{LO2}-\omega_{IF1})t+(\theta_{LO2}-\theta_{IF1})]\\&-\frac{A_{IMG}A_{LO1}A_{LO2}}{4}\cos[(\omega_{LO2}+\omega_{IF1})t+(\theta_{LO2}+\theta_{IF1})]\end{aligned} \tag{3.3.12}$$

D 点的信号为

$$\begin{aligned}u_D(t)=&\frac{A_{RF}A_{LO1}A_{LO2}}{4}\cos[(\omega_{LO2}-\omega_{IF1})t+(\theta_{LO2}-\theta_{IF1})]\\&+\frac{A_{RF}A_{LO1}A_{LO2}}{4}\cos[(\omega_{LO2}+\omega_{IF1})t+(\theta_{LO2}+\theta_{IF1})]\\&+\frac{A_{IMG}A_{LO1}A_{LO2}}{4}\cos[(\omega_{LO2}-\omega_{IF1})t+(\theta_{LO2}-\theta_{IF1})]\\&+\frac{A_{IMG}A_{LO1}A_{LO2}}{4}\cos[(\omega_{LO2}+\omega_{IF1})t+(\theta_{LO2}+\theta_{IF1})]\end{aligned} \tag{3.3.13}$$

当两路信号 $u_C(t)$ 和 $u_D(t)$ 进行叠加后，就可得到中频信号：

$$\begin{aligned}u_{IF}(t)=u_D-u_C=&\frac{A_{RF}A_{LO1}A_{LO2}}{2}\cos[(\omega_{LO2}-\omega_{IF1})t+(\theta_{LO2}-\theta_{IF1})]\\&+\frac{A_{IMG}A_{LO1}A_{LO2}}{2}\cos[(\omega_{LO2}+\omega_{IF1})t+(\theta_{LO2}+\theta_{IF1})]\end{aligned} \tag{3.3.14}$$

从式(3.3.14)可知，镜像信号受到了抑制。

3.4 可集成无线收发信系统

3.4.1 零中频接收机

1. 零中频接收机结构模型

零中频接收机的结构模型如图3-13所示，事实上，它是一种最原始的结构，随着RFIC CMOS技术的发展，它重新得到重视。

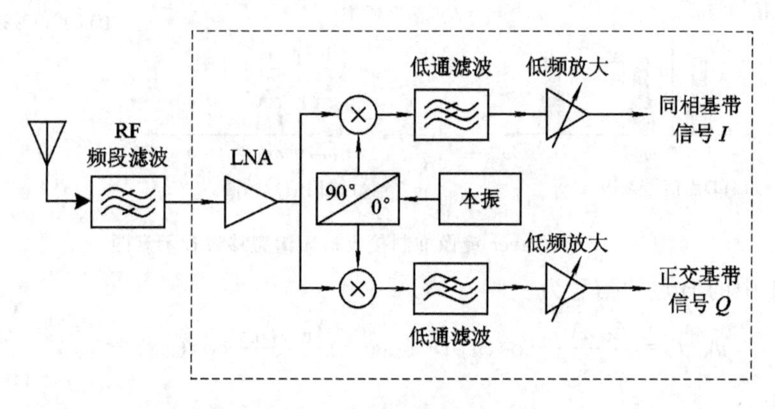

图3-13 零中频接收机结构模型

2. 零中频接收机结构特点

(1) 是接收机最自然、最直接的实现方法。

(2) 其本振频率 ω_{LO} 等于载频 ω_{RF}，即中频 ω_{IF} 为零。

(3) 不存在镜像频率，也就没有镜像频率干扰问题，不需要镜频抑制滤波器。

(4) 由于下变频是基带信号，因此不需要专用的中频滤波器来选择信道，而只需用低通滤波器来选择有用信道，并用基带放大器放大即可，有利于系统的单片集成和降低其成本与功耗。

3. 零中频接收机结构的缺陷

1) 本振泄漏(LO leakage)

如果本振信号是差分的，则泄漏到天线端会相互抵消。

2) 偶次失真干扰(even-order distortion)

混频器的RF口与IF口的隔离度有限，干扰信号对基带信号造成干扰。

射频信号的二次谐波与本振输出的二次谐波混频后，被下变频到基带上，与基带信号重叠，造成干扰。

混频器RF端口会遇到同样问题。因为加在混频器RF端口上的信号幅度最强，所以混频器的偶次非线性会在输出端产生严重的失真。

采用差分结构，可以提高电路的二阶截点(IP2)，降低LNA的二次非线性。因此，偶次失真的解决方法是在低噪放和混频器中使用全差分结构以抵消偶次失真。

3）直流偏差(DC offset)

直流偏差由自混频(self-mixing)引起。由本振泄漏的本振信号从天线回到LNA，进入下变频器的射频口，它和本振信号混频，差拍出直流信号。同样，进入LNA的强干扰信号也会由于混频器各口的隔离性能不好而泄漏到本振口，反过来又与射频口的强干扰进行混频，差拍出直流。一般来说，直流偏移会大于射频前端的噪声，使信噪比变差，更严重的是大的直流偏移分量会使混频器后的放大器饱和而无法实现放大功能。

4. 消除直流偏差的方法

1）数字信号处理法

一般来说，可以在数字域通过数字信号处理的方法来降低直流偏差，但算法复杂。如果把直流偏差看做时变信号，则处理难度更大。数字信号处理法通过数字信号处理技术确定直流偏差的大小，并将结果通过D/A反馈到模拟前端，以此进行直流补偿。基于零中频接收机能够实现全集成的理念，采用数字技术虽然复杂，但若能提高接收机的性能也是值得的。

2）交流耦合(AC coupling)法

交流耦合是指将下变频后的基带信号用电容隔直流的方法耦合到基带放大器，达到消除直流偏差干扰的目的。考虑到直流附近集中了相对较大能量的基带信号，为了不增加系统误码率，通常将需要发射的基带信号进行适当的编码并进行适当的调制处理，以减少基带信号在直流附近的能量。用交流耦合的方法很简洁，但需要使用大容量的耦合电容，导致芯片的面积变大。

3）谐波混频(harmonic mixing)

谐波混频原理示意图如图3-14所示，其基本原理是将本振信号频率设置为射频信号频率的一半，采用本振信号中的二次谐波与输入射频信号进行混频。这种混频方式的优点是：由本振泄漏引起的自混频会产生与本振信号同频的交流信号，而不会产生直流分量，实现了有效抑制直流偏差的目的。

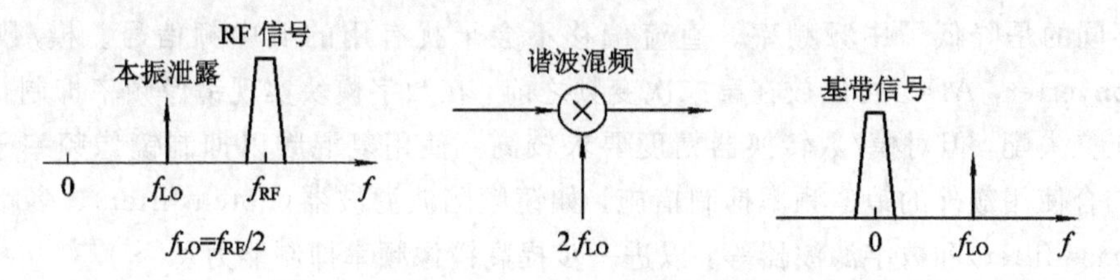

图3-14　谐波混频原理示意图

3.4.2　二次变频宽中频接收机结构

二次变频宽中频接收机结构模型如图3-15所示。这种结构也是一种经典结构，在此我们把它归类于可全集成的结构。

结构特点[1]：使用两次复混频，有效地解决了镜像频率干扰问题。与超外差结构相比，这种结构省去了片外滤波器，提高了系统集成度。二次变频宽中频接收机的第一本振采用固定频率，整个信号频段被搬移到第一中频；第二本振采用可变频率，完成调谐功能；第二中频为零中频，使用低通滤波器选择信道。与零中频相比，不存在直流漂移和本振泄漏问题，但是第二本振频率较低，因而变频范围较窄。

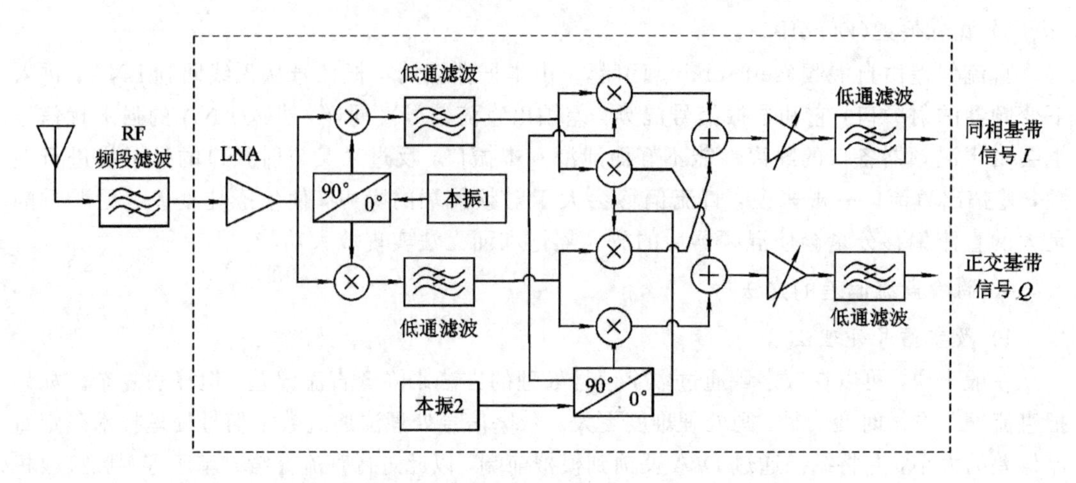

图 3-15　二次变频宽中频接收机结构模型

3.4.3　二次变频低中频接收机结构

二次变频低中频接收机结构模型如图 3-16 所示。

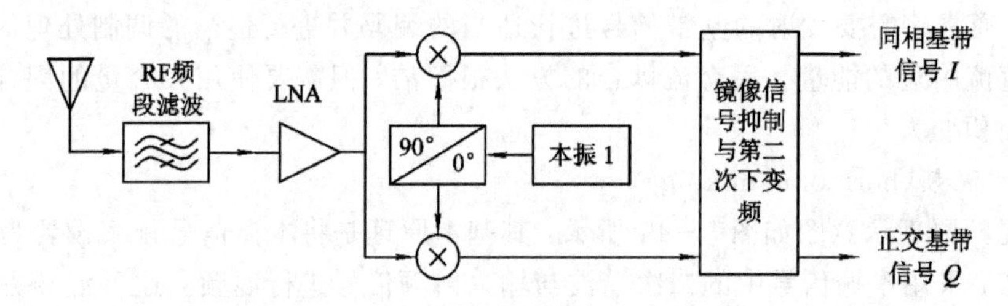

图 3-16　二次变频低中频接收机模型

结构特点[1]：二次变频低中频结构与宽中频一样采用两次复混频来抑制镜像频率干扰，所不同的是降低了中频频率。直流偏移不会干扰有用的低中频信号。模/数转换器(A/D converter，ADC)可以放在第二次变频之前，在数字模块实现镜像频率抑制，可以大大降低正交失配，但对模/数转换器精度要求较高。使用复混频以抑制镜像频率干扰，同时需要结合使用额外的镜像频率抑制措施，如镜频陷波滤波器(notch filter)、多相滤波器(poly-phase filter)和数字滤波器等，以进一步提高镜像频率抑制能力。

3.5　典 型 应 用

3.5.1　WLAN 应用

无线局域网(wireless local area network)简记为 WLAN。WLAN 技术解决了移动性和网络速率之间的矛盾，其支持的传输速率不断提高，已经完全可以和有线网相比。此外，无线局域网还具有安装便捷、使用灵活、经济节约、易于扩展等优点。WLAN 技术和协议按业务类型来分类，有面向连接的业务和面向非连接的业务两类。面向连接的业务主要用于传输语音等实时性较强的业务，一般采用基于 TDMA 和 ATM 的技术，主要标准有

HiperLAN2 和 BlueTooth(蓝牙)等。面向非连接的业务主要用于高速数据传输，通常采用基于分组和IP的技术，这种 WLAN 以 IEEE 802.11X 最为典型。有些标准可以适用于面向连接的业务和面向非连接的业务，采用的是综合语音和数据技术。图 3-17 是 WLAN 标准的分类示意图[11]。

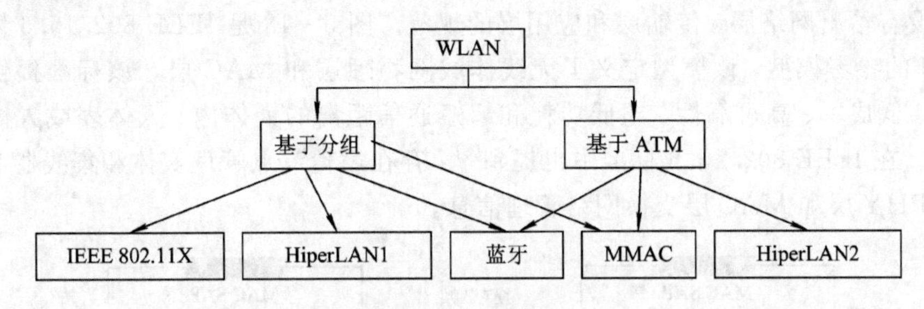

图 3-17　标准分类

在 WLAN 标准之中，IEEE 802.11 标准在业界得到了广泛的运用。IEEE 802.11 标准定义了单一的层和多样的物理层，其物理层标准主要有 IEEE 802.11b，a 和 g。

1991 年 9 月正式通过的 IEEE 802.11b 标准是 IEEE 802.11 协议标准的扩展。它可以支持最高 11 Mbit/s 的数据速率，运行在 2.4 GHz 的 ISM 频段上。IEEE 802.11a 工作于 5G 频段上，使用正交频分复用调制(orthogonal frequency division multiplexing，OFDM)技术可支持 54 Mbit/s 的传输速率。802.11a 与 802.11b 两个标准都存在着各自的优缺点。802.11a 的优势在于价格低廉，但速率较低(最高 11 Mbit/s)，而 802.11b 的优势在于传输速率快(最高 54 Mbit/s)且受干扰少，但价格相对较高。另外，802.11a 与 802.11b 工作在不同的频段上，不能工作在同一网络里，兼容性不好。

为了解决上述问题并进一步推动无线局域网的发展，2003 年 7 月，802.11 工作组批准了 802.11g 标准。新的标准成为人们对无线局域网关注的焦点。802.11g 与原 802.11 协议标准相比有以下两个特点：其在 2.4 GHz 频段使用 OFDM 调制技术，使数据传输速率提高到 20 Mbit/s 以上；802.11g 标准能够与 802.11b 的 WIFI 系统互相连通，共存在同一 AP(access point，访问接入点)的网络里，保障了后向兼容性，使得原有的 WLAN 系统可以平滑地向高速无线局域网过渡，延长了 802.11 产品的使用寿命，降低了用户的投资。

限于篇幅，其他详细内容可查阅文献[11]。

3.5.2　WBAN 应用

无线体域网(wireless body area network)简称为 WBAN，是无线传感器网络(wireless sensor network，WSN)的一个分支，因此也称为无线体域传感网(wireless body area sensor networks，WBASN)。WBAN 是以人体为中心，通过与人体相关的各种网络元素组成的通信网络，包括个人终端，组网设备，分布在人的身体上、分布于人体内部以及人体附近范围内的传感器等。通过无线网络将这些传感器采集的信息和数据传送到终端进行处理和通信。

WBAN 是人体周围设备间无线通信的一种专用网络系统，可以和其他 WBAN、移动通信网络、无线/有线网络进行通信。无线体域网主要用于采集人体健康信息(如血压、体温、心率等)和人体周围的一些环境参数(如湿度、温度、光强等)。WBAN 处于 WPAN(无线个域网)、WSN(无线传感器网)或 USN(泛在传感器网络)、无线短距离通信和传感器技术的交叉领域，受到工业界、学术界和标准化组织的广泛关注。目前主要应用于智能手表、智能可穿戴设备、无线传感器、手机以及植入人体内部的智能仪器设备等。

无线体域网的体系结构应该符合 IEEE 802.15.6 的标准和协议。IEEE 802.15.6 与所有 IEEE 802.15.X 协议相似，都是只提出了物理层(PHY)和媒介访问控制层(MAC)的建议标准，没有给出网络层、传输层和应用层的规范。图 3-18 是 IEEE 802.15.6 协议提出的 WBAN 的参考模型，该模型定义了无线体域网物理层和 MAC 层。该标准提供了一个低复杂度、低成本、高可靠性、超低功耗和超短通信距离的人体内、人体表或人体周围的无线通信。在 IEEE 802.15.6 标准中也提到[4]：存在逻辑节点管理实体和集线器节点管理实体，同 PHY 层和 MAC 层交换网络管理信息。

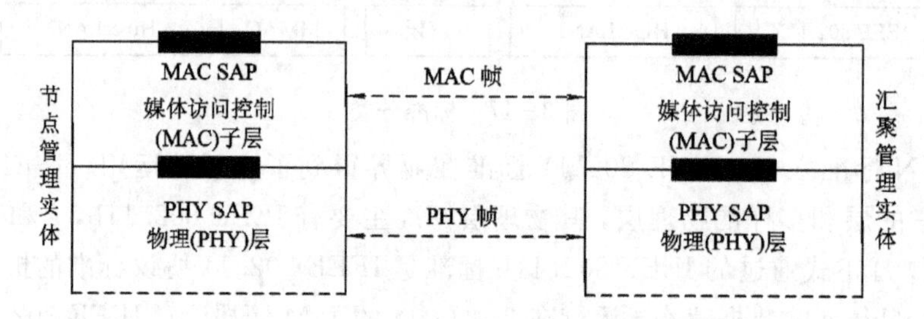

图 3-18　IEEE 802.15.6 定义的 WBAN 参考模型

从体系结构角度看，它是一个完整的人体域网，包含了三层[11]。第一层包含一组能监测各种人体生理参数或感知人体动作的传感器节点(如 EEG 传感器、ECG 传感器、血压传感等)，这些节点监测和处理相应的信息然后发送给 Sink 节点，或网络协调器(network coordinator)，或汇聚节点。在第二层，个人服务器(personal server)接收来自 Sink 节点的数据，临时存储后通过无线通信或者有线网络，将数据保存至后台数据库。第三层提供各种应用，它利用互联网访问后台的数据库。病人或医生可以随时随地查看自己的相关医疗信息。

3.5.3　GSM 和 CDMA 移动通信应用

全球移动系统(GSM)是第二代蜂窝系统的标准。GSM 业务按 ISDN 的原则可分为电信业务和数据业务。电信业务包括标准移动电话业务、移动电台发起和基站发起的业务，数据业务包括计算机间通信和分组交换业务。

GSM 的第一个显著的特点是采用用户识别卡(SIM)。SIM 卡有一个 4 位数的个人 ID 号，使用 SIM 卡能用任何 GSM 手机通话。

GSM 的第二个显著的特点是提供空中保密，使得电话不容易被监听。

在所有成员国中，GSM 均使用专为系统留用的两个 25 MHz 的频段。890～915 MHz 频率用于用户到基站的传输(反向链路)，935～960 MHz 频段用于基站到用户的传输(前向链路)。GSM 使用 FDD 和 TDMA/FDMA 的混合制式使基站可同时接入多路用户。

码分多址(CDMA)比 TDMA 和 FDMA 具有优势。1994 年，Qualcomm 公司首先生产出了 CDMA/AMPS 双模电话。CDMA 采用 IS-95 标准。IS-95 为反向链路运行指定的频段是 824～849 MHz，为前向链路指定的频段是 869～894 MHz。

3.5.4　5G 移动通信应用

对于移动通信来说，它经历了从 1G 到 4G 的更替过程。在世界范围内，已经涌现了多个组织对 5G 开展积极的研究。例如，欧盟的 METIS、5GPPP，中国的 IMT－2000(5G)推进组，韩国的 Forum、MGMN，日本的 AARIB Ad Hoc 等。

1. 5G 的驱动力体现[13]

1）服务更多的用户

预计到 2020 年，5G 网络能够为超过 150 亿的移动宽带终端提供高速的移动互联服务。

2）支持更高的速率

根据 ITU 发布的数据预测，相比于 2020 年，2030 年全球的移动业务将飞速增长，达到 5000EB/月。5G 网络的峰值速率将达到 10 Gbit/s 量级。

3）支持无限的连接

预计到 2020 年，全球物联网的连接数将达到 1000 亿。在这个庞大的网络中，通信对象之间的互联和互通不仅能够产生无限的连接数，还会产生巨大的数据量。

4）提供个性的体验

随着商业模式的不断创新，未来移动网络将推出更为个性化、多样化、智能化的业务应用。因此，要求未来 5G 网络进一步改善移动用户体验。

2. 5G 系统的指标需求

5G 系统的指标需求可以从以下几个方面来设定：

1）ITU－R 指标需求

ITU－R 于 2015 年 6 月确认并统一 5G 系统的需求指标，如表 3.1 所示[13]。

表 3.1　5G 系统指标

参数	用户体验速率	峰值速率	移动性	时延	连接密度	能量损耗	谐振效率	业务密度/一定地区的业务容量
指标	100 Mbit/s～1 Gbit/s	10～20 Gbit/s	500 km/h	1 ms	10^6/km^2	不高于 IMT－Advanced	3 倍于 IMT－Advanced	10 Mbit/s/m^2

2）用户体验指标

用户体验指标包括 100 Mbit/s～1 Gbit/s 的用户体验速率、500 km/h 的移动速度和 1 ms的空口时延等。

3）系统性能指标

系统性能指标包括 10^6/km^2 的连接密度、10～20 Gbit/s 的峰值速率、3 倍于 IMT-Advanced系统的频谱效率和 10 Mbit/s/m^2 的业务密度。

3. 大规模天线(MIMO)技术

MIMO 技术已经成为 4G 系统的核心技术之一。伴随 5G 时代的到来，用户数和每个用户速率需求显著增加，MIMO 技术得到进一步研究及应用。MIMO 技术在提升系统频谱效率和用户体验速率方面具有巨大的潜力，成为 5G 时代关注的热点之一。MIMO 技术的核心是通过对传播环境中空间自由度的进一步发掘，可以增加天线数目，扩展传输的空间自由度，更有效地进行多用户传输，从而显著提高频谱利用率。

篇幅有限，若读者欲更多地了解关于 5G 技术的内容，可查阅文献[13]。

3.5.5 卫星导航应用

全球卫星导航系统包括美国的全球定位系统(GPS)、俄罗斯的格洛纳斯卫星导航系统(GLONASS)、欧洲的伽利略导航卫星系统(GALILEO)和我国的北斗卫星导航系统。表3.2给出了四大卫星导航系统的参数对比[12]。

表 3.2 四大卫星导航系统对比

项 目	GPS	GLONASS	GALILEO	北 斗
卫星星座数	24～30 MEO	30 MEO	30 MEO	30 MEO&5 GEO
轨道面个数	6	3	3	3
轨道高度	20 183 km	19 100 km	23 626 km	21 500 km
运行周期	11 h 58 m	11 h 15 m	14 h 23 m	12 h 55 m
轨道倾角	55°	65°	56°	60°
应用范围	军民两用	军用	民用	军民两用
覆盖范围	全球	全球	全球	亚太地区

图3-19给出了一种单通道可重构导航接收机结构模型。为了避免直流偏差和闪烁噪声问题，接收机采用外差式结构，兼容北斗B1/B2、GPS L1/L1C以及Galileo E1/E1b，c频点。射频信号通过天线被宽带低噪声放大器放大，声表面波滤波器起到抑制镜像频率的作用，可变增益的低噪声放大器进一步对信号进行放大，混频器将不同频点的卫星射频信号统一下变频到46 MHz，小数分频的锁相环采用可编程方式保证根据不同频点的射频信号提供相应本振信号。带通滤波器不仅为信号提供信道选择功能，而且对中频信号具有增益控制作用。对于GPS L1和北斗B1频段，可使用开关切换到带宽只有4 MHz的片外滤波器。PGA(programmable gain amplifier，可编程增益放大器)可以为信号提供61 dB的增益，并将信号送入4 bit ADC中进行量化和采样。ADC的采样时钟由频率综合器提供。

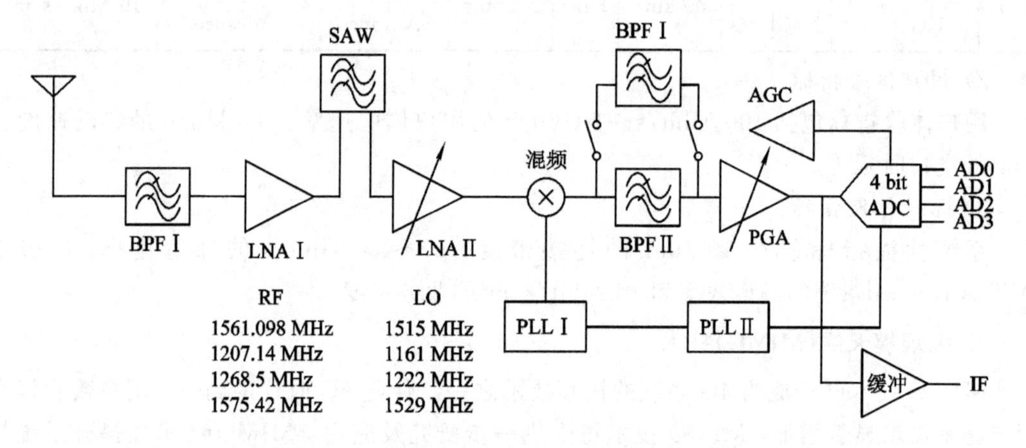

图3-19 单通道可重构卫星导航接收机结构模型

图3-20给出了一种单通道双模接收机结构模型。该接收机采用低中频结构，兼容北斗B2/B3频点。由于北斗B2和B3信号不相同，而系统仅用单个LNA完成射频信号放大处理，因此不仅可以降低系统复杂度，也可以降低芯片面积和整体功耗。但该方案需要在

LNA 的输入输出端设置两套匹配网络，并通过开关进行切换。带有频率综合器的锁相环可以为北斗 B2/B3 提供相应的本振信号。系统的中频设置为 46 MHz，片上中频带通滤波器提供了信道选择，ADC 的采样时钟和 AGC 的工作时钟都由片内 62 MHz 环形振荡器提供。考虑到片上滤波器的性能有限，在一些特定的情况下较难满足要求，系统预留了一个外置接口，可以外接一个高性能 SAW 滤波器。

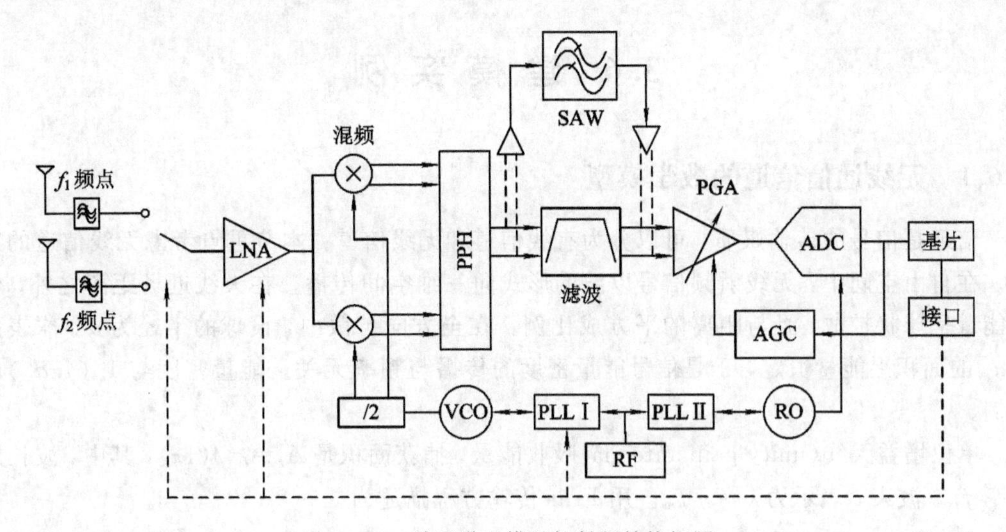

图 3－20　单通道双模导航射频结构框图

图 3－21 所示为双通道双模导航接收机模型。接收机采用低中频结构，覆盖了 GPS L1 C/A 和 L2 C、Galileo E1/E5a，b、北斗 B1 和 B2 频点。系统由两个相互对称的可重构通道组成，每个信号通道均由 LNA、混频器、可编程增益放大器、复杂带通滤波器、带有

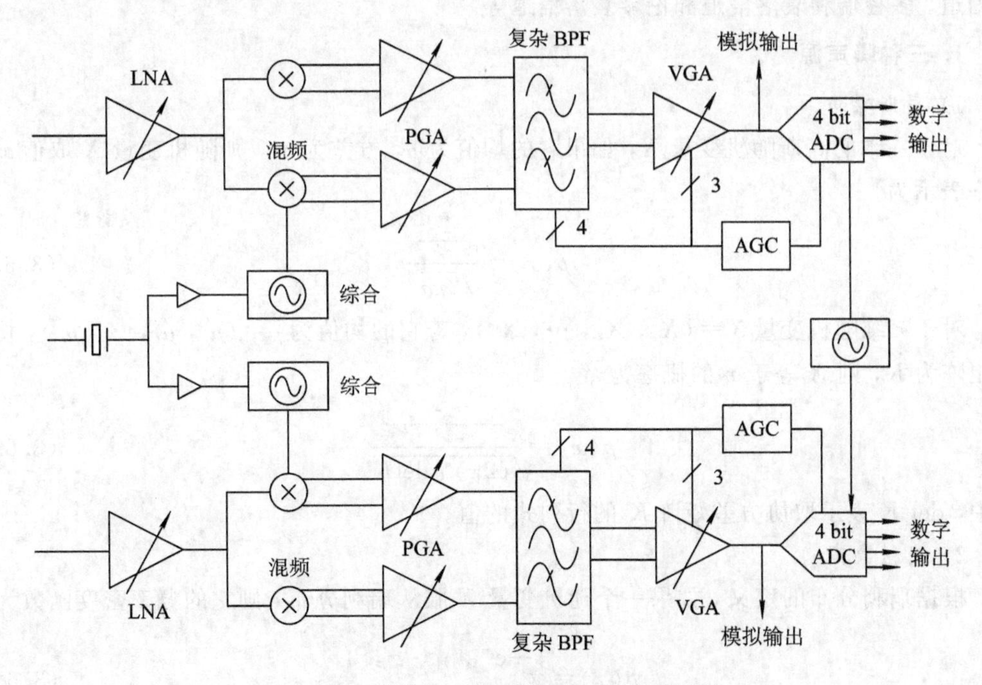

图 3－21　双通道可重构多模接收机系统结构

自动增益控制的可变增益放大器、4 bit ADC、整数分频的锁相环以及宽带压控振荡器组成。由于每个通道中混频器的本振信号由各自的频率综合器提供，接收机可以同时处理上述频点中任意两个卫星信号。此类结构的功能最为强大，可以与双模基带配合使用实现不同卫星导航系统间的联合导航和定位功能。与前两种结构相比，该方案的功耗和复杂度都是最大的。

3.6 建模实例

3.6.1 无线通信信道的数学模型

信道是信号的传输媒质，可以分为有线信道和无线信道。本节重点考虑无线信道的特性。在自由空间中，无线射频信号以波的形式向三维空间传播。在天线近场距离之外，传播能量呈球状扩散，且与距离的平方成比例。在全方向扩散中，设球的半径为 d，球表面 $4\pi d^2$ 的面积上能量恒定，于是信号能量密度的传播与频率无关。能量密度与 $1/(4\pi d^2)$ 成比例。

单位增益天线(unity-gain antenna)吸收能量，捕获面积是 $A_e=\lambda^2/(4\pi)$，其中，波长用频率 f_m、波束 c 表示为 $\lambda=c/f_m$。用 Friis 传输方程描述为

$$P_L=20\lg\left(\frac{c}{4\pi d f_m}\right) \tag{3.6.1}$$

这个公式描述了能量在两个单位增益天线终端间的传播。

根据信道中占主导地位的噪声的特点，信道可以分为加性高斯白噪声信道、二进制对称信道、多径瑞利衰落信道和伦琴衰落信道等。

1. 三种噪声源

1) 高斯噪声

对于一维的高斯随机变量 X，如果它的均值为 μ，方差为 σ^2，则随机变量 X 取值 x 的概率表示为

$$p(x)=\frac{e^{\frac{(x-\mu)^2}{2\sigma^2}}}{\sqrt{2\pi\sigma}} \tag{3.6.2}$$

对于 n 维随机变量 $X=(X_1, X_2, \cdots, X_n)$，若它的均值为 $\mu=(\mu_1, \mu_2, \cdots, \mu_n)$，协方差矩阵为 K，则 X 等于 x 的概率为[13]

$$p(x)=\frac{e^{\frac{(x-\mu)^2K^{-1}(x-\mu)}{2\sigma^2}}}{\sqrt{(2\pi)^n\sigma\det K}} \tag{3.6.3}$$

其中，det K 表示取协方差矩阵 K 的行列式的值。

2) 瑞利噪声

根据瑞利分布的定义，如果一个随机变量 X 服从瑞利分布，则它的概率密度函数为

$$p(x)=\begin{cases}\dfrac{x}{\sigma^2}e^{-\frac{x^2}{2\sigma^2}}, & x\geqslant 0\\ 0, & x<0\end{cases} \tag{3.6.4}$$

式中，σ^2 是决定瑞利分布的参数，称为瑞利分布的衰落包络(fading envelope)。瑞利随机变量 X 的均值等于 $\sqrt{\pi/2}\sigma$，方差等于 $(4-\pi)\sigma^2/2$。

3) 伦琴噪声

根据伦琴分布的定义，如果一个随机变量 X 服从伦琴分布，则它的概率密度函数为

$$p(x)=\begin{cases}\dfrac{x}{\sigma^2}I_0\left(\dfrac{mx}{\sigma^2}\right)e^{-\frac{x^2+m^2}{2\sigma^2}}, & x\geqslant 0\\ 0, & x<0\end{cases} \tag{3.6.5}$$

式中，I_0 是第一类零阶修正贝塞尔函数(modified 0th-order Bessel function of the first kind)，计算式为

$$I_0(y)=\frac{1}{2\pi}\int_{-\pi}^{\pi}e^{y\cos(t)}\,dt \tag{3.6.6}$$

2. 加性高斯白噪声信道

加性高斯白噪声(additive white gaussian noise，AWGN)是最常见的一种噪声，它表现为信号围绕平均值的一种随机波动方程。加性高斯白噪声的均值为0，方差表现为噪声功率的大小。

1) 加性高斯白噪声信道模块

在默认操作模式下(E_s/N_0)，加性高斯白噪声信道模块包含一个输入端口和一个输出端口。输入信号既可以是实信号，也可以是复信号。当操作模式为 Variance from port 时，加性高斯白噪声信道模块具有两个输入端口，其中第二个输入端口输入高斯白噪声方差信号。

加性高斯白噪声信道模块包含以下几个参数：initial seed (初始化种子)、Mode (操作模式)、E_s/N_0(dB)(信噪比)、SNR(dB)(信噪比)、input singal power (watts) (输入信号功率)、symbol periods(符号周期)、variance (方差)。

2) 高斯白噪声信道的传输性能举例

AMPS(advanced mobile phone system)是最早的移动通信系统，它是 AT&T Bell 实验室开发的。它采用二进制频移键控(BFSK)方式对信号进行调制，具体指标为：信道带宽为 30 kHz，话音信道的频率间隔为 24 kHz，控制信道的频率间隔为 16 kHz，信道的传输速率为 10 kbit/s。此处将结合 BFSK 介绍高斯白噪声信道模块的应用。在本例中，系统包括三个部分：信源模块、信道模块和信宿模块。信源模块产生 10 kbit/s、帧长为 1 s 的二进制数据，并通过二进制频移键控(BFSK)调制产生已调信号。已调信号通过高斯白噪声信道模块后称为输出信号。信号的信噪比等于 SNR。信宿模块对已调信号进行解调，把解调的信号与信源模块产生的原始数据进行比较，根据比较的结果计算误比特率。最后信宿根据信噪比与误比特率的对应关系绘制对数曲线图形。文献[15]提供了详细的建模分析与 MATLAB 程序设计。限于篇幅，本小节仅将文献[15]中的一个简单程序重写如下[15]：

```
x=0:15;                              % x表示信噪比
y=x;                                 %y表示信号的误比特率，它的长度与x相同
FrequencySeparation=240000;          %BFSK调制的频率间隔等于24kHz
BitRate=10000;                       %信源产生信号的bit率等于10kbit/s
```

```
SimulatinTime=10;                 %仿真时间设置为10秒
SamplePerSymbol=2;                %BFSK调制信号的每个符号的抽样数等于2
for i=1:length(x)                 %循环执行仿真程序
SNR=x(i);                         %信道的信噪比依次取x中的元素
sim('project_1');                 %运行仿真程序，得到的无比特率保存在工作区
                                  变量BitErrorRate中
y(i)=mean(BitErrorRate);          %计算BitErrorRate的均值作为本次仿真的误比特率
end
hold off;                         %准备一个空白的图
semilogy(x, y);                   %绘制x和y的关系曲线图，纵坐标采用对数坐标
```

仿真曲线如图3-22所示。

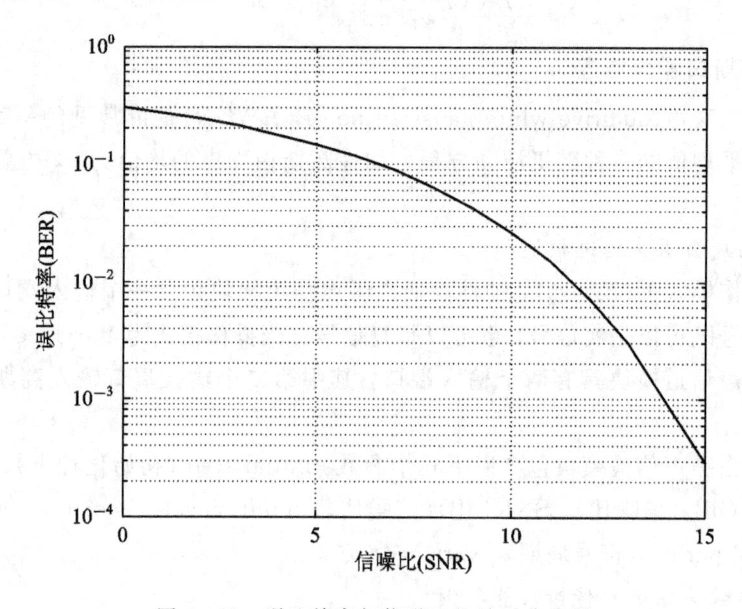

图3-22　误比特率与信噪比的关系曲线图

3. 二进制对称信道

二进制对称信道一般用于对二进制信号的误比特率性能进行仿真。二进制对称信道产生一个二进制噪声序列。在这个序列中，“1”出现的概率就是二进制对称信道的误码率。输入的二进制信号序列与这个二进制噪声序列异或之后，就得到二进制对称信道的输出信号。

二进制对称信道模块的输入输出都是二进制信号。它在输入信号中加入二进制噪声信号。二进制噪声信号是由“0”和“1”组成的信号，其中“0”表示没有传输错误，“1”表示产生了传输错误。“1”出现的概率就是二进制对称信道的误比特率。

二进制对称信道模块包含以下几个参数：error probability（误比特率）、initial seed（初始化种子）、output error vector（误差输出）。

至于二进制对称信道模块传输性能举例，读者可以查阅文献[15]。

4. 多径瑞利衰落信道

瑞利衰落是移动通信系统中的一种相当重要的衰落信道类型。在移动通信系统中，发送端和接收端都可能处于不停的运动之中。发送端和接收端之间的相对移动将产生多普勒频移(Doppler shift)。多普勒频移与运动速度和方向有关，其计算公式如下：

$$f_{\mathrm{d}}=\frac{v}{\lambda}\cos\theta=\frac{v\times c}{f}\cos\theta \tag{3.6.7}$$

其中，v 是发送端和接收端的相对运动速度；θ 是运动方向和发送端与接收端连线之间的夹角；$\lambda=c/f$，是载波的波长。

多径瑞利衰落信道模块用来实现基带信号的多径瑞利衰落信道仿真。它的输入信号是标量形式或帧格式的复信号，其参数如下：Doppler frequency shift(多普勒频移)、sample time (抽样间隔)、delay vector (时延向量)、gain vector (增益向量)、normalize gain vector to 0 dB overall gain (增益向量归一化)、initial seed (初始化种子)。

BPSK 在多径瑞利衰落信道中的传输性能的详细介绍可查阅文献[15]。

5. 伦琴衰落信道

伦琴衰落信道模块用来对基带信号的伦琴衰落进行仿真。它的输入信号是标量形式或帧格式的复信号，其主要参数如下：K-factor(*K* 因子)、Doppler frequency shift(多普勒频移)、sample time (抽样间隔)、delay(时延)、gain (增益)、initial seed (初始化种子)。

BPSK 在伦琴衰落信道中的传输性能举例详见文献[15]。

3.6.2 超宽带(UWB)通信系统建模实例

本节以 PPM 跳时超宽带系统为例进行介绍。

1. 跳时超宽带(TH-UWB)信号产生的建模

PPM 方式的 TH-UWB 信号产生原理框图如图 3-23 所示[8]。

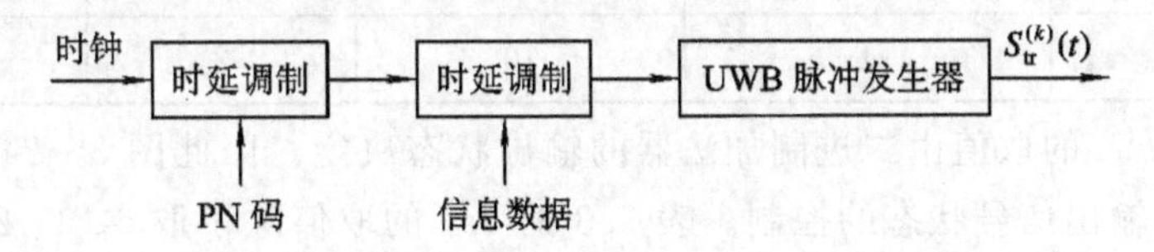

图 3-23　TH-UWB(PPM 方式)信号产生原理框图

对于第 k 个用户来说，其 TH-UWB 信号用数学描述为[14-16]

$$S_{\mathrm{tr}}^{(k)}(t)=\sum_{j=-\infty}^{\infty}\omega_{\mathrm{tr}}(t-jT_{\mathrm{f}}-C_j^{(k)}T_{\mathrm{c}}-\delta d_{[j/N_{\mathrm{s}}]}^{(k)}) \tag{3.6.8}$$

式中，$\omega_{\mathrm{tr}}(t)$表示发送的高斯单周脉冲波形；k 表示多址通信系统中的第 k 个用户；$\{C_j(k)\}$是第 k 个用户的 PN 码序列；$\{d_{[j/N_{\mathrm{s}}]}^{(k)}\}$表示信息码序列；$T_{\mathrm{c}}$ 为 PN 所控制的脉冲时延偏移单位；T_{f} 是无调制时的均匀的高斯单周脉冲串的重复周期；δ 为信息码控制的附加时延，当信息码为“1”时，有附加时延 δ，当信息码为“0”时，无附加时延 δ。信息码的脉宽 $T_{\mathrm{s}}=N_{\mathrm{s}}T_{\mathrm{f}}$，信息速率为 $R_{\mathrm{s}}=1/T_{\mathrm{s}}$。从式(3.6.8)可知，TH-UWB 信号中包括两种时延，即 $C_j^{(k)}T_{\mathrm{c}}$ 和 $\delta d_{[j/N_{\mathrm{s}}]}^{(k)}$。

一种经过简化后的 TH-UWB 信号产生模型如图 3-24 所示[6]。

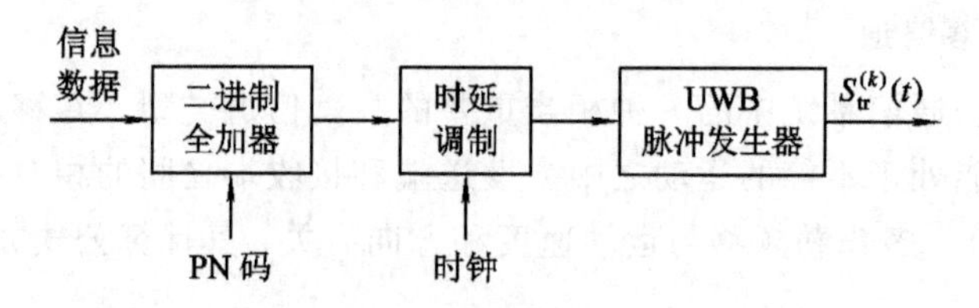

图 3-24　简化后的 TH-UWB 信号产生模型(PPM 方式)

由于信息速率一般远低于 PN 码速率，也就是一个信息周期包含着多个 PN 码周期，可当做一个码片来处理，据此，可将式(3.6.8)中的调制偏移量合并。电路上就是先将信息数据和 PN 码进行二进制加法运算，输出两位的二进制码，然后把这两位二进制码作为时延调制的控制码，以产生时延偏移受信息码和 PN 码共同控制的 TH-UWB 信号的。图 3-24 中的第 k 个用户的 TH-UWB 信号的表示式为

$$S_{tr}^{(k)}(t)=\sum_{j=-\infty}^{\infty}\omega_{tr}(t-jT_f-b_j^{(k)}T_b) \tag{3.6.9}$$

式中，$b_j^{(k)}T_b$ 表示第 k 个用户在第 j 个时钟的时延偏移，$b_j^{(k)}$ 为受信息码和 PN 码共同控制的时延偏移系数；取 $T_b=T_c$。下面介绍如何得到 $b_j^{(k)}$。图 3-24 所示的 PPM 调制方式 TH-UWB 信号中的每个窄脉冲的位置受到信息码和 PN 码的共同控制，其状态和 $b_j^{(k)}$ 如表 3.3 所示。

表 3.3　PPM 脉冲受信息码和 PN 码控制的状态及 $b_j^{(k)}$ 的取值

信息码 $d_{[j/N_s]}^{(k)}$ 的电平	PN 码 $C_j^{(k)}$ 的电平	二进制加法器的输出 $x_{1j}^{(k)}x_{0j}^{(k)}$	$b_j^{(k)}$ 的取值	PPM 脉冲的位置
0	0	00	0	参考位置
0	1	01	1	位移 1 个 T_b
1	0	01	1	位移 1 个 T_b
1	1	10	2	位移 2 个 T_b

表 3.3 中，$b_j^{(k)}$ 的取值由二进制加法器的输出状态决定。因此图 3-24 中的时延调制器受到加法器的输出信号状态的控制。表 3.3 的 $b_j^{(k)}$ 的取值除了取 0、1、2 以外，还可根据情况，取$\{i, i+1, i+2\}$，i 为自然数，且要求 $2T_b\leqslant(i+2)T_b\leqslant T_f$。

2. TH-PPM UWB 发信系统的具体实现模型

根据图 3-24 的模型和表 3.3 的功能给出一个较具体的设计模型，如图 3-25 所示。图 3-25 中，基准时钟产生器用于产生整个发信系统的基准时钟信号；分频器 1 把基准时钟信号进行分频后，产生用于信息码产生器的位同步信号；分频器 2 的输出信号用做 PN 码产生器的位同步信号；分频器 3 是一个两位的二进制分频器，用于产生基准脉冲位置比较信号；信息码产生器产生实验用的二进制信息序列；PN 码产生器产生伪随机序列，作为地址码信号；比较器的功能是将表 3.3 所示的二进制加法器的三种可能输出状态(00、01、10)与分频器 3 输出的基准脉冲位置信号(00、01、10、11)在基准时钟的控制下，进行现时比较，如在基准时钟的上升沿，若二进制加法器的输出状态为 01，则只有当分频器 3 的输出也为 01 时，比较器输出为“1”，否则输出为“0”。由于在设计时，使二进制加法器的输出

的某个状态至少保持分频器的一个状态周期(等于式(3.6.9)中的 T_{f})时间，因此，可保证在一个 T_{f} 内状态 00、01、10 有唯一的某个状态与分频器 3 的输出状态对应，而且状态不同，对应的比较输出的信号脉冲的上升沿的位置不同；PPM 信号形成器的作用是在基准时钟的控制下，将比较器输出脉冲进行延迟、倒相和信号合成，便可输出 PPM 信号，PPM 信号的每个窄脉冲的位置如表 3.3 所述；UWB 脉冲产生器的作用是把 PPM 基带信号变换成符合要求的极窄高斯脉冲序列，形成 TH-PPM 的 UWB 信号 $S_{\mathrm{tr}}^{(k)}(t)$。

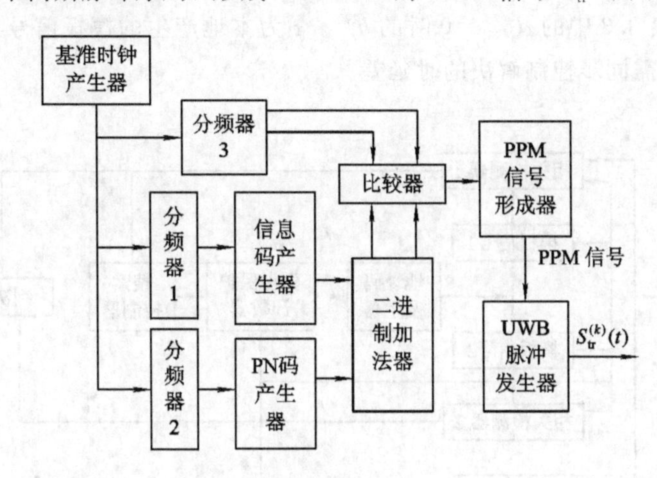

图 3-25　UWB 系统的 TH-PPM 信号产生的设计模型

3. TH-PPM UWB 系统的接收信号处理模型

参考文献[17]提出了两种 UWB 无线通信系统的相关接收机模型：一种是模拟脉冲无线多址接收机，它对来自接收天线的极窄脉冲信号进行直接模拟的相关运算和处理(采用乘法器)；另一种是数字脉冲无线多址接收机，它采用脉冲相关器对接收的极窄脉冲信号进行相关运算和处理。

本书采用一种易于进行数字相关处理的新型接收机[6]，其框图模型如图 3-26 所示。这种接收机的基本设计思想是：首先把来自接收天线的极窄脉冲信号经高灵敏的包络检波与放大，然后进行整形，成为宽度展宽的矩形 PPM 信号。这种方式在低速传输下有利于多径传播环境下的接收，更有利于包络检波。对于矩形的 TH-PPM 形式的 UWB 信号，可采用脉冲相关检测的方法对 TH-PPM 信号进行解调，恢复信息码。该接收机的新颖之处在于接收机分别产生对应信息数据码“0”和“1”的两个矩形脉冲模板信号模块，可分别检测出信息数据码“0”和“1”，两路信号输入给搜索控制器，易于系统保持较稳定的状态同步与失步保护。

“宽带放大与处理”模块的功能是对来自接收天线的 UWB 信号进行低噪声放大、包络检波、放大与整形处理，以得到矩形的 TH-PPM 信号。接收端的矩形 TH-PPM 信号(理想情况下)可表示为

$$S_{\mathrm{re}}^{(k)}(t)=\sum_{j=-\infty}^{\infty} r(t-jT_{\mathrm{f}}-b_j^{(k)}T_{\mathrm{b}}) \tag{3.6.10}$$

式中，$r(t)$是一个矩形 TH-PPM 方波脉冲的基本波形，其脉冲宽度是一个比 ns 级宽度展宽了的矩形脉冲，功能是方便相关检测。

“模板信号 1”模块的功能是完成对原始信息码中的“0”码的检测控制。“相关检测器 1”的检测结果是：当 TH-PPM 序列包含信息码“0”码时，输出为“1”，否则输出为“0”。从图 3－26 可知，若信息码为“0”码时，只有 PN 码来控制时延调制器，因此“模板信号 1”输出的 TH-PPM 信号可表示为

$$S_{m1}^{(k)}(t)=\sum_{j=-\infty}^{\infty}r(t-jT_f-b_{1j}^{(k)}T_b-\tau) \tag{3.6.11}$$

式中，$b_{1j}^{(k)}$ 等效于表 3.3 中的 $d_{j/N_s}^{(k)}=0$ 时的 $b_j^{(k)}$。τ 为本地产生的模板信号与接收信号之间的相对时延差，是需同步控制解决的时延差。

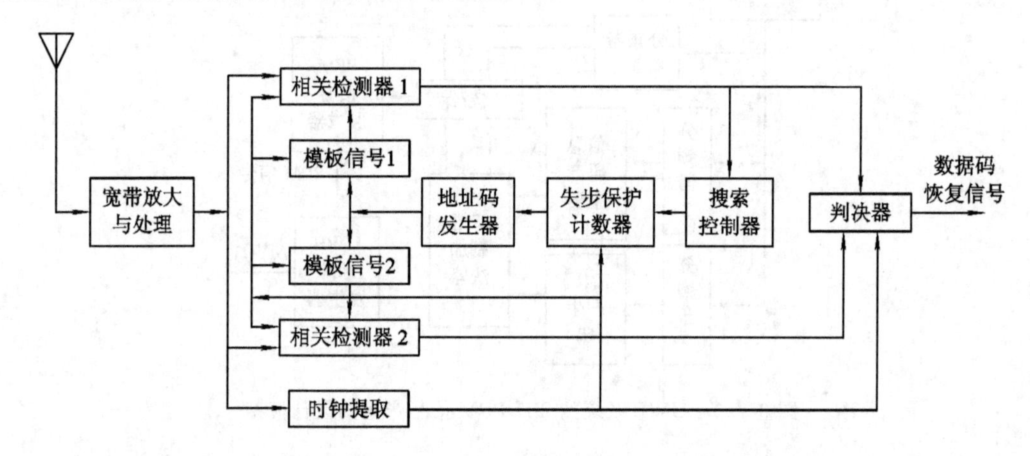

图 3－26　UWB 系统的 TH-PPM 信号接收处理模型

“模板信号 2”模块的功能是完成对原始信息码中的“1”码的检测控制。“相关检测器 2”的检测结果是：当 TH-PPM 序列包含信息码“1”码时，输出为“1”，否则输出为“0”。从表 3.3 可知，若信息码为“1”码时，$b_j^{(k)}$ 只有两种取值，即取值为 1 或 2，因此“模板信号 2”输出的 TH-PPM 信号可表示为

$$S_{m2}^{(k)}(t)=\sum_{j=-\infty}^{\infty}r(t-jT_f-b_{2j}^{(k)}T_b-\tau) \tag{3.6.12}$$

式中，$b_{2j}^{(k)}$ 等效于表 3.3 中的 $d_{j/N_s}^{(k)}=1$ 时的 $b_j^{(k)}$。

在起始状态下，本地 PN 码产生器产生与发射机中 PN 码序列一致的 PN 码，若图 3－26中的两个相关检测器的输出都为“0”，则表示系统未同步。搜索控制器用来控制本地 PN 码产生器，使之进行延时等待，直至系统同步为止。系统同步后，搜索控制器停止发送搜索信号。若在系统同步后，再出现失步现象，则搜索控制器控制其中的失步保护计数器，只有当系统产生一帧 PN 码或多帧 PN 码失步时，失步保护计数器才重新输出搜索信号，系统进入重新搜索状态。

当“相关检测器 2”输出为“1”，且“相关检测器 1”输出为“0”时，判决器的输出为“1”，恢复原始信息“1”码；当“相关检测器 2”输出为“0”，且“相关检测器 1”输出为“1”时，判决器的输出为“0”，恢复原始信息“0”码；当“相关检测器 2”输出为“0”，且“相关检测器 1”输出为“0”时，判决器的输出为“0”，表明系统无输入数据或系统未同步。在检测时刻，对同一电平信号，不会出现“相关检测器 2”输出为“1”，且“相关检测器 1”输出也为“1”的情况。

时钟提取模块的功能是从接收到的 TH-PPM 信号中提取与发端同步的基准时钟信号。图 3-26 中的各模块所需的时钟信号，都由这一基准时钟信号分频后产生。

3.7 本章小结

自从 1864 年 James Maxwell 提出电场和磁场在空间交连耦合可以传播信息的思想以来，无线通信取得了长足的发展。

从第一代移动通信到第四代移动通信，都属于蜂窝无线通信，而 WIFI、蓝牙、WLAN、WPAN、WBAN 以及 UWB 通信等属于非蜂窝无线通信。无线通信系统的基本结构包括发送端(信源和发送设备)、信道和接收端(接收设备和信宿)。模拟无线通信系统在发送端需要一个模拟调制器，在接收端需要一个模拟解调器。而数字无线通信系统则更加复杂，除了模拟无线通信拥有的模块之外，还需要加(解)密器、编(译)码器等模块。天线系统已经成为现代无线通信技术的研究重点，它包括诸如方向性、天线增益、带宽、极化(即效率)等重要指标。

超外差接收机结构成为业界通用的经典结构，但它并不适合系统的全集成化，因此，本章还介绍了几种可以实现全集成的收发信机结构，其中零中频接收机是典型的可全集成结构，但它也有一些重大缺陷需要克服，如直流失调需要采用交流耦合等方式来解决。本章还介绍了 WLAN、WBAN 以及 GSM、CDMA、5G 移动通信以及卫星导航等的基本应用情况。最后给出了建模举例，主要针对无线通信信道研究其数学模型，重点对二进制对称信道、多径瑞利衰落信道和伦琴衰落信道进行研究，并以 UWB 通信系统为例进行了系统建模与分析。

习　题

3.1　什么是模拟通信？什么是数字通信？

3.2　无线电通信系统的发送设备和接收设备各包含哪些主要功能单元？简要说明各个功能单元的作用。

3.3　在无线电通信中为什么要进行调制？

3.4　什么样的接收机称为超外差式接收机？它有何特点？

3.5　哪些接收机可以实现全集成？说明它们各自的优缺点。

3.6　天线系统包含哪些主要技术指标？

3.7　什么是 WLAN？

3.8　什么是 WBAN？

3.9　卫星导航系统有哪些？

3.10　无线通信信道中包含哪几种噪声源？各有何特点？

3.11　某超外差接收机射频模块间相互匹配。它们的增益、噪声及输出三阶截点如题图 3-1 所示，求：

(1) 系统总增益。

(2) 系统总的噪声系数。

(3) 级联后，各模块输入端的 IIP_3，各模块输出端的 OIP_3。

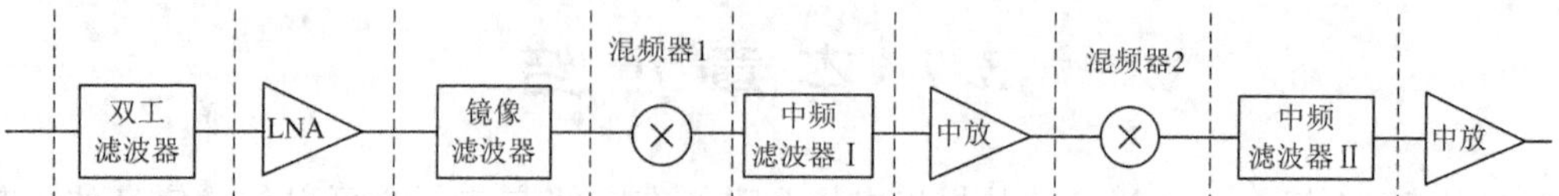

	双工滤波器	LNA	镜像滤波器	混频器1	中频滤波器Ⅰ	中放	混频器2	中频滤波器Ⅱ	中放
增益/dB	L=4	12	L=2	L=5	L=2	20	5	L=4	50
NF/dB		3				3	10		10
OIP_3/dBm	100	5	100	20	100	10	5	100	20

题图 3－1

3.12　根据噪声对无线信道进行分类，可以分为哪几种信道？各自有何特点？

3.13　对于易于全集成的零中频接收机来说，可以通过交流耦合方式来解决直流失调问题，那为什么说它对误码率有影响呢？

参 考 文 献

[1]　李智群，王志功．射频集成电路与系统[M]．北京：科学出版社，2011.

[2]　Devendra K Misra．射频与微波通信电路：分析与设计[M]．2 版．张肇仪，徐承和，祝西里，主译．北京：电子工业出版社，2005.

[3]　池保勇，余志平，石秉学．CMOS 射频集成电路分析与设计[M]．北京：清华大学出版社，2007.

[4]　Thomas H Lee．CMOS 射频集成电路设计[M]．2 版．余志平，周润德，主译．北京：电子工业出版社，2000.

[5]　段吉海，黄智伟．基于 CPLD/FPGA 的数字通信系统建模与设计．北京：电子工业出版社，2004.

[6]　郭梯云，杨家伟，李建东．数字移动通信[M]．北京：人民邮电出版社，1990.

[7]　段吉海．TH-PPM UWB 通信系统的信号产生与接收处理研究[D]．桂林：桂林电子科技大学，2005.

[8]　段吉海，王志功，李智群．跳时超宽带(TH-UWB)通信集成电路设计[M]．北京：科学出版社，2012.

[9]　李泽民．现代信息和通信综述[M]．北京：科学文献出版社，2000.

[10]　樊昌信，张甫翊，徐炳祥，等．通信原理[M]．5 版．北京：国防工业出版社，2001.

[11]　刘怡．无线体域网关键技术的研究[D]．北京：北京邮电大学，2017.

[12]　程鹏．多模卫星导航系统关键模块研究与设计[D]．桂林：桂林电子科技大学，2018.

[13]　陈鹏．5G 关键技术与系统演进[M]．北京：机械工业出版社，2015.

[14]　杨荣．WLAN 网络设计及应用分析[D]．北京：北京邮电大学，2006.

[15]　邓华．Matlab 通信仿真及应用实例详解[M]．北京：人民邮电出版社，2003.

[16]　Hamalainen M，Hovinen V，Tesi R，et al. In-ban Interference Power of Three Kind of UWB Signals in GPS，L1－band and GSM900 Bands. IEEE PIMRC Conference，2001，97－100.

[17]　Robert A Scholtz. Multiple Access with Time Hopping Impulse Modulation. Proc. Military Communications Conference，1993，2：447－450.

[18] Moe Z Win, Robert A Scholtz. Ultra-Wide Band Time-Hopping Spread-Spectrum Impulse Radio for Wireless Multiple Access Communications. IEEE Transactions on Communications, 2000, 48(4): 679 - 691.

[19] Gerald F Ross. Early Motivations and History of Ultra Wideband Technology. http://www. Uwbst 2002. com.

[20] 段吉海，潘磊，覃宇飞，等 . TH-UWB 通信系统数字接收机的芯片设计[J]. 微电子学，2010，40(2)：235 - 238.

[21] Wban. https://baike. baidu. com/item/wban/16940835.

第4章　射频系统的端口参量与匹配

4.1 概　　述

对射频电路设计者来说，阻抗匹配是无法避免的。射频系统阻抗匹配的基本诉求是为了放大器从信号源获得最大的功率。根据电路分析基础知识，匹配网络的输入阻抗应该等于信号源阻抗的共轭；为了使放大器向负载传输最大的功率，要在负载端进行共轭匹配，即匹配网络的输出阻抗应该等于负载阻抗的共轭。

以放大器为代表的射频系统是一个二端口网络，以混频器为代表的射频系统是一个三端口网络，用何种参数体系描述这些系统是本章讨论的主要内容之一。Smith圆图是解决传输线、阻抗匹配等问题的非常有用的图形工具。借助Smith圆图，我们可以找出最大功率传输的匹配网络，同时还可进行噪声优化、稳定性分析等。考虑到电阻热噪声的影响，常规的T型和π型电阻匹配方式已经不适用于射频集成电路设计的阻抗匹配了，因此本章将对非电阻型的匹配模式进行重点讨论。

本章将主要介绍无线射频系统中的端口匹配，包括二端口网络、S参数、Smith圆图、阻抗匹配及设计实例等。

4.2 二端口网络及S参数

4.2.1 二端口网络基本模型及参数

本小节将从二端口网络模型开始，依次介绍Z参数、Y参数、H参数、ABCD参数等。

1. 二端口网络基本模型

在射频系统中，二端口网络包括放大器、滤波器、匹配电路等。描述一个二端口线性网络需要确定其输入和输出阻抗、正向和反向传输函数这4个参数。根据应用和分析场合不同，可以利用多套可相互等价换算的参数来描述二端口网络。基本的二端口网络模型如图4-1所示。

图4-1　二端口网络基本模型

图 4-1 中的端口是完全对称的端口，在分析中可以互换。为了分析方便，将左边的称为端口 1，u_1 为端口 1 电压，i_1 为向端口 1 输入的电流；同理将右边的称为端口 2，u_2 为端口 2 电压，i_2 为向端口 2 输入的电流。

2. Z 参数(阻抗参量)

Z 参数是以二端口网络的电流参数为自变量，以端口电压为因变量所构成的数学矩阵或者方程。

(1) 用矩阵表示为

$$\begin{bmatrix} u_1 \\ u_2 \end{bmatrix} = \begin{bmatrix} z_{11} & z_{12} \\ z_{21} & z_{22} \end{bmatrix} \begin{bmatrix} i_1 \\ i_2 \end{bmatrix} \tag{4.2.1}$$

或

$$\boldsymbol{u} = \boldsymbol{z}\boldsymbol{i} \tag{4.2.2}$$

其中，z 称为二端口网络的阻抗矩阵(Impedance Matrix)。

(2) 用数学方程表示为

$$\begin{cases} u_1 = z_{11} i_1 + z_{12} i_2 \\ u_2 = z_{21} i_1 + z_{22} i_2 \end{cases} \tag{4.2.3}$$

假设网络的端口 2 是断开的，则 i_2 为零，由式(4.2.3)可得

$$z_{11} = \frac{u_1}{i_1}\bigg|_{i_2=0} \tag{4.2.4}$$

和

$$z_{21} = \frac{u_2}{i_1}\bigg|_{i_2=0} \tag{4.2.5}$$

同理，假设端口 1 是断开的，则 i_1 为零，由式(4.2.3)可得

$$z_{12} = \frac{u_1}{i_2}\bigg|_{i_1=0} \tag{4.2.6}$$

和

$$z_{22} = \frac{u_2}{i_2}\bigg|_{i_1=0} \tag{4.2.7}$$

例 4.1　求图 4-2 所示的二端口网络的阻抗参量。

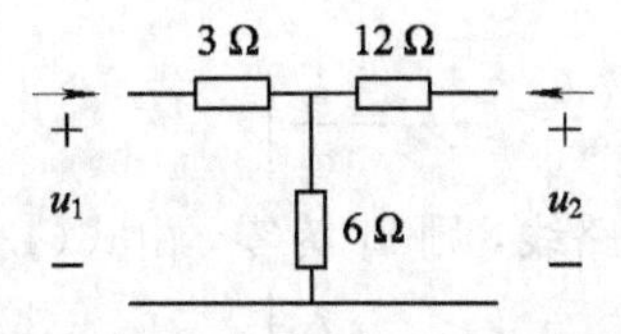

图 4-2　例 4.1 的二端口网络

解　假设信号源接在端口 1，而端口 2 开路，则有

$$u_1 = (3+6)i_1 = 9i_1, \quad u_2 = 6i_1$$

值得注意的是，端口 2 是开路的，因而没有电流流过 12 Ω 的电阻，所以

$$z_{11} = \frac{u_1}{i_1}\bigg|_{i_2=0} = \frac{9i_1}{i_1} = 9\ \Omega$$

及

$$z_{21}=\frac{u_2}{i_1}\bigg|_{i_2=0}=\frac{3i_1}{i_1}=3\ \Omega$$

同理，假设信号源接在端口 2，而端口 1 开路，则有

$$u_2=(12+6)i_2=18i_2,\quad u_1=6i_2$$

由式(4.2.6)和式(4.2.7)可得

$$z_{12}=\frac{u_1}{i_2}\bigg|_{i_1=0}=\frac{6i_2}{i_2}=6\ \Omega$$

及

$$z_{22}=\frac{u_2}{i_2}\bigg|_{i_1=0}=\frac{18i_2}{i_2}=18\ \Omega$$

于是有

$$\begin{bmatrix}z_{11} & z_{12}\\ z_{21} & z_{22}\end{bmatrix}=\begin{bmatrix}9 & 6\\ 3 & 18\end{bmatrix}$$

3. Y 参数(导纳参量)

让我们再次考虑图 4-1 所示的二端口网络。当以端口电压作为自变量时，可以应用叠加定理，得到端口 1 的电流为

$$i_1=y_{11}u_1+y_{12}u_2 \tag{4.2.8}$$

因为 y_{11} 和 y_{12} 的单位是西门子，所以称为导纳参量(admittance parameter)。同理，可得端口 2 的电流为

$$i_2=y_{21}u_1+y_{22}u_2 \tag{4.2.9}$$

用矩阵表示为

$$\begin{bmatrix}i_1\\ i_2\end{bmatrix}=\begin{bmatrix}y_{11} & y_{12}\\ y_{21} & y_{22}\end{bmatrix}\begin{bmatrix}u_1\\ u_2\end{bmatrix} \tag{4.2.10}$$

或为

$$\boldsymbol{i}=\boldsymbol{yu} \tag{4.2.11}$$

假设网络的端口 2 接一根短路线，则 u_2 为零，由式(4.2.8)及式(4.2.9) 可得

$$y_{11}=\frac{i_1}{u_1}\bigg|_{u_2=0} \tag{4.2.12}$$

和

$$y_{21}=\frac{i_2}{u_1}\bigg|_{u_2=0} \tag{4.2.13}$$

同理，假设端口 1 接一根短路线，则 u_1 为零，由式(4.2.8)及式(4.2.9)可得

$$y_{12}=\frac{i_1}{u_2}\bigg|_{u_1=0} \tag{4.2.14}$$

和

$$y_{22}=\frac{i_2}{u_2}\bigg|_{u_1=0} \tag{4.2.15}$$

4. H 参数(混合参量)

考虑图 4-1 的线性二端口网络，端口 1 处的电压 u_1 可以用端口 1 处的电流 i_1 和端口 2 处的电压 u_2 来表示：

$$u_1 = h_{11} i_1 + h_{12} u_2 \tag{4.2.16}$$

同理，端口 2 处的电流 i_2 可以用端口 1 处的电流 i_1 和端口 2 处的电压 u_2 来表示：

$$i_2 = h_{21} i_1 + h_{22} u_2 \tag{4.2.17}$$

由于电压单位为伏特(V)，电流单位为安培(A)，所以 h_{11} 参量以欧姆(Ω)为单位，h_{12} 和 h_{21} 是无量纲量，而 h_{22} 则以西门子(S)为单位，因此这些参数统称为混合参量(hybrid parameter)。混合参量用矩阵表示为

$$\begin{bmatrix} u_1 \\ i_2 \end{bmatrix} = \begin{bmatrix} h_{11} & h_{12} \\ h_{21} & h_{22} \end{bmatrix} \begin{bmatrix} i_1 \\ u_2 \end{bmatrix} \tag{4.2.18}$$

假设端口 2 短路，则 u_2 为零。利用式(4.2.16)和式(4.2.17)可得

$$h_{11} = \left. \frac{u_1}{i_1} \right|_{u_2=0} \tag{4.2.19}$$

和

$$h_{21} = \left. \frac{i_2}{i_1} \right|_{u_2=0} \tag{4.2.20}$$

假设端口 1 开路，则 i_1 为零。利用式(4.2.16)和式(4.2.17)可得

$$h_{12} = \left. \frac{u_1}{u_2} \right|_{i_1=0} \tag{4.2.21}$$

和

$$h_{22} = \left. \frac{i_2}{u_2} \right|_{i_1=0} \tag{4.2.22}$$

经过上述推导与分析可知，h_{11} 和 h_{21} 分别代表端口 2 短路时的输入阻抗和前向电流增益；h_{12} 和 h_{22} 分别代表端口 1 开路时的反向电压增益及输出导纳。值得注意的是，在晶体管电路分析中，这四个参量分别用 h_i、h_f、h_r 和 h_o 来表示。

5. ABCD 参数(传输参量)

考虑图 4-1，在端口 1 处的电压 u_1 以及电流 i_1 可以用端口 2 处的电流 i_2 和电压 u_2 来描述：

$$u_1 = A u_2 - B i_2 \tag{4.2.23}$$

同理，可以用 i_2 和 u_2 表示 i_1：

$$i_1 = C u_2 - D i_2 \tag{4.2.24}$$

由于电压单位为伏特(V)，电流单位为安培(A)，所以 A 和 D 是无量纲量，而 B 则以欧姆(Ω)为单位，C 以西门子(S)为单位。

式(4.2.23)和式(4.2.24)用矩阵来表示为

$$\begin{bmatrix} u_1 \\ i_1 \end{bmatrix} = \begin{bmatrix} A & B \\ C & D \end{bmatrix} \begin{bmatrix} u_2 \\ -i_2 \end{bmatrix} \tag{4.2.25}$$

假设端口 2 短路，则 u_2 为零。利用式(4.2.23)和式(4.2.24)可得

$$B = \left. \frac{u_1}{-i_2} \right|_{u_2=0} \tag{4.2.26}$$

和

$$D = \left. \frac{i_1}{-i_2} \right|_{u_2=0} \tag{4.2.27}$$

假设端口 2 开路，则 i_2 为零。利用式(4.2.23)和式(4.2.24)可得

$$A=\left.\frac{u_1}{u_2}\right|_{i_2=0} \tag{4.2.28}$$

和

$$C=\left.\frac{i_1}{u_2}\right|_{i_2=0} \tag{4.2.29}$$

传输参量又称为链式矩阵元(elements of chain matrix)。它对级联电路的分析很重要。

值得说明的是，上述的几种参量之间可以进行转换，本书在此不再详述。另外，除了上述参量以外，还有一个很重要的参量，即 S 参数。考虑到这个参量对射频集成电路设计的重要性，本书将在 4.2.2 节中单独介绍。

4.2.2 S参数(散射参量)

1. 射频集成电路端口分析与测试选用 S 参数的原因

尽管前一节介绍的几种参量都各自具有其应用场合和价值，但对于射频电路或射频集成电路来说，存在一种特殊现象，即当信号频率很高时，寄生效应不可避免，导致射频系统端口难以实现理想化的短路和开路。此时采用传统的端口电压测量方法来获得端口参数将不再适用，于是人们定义了一种基于行波特征的新型表示方式，称为网络的散射矩阵(scattering matrix)。定义该矩阵的元为散射参量(scattering parameter)。

2. 波的入射与反射

为了描述波的入射与反射，将二端口网络模型重绘，如图 4-3 所示。

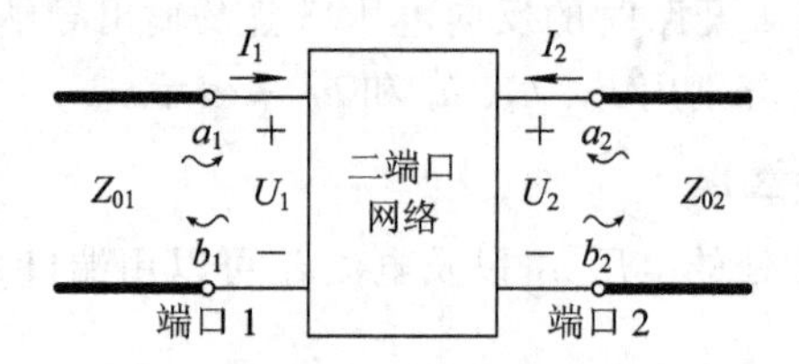

图 4-3 二端口网络模型

图 4-3 中，对于端口 1，把向二端口网络传输的波 a_1 称为端口 1 的入射波，而从二端口网络往回传输的波 b_1 称为端口 1 的反射波。同理，对于端口 2，把向二端口网络传输的波 a_2 称为端口 2 的入射波，而从二端口网络往回传输的波 b_2 称为端口 2 的反射波。

3. S 参数矩阵

从图 4-3 我们可以预见，端口 1 的反射波 b_1 可能来自端口 1 的 a_1 和端口 2 的 a_2。同理，端口 2 的反射波 b_2 可能来自端口 1 的 a_1 和端口 2 的 a_2。假设该二端口网络是一个线性网络，则叠加定理在此适用。从数学上，可以得到如下关系式：

$$b_1=S_{11}a_1+S_{12}a_2 \tag{4.2.30}$$

$$b_2=S_{21}a_1+S_{22}a_2 \tag{4.2.31}$$

用矩阵表示为

$$\begin{bmatrix} b_1 \\ b_2 \end{bmatrix}=\begin{bmatrix} S_{11} & S_{12} \\ S_{21} & S_{22} \end{bmatrix}\begin{bmatrix} a_1 \\ a_2 \end{bmatrix} \tag{4.2.32}$$

或

$$b=Sa \tag{4.2.33}$$

其中，$\boldsymbol{S}$ 称为二端口网络的散射矩阵（scattering matrix）；S_{ij} 称为该网络的散射参量（scattering parameter）；a_i 代表第 i 个端口处的入射波；b_i 代表第 i 个端口处的反射波。

4. 反射系数与输入阻抗

1）无损耗传输线模型及数学推导

为了更好地导出反射系数和输入阻抗的概念与相互关系，首先分析无损耗传输线等效电路。无损耗传输线模型如图 4-4 所示。

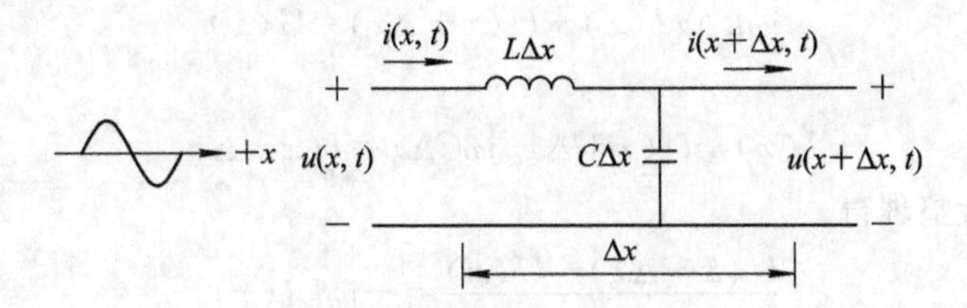

图 4-4　无损耗传输线模型

按照基尔霍夫电压和电流定律，我们得到如下表示式：

$$u(x,\ t)=L\Delta x\,\frac{\partial}{\partial t}i(x,\ t)+u(x+\Delta x,\ t) \tag{4.2.34}$$

和

$$i(x,\ t)=C\Delta x\,\frac{\partial}{\partial t}u(x+\Delta x,\ t)+i(x+\Delta x,\ t) \tag{4.2.35}$$

对式(4.2.34)进行整理得

$$\frac{u(x+\Delta x,\ t)-u(x,\ t)}{\Delta x}=-L\,\frac{\partial}{\partial x}u(x,\ t) \tag{4.2.36}$$

对式(4.2.35)进行整理得

$$\frac{i(x+\Delta x,\ t)-u(x,\ t)}{\Delta x}=-C\,\frac{\partial}{\partial x}u(x+\Delta x,\ t) \tag{4.2.37}$$

令 $\Delta x\to 0$，分别对式(4.2.36)和式(4.2.37)方程两边求极限，可得

$$L\,\frac{\partial}{\partial}i(x,\ t)=-\frac{\partial}{\partial x}u(x,\ t) \tag{4.2.38}$$

和

$$C\,\frac{\partial}{\partial}u(x,\ t)=-\frac{\partial}{\partial x}i(x,\ t) \tag{4.2.39}$$

再对式(4.2.38)和式(4.2.39)的两边 x 求偏导数，可以得到著名的齐次标量波动方程组：

$$\begin{cases}\dfrac{\partial^2}{\partial x^2}u(x,\ t)=LC\,\dfrac{\partial^2}{\partial t^2}u(x,\ t)\\[2ex]\dfrac{\partial^2}{\partial x^2}i(x,\ t)=LC\,\dfrac{\partial^2}{\partial t^2}i(x,\ t)\end{cases} \tag{4.2.40}$$

下面进一步研究无损耗传输线的正弦稳态特性。在正弦激励下的无损耗传输线的模型如图 4-5 所示。

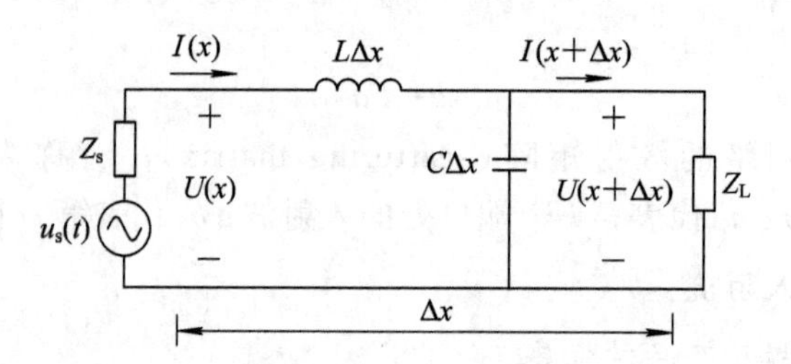

图 4-5　正弦激励下的无损耗传输线模型

根据图 4-5 中的端口电压和电流，按照基尔霍夫定律写出如下数学表示式：

$$\mathrm{j}\omega L\Delta x I(x)+U(x+\Delta x)=U(x) \tag{4.2.41}$$

和

$$I(x)-U(x+\Delta x)\mathrm{j}\omega C\Delta x=I(x+\Delta x) \tag{4.2.42}$$

对式(4.2.41)进行整理得

$$\frac{U(x+\Delta x)-U(x)}{\Delta x}=-\mathrm{j}\omega LI(x) \tag{4.2.43}$$

令 $\Delta x\to 0$，分别对式(4.2.43)方程两边求极限，可得

$$\frac{\mathrm{d}}{\mathrm{d}x}U(x)=-\mathrm{j}\omega LI(x) \tag{4.2.44}$$

对式(4.2.42)进行整理得

$$\frac{I(x+\Delta x)-I(x)}{\Delta x}=-\mathrm{j}\omega CU(x+\Delta x) \tag{4.2.45}$$

令 $\Delta x\to 0$，分别对式(4.2.45)方程两边求极限，可得

$$\frac{\mathrm{d}}{\mathrm{d}x}I(x)=-\mathrm{j}\omega CU(x) \tag{4.2.46}$$

对式(4.2.44)方程两边求导数，经过整理得到如下方程：

$$\frac{\mathrm{d}^2}{\mathrm{d}x^2}U(x)+\beta^2U(x)=0 \tag{4.2.47}$$

其中，$\beta=\omega\sqrt{LC}$，称为相位常数(phase constant)。对式(4.2.46)方程两边求导数，经过整理得到如下方程：

$$\frac{\mathrm{d}^2}{\mathrm{d}x^2}I(x)+\beta^2I(x)=0 \tag{4.2.48}$$

式(4.2.47)和式(4.2.48)统称为赫姆霍兹(Helmholtz)方程。

设赫姆霍兹方程的一般表示式为

$$\frac{\mathrm{d}^2}{\mathrm{d}x^2}f(x)+\beta^2f(x)=0 \tag{4.2.49}$$

假设 $f(x)=C\mathrm{e}^{kx}$，其中，C 和 k 是任意常数。代入式(4.2.49)，得到 $k=\pm\mathrm{j}\beta$。该方程的完全解为

$$f(x)=C_1\mathrm{e}^{-\mathrm{j}\beta x}+C_2\mathrm{e}^{\mathrm{j}\beta x} \tag{4.2.50}$$

其中，C_1 和 C_2 是积分常数，它们的值由边界条件得到。因此，式(4.2.47)和式(4.2.48)的完全解可以表示为如下形式：

$$U(x)=U_{\varphi}^{\mathrm{in}}\mathrm{e}^{-\mathrm{j}\beta x}+U_{\varphi}^{\mathrm{ref}}\mathrm{e}^{\mathrm{j}\beta x} \tag{4.2.51}$$

和

$$I(x)=I_{\varphi}^{\text{in}}\mathrm{e}^{-\mathrm{j}\beta x}+I_{\varphi}^{\text{ref}}\mathrm{e}^{\mathrm{j}\beta x} \tag{4.2.52}$$

其中，U_{φ}^{in}、U_{φ}^{ref}、I_{φ}^{in} 和 I_{φ}^{ref} 是积分常数，它们有可能是复数。这些常数可以通过传输线上不同位置处已知的电压和电流值来计算得出。下面介绍其计算方法，假设：

$$U_{\varphi}^{\text{in}}=U_{0}^{\text{in}}\mathrm{e}^{-\mathrm{j}\varphi} \tag{4.2.53}$$

其中，U_{0}^{in} 表示基本参考位置，一般以传输线的负载处作为参考点，此时定义 $\varphi=0$。事实上，U_{0}^{in} 代表在负载处的入射波电压，而 U_{φ}^{in} 则表示离负载距离为 φ（以相位表示）处向负载方向的入射波电压，事实上，它在此作为一般意义上参考位置入射波电压。

又假设：

$$U_{\varphi}^{\text{ref}}=U_{0}^{\text{ref}}\mathrm{e}^{\mathrm{j}\varphi} \tag{4.2.54}$$

其中，U_{0}^{ref} 表示基本参考位置，一般以传输线的负载处作为参考点，此时定义 $\varphi=0$。事实上，U_{0}^{ref} 代表在负载处的反射波电压，而 U_{φ}^{ref} 则表示离负载距离为 φ（以相位表示）处的反射波电压。基于以上分析，式(4.2.51)还可以表示为

$$U(x)=U_{\varphi}^{\text{in}}\mathrm{e}^{-\mathrm{j}\beta x}+U_{\varphi}^{\text{ref}}\mathrm{e}^{\mathrm{j}\beta x}=U^{\text{in}}(x)+U^{\text{ref}}(x) \tag{4.2.55}$$

式中，$U^{\text{in}}(x)$代表位置 x 处的入射波电压；$U^{\text{ref}}(x)$代表位置 x 处的反射波电压。（以距离负载为 φ 的位置为参考点。）

为了分析与计算方便，本书一律将参考点固定在负载处，因而式(4.2.55)改写为

$$U(x)=U_{0}^{\text{in}}\mathrm{e}^{-\mathrm{j}\beta x}+U_{0}^{\text{ref}}\mathrm{e}^{\mathrm{j}\beta x}=U^{\text{in}}(x)+U^{\text{ref}}(x) \tag{4.2.56}$$

由图 4-5，以负载为参考点，根据欧姆定律和基尔霍夫定律，可以得到

$$I(x)=\frac{\beta}{\omega L}(U_{0}^{\text{in}}\mathrm{e}^{-\mathrm{j}\beta x}-U_{0}^{\text{ref}}\mathrm{e}^{\mathrm{j}\beta x})=I^{\text{in}}(x)-I^{\text{ref}}(x) \tag{4.2.57}$$

式中，$\beta=\omega\sqrt{LC}$，为波的相位常数，单位为 rad/m；$U^{\text{in}}(x)=U_{0}^{\text{in}}\mathrm{e}^{-\mathrm{j}\beta x}$，为入射电压；$U^{\text{ref}}(x)=U_{0}^{\text{ref}}\mathrm{e}^{-\mathrm{j}\beta x}$，为反射电压；$I^{\text{in}}(x)=\frac{\beta}{\omega L}U_{0}^{\text{in}}\mathrm{e}^{-\mathrm{j}\beta x}$，为入射电流；$I^{\text{ref}}(x)=\frac{\beta}{\omega L}U_{0}^{\text{ref}}\mathrm{e}^{\mathrm{j}\beta x}$，为反射电流。

2）有损传输线的波

在无损传输线的波参量计算中，主要考虑相位常数。在有损传输线中，还要考虑分布电阻和电导的影响，因此将式(4.2.49)的赫姆霍兹(Helmholtz)方程中的相位常数 β 改为一般传输常数 γ。

将方程(4.2.56)和(4.2.57)分别改写为

$$U(x)=U_{0}^{\text{in}}\mathrm{e}^{-\gamma x}+U_{0}^{\text{ref}}\mathrm{e}^{\gamma x}=U^{\text{in}}(x)+U^{\text{ref}}(x) \tag{4.2.58}$$

$$I(x)=\frac{1}{Z_0}(U_{0}^{\text{in}}\mathrm{e}^{-\gamma x}-U_{0}^{\text{ref}}\mathrm{e}^{\gamma x})=I^{\text{in}}(x)-I^{\text{ref}}(x) \tag{4.2.59}$$

令有损传输线的分布电阻、电导分别由 R 和 G 表示，则

$$\gamma=\sqrt{(R+\mathrm{j}\omega L)(G+\mathrm{j}\omega C)}=\alpha+\mathrm{j}\beta$$

式中，γ 为传输常数(propagation constant)；α 为衰减常数(attenuation constant)；β 为相位常数(phase constant)。

式(4.2.58)对应的时间域函数为

$$u(x,t)=\mathrm{Re}[U(x)\mathrm{e}^{\mathrm{j}\omega t}]=\mathrm{Re}[U_{0}^{\text{in}}\mathrm{e}^{-\alpha x}\mathrm{e}^{-\mathrm{j}(\beta x-\omega t)}+U_{0}^{\text{ref}}\mathrm{e}^{\alpha x}\mathrm{e}^{\mathrm{j}(\beta x+\omega t)}] \tag{4.2.60}$$

式(4.2.59)对应的时间域函数为

$$i(x,\ t)=\mathrm{Re}[I(x)\mathrm{e}^{\mathrm{j}\omega t}]=\mathrm{Re}\left[\frac{U_0^{\mathrm{in}}}{Z_0}\mathrm{e}^{-\alpha x}\mathrm{e}^{-\mathrm{j}(\beta x-\omega t)}-\frac{U_0^{\mathrm{ref}}}{Z_0}\mathrm{e}^{\alpha x}\mathrm{e}^{\mathrm{j}(\beta x+\omega t)}\right] \tag{4.2.61}$$

设 U_0^{in} 和 U_0^{ref} 为实数，令 $Z_0=|Z_0|\mathrm{e}^{\mathrm{j}\varphi}$，则有

$$u(x,\ t)=U_0^{\mathrm{in}}\mathrm{e}^{-\alpha x}\cos(\omega t-\beta x)+U_0^{\mathrm{ref}}\mathrm{e}^{\alpha x}\cos(\omega t+\beta x) \tag{4.2.62}$$

和

$$i(x,\ t)=\frac{U_0^{\mathrm{in}}}{Z_0}\mathrm{e}^{-\alpha x}\cos(\omega t-\beta x-\varphi)-\frac{U_0^{\mathrm{ref}}}{Z_0}\mathrm{e}^{\alpha x}\cos(\omega t+\beta x-\varphi) \tag{4.2.63}$$

3) 反射系数

电压反射系数(voltage reflection coefficient)定义为传输线上某一位置 x 处的反射电压 $U^{\mathrm{ref}}(x)$ 与入射电压 $U^{\mathrm{in}}(x)$ 之比，即

$$\Gamma(x)=\frac{U^{\mathrm{ref}}(x)}{U^{\mathrm{in}}(x)}=\frac{U_0^{\mathrm{ref}}\mathrm{e}^{\gamma x}}{U_0^{\mathrm{in}}\mathrm{e}^{-\gamma x}}=\Gamma_{\mathrm{L}}\mathrm{e}^{2\gamma x} \tag{4.2.64}$$

式中，

$$\Gamma_L=\frac{U_0^{\mathrm{ref}}}{U_0^{\mathrm{in}}}=\Gamma(0) \tag{4.2.65}$$

它表示传输线在负载处(即参考点)的反射系数。

式(4.2.64)表示的物理意义是：传输线在 x 处的反射系数等于负载处反射系数 Γ_{L} 乘以 $\mathrm{e}^{2\gamma x}$。

4) 相位速度与特征阻抗

所谓相位速度(phase velocity)，是指行波上某一相位点的传播速度。参考式(4.2.62)，设有一个正弦波 $\cos(\omega t-\beta x)$，令 $\omega t-\beta x=C$，C 为常数，该式对时间进行求导数，即为

$$v_{\mathrm{p}}=\frac{\mathrm{d}x}{\mathrm{d}t}=\frac{\omega}{\beta}=\frac{\omega}{\omega\sqrt{LC}}=\frac{1}{\sqrt{LC}} \tag{4.2.66}$$

从相关物理知识可知：

$$v_{\mathrm{p}}=\lambda f \tag{4.2.67}$$

其中，λ 表示行波的波长，f 表示其频率。于是有

$$\beta=\frac{2\pi}{\lambda} \tag{4.2.68}$$

设传输线长度为 l，定义传输线特征阻抗(characteristic impedance) Z_0 为入射电压 $U^{\mathrm{in}}(x)$ 与入射电流 $I^{\mathrm{in}}(x)$ 之比，即

$$Z_0=\frac{U^{\mathrm{in}}(x)}{I^{\mathrm{in}}(x)}=\frac{\omega L}{\beta}=\sqrt{\frac{L}{C}} \tag{4.2.69}$$

5) 输入阻抗

定义传输线在 x 点处的输入阻抗(input impedance) $Z_{\mathrm{in}}(x)$ 为该点处的电压 $U(x)$ 与电流 $I(x)$ 之比，即

$$Z_{\mathrm{in}}(x)=\frac{U(x)}{I(x)}=\frac{U^{\mathrm{in}}(x)+U^{\mathrm{ref}}(x)}{I^{\mathrm{in}}(x)-I^{\mathrm{ref}}(x)}=Z_0\frac{\mathrm{e}^{-\gamma x}+\Gamma_{\mathrm{L}}\mathrm{e}^{\gamma x}}{\mathrm{e}^{-\gamma x}-\Gamma_{\mathrm{L}}\mathrm{e}^{\gamma x}} \tag{4.2.70}$$

令 $x=0$，即阻抗等于负载阻抗：

$$Z_{in}(0)=Z_L=Z_0\frac{1+\Gamma_L}{1-\Gamma_L} \tag{4.2.71}$$

由式(4.2.71)可得

$$\Gamma_L=\frac{Z_L-Z_0}{Z_L+Z_0} \tag{4.2.72}$$

6) 电压驻波比与回波损耗

电压驻波比(voltage standing wave ratio)被定义为传输线上电压的最大值 U_{max} 和最小值 U_{min} 之比，用 VSWR 表示。结合前面的知识，可以得到：

$$U_{max}=|U(x)|_{max}=|U_0^{in}|+|U_0^{ref}|=|U_0^{in}|(1+|\Gamma_L|) \tag{4.2.73}$$

$$U_{min}=|U(x)|_{min}=|U_0^{in}|-|U_0^{ref}|=|U_0^{in}|(1-|\Gamma_L|) \tag{4.2.74}$$

于是有

$$\mathrm{VSWR}=\frac{U_{max}}{U_{min}}=\frac{I_{max}}{I_{min}}=\frac{1+|\Gamma_L|}{1-|\Gamma_L|} \tag{4.2.75}$$

同时也得

$$|\Gamma_L|=\frac{\mathrm{VSWR}-1}{\mathrm{VSWR}+1} \tag{4.2.76}$$

回波损耗(return loss)被定义为传输线任何一点的入射功率与反射功率之比，若用对数形式表示，则有

$$\mathrm{RL}=10\lg\frac{P_{in}}{P_{out}}=10\lg\frac{1}{|\Gamma|^2}=-20\lg|\Gamma| \tag{4.2.77}$$

5. S 参数的测量与计算

1) S 参数的测量

考察图 4-3，为了便于分析，重写式(4.2.30)如下：

$$b_1=S_{11}a_1+S_{12}a_2 \tag{4.2.78}$$

假设端口 2 连接匹配负载，而 a_1 为端口 1 的入射波，a_2 为 0，此时由式(4.2.77)可得

$$S_{11}=\frac{b_1}{a_1}\bigg|_{a_2=0}=\Gamma_{in}\big|_{a_2=0} \tag{4.2.79}$$

该式物理意义：S_{11} 表示端口 2 匹配时端口 1 的反射系数。

重写式(4.2.31)如下：

$$b_2=S_{21}a_1+S_{22}a_2 \tag{4.2.80}$$

同样假设端口 2 连接匹配负载，而 a_1 为端口 1 的入射波，a_2 为 0，此时由式(4.2.80)可得

$$S_{21}=\frac{b_2}{a_1}\bigg|_{a_2=0} \tag{4.2.81}$$

该式物理意义：S_{21} 表示二端口网络的前向增益。

现在又假设端口 1 连接匹配负载，而 a_2 为端口的入射波，a_1 为 0，此时由式(4.2.78)可得

$$S_{12}=\frac{b_1}{a_2}\bigg|_{a_1=0} \tag{4.2.82}$$

该式物理意义：S_{12} 表示二端口网络的反向增益。

同样假设端口 1 连接匹配负载，而 a_2 为端口的入射波，a_1 为 0，此时由式(4.2.80)

可得

$$S_{22}=\frac{b_2}{a_2}\bigg|_{a_1=0} \tag{4.2.83}$$

该式物理意义：S_{22}表示端口 1 匹配时端口 2 的反射系数。

采用端接匹配负载的方法进行 S 参数的测量是一种非常科学而实用的方法。下面依次介绍这四个参数的测量过程。

2）S 参数的计算

针对 S_{11}和 S_{21}测量的模型如图 4-6 所示。

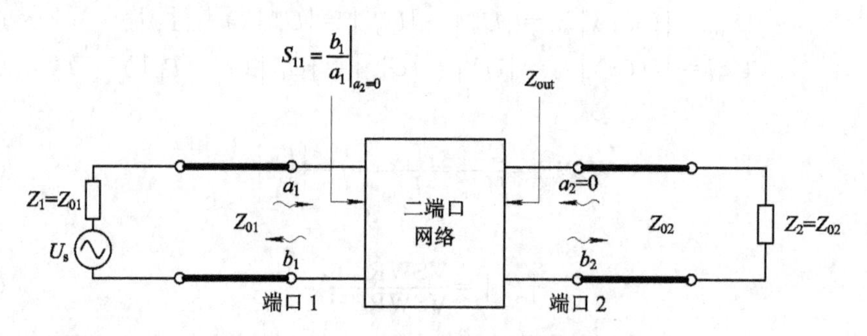

图 4-6　S_{11}和 S_{21}的测量模型

因为负载与传输线匹配，所以端口 2 的入射波为 0。端口 1 的电压为

$$U_1=U_1^{in}+U_1^{ref} \tag{4.2.84}$$

因为信号源内阻与传输线匹配，所以有

$$U_1^{in}=\frac{U_s}{2} \tag{4.2.85}$$

因而可以得到

$$U_1^{ref}=U_1-U_1^{in}=U_1-\frac{U_s}{2} \tag{4.2.86}$$

端口 2 匹配，所以 $U_2^{in}=0$。进而有

$$S_{11}=\frac{b_1}{a_1}\bigg|_{a_2=0}=\frac{U_1^{ref}}{U_1^{in}}=\frac{2U_1}{U_s}-1 \tag{4.2.87}$$

$$S_{21}=\frac{b_2}{a_1}\bigg|_{a_2=0}=\frac{U_2^{ref}}{U_1^{in}}=\frac{2U_2}{U_s} \tag{4.2.88}$$

针对 S_{22}和 S_{12}测量的模型如图 4-7 所示。

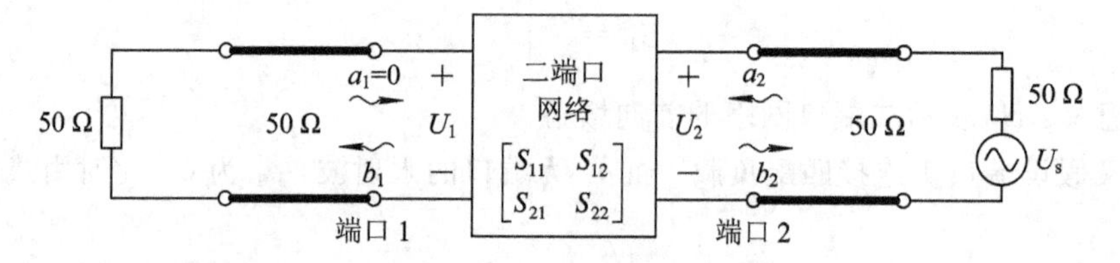

图 4-7　S_{22}和 S_{12}的测量模型

因为信号源与传输线匹配，所以端口 1 的入射波为 0。端口 2 的电压为

$$U_2=U_2^{in}+U_2^{ref} \tag{4.2.89}$$

因为信号源内阻与传输线匹配，所以有

$$U_2^{\text{in}}=\frac{U_s}{2} \tag{4.2.90}$$

因而可以得到

$$U_2^{\text{ref}}=U_2-U_2^{\text{in}}=U_2-\frac{U_s}{2} \tag{4.2.91}$$

端口 1 匹配，所以 $U_2^{\text{in}}=0$。进而有

$$S_{22}=\frac{b_2}{a_2}\bigg|_{a_1=0}=\frac{U_2^{\text{ref}}}{U_2^{\text{in}}}=\frac{2U_2}{U_s}-1 \tag{4.2.92}$$

$$S_{12}=\frac{b_1}{a_2}\bigg|_{a_1=0}=\frac{U_1^{\text{ref}}}{U_2^{\text{in}}}=\frac{2U_1}{U_s} \tag{4.2.93}$$

4.3　Smith 圆图

正如上一节所述，输入阻抗能等效地利用位置相关的反射系数来计算。在工程上为了简化计算，史密斯(Smith P H)创立了以映射原理为基础的图解方法。这种方法可以在同一个图中简单直观地显示传输线阻抗和反射系数。史密斯圆图可以用来进行电路的阻抗分析、匹配网络的设计，以及噪声系数、增益和稳定性判别圆的计算等。本节将循序渐进地给出史密斯圆图的推导过程，以及利用图解法工具计算无源电路阻抗的示例。

4.3.1　Smith 阻抗圆图的推导

传输线任一点的反射系数被定义为

$$\Gamma=\frac{Z-Z_0}{Z+Z_0} \tag{4.3.1}$$

式中，Z 为网络端口阻抗；Z_0 为参考阻抗，一般为 50 Ω。

设归一化阻抗为

$$Z=\frac{Z}{Z_0}=r+\mathrm{j}x \tag{4.3.2}$$

可得

$$\Gamma=\frac{z-z_0}{z+z_0} \tag{4.3.3}$$

及

$$z=\frac{1+\Gamma}{1-\Gamma} \tag{4.3.4}$$

又设反射系数为

$$\Gamma=\Gamma_r+\mathrm{j}\Gamma_j \tag{4.3.5}$$

进一步推导得

$$r+\mathrm{j}x=\frac{1+\Gamma_r+\mathrm{j}\Gamma_j}{1-\Gamma_r-\mathrm{j}\Gamma_j} \tag{4.3.6}$$

经整理得

$$r=\frac{1-\Gamma_r^2-\Gamma_j^2}{(1-\Gamma_r)^2+\Gamma_j^2} \tag{4.3.7}$$

$$x=\frac{2\Gamma_j}{(1-\Gamma_r)^2+\Gamma_j^2} \tag{4.3.8}$$

进一步整理得到如下两组圆的方程：

$$\left(\Gamma_r-\frac{r}{1+r}\right)^2+\Gamma_j^2=\left(\frac{1}{1+r}\right)^2 \tag{4.3.9}$$

$$(\Gamma_r-1)^2+\left(\Gamma_j-\frac{1}{x}\right)^2=\left(\frac{1}{x}\right)^2 \tag{4.3.10}$$

式(4.3.9)称为电阻圆，式(4.3.10)称为电抗圆，如图 4-8 所示。

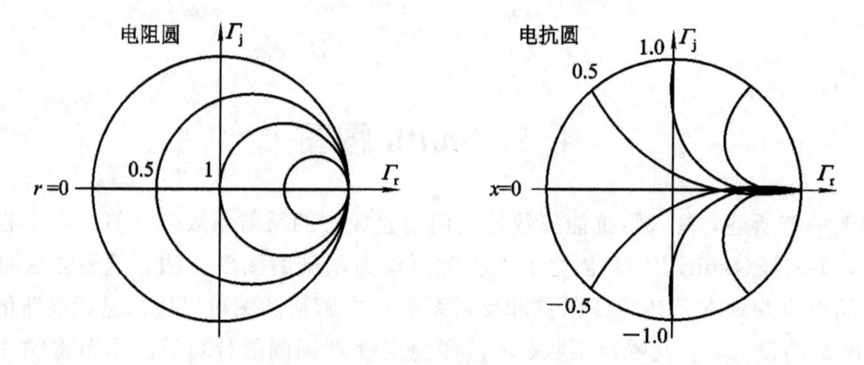

图 4-8 反射系数平面上的电阻圆与电抗圆

由式(4.3.9)可得电阻圆的圆心坐标为$\left(\frac{r}{1+r}, 0\right)$，半径为$\frac{1}{1+r}$。由式(4.3.10)可得电抗圆的圆心坐标为$\left(1, \frac{1}{x}\right)$，半径为$\left|\frac{1}{x}\right|$。将电阻圆图与电抗圆图叠加在一起即可构成 Smith 阻抗圆图，如图 4-9 所示。

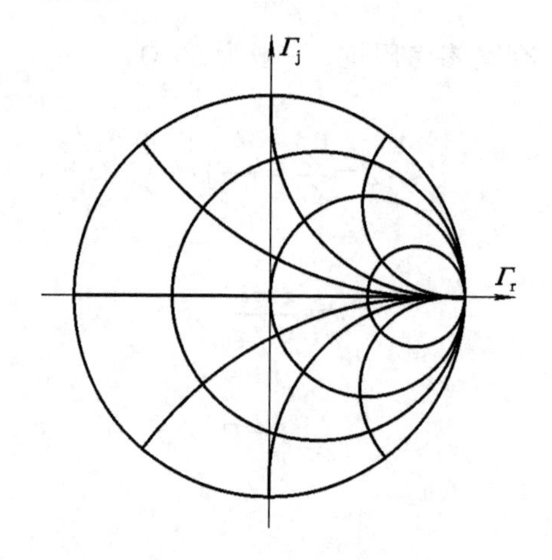

图 4-9 Smith 阻抗圆图

例 4.2 求终端接负载的传输线的输入阻抗。已知负载阻抗 $Z_L=(30+j60)\Omega$ 与长度为 2 cm 的 50 Ω 传输线相连，工作频率为 2 GHz。根据反射系数的概念求输入阻抗 Z_{in}。假设传输线中的相速度为光速的 50%。

解　首先确定负载反射系数：

$$\Gamma_L=\frac{Z_L-Z_0}{Z_L+Z_0}=\frac{30+j60-50}{30+j60-50}=0.2+j0.6=\sqrt{0.40}\,e^{j71.56}$$

然后计算相位常数 β：

$$\beta=\frac{2\pi}{\lambda}=\frac{2\pi f}{v_p}=\frac{2\pi f}{0.5c}=83.77\ m^{-1}$$

即

$$2\beta l=192°$$

求出反射系数：

$$\Gamma=\Gamma_L e^{-2j\beta l}=\Gamma_r+j\Gamma_j=-0.32-j0.55=\sqrt{0.40}\,e^{-j120.4}$$

求出输入阻抗：

$$Z_{in}=Z_0\frac{1+\Gamma}{1-\Gamma}=R+jX=(14.7-j26.7)\Omega$$

4.3.2　Smith 导纳圆图的推导

根据公式 $z=\frac{1+\Gamma}{1-\Gamma}$可得

$$y=\frac{1}{z}=\frac{1-\Gamma}{1+\Gamma}=\frac{1+\Gamma e^{-j\pi}}{1-\Gamma e^{-j\pi}} \tag{4.3.11}$$

式中，$y=\frac{1}{z}=\frac{Z_0}{Z}=\frac{Y}{Y_0}$，称为归一化导纳；$Y$ 为网络端口导纳；Y_0 为参考导纳，一般为$\frac{1}{50}\Omega=0.2$ S。

从式(4.3.11)可以看出，归一化导纳和 Γ 平面上的点有着一一对应的关系。有两种方法推导出导纳圆图：一种是借助于阻抗圆图的推导方法，设 $y=g+jb$，$\Gamma=\Gamma_r+j\Gamma_j$，代入式(4.3.11)中，然后令方程两边的实部和虚部分别相等，得到等电导圆和等电纳圆。另一种方法是利用阻抗圆图上阻抗与导纳点关于原点对称的特点，只需将 Smith 阻抗圆图沿着虚轴旋转 180°即可得到 Smith 导纳圆图，如图 4-10 所示。

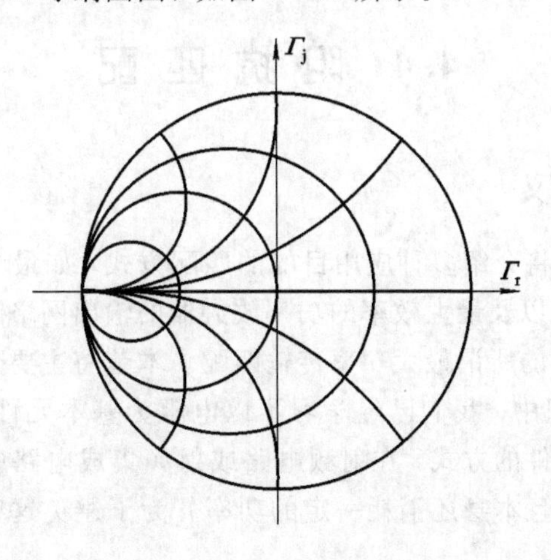

图 4-10　Smith 导纳圆图

4.3.3 Smith 阻抗导纳圆图

将 Smith 阻抗圆图和导纳圆图组合在一起则构成了 Smith 阻抗导纳圆图(Z-Y Smith chart),如图 4－11 所示。

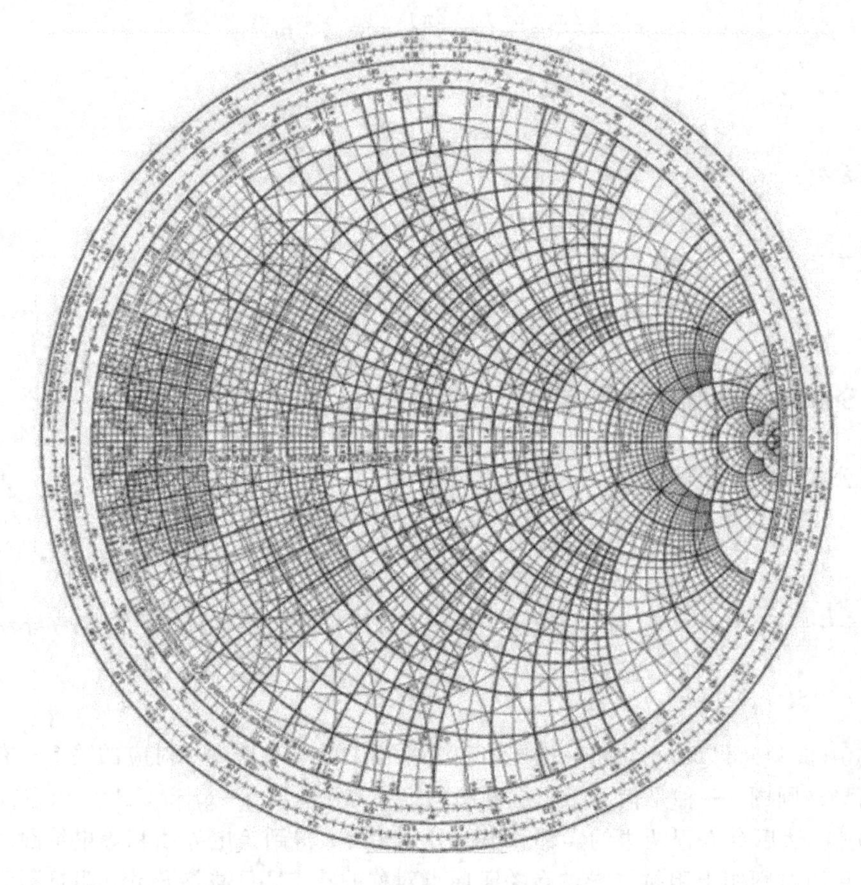

图 4－11 Smith 阻抗导纳圆图

4.4 阻 抗 匹 配

4.4.1 阻抗匹配的意义

关于阻抗匹配，本书将介绍多种应用目的的匹配方式，如最小噪声优化阻抗匹配、射频放大器稳定性阻抗匹配以及最大效率的功率放大器的输出网络阻抗匹配等，而最传统的是实现负载获得最大功率的所谓最大功率传输匹配。本节将主要介绍最大功率传输匹配。

在电路分析基础知识中，我们已经学习了以电阻为基本元件的 T 形匹配和三角形匹配，但以电阻作为匹配元件的方式，在射频电路或射频集成电路中不适用，原因是电阻不仅有相对较大的噪声，而且本身还消耗一定的功率。为了避免这些问题，我们采用无电阻的无源阻抗匹配方式。

阻抗匹配的目的是实现阻抗变换功能，其本身不应该消耗功率。阻抗匹配之所以重要是因为若无阻抗匹配，我们无法实现所希望的性能甚至设计失败。

阻抗匹配网络既可以用集总参数的电抗元件，也可以用分布参数元件(如微带线)来构建。阻抗匹配网络既可以是窄带式网络，也可以是宽带式网络。

4.4.2　功率及功率增益

对于给定的二端口网络，输入端通过输入匹配网络接信号源，输出端通过输出匹配网络接负载，如图 4－12 所示。

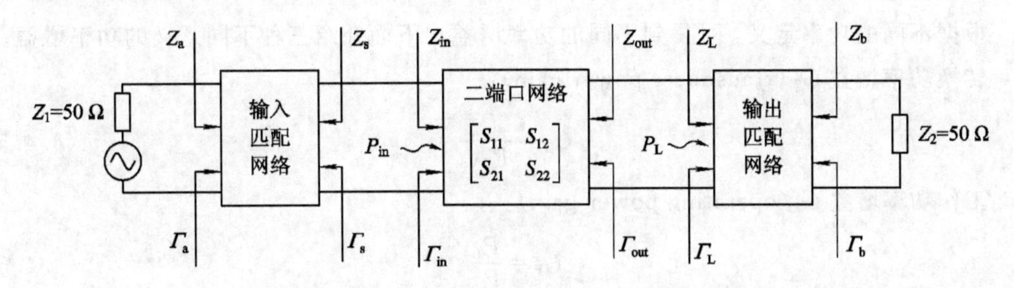

图 4－12　输入输出匹配的二端口网络模型

图 4－12 中，Z_s 表示等效信号源阻抗，Γ_s 表示信号源反射系数，Z_L 表示等效负载阻抗，Γ_L 表示负载反射系数，Z_{in} 表示输入阻抗，Γ_{in} 表示输入反射系数，Γ_{out} 表示输出反射系数，Z_{out} 表示输出反射阻抗。Γ_s、Γ_L、Γ_{in} 和 Γ_{out} 是用内阻为 Z_0(参考阻抗，通常为 50 Ω)的测量系统测量所得的反射系数，如图 4－13 所示。

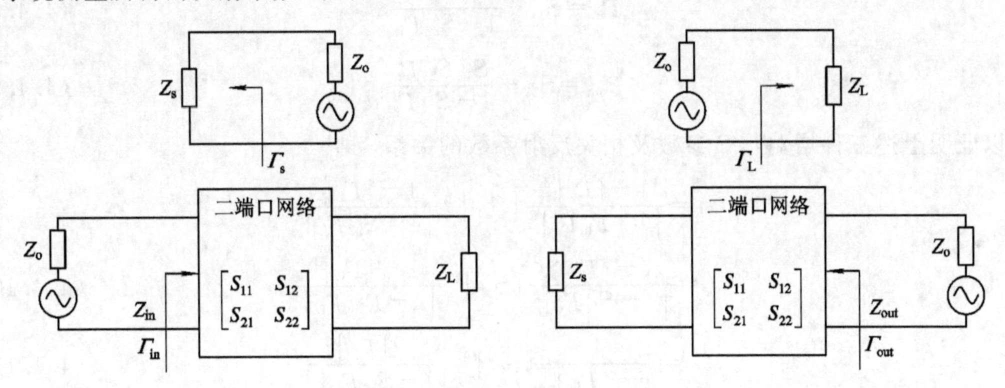

图 4－13　Γ_s、Γ_L、Γ_{in} 和 Γ_{out} 的测量模型

由图 4－13 可得

$$\Gamma_s = \frac{Z_s - Z_0}{Z_s + Z_0} \tag{4.4.1}$$

$$\Gamma_L = \frac{Z_L - Z_0}{Z_L + Z_0} \tag{4.4.2}$$

$$\Gamma_{in} = \frac{Z_{in} - Z_0}{Z_{in} + Z_0} \tag{4.4.3}$$

$$\Gamma_{out} = \frac{Z_{out} - Z_0}{Z_{out} + Z_0} \tag{4.4.4}$$

根据图4-12，我们得到四种不同的功率定义：

(1) 网络的输入功率 P_{in}，指输入到网络的功率。

(2) 负载获得的功率 P_L。

(3) 信号源资用功率 P_{AVS}，是指信号源所能提供的最大功率。当网络输入端共轭匹配时，网络输入功率就等于信号源资用功率，即 $P_{AVS}=P_{in}\big|_{\Gamma_{in}=\Gamma_s}$。

(4) 网络输出资用功率 P_{AVN}，是指网络所能提供的最大功率。当网络输出端共轭匹配时，负载获得的功率就等于网络资用功率，即 $P_{AVN}=P_L\big|_{\Gamma_{out}=\Gamma_L}$。

根据不同的功率定义，可得到不同的功率增益。下面介绍三种不同意义的功率增益。

转换功率增益 G_T(transducer power gain)：

$$G_T=\frac{P_L}{P_{AVS}} \tag{4.4.5}$$

工作功率增益 G_P(operating power gain)：

$$G_P=\frac{P_L}{P_{in}} \tag{4.4.6}$$

资用功率增益 G_A(available power gain)：

$$G_A=\frac{P_{AVN}}{P_{AVS}} \tag{4.4.7}$$

根据信号流图和Mason法则，可以得到关于 Γ_{in} 和 Γ_{out} 的S参数表示式如下：

$$\Gamma_{in}=S_{11}+\frac{S_{12}S_{21}\Gamma_L}{1-S_{22}\Gamma_L} \tag{4.4.8}$$

$$\Gamma_{out}=S_{22}+\frac{S_{12}S_{21}\Gamma_s}{1-S_{11}\Gamma_s} \tag{4.4.9}$$

可以证明上述三种增益与S参数及相关反射系数的关系，即

$$\begin{aligned}G_T&=\frac{1-|\Gamma_s|^2}{|1-\Gamma_{in}\Gamma_s|^2}|S_{21}|^2\frac{1-|\Gamma_L|^2}{|1-S_{22}\Gamma_L|^2}\\&=\frac{1-|\Gamma_s|^2}{|1-S_{11}\Gamma_s|^2}|S_{21}|^2\frac{1-|\Gamma_L|^2}{|1-\Gamma_{out}\Gamma_L|^2}\end{aligned} \tag{4.4.10}$$

$$G_P=\frac{1}{1-|\Gamma_{in}|^2}|S_{21}|^2\frac{1-|\Gamma_L|^2}{|1-S_{22}\Gamma_L|^2} \tag{4.4.11}$$

$$G_A=\frac{1-|\Gamma_s|^2}{|1-S_{11}\Gamma_s|^2}|S_{21}|^2\frac{1}{1-|\Gamma_{out}|^2} \tag{4.4.12}$$

当满足

$$\begin{cases}\Gamma_{in}=\Gamma_s^*\\ \Gamma_L=\Gamma_{out}^*\end{cases} \tag{4.4.13}$$

时，有

$$G_T=G_P=G_A \tag{4.4.14}$$

4.4.3 复数阻抗之间的最大功率传输

复数阻抗之间的功率传输模型如图4-14所示。

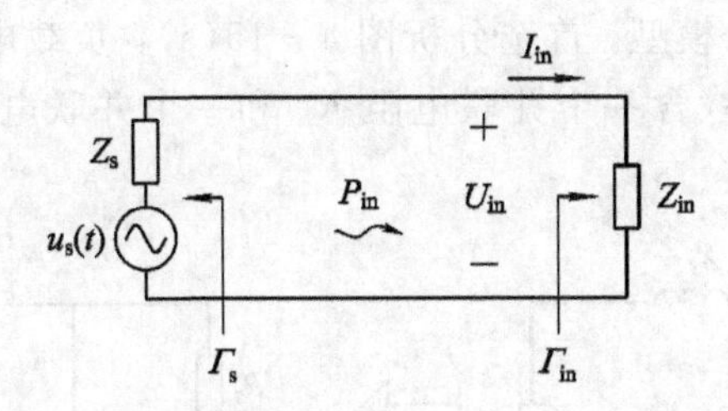

图 4 - 14　复数阻抗之间的功率传输模型

设 $Z_s=R_s+jX_s$，$Z_{in}=R_{in}+jX_{in}$，则输入功率为

$$P_{in}=\frac{1}{2}\mathrm{Re}[U_{in}I_{in}^*]=\frac{1}{2}\mathrm{Re}\left[U_s\frac{Z_{in}}{Z_{in}+Z_s}\frac{U_s^*}{(Z_{in}+Z_s)^2}\right]$$

$$=\frac{|U_s|^2}{2}\frac{R_{in}}{(R_{in}+R_s)^2+(X_{in}+X_s)^2} \tag{4.4.15}$$

下面以 P_{in} 分别对 R_{in} 和 X_{in} 求偏导数，并令其都等于 0，即

$$\begin{cases}\dfrac{\partial P_{in}}{\partial R_{in}}=0\\ \dfrac{\partial P_{in}}{\partial X_{in}}=0\end{cases} \tag{4.4.16}$$

求得 P_{in} 为最大传输功率的条件：

$$\begin{cases}R_{in}=R_s\\ X_{in}=-X_s\end{cases} \tag{4.4.17}$$

即

$$Z_{in}=Z_s^* \tag{4.4.18}$$

或

$$\Gamma_{in}=\Gamma_s^* \tag{4.4.19}$$

4.5　匹配网络设计

4.5.1　电抗性 L 形匹配网络设计

前面已经说明，电阻性元件不适合射频电路或集成电路的匹配网络设计，因而电抗性元件成为必选。设负载电阻为 R_L，信号源电阻为 R_s，设计任务是在信号源电阻 R_s 和负载电阻 R_L 之间进行阻抗匹配。L 形匹配网络模型如图 4 - 15 所示。在应用中要特别注意图 4 - 15 中 R_s 和 R_L 之间的相对大小关系。

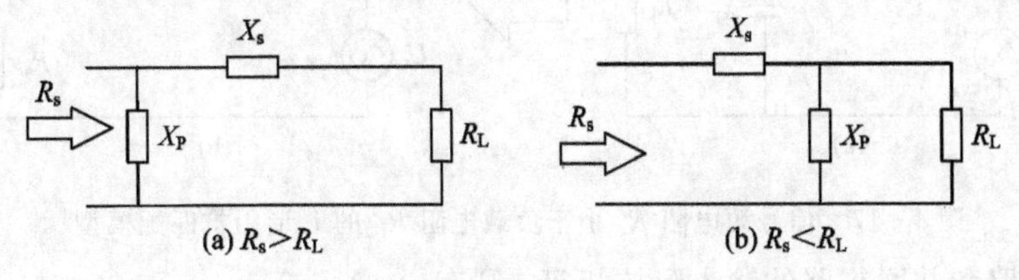

图 4 - 15　L 形匹配网络模型

下面将具体分析这两个模型，首选分析图4-15(a)，负载电阻 R_L 和一个电抗 X_s 串联，将这一支路用并联支路(含一个并联电阻 R_P 和一个并联电抗 X_P)等效，如图4-16所示。

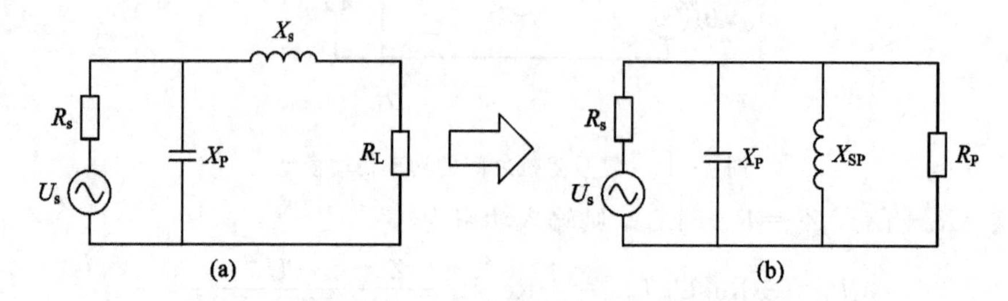

图4-16　信号源电阻 R_s 大于负载电阻 R_L 的L形阻抗匹配模型

设串联支路和并联支路的输入阻抗相等，则有

$$R_L+jX_s=\frac{jR_PX_P}{R_P+jX_p} \tag{4.5.1}$$

串联和并联支路的电抗性电路品质因数 Q 为

$$Q=\frac{X_s}{R_L} \tag{4.5.2}$$

和

$$Q=\frac{R_P}{|X_P|}=\frac{R_P}{X_{SP}} \tag{4.5.3}$$

经过整理得

$$1+Q^2=\frac{R_P}{R_L} \tag{4.5.4}$$

匹配的目的是使 $R_P=R_s$，式(4.5.4)变为

$$1+Q^2=\frac{R_s}{R_L} \tag{4.5.5}$$

为使式(4.5.5)有物理意义，必须满足：$R_L<R_s$。

下面对图4-15(b)进行分析，负载电阻 R_L 和一个电抗 X_P 并联，将这一支路用串联支路(含一个串联电阻 R_s 和一个串联电抗 X_s)等效，如图4-17(a)所示。为了计算方便，将 X_P 和 R_L 的并联支路变换为 X_{sP} 和 R_{sP} 的串联支路，如图4-17(b)所示。从图4-17(b)可知，当 $R_{sP}=R_s$、X_{sP} 和 X_s 串联谐振时，电路匹配。

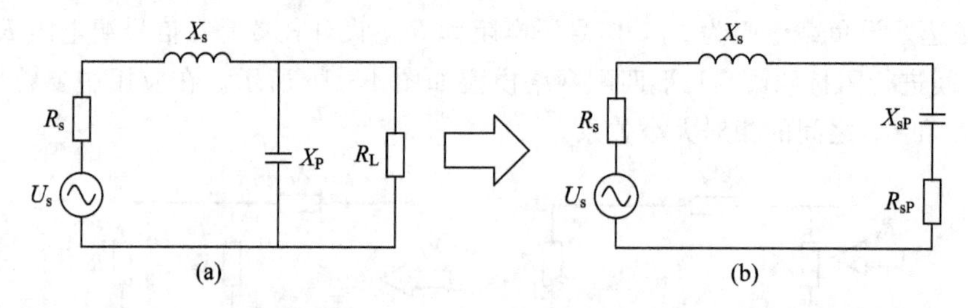

图4-17　信号源电阻 R_s 小于负载电阻 R_L 的L形阻抗匹配模型

设串联支路和并联支路的输入阻抗相等，则有

$$R_{sP}=\frac{R_L}{1+Q^2}=R_s \tag{4.5.6}$$

串并联支路的电抗性电路品质因数 Q 为

$$X_{sP}=\frac{|X_P|}{1+1/Q^2} \tag{4.5.7}$$

$$Q=\frac{R_L}{|X_P|}=\frac{X_s}{R_s} \tag{4.5.8}$$

式(4.5.6)经过整理得

$$Q=\sqrt{\frac{R_L}{R_s}-1} \tag{4.5.9}$$

匹配的目的是使 $R_{sP}=R_s$，式(4.5.9)变为

$$1+Q^2=\frac{R_L}{R_s} \tag{4.5.10}$$

为使式(4.5.10)有物理意义，必须满足：$R_L>R_s$。

4.5.2　并联短截线阻抗匹配网络设计

1. 传输线的阻抗变换

传输线模型如图4-18所示。

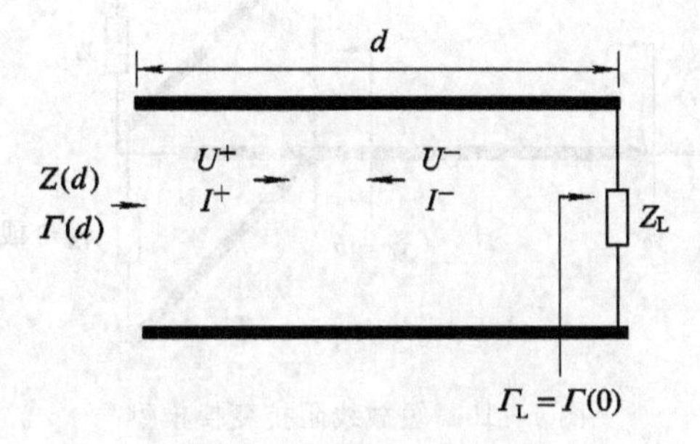

图4-18　传输线示意图

图4-18所示电路模型的输入阻抗为

$$Z(d)=Z_0\frac{Z_L+jZ_0\tan\beta d}{Z_0+jZ_L\tan\beta d} \tag{4.5.11}$$

当负载为短路负载时，

$$Z(d)=jZ_0\tan\beta d \tag{4.5.12}$$

当负载为开路负载时，

$$Z(d)=-jZ_0\cot\beta d \tag{4.5.13}$$

当微带线长度为半波长$\left(d=\frac{\lambda}{2}\right)$时，

$$Z(d)=Z_L \tag{4.5.14}$$

当微带线长度为四分之一波长$\left(d=\frac{\lambda}{4}\right)$时，

$$Z(d)=\frac{Z_0^2}{Z_L} \tag{4.5.15}$$

式(4.5.15)不仅起到阻抗变换的作用，而且当负载开路时，输入端开路，反之当负载短路时，输入端开路。

2. 并联短截线阻抗匹配网络设计

考虑一段特征阻抗为 Z_0 的无耗传输线，其终端连接一个负载导纳 Y_L，如图 4-19 所示。

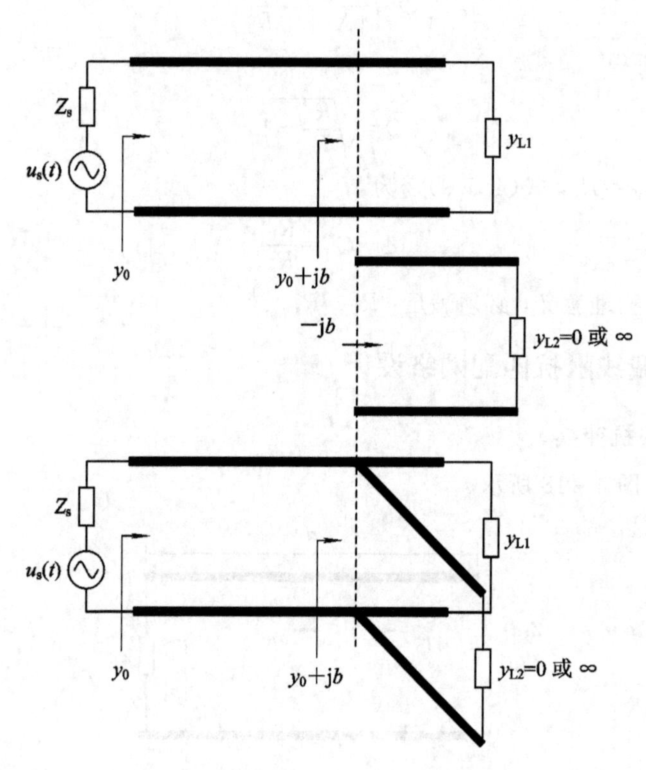

图 4-19　短截线阻抗变换模型

在离开负载距离为 l 的归一化导纳可以表示为[6]

$$y=\frac{y_L+j\tan\beta l}{1+jy_L\tan\beta l} \tag{4.5.16}$$

为了在 l 处实现匹配，必须要求此处的输入导纳实部等于1，以此为依据求 l 的值。然后在此处并联一个等效归一化电纳为 b 的短截线来抵消 y 的虚部。于是有

$$l=\frac{1}{\beta}\frac{b_L\pm\sqrt{b_L^2-a(1-g_L)}}{a} \tag{4.5.17}$$

其中，$a=g_L(g_L-1)+b_L^2$。

在 l 处的归一化虚部为

$$b_{in}=\frac{(b_L+\tan\beta l)(1-b_L\tan\beta l)-g_L^2\tan\beta l}{(g_L\tan\beta l)^2+(1+b_L\tan\beta l)^2} \tag{4.5.18}$$

为获得阻抗匹配，必须有

$$b=-b_{in} \tag{4.5.19}$$

分析与说明：

(1) 如果输入导纳为容性的(即 b_{in} 为正值)，则需要并联一个电感器(感性的短截线)。

(2) 如果输入导纳为感性的(即 b_{in} 为负值)，则需要并联一个电容器(容性的短截线)。

(3) 短路负载的短截线可以实现容性电纳。

(4) 开路负载的短截线可以实现感性电纳。

4.6 设计实例

4.6.1 L形匹配网络设计实例

例4.3 设计一个电抗性L形匹配网络，使一个500 Ω的电阻性负载在500 MHz工作频率下与50 Ω的传输线匹配。

解 根据题意可知，$R_L=500\ \Omega$，$R_s=50\ \Omega$，$f=500$ MHz。因为 $R_L>R_s$，所以有

$$1+Q^2=\frac{R_L}{R_s}=\frac{500}{50}=10\Rightarrow Q=3$$

此L形匹配网络中，一个电抗元件与 R_L 并联，而另一个电抗元件与 R_s 串联。对于串联支路，有

$$X_s=QR_s=3\times 50=150(\Omega)$$

对于并联支路，有

$$X_P=\frac{R_L}{Q}=\frac{500}{3}=166.67(\Omega)$$

图4-17所示的电路都可以使负载与传输线匹配。

对于图4-17(a)，可以确定元件值为

$$X_s=150=2\pi fL_s\Rightarrow L_s=\frac{150}{2\pi\times 500\times 10^6}\approx 47.77\times 10^{-9}(\text{H})\approx 48(\text{nH})$$

和

$$X_P=166.67=\frac{1}{2\pi fC_P}\Rightarrow C_P=\frac{1}{2\pi\times 500\times 10^6\times 166.67}\approx 1.91\times 10^{-12}(\text{F})\approx 2(\text{pF})$$

对于图4-17(a)，将 L_s 替换成 C_s，C_p 替换成 L_p，可以确定元件值为

$$X_s=150=\frac{1}{2\pi fC_s}\Rightarrow C_s=\frac{1}{2\pi\times 500\times 10^6\times 150}\approx 2.12\times 10^{-12}(\text{F})\approx 2(\text{pF})$$

和

$$X_P=166.67=2\pi fL_P\Rightarrow L_P=\frac{166.67}{2\pi\times 500\times 10^6}\approx 53.76\times 10^{-9}(\text{H})\approx 54(\text{nH})$$

例4.3只涉及纯电阻 R_s 和 R_L。若对复数阻抗的 Z_s 和 Z_L 进行阻抗匹配，则可从例4.4中得到体现。

例4.4 设信号源内阻 $R_s=10\ \Omega$，串联有一个寄生电感 $L_s=1$ nH，负载电阻 $R_L=50\ \Omega$，并联有寄生电容 $C_L=2$ pF，工作频率 $f=1$ GHz。试设计一个L形匹配网络，使信号源与负载之间实现共轭匹配。

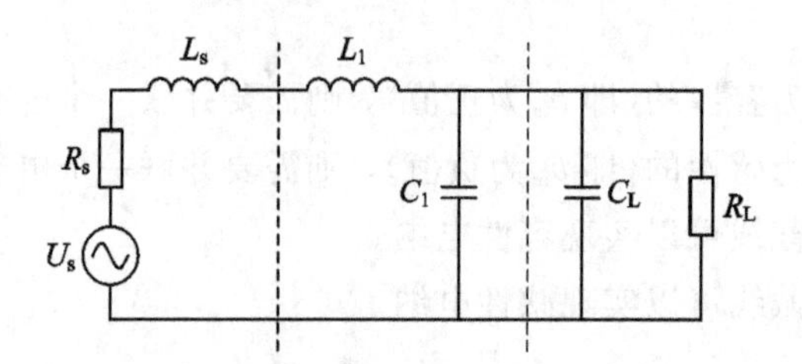

图 4-20 例 4.4 复数信号源及复数负载之间的 L 形匹配网络模型

解 已知 $R_L>R_s$，计算 Q 值：

$$Q=\sqrt{\frac{R_L}{R_s}-1}=\sqrt{\frac{50}{10}-1}=2$$

计算 L 形网络并联支路的电抗：

$$X_P=\frac{R_L}{Q}=\frac{50}{2}=25(\Omega)$$

计算 L 形网络串联支路的电抗：

$$X_s=QR_s=2\times 10=20(\Omega)$$

则电容为

$$C_P=C_1+C_L=\frac{1}{2\pi f X_P}=\frac{1}{2\pi\times 1\times 10^9\times 25}\approx 6.4(\text{pF})$$

电感为

$$L=L_1+L_s=\frac{X_s}{2\pi f}=\frac{20}{2\pi\times 1\times 10^9}\approx 3.18(\text{nH})$$

可得

$$L_1=L-L_s=3.18-1=2.18(\text{nH})$$
$$C_1=C_P-C_L=6.4-2=4.4(\text{pF})$$

4.6.2 π形匹配网络设计实例

L 形匹配网络一旦确定，则其 Q 值也就固定了。若为了能在阻抗匹配的同时实现良好的滤波，通常对滤波电路的 Q 值有一定要求。为了能实现基于 Q 值条件下的电抗性阻抗匹配，通常采用三个电抗元件的方法，即 π 形或 T 形匹配网络来完成这一任务。一个 π 形或 T 形匹配网络可以看成由两个 L 形匹配网络构成，借助于 L 形匹配网络的分析与计算方法即可得到所需要的 π 形或 T 形匹配网络。图 4-21 和图 4-22 是两种典型的 π 形匹配网络模型。

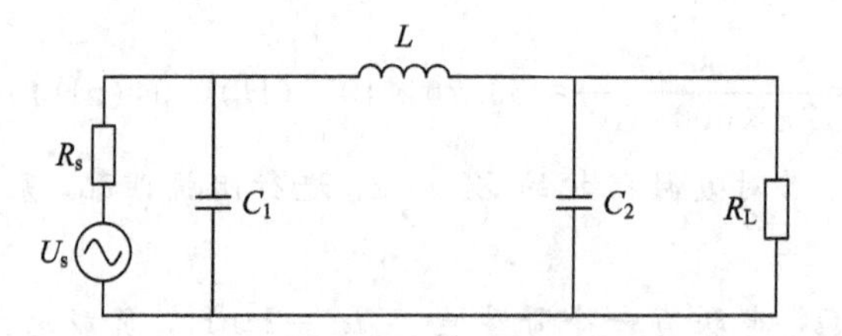

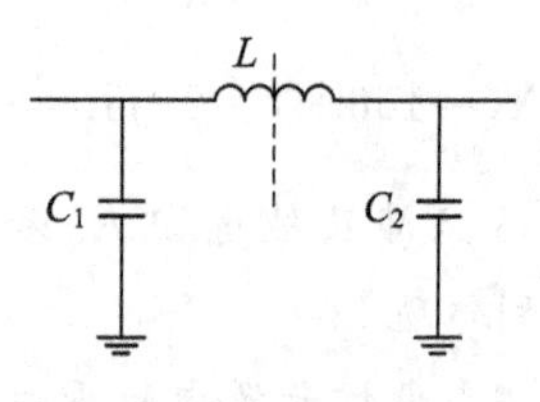

图 4-21 π 形匹配网络模型 1

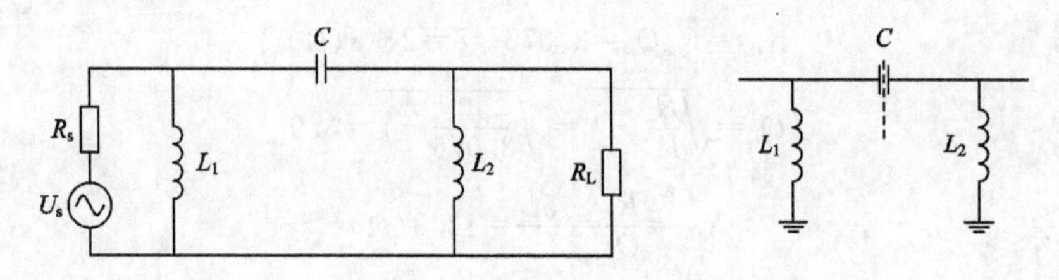

图 4-22　π 形匹配网络模型 2

以图 4-21 为例，将图中的电感 L 分解成为两个互相串联的电感 L_1 和 L_2，如图 4-23 所示。

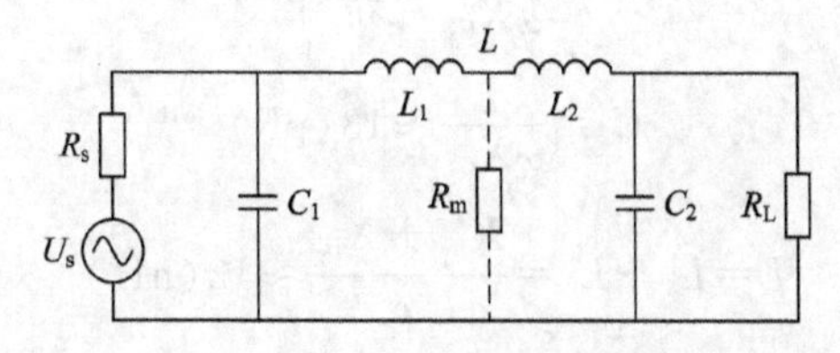

图 4-23　π 形匹配网络的 L 形网络分解模型

图 4-23 中的两个 L 形网络，与 R_s 并联的是 C_1，与 R_L 并联的是 C_2，因此中间电阻 R_m 有：$R_m<R_s$，$R_m<R_L$。值得注意的是，由 L_1 和 C_1 构成的支路有品质因数 Q_1，而由 L_2 和 C_2 构成的支路有品质因数 Q_2。这两个品质因数的值不一定相等，因此，每个部分的 Q 值要单独计算。具体分析如下。

对于由 L_1 和 C_1 构成的支路：

$$Q_1=\sqrt{\frac{R_s}{R_m}-1} \tag{4.6.1}$$

对于由 L_2 和 C_2 构成的支路：

$$Q_2=\sqrt{\frac{R_L}{R_m}-1} \tag{4.6.2}$$

例 4.5　设计一个电抗性 π 形匹配网络，使一个 200 Ω 的电阻性负载在 500 MHz 工作频率下与 50 Ω 的传输线匹配(较大 Q 值为 8)。

解　根据题意画图，如图 4-24 所示。

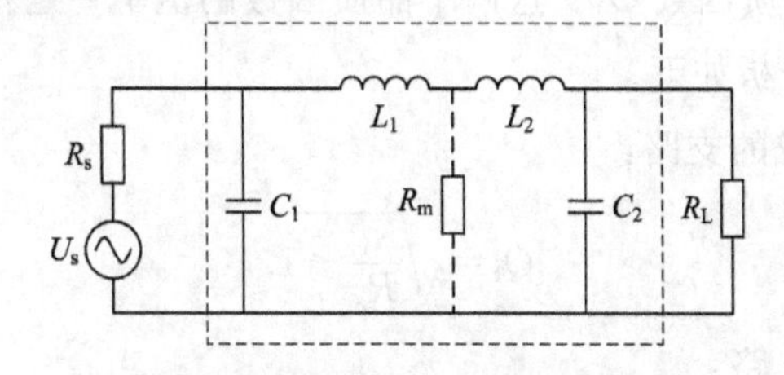

图 4-24　例 4.5 的 π 形匹配网络

因为 $R_s<R_L$，较大 Q 值出现在负载端，所以有

$$R_m=\frac{R_L}{1+Q_2^2}=\frac{200}{65}=3.076(\Omega)$$

因而 $R_m<R_L\Rightarrow$方案可行。

$$X_{C_2}=\frac{R_L}{Q_2}=\frac{200}{8}=25(\Omega)$$

$$X_{L_2}=R_{\mathrm{m}}Q_2=3.076\times8=24.6(\Omega)$$

$$Q_1=\sqrt{\frac{R_{\mathrm{s}}}{R_{\mathrm{m}}}-1}=\sqrt{\frac{50}{3.076}-1}=3.9$$

$$X_{C_1}=\frac{R_{\mathrm{s}}}{Q_1}=\frac{50}{3.9}=12.8(\Omega)$$

$$X_{L_1}=R_{\mathrm{m}}Q_1=3.076\times3.9\approx12(\Omega)$$

可求得

$$C_1=\frac{1}{\omega X_{C_1}}\approx25(\mathrm{pF})$$

$$C_2=\frac{1}{\omega X_{C_2}}\approx13(\mathrm{pF})$$

$$L=L_1+L_2=\frac{X_{L_1}+X_{L_2}}{\omega}\approx12(\mathrm{nH})$$

4.6.3 T形匹配网络设计实例

典型的T形匹配网络模型如图4-25所示。

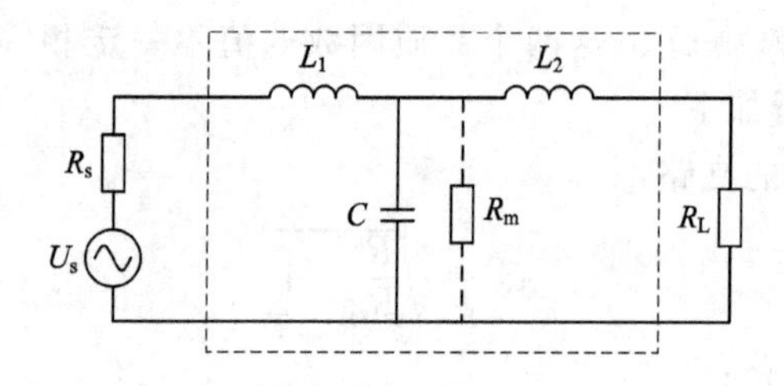

图4-25 T形网络模型

与π形网络类似，T形匹配网络也可以分解成两个L形匹配网络。

图4-25中的两个L形网络，与R_{s}串联的是L_1，与R_{L}串联的是L_2，因此中间等效电阻R_{m}有：$R_{\mathrm{m}}>R_{\mathrm{s}}$，$R_{\mathrm{m}}>R_{\mathrm{L}}$。值得注意的是，由$L_1$和$C_1$构成的支路有品质因数$Q_1$，而由$L_2$和$C_2$构成的支路有品质因数$Q_2$。这两个品质因数的值不一定相等，因此，每个部分的$Q$值要单独计算。具体分析如下。

对于由L_1和C_1构成的支路：

$$Q_1=\sqrt{\frac{R_{\mathrm{m}}}{R_{\mathrm{s}}}-1} \tag{4.6.3}$$

对于由L_2和C_2构成的支路：

$$Q_2=\sqrt{\frac{R_{\mathrm{m}}}{R_{\mathrm{L}}}-1} \tag{4.6.4}$$

例4.6 设计一个电抗性T形匹配网络，使一个100 Ω的电阻性负载在100 MHz工作频率下与20 Ω的信号源匹配(较大Q值为8)。

解 根据题意画T形匹配网络，如图4-26所示。

因为$R_{\mathrm{s}}<R_{\mathrm{L}}$，所以较大$Q$值出现在信号源端，有

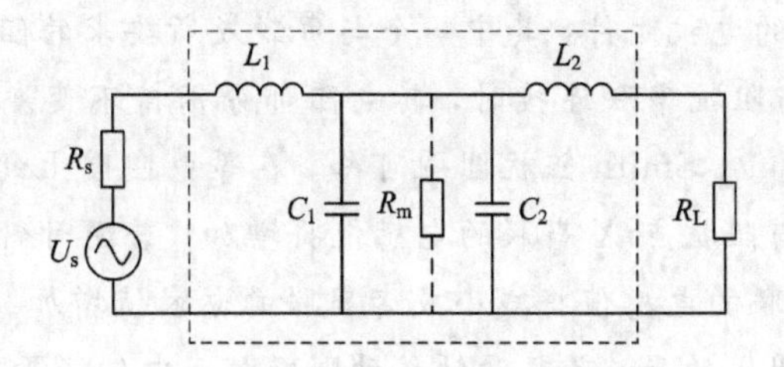

图 4-26　例 4.6 的 T 形网络

$$R_m = R_s(1+Q_1^2) = 20(1+64) = 1300(\Omega)$$

因而 $R_m > R_s \Rightarrow$ 方案可行。

$$X_{L_1} = R_s Q_1 = 20 \times 8 = 160(\Omega)$$

$$X_{C_1} = \frac{R_m}{Q_1} = \frac{1300}{8} = 162.5(\Omega)$$

$$Q_2 = \sqrt{\frac{R_m}{R_L} - 1} = \sqrt{\frac{1300}{100} - 1} \approx 3.46$$

$$X_{C_2} = \frac{R_m}{Q_2} = \frac{1300}{1.9} \approx 375.7(\Omega)$$

$$X_{L_2} = R_L Q_2 = 100 \times 3.46 \approx 346(\Omega)$$

可求得

$$C_1 = \frac{1}{\omega X_{C_1}} = \frac{1}{6.28 \times 162.5 \times 100 \times 10^6} \approx 9.8(\text{pF})$$

$$C_2 = \frac{1}{\omega X_{C_2}} = \frac{1}{6.28 \times 100 \times 375.7 \times 10^6} \approx 4.24(\text{pF})$$

$$C = C_1 + C_2 \approx 14.1\ (\text{pF})$$

$$L_1 = \frac{X_{L_1}}{\omega} = \frac{160}{6.28 \times 100 \times 10^6} \approx 255(\text{nH}) \approx 0.255(\mu\text{H})$$

$$L_2 = \frac{X_{L_2}}{\omega} = \frac{3.46}{6.28 \times 100 \times 10^6} \approx 550(\text{nH})$$

4.6.4　Smith 圆图法匹配网络设计实例

本节将举例介绍 Smith 圆图法 L 形匹配网络的设计。

L 形匹配网络由两个电抗元件(电容和电感)组成，按照网络连接关系的不同，可以将 L 形匹配分为如图 4-27 所示的 8 种结构。

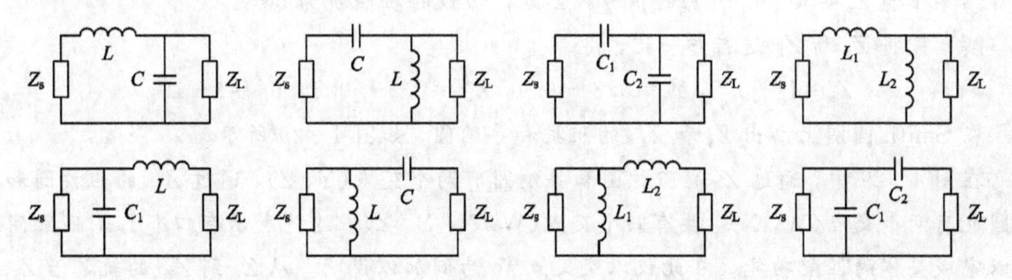

图 4-27　L 形匹配的 8 种结构

作为L形匹配网络的电抗元件，其中一个与负载或所要求的阻抗串联，而另一个则并联，因此，当一个电抗与阻抗串联连接时，其电阻部分保持不变。同理，并联电纳的变化也不影响导纳的电导值。从Smith阻抗圆图可知，在等电阻圆上的点，若顺时针移动则增加正电抗，那么意味着与阻抗点X串联的电感值将增加；若逆时针移动则降低正电抗，那么意味着与阻抗点X串联的电感值将减小或者串联的电容值增加。同样道理，从Smith阻抗圆图可知，在等电导圆上的点，若顺时针移动则增加正电纳，那么意味着与导纳点X并联的电容值将增加或者并联的电感值将减小；若逆时针移动则降低正电纳，那么意味着与阻抗点X并联的电容值将减小或者并联的电感值将增加，如图4-28所示。

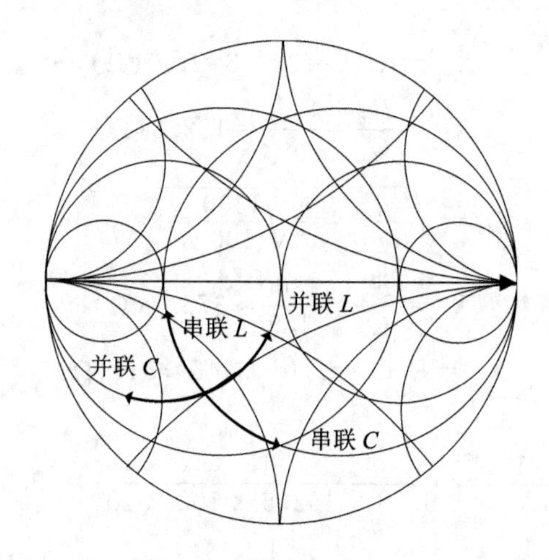

图4-28 串并联电感和电容的阻抗变换轨迹

本节我们采用Smith圆图法设计L形匹配网络，设计步骤如下：

(1) 将Z_s和Z_L归一化处理。

(2) 在Smith圆图上画出通过Z_s点的阻抗圆和导纳圆。

(3) 在Smith圆图上画出通过Z_L共轭点的阻抗圆和导纳圆。

(4) 确定第(2)步和第(3)步所画圆的交点。交点的数目就是L形匹配网络结构的数目。

(5) 确定网络结构和所用元件的归一化电抗值、归一化电纳值。

(6) 根据给定的工作频率，确定L形匹配网络中的实际值。

例4.7 设计一个电抗性L形匹配网络，使一个$Z_L=25-j25(\Omega)$的负载在1500 MHz工作频率下与$Z_s=50-j25(\Omega)$的信号源匹配。假设特征阻抗为50 Ω。

解 先将Z_s和Z_L进行归一化，得

$$Z_s=1-j0.5,\ Y_s=0.8+j0.4,\ Z_L^*=0.5+j0.5,\ Y_L^*=1-j1$$

在Smith圆图上画出Z_s和Z_L^*的阻抗和导纳圆，如图4-29所示。

在图4-29中，通过Z_s的阻抗圆和导纳圆有两个交点(Y，Z)，通过Z_L^*的阻抗圆和导纳圆也有两个交点(W，X)，共有四个交点(W，X，Y，Z)。这就表示有四个L形匹配网络可以完成整体的匹配功能。在此仅以交叉点W为例加以说明。从Z_s到Z_W的轨迹沿Z_s的电导圆逆时针移动，说明源阻抗应并联一个电感L_1；从Z_W到Z_L^*的轨迹是沿着Z_L^*的电

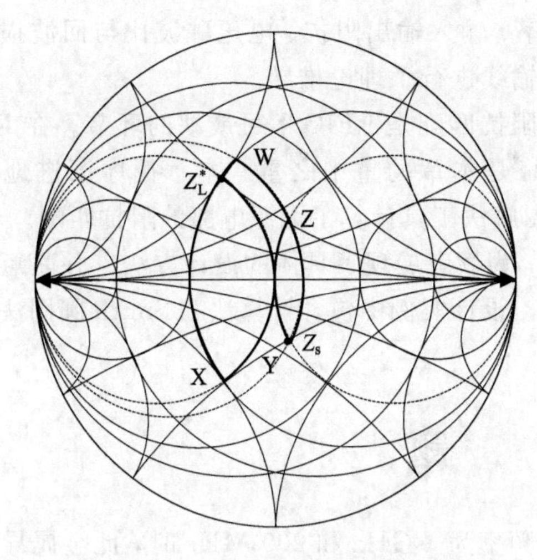

图 4-29　L形匹配网络 Smith 圆图

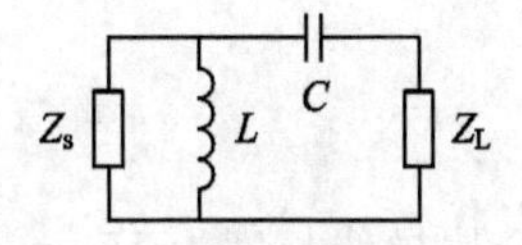

图 4-30　L形匹配网络

阻圆逆时针移动的，说明源阻抗应并联一个电感 L 之后，还要串联一个电容 C。因此，L形匹配的网络结构如图 4-30 所示。由 Smith 圆图读出 W 点的归一化阻抗值和归一化导纳值，分别为

$$Z_W = 0.5 + j0.6,\ Y_W = 0.8 + j1.0$$

则并联电感 L 的归一化电纳值为

$$jb_L = Y_W - Y_s = j0.6$$

反归一化后，得到并联电感 L 的值为

$$L = \frac{50}{\omega \times b_L} = \frac{50}{6.28 \times 0.6 \times 1.5} = 8.85(\text{nH})$$

串联电容 C 的归一化电阻值为

$$jx_C = Z_L^* - Z_W = (0.5 + j0.5) - (0.5 + j0.6) = -j0.1$$

反归一化后，得到串联电容 C 的值为

$$C = \frac{1}{\omega \times |x_C| \times 50} = \frac{1}{6.28 \times 0.1 \times 1.5} \approx 21(\text{pF})$$

举一反三，Smith 圆图法 L 形匹配网络设计方法还可以扩展到 T 形匹配网络以及 π 形匹配网络的设计等。本书在此不再举例。

4.7　本章小结

本章以二端口网络为主要研究对象，在介绍 Z 参数、Y 参数、H 参数和 ABCD 参数的基础上，重点研究 S 参数。S 参数作为射频系统的重要性能参数，不再以传统的端口电压测量方法获得端口参数，而是基于行波特征的新型表示方式，很好地以功率方式体现了二端口网络的传输特性。

当互连线在一定条件下必须被看成传输线时，需采用传输线理论和模型进行分析。传输线模型是射频集成电路设计中的一个重要内容和技术基础。本章以传输线模型为基础，

引出了诸如反射系数、相位速度与特征频率、输入输出阻抗、电压驻波比与回波损耗等多个重要概念。本章还对无损耗和有损耗传输线进行了理论推导。

本章对Smith圆图作了详细的阐述。阻抗匹配是RFIC不可或缺的环节。在RFIC中以无损耗无源器件为主体的L形匹配网络是本章的重中之重。本章循序渐进地给出了Smith圆图的推导过程，然后利用Smith图解法工具计算了无源电路的阻抗匹配。

本章通过多个典型例题的计算与分析，为读者展现了具体的设计方法。并联短截线阻抗匹配设计作为补充内容为读者提供参考。设计实例中包含计算法和Smith圆图法两种匹配方法。

习　题

4.1　金属导线长度为15 cm，当信号频率为1 GHz和200 MHz时，此金属导线是短路线还是传输线？

4.2　根据传输线的定义，对10 cm长度的金属导线，将其看做传输线，计算最低工作频率。

4.3　为什么无限长的传输线的输入阻抗等于其特征阻抗？

4.4　当给阻抗串联一个电容时，Smith阻抗圆图上，其归一化阻抗Z将沿等电阻圆按顺时针方向移动还是按逆时针方向移动？说明理由。

4.5　对于采用L形匹配网络的电路，设其连接方式从负载端开始，那么应该是先并联后串联还是先串联后并联？说明理由。

4.6　已知信号源内阻$R_s=10\ \Omega$，并串有寄生电感$L_s=1$ nH。负载$R_L=57\ \Omega$，并带有并联的寄生电容$C_L=1.8$ pF，工作频率为$f=1.5$ GHz。试设计L形匹配网络，使信号源和负载达到共轭匹配。

4.7　说明二端口网络的4个S参数的物理意义。

4.8　用资用功率为P_A的射频信号源驱动一个负载为$Z_L=75\ \Omega$放大器，已知：

$$P_A=\frac{1}{2}\times\frac{|b_s|^2}{1-|\Gamma_s|^2}$$

根据如下信号流图，并以Γ_L代替Γ_{in}：

(1) 用Γ_L、Γ_s和b_s表示负载吸收的功率P_L。

(2) 设$Z_s=45\ \Omega$，$Z_0=50\ \Omega$，$U_s=5\text{V}\angle 0°$，试计算功率P_A和负载吸收功率P_L。

4.9　一个50 Ω电阻串联10V(rms，均方根)电压源代表一个信号源。将它与一个120 Ω的负载匹配，试设计一个匹配网络，在100 kHz到1 GHz频带内提供完善的匹配，并确定传送给负载的功率。

4.10　(1) 证明：当晶体管的信号源和负载的阻抗都等于参考阻抗$Z_0=50\ \Omega$时，转换功率增益由$G_T=|S_{21}|^2$给出。

(2) 当信号源和负载的阻抗都等于阻抗Z_0时，求G_P和G_A的表达式。

4.11　假设无损耗传输线的特征阻抗为$Z_0=150\ \Omega$，终端接有$Z_L=(50+\text{j}100)\ \Omega$的负载，如果采用$\lambda/4$阻抗变换器进行匹配，试求该变换器的阻抗$Z_{01}$和接入的位置$l_1$；如果采用并联短路单枝节进行匹配，试求出该枝节接入位置l_1和枝节长度l_2。

4.12　已知工作频率为 900 MHz，有一个阻抗为 $Z_L=(40+j10)\Omega$ 的负载，若将该负载匹配到 50 Ω，试分别设计 L 形匹配网络、最大节点品质因数为 3 的 T 形匹配网络和 π 形匹配网络（要求分别使用计算法和 Smith 圆图法）。

4.13　在 Smith 圆图上，标出下列阻抗和导纳的位置，并求出对应的反射系数和驻波比。

(1) $Y=0.5+j0.6$；

(2) $Y=0.3-j0.6$；

(3) $Z=0.2-j0.8$；

(4) $Z=0.5+j0.3$。

4.14　试推导出端接负载 Z_L 的有损耗传输线的输入阻抗表示式：

$$Z_{in}(l)=\frac{Z_L+Z_0\tan\gamma l}{Z_0+Z_L\tan\gamma l}\cdot Z_0$$

4.15　试简单归纳图 4-28 的基本应用方法。

参考文献

[1] Richard Chi-His Li. 射频电路工程设计[M]. 鲍景富，唐宗熙，张彪，等译．北京：电子工业出版社，2014.

[2] 李智群，王志功．射频集成电路与系统[M]. 北京：科学出版社，2011.

[3] Baker R Jacob, Harry W Li, David E Boyce. CMOS 电路设计：布局与仿真[M]. 陈中建，主译．北京：机械工业出版社，2006.

[4] Reinhold Ludwig, Gene Bogdanov. 射频电路设计：理论与应用[M]. 2 版．王子宇，王心悦，主译．北京：电子工业出版社，2014.

[5] 池保勇，余志平，石秉学．CMOS 射频集成电路电路分析与设计[M]. 北京：清华大学出版社，2007.

[6] Devendra K Misra. 射频与微波通信电路：分析与设计[M]. 2 版．张肇仪，徐承和，祝西里，主译．北京：电子工业出版社，2005.

第5章　CMOS低噪声射频放大器

5.1　概　　述

目前，基于不同的集成电路工艺，低噪声放大器采用的工艺技术有GaAs PHEMT、MESFET、HBT以及CMOS技术等[4-8]。

低噪声放大器(LNA)在无线接收机中起着关键作用，在接收路径中作为接收天线后接的第一级，其噪声指数(NF)是一个重要参数，这是因为它的噪声直接加在整个系统的总噪声中。另外，一般希望LNA具有高增益及好的线性度和稳定性[9]。

本章将介绍一种全集成的超宽带CMOS低噪声放大器。该低噪声放大器利用管联(cascode)结构和RC反馈网络：采用两个单级管联拓扑结构，实现从单级输入到差分输出的转换；利用一个RC反馈网络，即一个反馈源极电感和栅极电感来实现输入阻抗匹配和噪声匹配。设计的UWB LNA采用标准0.18 μm RF CMOS工艺。

5.2　低噪声放大器网络的噪声分析

噪声性能是低噪声放大器的非常重要的指标。本节将从二端口网络入手分析噪声性能，然后针对构建CMOS低噪声放大器的MOS晶体管的二端口网络噪声参数进行理论分析。

5.2.1　二端口网络的噪声分析

1. 噪声因子

第2章介绍了二端口网络的等效噪声网络。二端口网络的噪声分析可以将网络内部的各个噪声源及其电路看成一个有噪网络，然后将其用一个无噪网络和一个等效的串联噪声电压源和一个并联的噪声电流源进行等效[10-12]。二端口网络的噪声性能通常用噪声因子或噪声系数来描述。噪声因子被定义为

$$F=\frac{\text{总的噪声输出功率}}{\text{输入噪声源引起的噪声输出功率}} \tag{5.2.1}$$

考虑到输入信号源噪声与输入端噪声电压源和噪声电流源之间没有相关性，所以网络的输出端的噪声功率可以直接叠加，但输入端噪声电压源与噪声电流源之间存在一定的相关性，因此它们在网络的输出端不能直接进行噪声功率叠加。下面介绍输入端噪声电压源与噪声电流源在网络输出端的噪声功率计算。

假设噪声电流源包含两个部分：一部分与噪声电压源无关，另一部分与噪声电压源相关。令

$$i_n = i_c + i_u \tag{5.2.2}$$

式中，噪声电流 i_c 与噪声电压 u_n 完全相关，其相关系数为 Y_c（又称为相关导纳），则有

$$i_c = Y_c u_n \tag{5.2.3}$$

而式(5.2.2)中，i_u 与噪声电压 u_n 完全不相关。

又

$$i_{ns} = Y_s u_{ns} \tag{5.2.4}$$

根据噪声因子的定义，可写出噪声系数的表达式为

$$F = \frac{\overline{i_{ns}^2} + \overline{|i_n + Y_s u_n|^2}}{\overline{i_{ns}^2}} \tag{5.2.5}$$

联立式(5.2.2)～式(5.2.5)，解得噪声因子为

$$F = \frac{\overline{i_{ns}^2} + \overline{|i_u + (Y_s + Y_c)u_n|^2}}{\overline{i_{ns}^2}} = 1 + \frac{\overline{i_u^2} + |Y_s + Y_c|^2 \overline{u_n^2}}{\overline{i_{ns}^2}} \tag{5.2.6}$$

式中，$\overline{i_{ns}^2} = \dfrac{\overline{u_{ns}^2}}{|Z_s|^2}$，为信号源的等效噪声电流源的均方值。

从式(5.2.6)可以看出，它含有三个独立的噪声源，可将它们进行如下热电阻噪声等效：

$$\overline{u_n^2} = 4kT\Delta f R_n \tag{5.2.7}$$

$$\overline{i_u^2} = 4kT\Delta f G_u \tag{5.2.8}$$

$$\overline{i_{ns}^2} = 4kT\Delta f G_s \tag{5.2.9}$$

式中，k 为玻尔兹曼常数；T 为绝对温度；Δf 为电路带宽。令

$$Y_s = G_s + jB_s \tag{5.2.10}$$

$$Y_c = G_c + jB_c \tag{5.2.11}$$

将式(5.2.9)～式(5.2.11)代入式(5.2.6)，可得噪声因子：

$$F = 1 + \frac{G_u + |Y_c + Y_s|^2 R_n}{G_s} = 1 + \frac{G_u + [(G_s + G_c)^2 + (B_s + B_c)^2]R_n}{G_s} \tag{5.2.12}$$

由式(5.2.12)可以看出，二端口网络的噪声系数由四个噪声参数 G_u、G_c、B_c 和 R_n 确定。同时还可以看出，噪声系数 F 与输入信号源的导纳有关，通过选择合适的输入信号源的导纳可以优化噪声系数，使 F 最小。

2. 最小噪声系数

针对式(5.2.12)，令

$$B_s + B_c = 0 \tag{5.2.13}$$

即有

$$B_{opt} = B_s = -B_c \tag{5.2.14}$$

然后对 F 求关于 G_s 的偏导数，以得到极值点：

$$\frac{\partial F}{\partial G_s}\bigg|_{B_s = -B_c} = \frac{2(G_s + G_c)G_s R_n - (G_s + G_c)^2 R_n - G_u}{G_s^2} = 0 \tag{5.2.15}$$

解得

$$G_s = G_{opt} = \sqrt{\frac{G_u}{R_n} + G_c^2} \tag{5.2.16}$$

将式(5.2.14)和式(5.2.16)代入式(5.2.12)，可以求出最小噪声系数为

$$F_{min} = 1 + 2R_n[G_{opt} + G_c] = 1 + 2R_n\left[\sqrt{\frac{G_u}{R_n} + G_c^2} + G_c\right] \tag{5.2.17}$$

可以证明包含最小噪声系数项的一般噪声系数表示式为[10]

$$F = F_{min} + \frac{R_n}{G_s}[(G_s - G_{opt})^2 + (B_s - B_{opt})^2] \tag{5.2.18}$$

由式(5.2.18)可知，二端口网络的噪声系数由 F_{min}、R_n、G_{opt} 和 B_{opt} 等参数确定。

5.2.2 MOS晶体管最小噪声系数的计算

1. MOS晶体管噪声分析

尽管在第2章已经简单介绍了一些关于MOS晶体管的噪声模型，但为本章分析的连续性，现针对MOS晶体管的噪声进行更具体分析。

1) MOS漏极电流噪声

由于场效应晶体管是电压控制器件，本质上是电压控制电阻，所以存在热噪声。有关研究表明，场效应管的漏极电流噪声的数学表达式为[12]

$$\overline{i_{nd}^2} = 4kT\gamma g_{d0}\Delta f \tag{5.2.19}$$

式中，g_{d0} 是 U_{DS} 为零时的漏源电导；γ 在 U_{DS} 为零时的值为1，在长沟道器件中饱和时的值为2/3。

2) MOS栅噪声

栅噪声是除漏极电流噪声以外的由于沟道电荷的热激励造成的噪声。有关研究(Van der Ziel)证明，栅噪声可以表示为

$$\overline{i_{ng}^2} = 4kT\delta g_g\Delta f \tag{5.2.20}$$

式中，

$$g_g = \frac{\omega^2 C_{gs}^2}{5g_{d0}} \tag{5.2.21}$$

长沟道MOS管中的 δ 值为4/3。

栅噪声的电路模型有两种形式，分别如图5-1和图5-2所示。

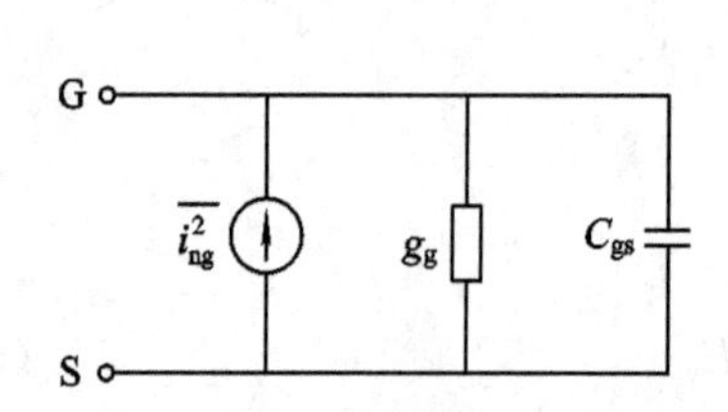

图5-1　栅噪声电路模型(根据Van der Ziel)

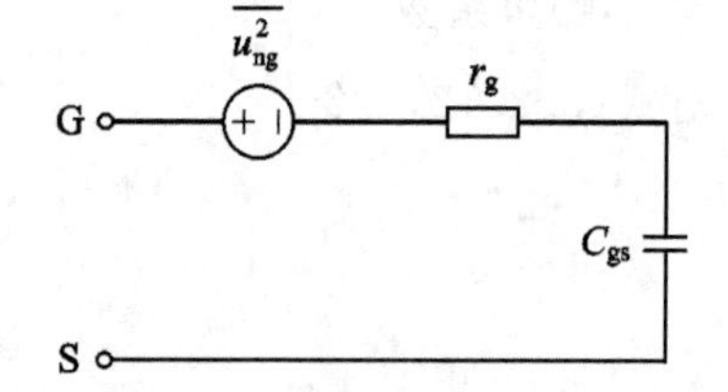

图5-2　另一种形式的栅噪声电路模型

3) MOS闪烁噪声

MOS晶体管的 $1/f$ 噪声功率用数学表达式表示为[12]

$$\overline{i_n^2}=\frac{K}{f}\cdot\frac{g_m^2}{WLC_{ox}^2}\cdot\Delta f\approx\frac{K}{f}\cdot\omega_T^2\cdot A\cdot\Delta f \tag{5.2.22}$$

式中，A 是栅的面积(等于 WL)；K 为与具体器件有关的系数。

2. MOS 晶体管最小噪声系数的计算

栅噪声与漏噪声是有相关性的，其相关系数定义为[12]

$$c=\frac{\overline{i_{ng}\cdot i_{nd}^*}}{\sqrt{\overline{i_{ng}^2}\,\overline{i_{nd}^2}}} \tag{5.2.23}$$

为了方便推导 4 个等效二端口网络噪声参数，先列写公式：

$$R_n=\frac{\overline{u_n^2}}{4kT\Delta f} \tag{5.2.24}$$

$$G_u=\frac{\overline{i_u^2}}{4kT\Delta f} \tag{5.2.25}$$

$$Y_c=\frac{i_c}{u_n}=G_c+jB_c \tag{5.2.26}$$

由于

$$\overline{u_n^2}=\frac{\overline{i_{nd}^2}}{g_m^2}=\frac{4kT\gamma g_{d0}\Delta f}{g_m^2} \tag{5.2.27}$$

所以有

$$R_n=\frac{\overline{u_n^2}}{4kT\Delta f}=\frac{\gamma g_{d0}}{g_m^2} \tag{5.2.28}$$

为了方便计算其他噪声参数，在此将式(5.2.20)所示的栅电流噪声展开成两项，即

$$\overline{i_{ng}^2}=\overline{(i_{ngc}+i_{ngu})^2}=4kT\delta g_g\,|c|^2\Delta f+4kT\delta g_g(1-|c|^2)\Delta f \tag{5.2.29}$$

式中，$\overline{i_{ngu}}$ 与 $\overline{i_{nd}}$ 完全不相关，$\overline{i_{ngc}}$ 与 $\overline{i_{nd}}$ 完全相关，即

$$c=\frac{\overline{i_{ng}\cdot i_{nd}^*}}{\sqrt{\overline{i_{ng}^2}\cdot\overline{i_{nd}^2}}}=\frac{\overline{i_{ngc}\cdot i_{nd}^2}}{\sqrt{\overline{i_{ng}^2}\cdot\overline{i_{nd}^2}}} \tag{5.2.30}$$

$$\overline{i_u^2}=4kT\delta g_g(1-|c|^2)\Delta f \tag{5.2.31}$$

由于等效输入噪声电流包括两部分：一部分是漏端沟道电流热噪声等效到输入端的电流噪声(在输入端开路下，将漏极电流噪声除以跨导得到等效输入电压，再将这个电压乘以输入导纳就得到等效输入电流噪声值 i_{n1}。注：输入导纳为 $j\omega C_{gs}$)；另一部分是因晶体管非准静态效应引入的栅噪声[12]，因此等效输入电流噪声为

$$\overline{i_n^2}=\overline{i_{n1}^2}+\overline{i_{ng}^2}=\frac{\overline{i_{nd}^2}(j\omega C_{gs})^2}{g_m^2}+\overline{i_{ng}^2}=\overline{u_n^2}(j\omega C_{gs})^2+4kT\delta g_g\Delta f \tag{5.2.32}$$

而

$$Y_c=\frac{i_{n1}+i_{ngc}}{u_n}=j\omega C_{gs}+\frac{g_m}{i_{nd}}\cdot i_{ngc}=j\omega C_{gs}+g_m\cdot\frac{i_{ngc}}{i_{nd}} \tag{5.2.33}$$

又

$$g_m\cdot\frac{i_{ngc}}{i_{nd}}=g_m\cdot\frac{i_{ngc}\cdot i_{nd}^*}{i_{nd}\cdot i_{nd}^*}=g_m\cdot\frac{\overline{i_{ngc}\cdot i_{nd}^*}}{\overline{i_{nd}\cdot i_{nd}^*}}=g_m\cdot\frac{\overline{i_{ngc}\cdot i_{nd}^*}}{\overline{i_{nd}^2}}=g_m\cdot\frac{\overline{i_{ng}\cdot i_{nd}^*}}{\overline{i_{nd}^2}} \tag{5.2.34}$$

这样式(5.2.33)变成

$$Y_c=j\omega C_{gs}+g_m\cdot\frac{\overline{i_{ng}\cdot i_{nd}^*}}{\overline{i_{nd}^2}}=j\omega C_{gs}+g_m\cdot\frac{\overline{i_{ng}\cdot i_{nd}^*}}{\sqrt{\overline{i_{nd}^2}}\sqrt{\overline{i_{nd}^2}}}\cdot\frac{\sqrt{\overline{i_{ng}^2}}}{\sqrt{\overline{i_{ng}^2}}} \tag{5.2.35}$$

进而还可变成

$$Y_c=j\omega C_{gs}+g_m\cdot\frac{\overline{i_{ng}\cdot i_{nd}^*}}{\sqrt{\overline{i_{nd}^2}}\sqrt{\overline{i_{ng}^2}}}\cdot\frac{\sqrt{\overline{i_{ng}^2}}}{\sqrt{\overline{i_{nd}^2}}}=j\omega C_{gs}+g_m\cdot c\cdot\sqrt{\frac{\overline{i_{ng}^2}}{\overline{i_{nd}^2}}} \tag{5.2.36}$$

而

$$\sqrt{\frac{\overline{i_{ng}^2}}{\overline{i_{nd}^2}}}=\sqrt{\frac{4kT\delta g_g\Delta f}{4kT\gamma g_{d0}\Delta f}}=\sqrt{\frac{\delta g_g}{\gamma g_{d0}}}=\sqrt{\frac{\delta\omega^2C_{gs}^2}{5\gamma g_{d0}^2}}=\sqrt{\frac{\delta}{5\gamma}}\cdot\frac{\omega C_{gs}}{g_{d0}} \tag{5.2.37}$$

所以有

$$Y_c=j\omega C_{gs}+\frac{g_m}{g_{d0}}\cdot c\cdot\sqrt{\frac{\delta}{5\gamma}}\cdot\omega C_{gs} \tag{5.2.38}$$

若假定在短沟道条件下，c 是纯虚数，并令 $\alpha=g_m/g_{d0}$，则有

$$Y_c=j\omega C_{gs}\left(1-\alpha|c|\sqrt{\frac{\delta}{5\gamma}}\right) \tag{5.2.39}$$

由式(5.2.38)和式(5.2.39)可得

$$G_c=R_e(Y_c)=0 \tag{5.2.40}$$

$$B_c=\mathrm{Im}(Y_c)=\omega C_{gs}\left(1-\alpha|c|\sqrt{\frac{\delta}{5\gamma}}\right) \tag{5.2.41}$$

由式(5.2.31)可得

$$G_u=\frac{\overline{i_u^2}}{4kT\Delta f}=\frac{\delta\omega^2C_{gs}^2(1-|c|^2)}{5g_{d0}} \tag{5.2.42}$$

于是，MOS晶体管的二端口网络噪声参数为

$$R_n=\frac{\gamma}{\alpha}\cdot\frac{1}{g_m} \tag{5.2.43}$$

$$G_{opt}=\alpha\omega C_{gs}\sqrt{\frac{\delta}{5\gamma}(1-|c|^2)} \tag{5.2.44}$$

$$B_{opt}=-\omega C_{gs}\left(1-\alpha|c|\sqrt{\frac{\delta}{5\gamma}}\right) \tag{5.2.45}$$

$$F_{min}=1+\frac{2}{\sqrt{5}}\frac{\omega}{\omega_T}\sqrt{\gamma\delta(1-|c|^2)} \tag{5.2.46}$$

5.3　CMOS低噪声放大器的基本电路结构和技术指标

随着CMOS集成电路工艺技术的进步，采用MOS晶体管为主要元件的集成电路设计技术占据了主导地位，而传统的双极型技术退居次席。但MOS管LNA的设计相对于双极型LNA来说更复杂些。原因是MOS晶体管的噪声参数通常需要通过测试来获得，而不能从电路参数中直接获得，器件模型与电路模拟结果往往不能反映实际噪声性能。另

外，栅极感应噪声以及高频非准静态的工作状态也使得分析的难度加大。

5.3.1　CMOS低噪声放大器的几种电路结构

本节将介绍几种典型的MOS型LNA[10, 11]。

1. 输入端并联电阻的共源放大器

输入端并联电阻的共源放大器的电路结构如图5－3所示。

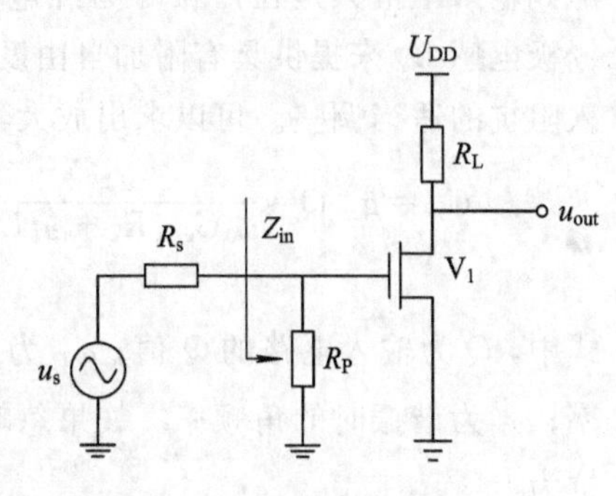

图5－3　输入端并联电阻的LNA

该放大器的输入阻抗为

$$Z_{in}=R_P/\!/\frac{1}{j\omega C_{gs}} \tag{5.3.1}$$

当C_{gs}较小时，输入阻抗约为R_P。令$R_s=R_P$，可以实现输入端阻抗匹配。若$R_s=R_P$，则该放大器在低频下的噪声系数为[10]

$$F=2+\frac{4\lambda}{\alpha}\cdot\frac{1}{g_mR_s} \tag{5.3.2}$$

式中，$\alpha=g_m/g_{d0}$。若电路中没有并联电阻R_P，则噪声系数变为

$$F=1+\frac{\lambda}{\alpha}\cdot\frac{1}{g_mR_s} \tag{5.3.3}$$

从式(5.3.2)和式(5.3.3)可以看出，并联电阻的加入，一方面引入了噪声，另一方面使进入放大器栅极的信号衰减了一半，也对输出端的信噪比不利。因此这种放大器不是一种理想的低噪声放大器。

2. 电压并联负反馈共源放大器

电压并联负反馈共源放大器如图5－4所示。这种电路与输入端并联电阻的共源放大器一样，可以提供宽带实数输入阻抗。但因为它在放大器之前没有含噪声的衰减器造成的信号减小，因此其噪声系数比输入端并联电阻的噪声系数小得多。

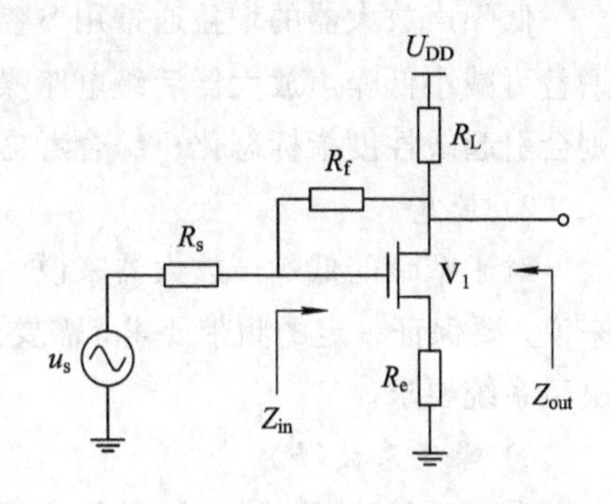

图5－4　电压并联负反馈的共源放大器

在分布电容C_{gs}很小时，可以求得放大器的输入电阻和输出电阻分别为

$$R_{in}=\frac{(1+g_mR_e)(R_L+R_f)}{1+g_mR_e+g_mR_L} \tag{5.3.4}$$

$$R_{out}=\frac{(1+g_mR_e)(R_s+R_f)}{1+g_mR_e+g_mR_s} \tag{5.3.5}$$

若$R_s=R_L=R_0$，则输入与输出同时匹配。

3. 共栅放大器

共栅放大器的电路结构如图5－5所示。这种电路可以实现电阻性输入阻抗，因为从信号源向放大器看进去的电阻为$1/g_m$，所以适当选择晶体管的尺寸和偏置电流能够提供所需要的电阻匹配。

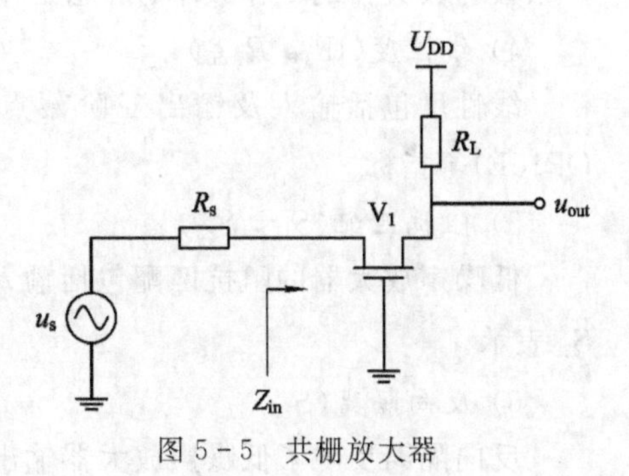

图5－5　共栅放大器

4. 带源极电感负反馈的共源放大器

带源极电感负反馈的共源放大器如图 5-6 所示。图中，电感 L_s 的参数选取可提供合适的输入电阻。考虑到输入阻抗只是在谐振时为纯电阻，因此需要一个栅极电感 L_g 来提供具有附加自由度的参量，以保证输入阻抗的适当调整。可以求出放大器的总跨导为[12]

$$G_m = g_{m1} Q = \frac{g_{m1}}{\omega_0 C_{gs}(R_s + \omega_T L_s)} = \frac{\omega_T}{2\omega_0 R_s} \tag{5.3.6}$$

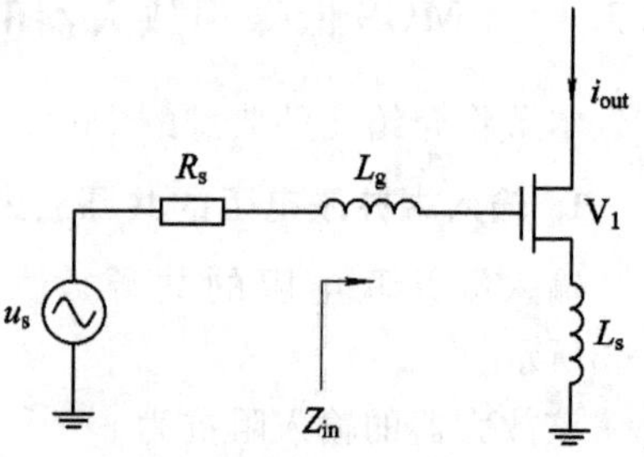

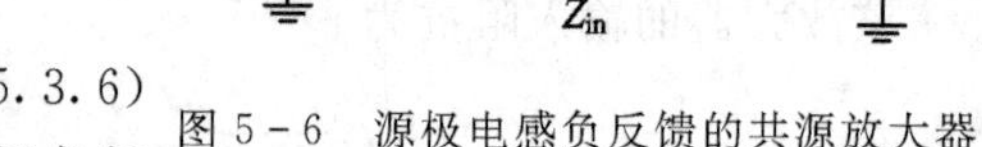

图 5-6 源极电感负反馈的共源放大器

式中，Q 为输入电路的 Q 值；ω_T 为晶体管的特征角频率；ω_0 为谐振时的角频率。如果忽略分布参数 C_{gd}、g_{mb} 和 C_{sb}，则还可以得到电路的输入阻抗为[11]

$$Z_{in}(j\omega) = \frac{1}{j\omega C_{gs}} + j\omega(L_s + L_g) + \omega_T L_s \tag{5.3.7}$$

文献[11]中给出该电路结构的简化噪声系数表达式为

$$F = 1 + \frac{R_g}{R_s} + \frac{R_e}{R_s} + \gamma g_{d0} R_s \left(\frac{\omega_0}{\omega_T}\right)^2 \tag{5.3.8}$$

5.3.2 CMOS 低噪声放大器的技术指标

1) 增益(S_{21})

低噪声放大器的增益通常用 S 参数 S_{21} 来描述。增益的大小取决于系统要求，较大的增益可减小低噪声放大器后级电路噪声对接收机产生的影响。但也不能要求增益太大，否则会引起线性度指标恶化。综合考虑，一般要求增益在 25 dB 以下。

2) 带宽

对于窄带的低噪声放大器来说，其带宽要求容易实现，但对于一个宽带低噪声放大器来说，要保证一定的频带要求，需要通过扩展带宽的方式来实现。至于带宽的指标，则取决于系统要求。

3) 噪声系数(F)

噪声系数(或噪声因子)是低噪声放大器的一个重要指标，其大小取决于系统要求。噪声系数与放大器的工作频率、静态工作点以及制造工艺等有关系。

4) 线性度(IP_3，$P_{1\,dB}$)

线性度包括输入及输出三阶截点(IIP_3 和 OIP_3)和输入/输出 1 dB 压缩点(IP1dB/OP1dB)等指标。

5) 阻抗匹配(S_{11}，S_{22})

低噪声放大器的阻抗匹配包括输入阻抗匹配和输出阻抗匹配，分别用 S 参数的 S_{11} 和 S_{22} 表示。

6) 反向隔离(S_{12})

反向隔离反映了低噪声放大器输出端与输入端之间的隔离度。用 S 参数的 S_{12} 表示。

5.4　TH-UWB 低噪声放大器设计实例

5.4.1　近年来关于 UWB LNA 的研究现状

近年来有文献报道通过电阻反馈[13]和匹配滤波器[14, 15]获得宽的频带而平坦的增益。分布式放大器用来在 UWB 通信中实现低功耗工作[16, 17]。关于 UWB 应用的差分 CMOS LNA 也有介绍[18]。在这些文献中，带有管联拓扑结构的 LNA 介绍较多，原因是这种结构在增益和噪声控制方面有更好的性能[19]。

5.4.2　UWB LNA 的电路设计

本章提出的 LNA 采用两级管联拓扑结构[20]，其原理图如图 5-7 所示。

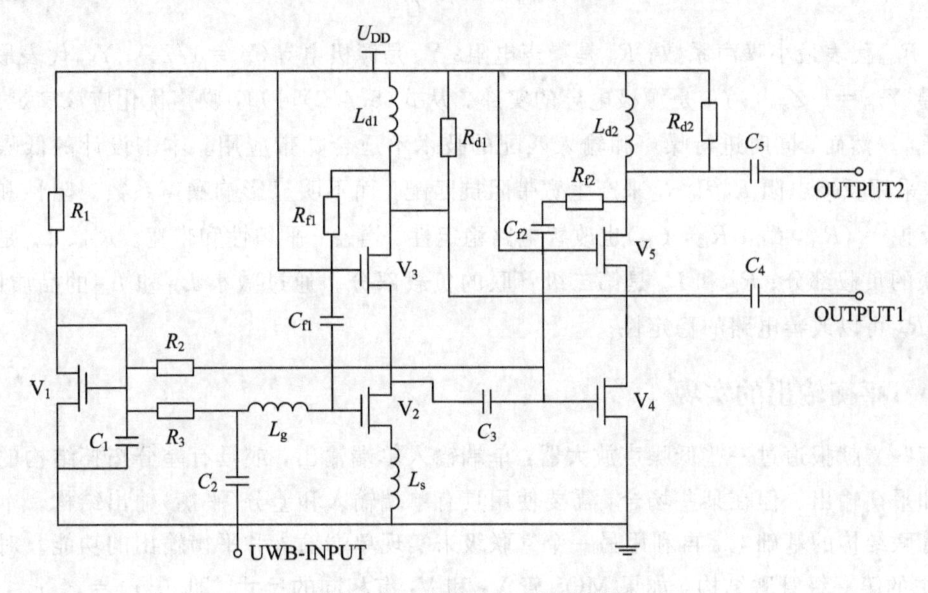

图 5-7　UWB LNA 的原理图

在图 5-7 中，V_1、R_1、R_2 和 C_1 构成 V_2 和 V_4 的偏置；V_2，V_3，L_{d1}，L_g，L_s，R_{d1}，R_{f1}，C_{f1} 构成具有管联拓扑结构的第一级电路。第二级管联拓扑结构包括 M_4、M_5、L_{d2}、C_3、R_{d2}、R_{f2} 和 C_{f2}。从图 5-7 所示的拓扑结构可以看出，第二级管联不是充当串联放大角色，而是用来实现与第一级相位相反的平衡输出。以这种方式，在整个电路的输出端产生一组差分输出。

5.4.3　宽带输入阻抗匹配与噪声匹配

1. 宽带输入阻抗匹配

在管联 LNA 设计中，由于低噪声放大器的噪声系数和线性度受到 V_2 和 V_3 的栅宽以及共源晶体管的 U_{gs} 的直接影响，所以共源级是高性能 LNA 的最关键部分。MOS 管 V_2 支配噪声性能，而 MOS 管 V_3 由于高输出阻抗而对线性性能以及改善反向隔离有重要作用。这两个 MOS 场效应管之间的相互影响较小[21]。

若不考虑由 R_{f1} 和 C_{f1} 构成的反馈网络，并假设图 5－7 中的 V_2 和 V_3 有相同的尺寸，则电路的输入阻抗可以表示为[22]

$$\mathrm{Re}[Z_{in}]=\frac{\omega_T L_s}{1+2C_{gd}/C_{gs}} \tag{5.4.1}$$

式中，$\omega_T=g_m/C_{gs}$，通过改变负反馈电感的值来进行阻抗匹配。典型的输入匹配网络由源极反馈电感 L_s 和栅极电感 L_g 组成[23]。

2. 噪声优化与匹配

低噪声放大器设计的一个最关键的步骤之一是噪声优化。在任意偏置和任意频率条件下，源阻抗 Z_s 被用来优化噪声系数。图 5－7 中的电感 L_s 经过优化也可以提高噪声性能。通常，噪声系数 F 可以被表示为[24]

$$F=F_{min}+\frac{R_n|Y_s-Y_{opt}|}{G_s} \tag{5.4.2}$$

式中，F_{min} 代表最小噪声系数；R_n 是噪声电阻；Y_s 是源极电导($Y_s=1/Z_s$)；Y_{opt} 代表最佳源极电导($Y_{opt}=1/Z_{opt}$)；G_s 是源极电导的实部。从式(5.4.2)可知，噪声优化应该满足条件：$Z_s\approx Z_{opt}$。然而，同时进行噪声和输入匹配的技术不适合宽带应用。本书设计的低噪声放大器，采用反馈电阻 R_{f1} 和 R_{f2} 来产生宽带阻抗匹配，而不明显影响噪声系数。阻性和容性并联反馈[12](R_{f1}，C_{f1}；R_{f2}，C_{f2})也改善电路稳定性、增益、平坦性和带宽。R_{d1}、L_{d1} 是第一级管联的负载部分；R_{d2} 和 L_{d2} 是第二级管联的负载部分。通过减小 L_{d1} 和 L_{d2} 的品质因数，R_{d1} 和 R_{d2} 可以改善电路的稳定性。

5.4.4 平衡输出的实现

有些文献报道过一些低噪声放大器：单端输入单端输出，或具有差分拓扑结构的平衡输入和平衡输出。但在某些场合，需要使用具有单端输入和差分(平衡)输出结构。本书在单级管联结构的基础上，再利用另一个管联级来实现单端输入和平衡输出的功能。对于图 5－7 中的第一级管联结构，如果 MOS 管 V_2 和 V_3 有相同的尺寸，即 $g_{m2}r_{o2}=g_{m3}r_{o3}$，那么有 $u_{d2}\approx -u_{g2}$[24]。基于这一特性，第二级管联结构特别设计成第二个信号输出级。图 5－7 中的输出 1 和输出 2 可以提供一组幅度几乎相同而相位相反的差分输出信号。

5.4.5 电路仿真

本节介绍具有管联反馈结构的 3～5 GHz 双单级低噪声放大器的仿真结果。所设计的电路通过 Cadence Spectre RF 工具和 0.18 μm RF CMOS 标准工艺进行仿真。第一级管联低噪声放大器实现最大功率增益(输出 1 的 S_{21}，在 3 GHz 处为 13.58 dB)和最小功率增益(在 5 GHz 处为 11.83 dB)，如图 5－8 所示。第二级管联反馈低噪声放大器在 4 GHz 处有最大功率增益(输出 2 的 S_{31}，为 11.50 dB)，在 5 GHz 处有最小功率增益(为 10.74 dB)，如图 5－9 所示。图 5－10 所示的是仿真的低噪声放大器的噪声系数。在 5 GHz 处的最大噪声是 3.52 dB。在 3～5 GHz 的频率范围内，噪声系数介于 2.58 dB 和 3.52 之间。输入阻抗匹配 S 参数(S_{11})仿真结果如图 5－11 所示。低噪声放大器的 S_{11} 在整个规定的频率范围内小于－10 dB。

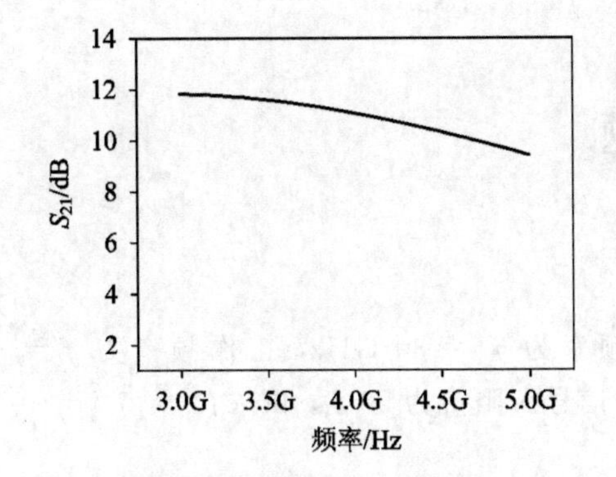

图 5-8 仿真的增益特性(输出1的 S_{21})

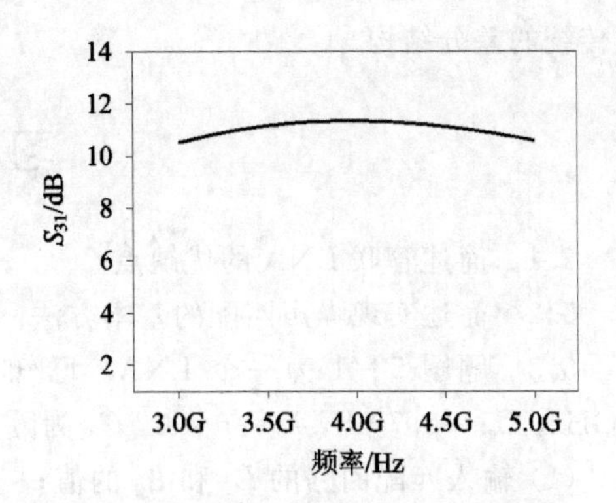

图 5-9 仿真的增益特性(输出2的 S_{31})

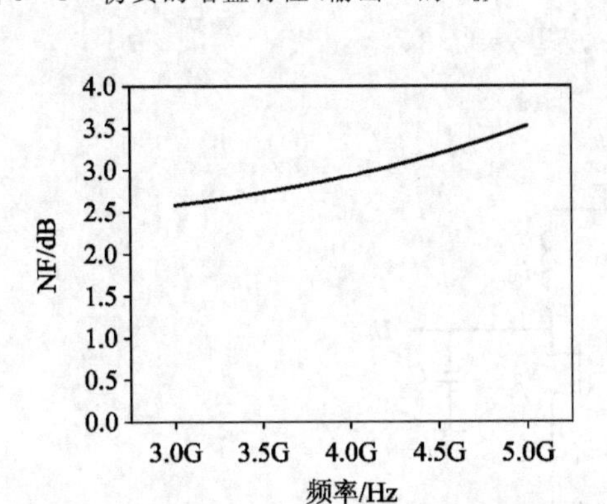

图 5-10 仿真的噪声系数(NF)特性

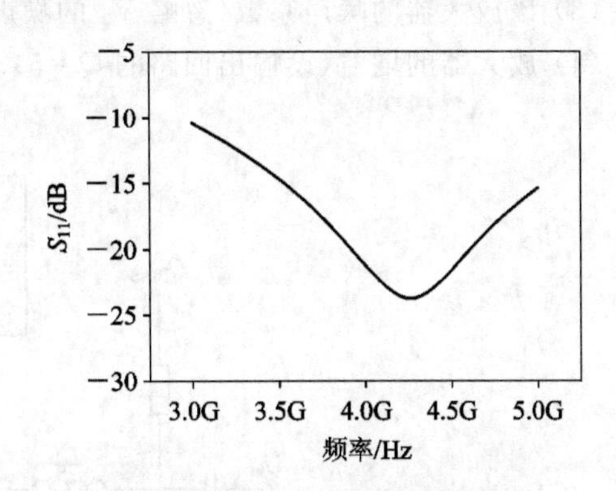

图 5-11 仿真的输入阻抗匹配特性(S_{11})

5.5 本章小结

LNA 在无线接收机中起着关键作用，在接收机路径中作为接收天线后接的第一级，其噪声系数是一个重要参数。

LNA 的最小噪声系数指获得最佳噪声阻抗匹配后的噪声系数。也就是说，若不进行噪声阻抗匹配或不是最佳匹配，则无法获得最小噪声系数。本章详细推导了最小噪声系数的数学表示式。

对 CMOS LNA 来说，有多种电路结构。研究发现，带源极电感负反馈的管联 LNA 结构是最理想的结构。

CMOS LNA 的技术指标包括增益、带宽、噪声系数、线性度、阻抗匹配和反向隔离等。

在本章的 TH-UWB 通信超宽带 LNA 的设计中，共源 LNA 的源极负反馈电感(L_s)用于产生阻抗变换的实部，以匹配 LNA 的输入阻抗，同时在 LNA 的输入端，一个栅极电感 L_g 被采用，以抵消电路中的等效电容。显然，这种阻抗匹配没有电阻匹配带来的功率损耗，因而也减小了噪声指数。另外，RC 反馈网络(R_{f1}，C_{f1}，R_{f2}，C_{f2})对于实现宽带匹配也有好处。

本书的设计还通过一个简单的管联电路实现了单端输入和差分输出的功能，而无须采用传统的差分结构。

习　题

5.1　简述管联 LNA 的优缺点。

5.2　简述实现噪声匹配的基本方法。

5.3　题图 5-1 为一个 LNA。已知的特征频率为 $f_T=30$ GHz，工作频率为 $f=3$ GHz，$C_{gs}=0.7$ pF，$L_d=6$ nH，C_B 为隔直电容，信号源阻抗为 50 Ω，试求：

(1) 输入匹配回路的 L_s 和 L_g 的值；

(2) 输出回路的负载电容 C_L；

(3) 该放大器的噪声系数(忽略 V_2 的噪声)，设 $\gamma=2/3$；

(4) 放大器的增益(设输出回路的 $Q=5$)。

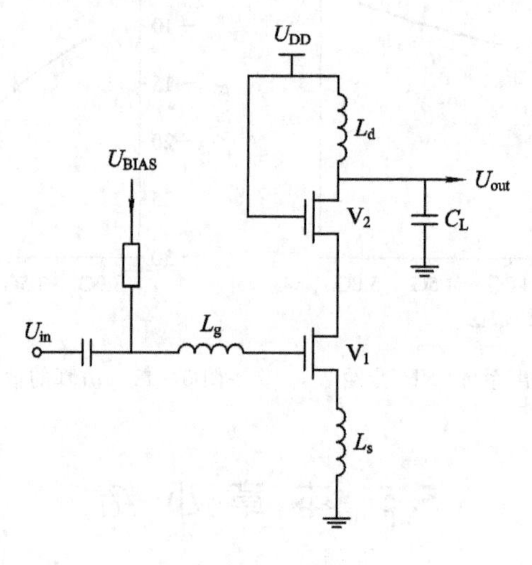

题图 5-1

5.4　试推导源极电感负反馈 LNA 和共栅结构 LNA 的输入阻抗、等效跨导和噪声系数，并进行比较。

5.5　试说明图 5-7 中的负载电感旁并联的电阻的作用。

5.6　在题图 5-1 中，假设 V_1 和 V_2 具有相同的宽度。

(1) 假设最初两个晶体管布局成物理上分开的两个器件。在这种情况下，V_1 的漏至体的寄生电容值可以类似于 C_{gs}。计算在这些情况下 V_2 引起的输出噪声。

(2) 假设两个晶体管布局成它们的源与漏共享。这种版图布局使得寄生电容大约减小一半。对这种情形重新计算 V_2 引起的输出噪声，并将结果与(1)的进行比较。

5.7　已知一个晶体管的 S 参数为

$$S_{11}=0.80\angle 101°,\ S_{12}=0.25\angle -25°,\ S_{21}=7\angle -69°,\ S_{22}=0.66\angle 151°$$

噪声系数为：$F_{min}=3$ dB，$\Gamma_{opt}=0.55\angle -155°$，$R_n=10$ Ω，试采用这个晶体管设计一个具有最小噪声系数的射频放大器的 Γ_s。

5.8　试根据图 5-7 和式(5.3.8)，描述如何将 $Z_{in}(j\omega)$ 匹配到 50 Ω 的源阻抗上。

参考文献

[1] Batra A, et al. Multi-band OFDM physical layer proposal for IEEE 802.15 task group 3a. IEEE P802,15-03/268r3, March 2004.

[2] Shi B, Chia Y W. Ultra-wideband SiGe low-noise amplifier. ELECTRONICS LETTERS 13th, April 2006, 42(8).

[3] Aiello G R, Rogerson G D. Ultra-wideband wireless systems. IEEE Microw [J], Mag. 2003, 4(2): 36-37.

[4] Morkner H, Frank M, Millicker D, et al. A high performance 1.5dB low noise GaAs PHEMT MMIC amplifier for low cost 1.5-8GHz commercial applications [C]. IEEE Microwave and Millimeter Wave Monolithic Circuits Symposium, 1993: 13.

[5] Soyuer M, Plouchart J O. A 5.8GHz 1.V low noise am plifier in SiGe bipolar technology. IEEE Radio Frequency lntegrat-ed Circuits Sym posium [C], 1997: 19.

[6] Kobayashi K W, Tran L T, Lammert M D, et al. Sub 1.3 dB noise figure direct coupled MMIC LNAs using a high current gain 1'm GaAs H BT technology. GaAs IC Symposium , 1997: 240

[7] Tsukahara Y, Chaki S, Sasaki Y, et al. A C. band 4 stage low noise miniaturized amplifier using lumped elements. IEEE MTT [J], S Digest, 1995: 1125.

[8] Huang Hua, Zhang Haiying, Yang Hao, et al. A Super-Lower-Noise, High Gain MMIC LNA [J]. Chinese Journal of Semiconductors, 2006, 27(12): 2080-2084.

[9] Chetty Garuda, Xian Cui, Po-Chin Lin. A 3-5GHz fully differential CMOS LNA with dual-gain mode for wireless UWB applications [C]. CIRCUIT and Systems, 2005, 48th Midwest Symposium 1: 790-793.

[10] 池保勇，余志平，石秉学．CMOS射频集成电路分析与设计[M]．北京：清华大学出版社，2007.

[11] 李智群，王志功．射频集成电路与系统[M]．北京：科学出版社，2008.

[12] Thomas H Lee(美)．CMOS射频集成电路设计[M]．余志平，周润德，等译．北京：电子工业出版社，2006.

[13] Gharpurey R. A broadband low-noise front-end amplifier for ultra wideband in 0.13μm CMOS [C]. IEEE Custom Integrated circuit Conf., Oct. 2004, 605-608

[14] Bevilacqua A, Niknejad A. An ultrawideband CMOS low-noise amplifier for 3.1-10.6 GHz wireless receivers [J]. IEEE J. Solid-State Circuits, 2004, 39(12): 2259-2268.

[15] Ismail A, Abidi A A. A 3.1-10.6 GHz low noise amplifier with wideband LC-ladder matching network [J]. IEEE J. Solid-State Circuits, 2004, 39(12): 2269-2277.

[16] Zhang F, Kinget P. Low power programmable-gain CMOS distributed LNA for ultra-wideband applications [C]. Symp. VLSI Circuits Dig. Tech. Papers, 2005, 78-81.

[17] Zhang Frank, Kinget Peter R. Low-power programmable gain CMOS distributed LNA [J]. IEEE J. Solid-State Circuits, 2006, 41(6): 1333-1343.

[18] Garuda Chetty, Cui Xian, Lin Po-Chin. A 3-5GHz fully differential CMOS LNA. 48th Midwest Symposium, 1: 790-793.

[19] Maxwell David, Gao Jean, Joo Youngjoong. A two-stage Cascode CMOS LNA for UWB wireless systems [C]. Circuit and Systems, 2005, 48th Midwest Symposium, 1: 627-630.

[20] Duan Jihai, Wang Zhigong, Li Zhiqun. A Fully Integrated LNA for 3-5 GHz UWB Wireless Applications

in 0.18-μm CMOS Technology [C]. Proceedings of ISAPE'Kunming, 2008, 1681-1684.

[21] Doh Heechan, Youngkyun. Design of CMOS UWB low noise amplifier with Cascode feedback [C]. The 47th IEEE International Medwest Symposium on Circuits and systems, 2004, 641-644.

[22] Thomas H Lee. The design of CMOS radio-frequency integrated circuits [M]. 北京：电子工业出版社，2006.

[23] Jihak Jung, Kyungho Chung. Ultra-wideband low noise amplifier using a cascade feedback topology [M]. Silicon Molithic Integrated Circuit in RF Systems, 2006.

[24] Paulr Gray, Paul J Hurst. Analysis and design of analog integrated circuits [M]. 北京：高等教育出版社，2003.

[25] 段吉海. TH-UWB通信射频集成电路研究与设计[D]. 南京：东南大学射光所，2010.

[26] 段吉海，王志功，李智群. 跳时超宽带(TH-UWB)通信集成电路设计[M]. 北京：科学出版社，2012.

第 6 章　CMOS 射频放大器

6.1　概　　述

CMOS 射频放大器是 CMOS 射频集成电路的重要组成部分，它也是本书研究的重点之一。至于其他类型的射频放大器，如 GaAs 金属半导体场效应管(MESFET)、异质结双极型晶体管(HBT)以及高电子迁移率晶体管(HEMT)等双极型器件构成的射频或微波放大器，不再在本章介绍，读者可以根据需要参考其他类型的著作。

在射频放大器的性能指标方面，下列是关键参数：

(1) 增益以及增益平坦度；

(2) 工作频率及带宽；

(3) 输出功率；

(4) 直流输入功率；

(5) 输入输出反射系数(驻波比)；

(6) 噪声系数；

(7) 其他非线性指标，如交调失真、1 dB 压缩点等。

6.2　射频放大器的稳定性

一个射频放大器可以看做一个二端口网络。对于一个性能稳定的放大器来说，其输入端口的输入阻抗和输出端口的输出阻抗的实部应该是正数，若这些阻抗的实部是负值，则这个放大器可能出现振荡，导致不稳定。

6.2.1　绝对稳定

设一个射频放大器的模型如图 6-1 所示。图中，Z_{in} 表示输入阻抗；Γ_{in} 表示输入端反射系数；Z_{out} 表示输出阻抗；Γ_{out} 表示输出端反射系数；Z_s 表示信号源阻抗；Z_L 表示负载阻抗。

根据信号流图和 Mason 法则，可以得到关于 Γ_{in} 和 Γ_{out} 的 S 参数：

$$\Gamma_{in}=S_{11}+\frac{S_{12}S_{21}\Gamma_L}{1-S_{22}\Gamma_L} \tag{6.2.1}$$

$$\Gamma_{out}=S_{22}+\frac{S_{12}S_{21}\Gamma_s}{1-S_{11}\Gamma_s} \tag{6.2.2}$$

对于一个射频放大器来说，稳定性意味着放大器的输入和输出端口的反射尽可能小，即反射系数幅度小于 1，否则，意味着反射波的幅度比入射波还大，导致放大器有可能发生振荡。因此放大器要做到绝对稳定，必须要求各种反射系数达到一定的条件。

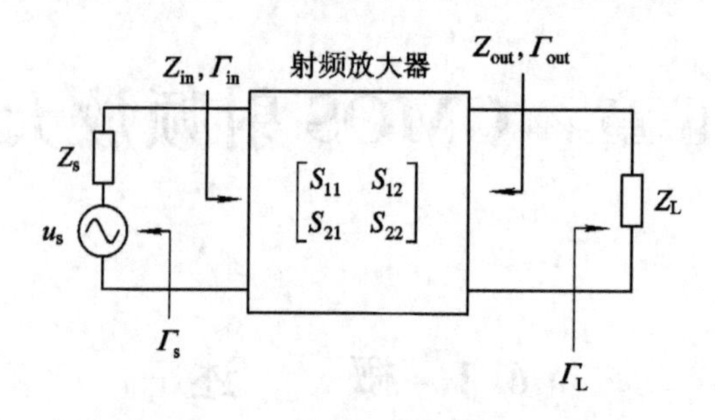

图 6-1 放大器网络模型

绝对稳定的定义如下：对于任何信号源和负载的某个频率信号，如果该放大器网络满足以下四个条件，则称该放大器绝对稳定：

$$|\Gamma_s|<1 \tag{6.2.3}$$

$$|\Gamma_L|<1 \tag{6.2.4}$$

$$|\Gamma_{in}|=\left|S_{11}+\frac{S_{12}S_{21}\Gamma_L}{1-S_{22}\Gamma_L}\right|<1 \tag{6.2.5}$$

$$|\Gamma_{out}|=\left|S_{22}+\frac{S_{12}S_{21}\Gamma_s}{1-S_{11}\Gamma_s}\right|<1 \tag{6.2.6}$$

事实上，一个放大器的实际信号源内阻和负载阻抗的实部不会出现负阻，因此式(6.2.3)和式(6.2.4)的条件自动满足。

考察式(6.2.5)和式(6.2.6)，即使满足$|S_{11}|<1$和$|S_{22}|<1$，还有可能出现$|\Gamma_{in}|>1$或$|\Gamma_{out}|>1$等情况。这种状况将产生两种可能的结果：一种是放大器处于不稳定状态；另一种是放大器仍处于稳定状态。我们称第二种状态为“条件稳定”或“非绝对稳定”。

式(6.2.3)～式(6.2.6)的绝对稳定规则，还可以用另一种数学模型表示[1]：

$$k>1 \tag{6.2.7}$$

$$|\Delta|<1 \tag{6.2.8}$$

式中，

$$\Delta=S_{11}S_{22}-S_{12}S_{21} \tag{6.2.9}$$

$$k=\frac{1-|S_{11}|^2-|S_{22}|^2+|\Delta|^2}{2|S_{12}S_{21}|} \tag{6.2.10}$$

6.2.2 稳定性判定的依据和方法

要判断一个放大器是否稳定，需要一定的判断依据和方法。本节将利用“临界稳定圆”作为判定条件进行探讨。

1. 临界稳定圆

考察$|\Gamma_{in}|$和$|\Gamma_{out}|$，并令它们都等于1，由输入反射系数的表示式(6.2.1)可得

$$|\Gamma_{in}|=\left|S_{11}+\frac{S_{12}S_{21}\Gamma_L}{1-S_{22}\Gamma_L}\right|\Rightarrow|\Gamma_{in}(1-S_{22}\Gamma_L)|=|S_{11}(1-S_{22}\Gamma_L)+S_{21}S_{12}\Gamma_L|=1 \tag{6.2.11}$$

或

$$\Gamma_{in}=S_{11}+\Gamma_L(S_{11}S_{22}-S_{12}S_{21}-\Gamma_{in}S_{22})\Rightarrow\Gamma_L=\frac{S_{11}-\Gamma_{in}}{\Delta-\Gamma_{in}S_{22}} \tag{6.2.12}$$

进一步整理得

$$\Gamma_L=\frac{S_{11}-\Gamma_{in}}{\Delta-\Gamma_{in}S_{22}}\frac{S_{22}}{S_{22}}=\frac{1}{S_{22}}\frac{S_{11}S_{22}-\Gamma_{in}S_{22}-S_{12}S_{21}+S_{12}S_{21}}{\Delta-\Gamma_{in}S_{22}} \tag{6.2.13}$$

或

$$\Gamma_L=\frac{1}{S_{22}}\left(1+\frac{S_{12}S_{21}}{\Delta-\Gamma_{in}S_{22}}\right)=\frac{1}{\Delta S_{22}}\left(\Delta+\frac{S_{12}S_{21}}{1-\Gamma_{in}\Delta^{-1}S_{22}}\right) \tag{6.2.14}$$

同样道理，由式(6.2.2)，可得

$$\Gamma_s=\frac{1}{S_{11}}\left(1+\frac{S_{12}S_{21}}{\Delta-\Gamma_{out}S_{11}}\right)=\frac{1}{\Delta S_{11}}\left(\Delta+\frac{S_{12}S_{21}}{1-\Gamma_{out}\Delta^{-1}S_{11}}\right) \tag{6.2.15}$$

考察$|\Gamma_{in}|$和$|\Gamma_{out}|$，并令它们都等于1，即有

$$|\Gamma_{in}|=\left|S_{11}+\frac{S_{12}S_{21}\Gamma_L}{1-S_{22}\Gamma_L}\right|=1 \tag{6.2.16}$$

$$|\Gamma_{out}|=\left|S_{22}+\frac{S_{12}S_{21}\Gamma_s}{1-S_{11}\Gamma_s}\right|=1 \tag{6.2.17}$$

式(6.2.14)变为

$$|\Gamma_L|=\left|\frac{1}{S_{22}}\left(1+\frac{S_{12}S_{21}}{\Delta-S_{22}}\right)\right|=\left|\frac{1}{\Delta S_{22}}\left(\Delta+\frac{S_{12}S_{21}}{1-\Delta^{-1}S_{22}}\right)\right| \tag{6.2.18}$$

式(6.2.15)变为

$$|\Gamma_s|=\left|\frac{1}{S_{11}}\left(1+\frac{S_{12}S_{21}}{\Delta-S_{11}}\right)\right|=\left|\frac{1}{\Delta S_{11}}\left(\Delta+\frac{S_{12}S_{21}}{1-\Delta^{-1}S_{11}}\right)\right| \tag{6.2.19}$$

1) 输出临界稳定圆

在Γ_L平面上的临界稳定圆被称为输出临界稳定圆，根据式(6.2.18)可以得到该稳定圆的圆心和半径，用数学式表示如下：

$$C_{out}=\frac{(S_{22}-\Delta S_{11}^*)^*}{|S_{22}|^2-|\Delta|^2} \tag{6.2.20}$$

$$r_{out}=\left|\frac{S_{12}S_{21}}{|S_{22}|^2-|\Delta|^2}\right| \tag{6.2.21}$$

该稳定圆的圆周包含全部的符合$|\Gamma_{in}|=1$的负载阻抗，如图6-2所示。

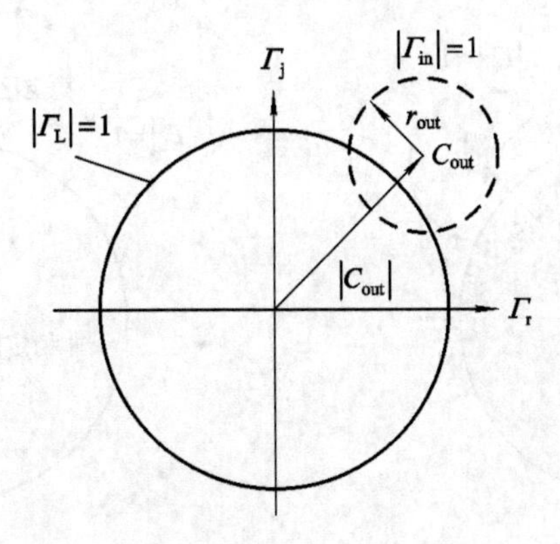

图6-2　Γ_L平面上的输出临界稳定圆

2）输入临界稳定圆

在Γ_s平面上的临界稳定圆被称为输入临界稳定圆，根据式(6.2.19)可以得到该稳定圆的圆心和半径，用数学式表示如下：

$$C_{in}=\frac{(S_{11}-\Delta S_{22}^{*})^{*}}{|S_{11}|^{2}-|\Delta|^{2}} \tag{6.2.22}$$

$$r_{in}=\left|\frac{S_{12}S_{21}}{|S_{11}|^{2}-|\Delta|^{2}}\right| \tag{6.2.23}$$

该稳定圆的圆周包含全部的符合$|\Gamma_{out}|=1$的信号源阻抗，如图6-3所示。

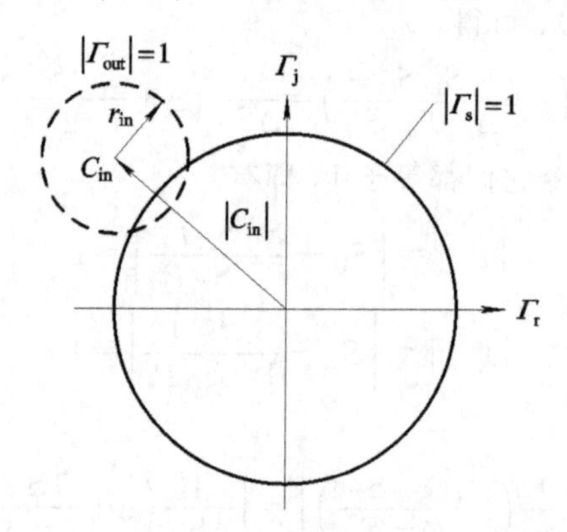

图6-3 Γ_s平面上的输入临界稳定圆

2. 稳定性判定

输入/输出临界稳定圆是一个边界，其内外两侧中只可能有一侧区域的阻抗或者放射系数会导致放大器不稳定，而另一侧区域的阻抗或反射系数则可以使得输入或输出阻抗中不出现负实部(即负阻)，因而放大器稳定。根据前面的知识有：

$$\Gamma_L=0 \quad \Rightarrow \quad \Gamma_{in}=S_{11} \tag{6.2.24}$$

$$\Gamma_s=0 \quad \Rightarrow \quad \Gamma_{out}=S_{22} \tag{6.2.25}$$

考虑到$\Gamma_L=0$在Smith圆图上对应于Γ_L平面的原点(中心点)，因此很容易做出如下判别：

若$|S_{11}|<1$，则Γ_L平面的原点(中心点)及其附近区域为稳定区域，如图6-4所示；

若$|S_{11}|>1$，则Γ_L平面的原点(中心点)及其附近区域为不稳定区域，如图6-5所示。

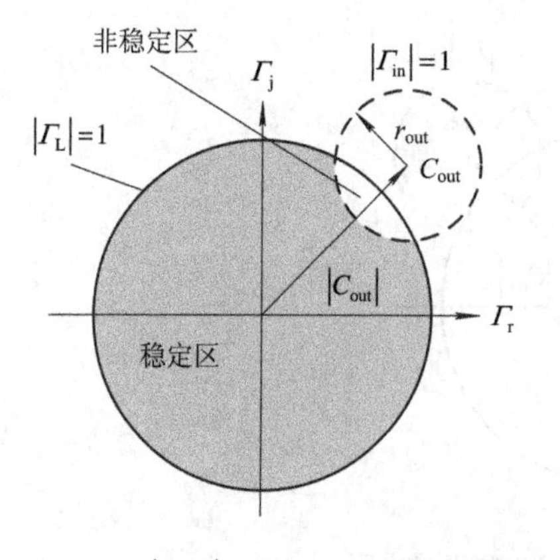

图6-4 $|S_{11}|<1$，Γ_L平面的稳定区

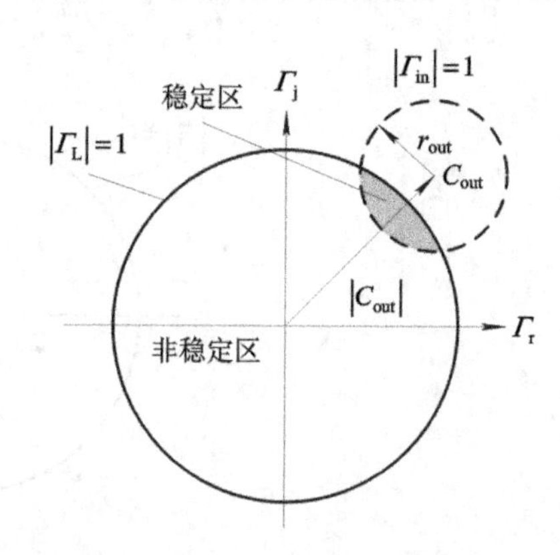

图6-5 $|S_{11}|>1$，Γ_L平面的稳定区

考虑到 $\Gamma_s=0$ 在 Smith 圆图上对应于 Γ_s 平面的原点(中心点)，因而也很容易做出如下判别：

若 $|S_{22}|<1$，则 Γ_s 平面的原点(中心点)及其附近区域为稳定区域，如图 6-6 所示。

若 $|S_{22}|>1$，则 Γ_s 平面的原点(中心点)及其附近区域为不稳定区域，如图 6-7 所示。

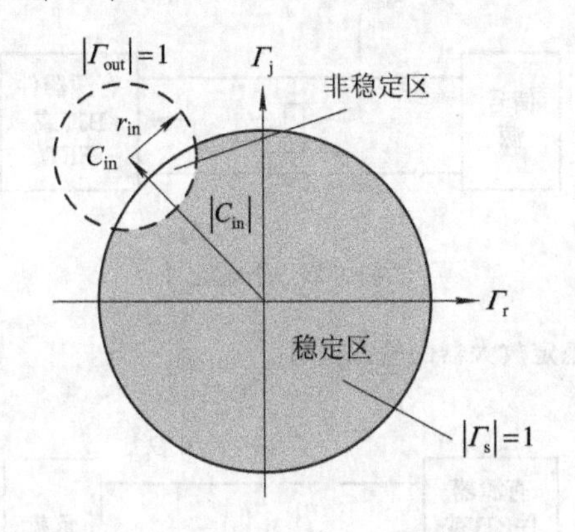

图 6-6　$|S_{22}|<1$，Γ_s 平面的稳定区

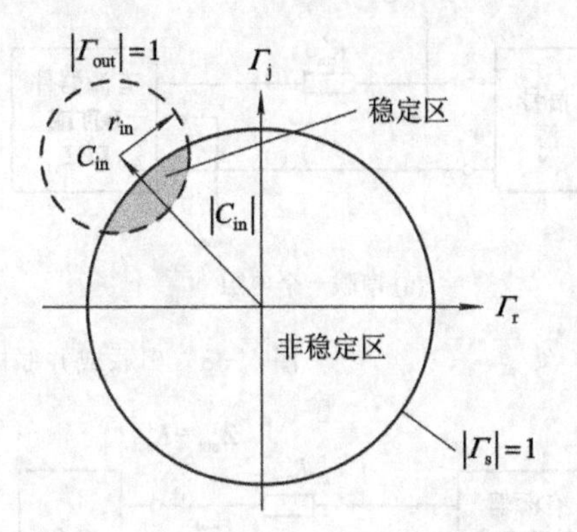

图 6-7　$|S_{22}|>1$，Γ_s 平面的稳定区

图 6-4～图 6-7 可以判定稳定区和非稳定区，下面介绍如何使得放大器满足绝对稳定的区域判定。

如果下列关系式成立，则输入/输出临界稳定圆就完全处于 Smith 圆图以外，放大器绝对稳定。

$$|S_{11}|<1,\quad ||C_L|-r_L|>1 \tag{6.2.26}$$

$$|S_{22}|<1,\quad ||C_s|-r_s|>1 \tag{6.2.27}$$

6.2.3　条件稳定

在实际应用中，射频晶体管通常可以满足 $|\Delta|<1$，但 k 通常不满足 $k>1$ 的条件。在这种情况下的放大器无法实现绝对稳定要求。我们称之为条件稳定或非绝对稳定。

1. 条件稳定的原则

通过前面的分析可知，为了使得一个放大器处于稳定工作状态，就要通过输入/输出匹配网络使得 Γ_s 和 Γ_L 都处于稳定区域内。

当 Γ_s 和 Γ_L 都不在稳定区域内，即 $|\Gamma_{in}|>1$ 和 $|\Gamma_{out}|>1$ 时，放大器还是有可能实现稳定的，称之为条件稳定。

条件稳定的原则是：保证输入和输出端回路的总电阻为非负，即

$$\mathrm{Re}(Z_s+Z_{in})>0 \tag{6.2.28}$$

$$\mathrm{Re}(Z_L+Z_{out})>0 \tag{6.2.29}$$

2. 实现条件稳定的方法

实现条件稳定的方法有两个：

(1) 对于宽带放大器来说，可以通过在输入和输出端串并联电阻来满足式(6.2.28)和式(6.2.29)的稳定条件。图 6-8 给出了输入端口的稳定电路，这个电阻必须与 $\mathrm{Re}(Z_s)$ 一起抵消掉 $\mathrm{Re}(Z_{in})$ 的负阻成分，因此要求：

$$\mathrm{Re}(Z_{in}+R'_{in}+Z_s)>0 \quad 或 \quad \mathrm{Re}(Y_{in}+G'_{in}+Y_s)>0 \tag{6.2.30}$$

同理，图 6-9 给出了输出端口的稳定电路，其必须满足如下条件：

$$\mathrm{Re}(Z_{out}+R'_{out}+Z_L)>0 \quad 或 \quad \mathrm{Re}(Y_{out}+G'_{out}+Y_L)>0 \tag{6.2.31}$$

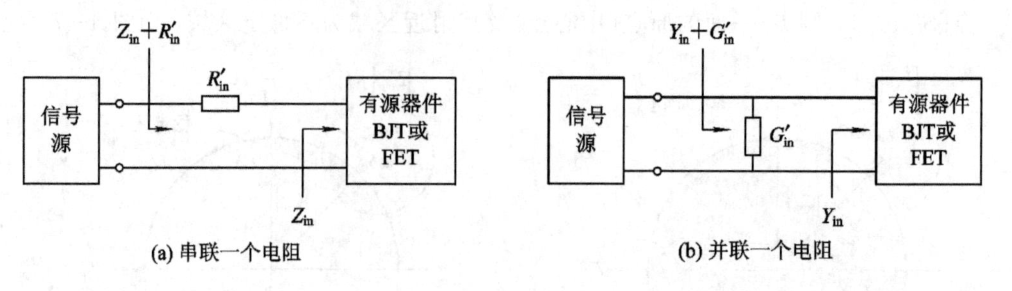

图 6-8 串联或并联电阻来稳定放大器的输入端口

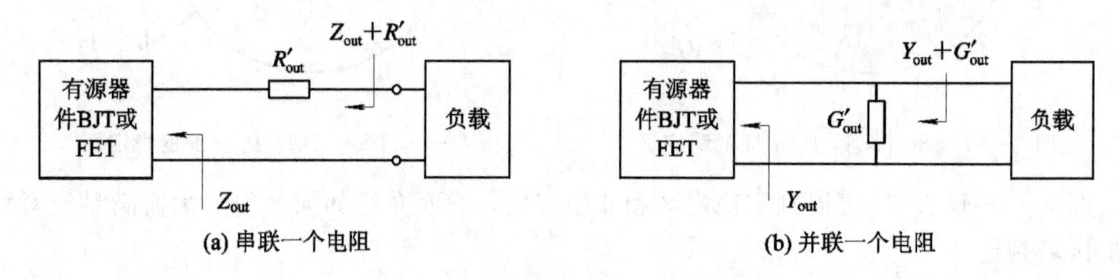

图 6-9 串联或并联电阻来稳定放大器的输出端口

(2) 对于窄带放大器来说，上述方法会导致功率增益、噪声系数等指标退化，因此仍然采用输入和输出匹配网络的方法使得放大器实现稳定工作。

6.3 CMOS 射频放大器设计

CMOS 射频放大器的设计可以分成基于最大增益的 CMOS 放大器设计和固定增益条件下的 CMOS 射频放大器设计。CMOS 射频放大器设计又分为单向放大器设计和双向放大器设计。

6.3.1 基于最大增益的 CMOS 放大器设计

如果晶体管的 S_{12} 非常小，则可以近似为 $S_{12}=0$，输出端的信号和输入端可以做到很好的隔离。采用这种晶体管构建的放大器就称为单向放大器。反之，不满足单向条件的放大器称为双向放大器。下面将分别进行详细分析与设计。

1. 单向放大器设计

为了方便研究，重写 Γ_{in} 和 Γ_{out} 的 S 参数表示式如下：

$$\Gamma_{in}=S_{11}+\frac{S_{12}S_{21}\Gamma_L}{1-S_{22}\Gamma_L} \tag{6.3.1}$$

$$\Gamma_{out}=S_{22}+\frac{S_{12}S_{21}\Gamma_s}{1-S_{11}\Gamma_s} \tag{6.3.2}$$

当 $S_{12}=0$ 时，输入反射系数 Γ_{in} 简化为 S_{11}，而输出反射系数 Γ_{out} 简化为 S_{22}。为了获得最大增益，信号源和负载的反射系数必须分别等于 S_{11}^* 和 S_{22}^*，而且对于单向晶体管，稳定

条件可以简化为$|S_{11}|<1$和$|S_{22}|<1$。

例6.1 设一个具有适当偏置的BJT，在800 MHz处，S参数为：$S_{11}=0.5\angle-160°$，$S_{22}=0.50\angle-30°$，$S_{12}=0$，$S_{21}=7\angle-180°$。确定采用该晶体管的最大可能增益，并设计一个能提供该增益的射频放大器。

解 ① 稳定性判定如下：

$$k=\frac{1-|S_{11}|^2-|S_{22}|^2+|\Delta|^2}{2|S_{12}S_{21}|}=\infty$$

因为$S_{12}=0$且

$$|\Delta|=|S_{11}S_{22}-S_{12}S_{21}|=|S_{11}S_{22}|=0.25$$

因此满足$k>1$和$|\Delta|<1$的条件，该晶体管绝对稳定。

② 最大功率增益。

根据式(4.4.10)，可知最大功率增益计算式为

$$G_{TU}=\frac{1-|\Gamma_s|^2}{|1-S_{11}\Gamma_s|^2}|S_{21}|^2\frac{1-|\Gamma_L|^2}{|1-S_{22}\Gamma_L|^2}$$

那么

$$G_{TUmax}=\frac{1-|S_{11}^*|^2}{|1-|S_{11}|^2|^2}|S_{21}|^2\frac{1-|S_{22}^*|^2}{|1-|S_{22}|^2|^2}=\frac{1-0.25}{(1-0.25)^2}7^2\frac{1-0.25}{(1-0.25)^2}=87.11$$

或

$$G_{TUmax}=10\lg(87.11)=19.40(\text{dB})$$

③ 对于最大单向功率增益，有

$$\Gamma_s=S_{11}^*=0.5\angle160° \quad 和 \quad \Gamma_L=S_{22}^*=0.5\angle30°$$

下面确定输入/输出匹配网络。首先可以求出

$$Z_{in}=\frac{1+\Gamma_{in}}{1-\Gamma_{in}}=\frac{1+\Gamma_s^*}{1-\Gamma_s^*}=\frac{1+0.5\angle-160°}{1-0.5\angle-160°}$$

$$=\frac{1-0.4698-j0.0868}{1+0.4698+j0.0868}\approx0.7718-j0.1736$$

反归一化处理得$Z_{in}=38.59-j8.68$。我们试用Smith圆图法来设计该匹配网络，如图6-10所示，在圆图上找到Z_{in}的点，然后该点沿电阻圆顺时针移动到A点(该点电导圆为单位圆)(在电路上体现为串联一个电感L_1)，再沿着A的电导圆顺时针移动到O点(原点)(在电路上体现为并联一个电容C_1)，从而实现输入端口的匹配。

对于输出端口匹配网络，可以求出

$$Z_{out}=\frac{1+\Gamma_{out}}{1-\Gamma_{out}}=\frac{1+\Gamma_L^*}{1-\Gamma_L^*}=\frac{1+0.5\angle-30°}{1-0.5\angle-30°}$$

$$=\frac{1-0.433-j0.25}{1+0.433+j0.25}\approx0.3528-j0.1333$$

反归一化处理得$Z_{out}=17.64-j6.665$。如图6-10所示，在圆图上找到Z_{out}的点，然后该点沿电阻圆顺时针移动到B点(该点电导圆为单位圆)(在电路上体现为串联一个电感L_2)，再沿着B的电导圆顺时针移动到O点(原点)(在电路上体现为并联一个电容C_2)，从而实现输出端口的匹配。

从图6-10读出$Z_A\approx0.7718+j0.48$，$Z_B\approx0.3528+j0.48$，$Y_A\approx1+j0.6$，$Y_B\approx1+$

j1.45，可得

$$\omega L_1 \approx 0.65 \times 50 = 32.5,\ \omega C_1 \approx 0.6 \times 0.02 = 0.012$$

$$\omega L_2 \approx 0.61 \times 50 = 30.5,\ \omega C_2 \approx 1.45 \times 0.02 = 0.029$$

因而

$$L_1 \approx 6.5(\text{nH}),\ C_1 \approx 2.4(\text{pF}),\ L_2 \approx 6.1(\text{nH}),\ C_2 \approx 5.8(\text{pF})$$

经过输入匹配后的RF电路如图6-11所示。

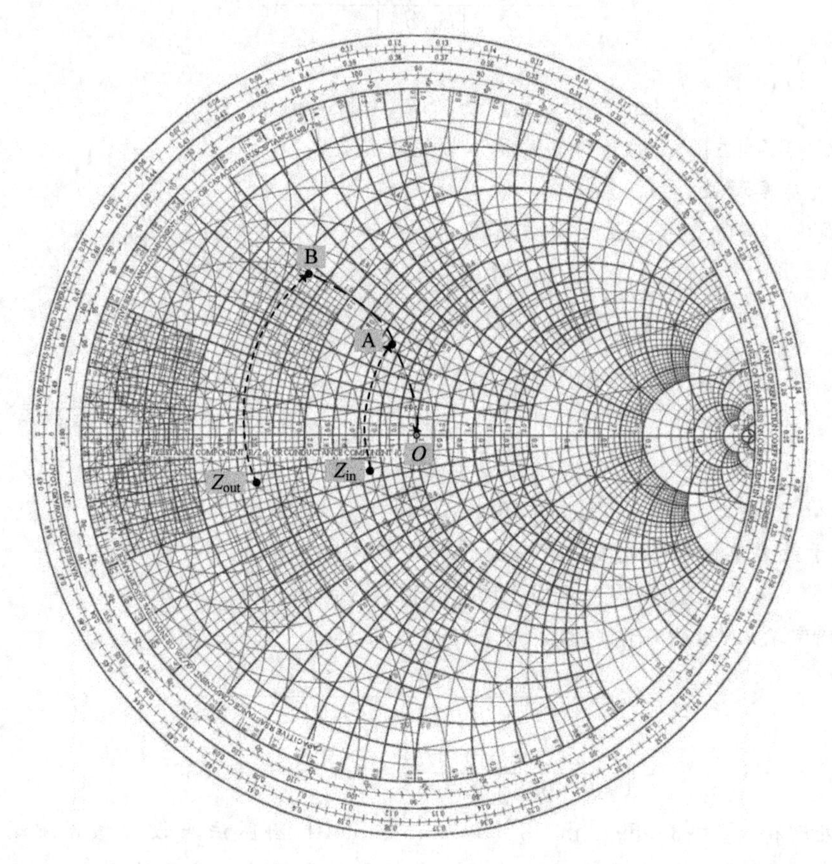

图6-10 例6.1的Smith圆图法阻抗匹配

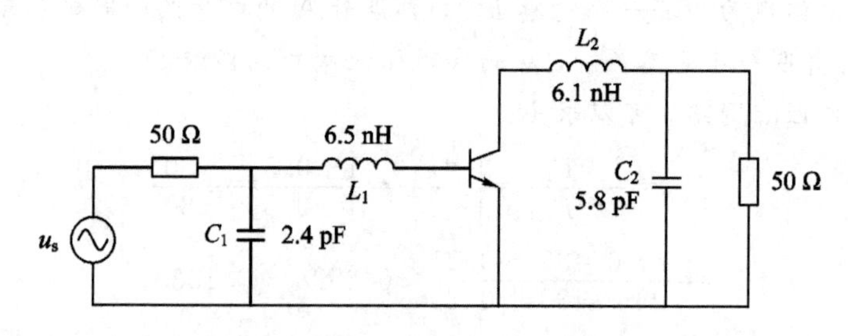

图6-11 例6.1的RF电路

2. 双向放大器设计(同时达到共轭匹配)

对于双向放大器来说，为了获得最大的增益，必须同时在其两个端口进行阻抗匹配，如图6-12所示。

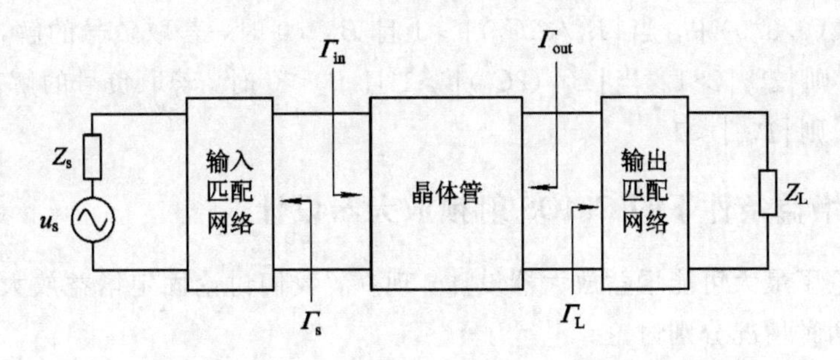

图6-12　具有输入/输出匹配网络的双向晶体管

放大器的输入/输出同时达到共轭匹配的条件是

$$\Gamma_{in}=\Gamma_s^* \tag{6.3.3}$$

$$\Gamma_{out}=\Gamma_L^* \tag{6.3.4}$$

所以有

$$\Gamma_s^*=S_{11}+\frac{S_{12}S_{21}\Gamma_L}{1-S_{22}\Gamma_L} \tag{6.3.5}$$

及

$$\Gamma_L^*=S_{22}+\frac{S_{12}S_{21}\Gamma_s}{1-S_{11}\Gamma_s} \tag{6.3.6}$$

由式(6.3.5)得

$$\Gamma_s=S_{11}^*+\frac{S_{12}^*S_{21}^*}{(1/\Gamma_L^*)1-S_{22}^*} \tag{6.3.7}$$

由式(6.3.6)得

$$\Gamma_L^*=\frac{S_{22}-(S_{11}S_{22}-S_{12}S_{21})\Gamma_s}{1-S_{11}\Gamma_s}=\frac{S_{22}-\Gamma_s\Delta}{1-S_{11}\Gamma_s} \tag{6.3.8}$$

将式(6.3.8)代入式(6.3.7)得

$$\Gamma_s=S_{11}^*+\frac{S_{12}^*S_{21}^*}{[(1-S_{11}\Gamma_s)/(S_{22}-\Gamma_s\Delta)]-S_{22}^*}$$

经过整理得

$$(S_{11}-S_{22}^*\Delta)\Gamma_s^2+(|\Delta|^2-|S_{11}|^2+|S_{22}|^2-1)\Gamma_s+(S_{11}^*-S_{22}\Delta^*)=0$$

可以看出，这是一个关于Γ_s的二次方程，它的解为

$$\Gamma_s=\frac{B_1\pm\sqrt{B_1^2-4|C_1|^2}}{2C_1}=\Gamma_{ms} \tag{6.3.9}$$

式中，

$$B_1=1+|S_{11}|^2-|S_{22}|^2-|\Delta|^2$$

$$C_1=S_{11}-S_{22}^*\Delta$$

基于相同原理，可以推出关于Γ_L的二次方程，它的解为

$$\Gamma_L=\frac{B_2\pm\sqrt{B_2^2-4|C_2|^2}}{2C_2}=\Gamma_{mL} \tag{6.3.10}$$

式中，

$$B_2=1+|S_{22}|^2-|S_{11}|^2-|\Delta|^2$$

$$C_2=S_{22}-S_{11}^*\Delta$$

分析：在式(6.3.9)中，当$|B_1/(2C_1)|>1$且$B_1>0$时，若取负号的解，则$|\Gamma_{ms}|<1$；若取正号的解，则$|\Gamma_{ms}|>1$。当$|B_1/(2C_1)|>1$且$B_1<0$时，若取负号的解，则$|\Gamma_{ms}|>1$；若取正号的解，则$|\Gamma_{ms}|<1$。

6.3.2 固定增益条件下的CMOS射频放大器设计

上一节讨论了最大可能增益放大器设计，现在，我们讨论固定增益放大器的设计，分为单向和双向两种情况分别讨论。

1. 单向放大器设计

首先考虑绝对稳定的单向放大器的设计，在此约束下，有$|S_{11}|<1$，$|S_{22}|<1$。另一种情况是这两个S参数中有一个或两个可能大于1，从而使得$|\Delta|>1$。为了方便公式推导，重写式(4.4.10)到式(4.4.12)如下：

$$G_T=\frac{1-|\Gamma_s|^2}{|1-\Gamma_{in}\Gamma_s|^2}|S_{21}|^2\frac{1-|\Gamma_L|^2}{|1-S_{22}\Gamma_L|^2}$$

$$=\frac{1-|\Gamma_s|^2}{|1-S_{11}\Gamma_s|^2}|S_{21}|^2\frac{1-|\Gamma_L|^2}{|1-\Gamma_{out}\Gamma_L|^2} \tag{6.3.11}$$

$$G_P=\frac{1}{1-|\Gamma_{in}|^2}|S_{21}|^2\frac{1-|\Gamma_L|^2}{|1-S_{22}\Gamma_L|^2} \tag{6.3.12}$$

$$G_A=\frac{1-|\Gamma_s|^2}{|1-S_{11}\Gamma_s|^2}|S_{21}|^2\frac{1}{1-|\Gamma_{out}|^2} \tag{6.3.13}$$

根据式(6.3.11)得

$$G_{TU}=\frac{1-|\Gamma_s|^2}{|1-S_{11}\Gamma_s|^2}|S_{21}|^2\frac{1-|\Gamma_L|^2}{|1-S_{22}\Gamma_L|^2}=G_sG_0G_L \tag{6.3.14}$$

式中，G_s和G_L的表示式在形式上是相同的，所以可以采用下面的一般形式的表示式：

$$G_i=\frac{1-|\Gamma_i|^2}{|1-S_{ii}\Gamma_i|^2}\quad\begin{cases}i=s\text{ 时}, & ii=11\\ i=L\text{ 时}, & ii=22\end{cases} \tag{6.3.15}$$

习惯性将式(6.3.15)改为固定表示式为

$$\begin{cases}G_s=\dfrac{1-|\Gamma_s|^2}{|1-S_{11}\Gamma_s|^2}\\[2ex] G_L=\dfrac{1-|\Gamma_L|^2}{|1-S_{22}\Gamma_L|^2}\end{cases} \tag{6.3.16}$$

1）晶体管绝对稳定状态的设计

此时，$|S_{ii}|<1$，所以由式(6.3.15)得到的最大增益G_i为

$$G_{imax}=\frac{1}{1-|S_{ii}|^2} \tag{6.3.17}$$

产生$G_{imax}(\Gamma_i=S_{ii}^*)$的阻抗称为最佳端接负载(optimum termination)，所以有

$$0\leqslant G_i\leqslant G_{imax} \tag{6.3.18}$$

产生一个等增益G_i的值Γ_i在Smith圆图上是一个圆，这个圆称为“等增益圆(constant-gain circle)”。

定义归一化增益系数为

$$g_i=\frac{G_i}{G_{imax}}=G_i(1-|S_{ii}|^2) \tag{6.3.19}$$

则有

$$0\leqslant g_i\leqslant 1 \tag{6.3.20}$$

由式(6.3.15)和式(6.3.17)可得

$$g_i=\frac{1-|\Gamma_i|^2}{|1-S_{ii}\Gamma_i|}(1-|S_{ii}|)\Rightarrow g_i|1-S_{ii}\Gamma_i|^2=(1-|\Gamma_i|^2)(1-|S_{ii}|^2) \tag{6.3.21}$$

经过推导可得

$$\left|\Gamma_i-\frac{g_iS_{ii}^*}{1-(1-g_i|S_{ii}|^2)}\right|^2=\frac{1-g_i-|S_{ii}|^2[1-(1-g_i)|S_{ii}|^2]+|S_{ii}|^2g_i^2}{[1-(1-g_i)|S_{ii}|^2]^2} \tag{6.3.22}$$

这个方程是一个圆的方程，它的圆心 C_i 和半径 r_i 分别为

$$C_i=\frac{g_iS_{11}^*}{1-(1-g_i)|S_{ii}|^2} \tag{6.3.23}$$

和

$$r_i=\frac{(1-|S_{ii}|^2)\sqrt{1-g_i}}{1-(1-g_i)|S_{ii}|^2} \tag{6.3.24}$$

在 Γ_iSmith 圆图上处于同一增益 G_i 的点 Γ_i 都位于同一个增益圆上，因此其增益圆的方程为

$$|\Gamma_i-C_i|=r_i \tag{6.3.25}$$

下面给出在 Smith 圆图上画出等工作增益圆 G_P 的步骤：

(1) 对于一个给定的 G_P，其等工作功率增益圆的圆心 C_P 和半径 r_P 由式(6.3.26)和式(6.3.27)决定。

$$C_P=\frac{g_iC_2^*}{1-g_P(|S_{11}|^2-|\Delta|^2)} \tag{6.3.26}$$

$$r_P=\frac{\sqrt{1-2k|S_{12}S_{21}|g_P+|S_{12}S_{21}|^2g_P^2}}{|1+g_P(|S_{22}|^2-|\Delta|^2)|} \tag{6.3.27}$$

其中，

$$C_2=S_{22}-\Delta S_{11}^* \tag{6.3.28}$$

(2) 选择需要的 Γ_L。

(3) 对于给定的 Γ_L，在输入端共轭匹配，即 $\Gamma_s=\Gamma_{in}^*$ 时，输出功率达到最大。由该 Γ_s 值得到的转化功率增益 G_T 满足关系式 $G_T=G_P$。

2) 晶体管条件稳定状态的设计

当晶体管处于条件稳定状态下时，$|S_{ii}|>1$。若 $|S_{ii}|>1$，则对应阻抗的实部出现负数，而且若 $\Gamma_i=1/S_{ii}$，则在式(6.3.15)中，G_i 将为无穷大。也即是说，在输入端(i=s)或在输出端(i=L)，总的环路阻抗等于零，这是振荡器的特性，因而电路可能出现振荡现象。对于给定的 G_i，进行条件稳定的放大器设计的步骤如下(以 G_P 为例)：

(1) 对于一个给定的 G_P，其等工作功率增益圆的圆心 C_P 和半径 r_P 由式(6.3.26)和式(6.3.27) 给出，这些圆的圆心位于 Γ_L 平面的 Smith 圆上穿过 $1/S_{ii}$ 的径向线上。同时画出输出临界稳定圆。在远离不稳定区域的 G_P 圆上选择一个合适的 Γ_L。为了避免振荡，必须

将 Γ_L 选在环路电阻的正值处。

(2) 计算 Γ_{in} 的值，同时在 G_s 平面上画出输入临界稳定圆，并确定 $\Gamma_s = \Gamma_{in}^*$ 的点是否在稳定区域内。若在稳定区域内，则输入端可以设计成共轭匹配。

(3) 如果 $\Gamma_s = \Gamma_{in}^*$ 不在稳定区域内，或者虽然处在稳定区域，但非常靠近输入临界稳定圆，这时需要重新选择 Γ_L，并得到另一个 Γ_s，然后重复上述过程直至满足要求。Γ_s 虽然不会改变 G_P，但是它将改变 Γ_{out}，从而影响输出匹配和负载所获得的功率。

2. 双向放大器设计

如果不能假定射频晶体管是单向的，那么对于小于最大转换功率增益的情况，其设计过程就变得比较复杂。这时，采用功率增益或者用功率增益近似方式去进行设计相对比较简单。

1) 绝对稳定情况

为了方便起见，我们重写工作功率增益公式如下：

$$G_P = \frac{(1-|\Gamma_L|^2\ |S_{21}|^2)}{(|1-S_{22}\Gamma_L|^2)(1-|\Gamma_{in}|)} \tag{6.3.29}$$

输入反射系数为

$$\Gamma_{in} = S_{11} + \frac{S_{12}S_{21}\Gamma_L}{1-S_{22}\Gamma_L} = \frac{S_{11}-\Gamma_L\Delta}{1-S_{22}\Gamma_L} \tag{6.3.30}$$

因此有

$$G_P = \frac{(1-|\Gamma_L|^2\ |S_{21}|^2)}{(|1-S_{22}\Gamma_L|^2)-(|S_{11}-\Gamma_L\Delta|^2)} = |S_{21}|^2 g_P \tag{6.3.31}$$

其中，

$$g_P = \frac{1-|\Gamma_L|^2}{(|1-S_{22}\Gamma_L|^2)-(|S_{11}-\Gamma_L\Delta|^2)} = \frac{1-|\Gamma_L|^2}{1-|S_{11}{}^2+|\Gamma_L|^2(|S_{22}|^2-|\Delta|^2)|-2\mathrm{Re}(\Gamma_L C_2)} \tag{6.3.32}$$

其中，

$$C_2 = S_{22} - S_{11}^*\Delta \tag{6.3.33}$$

Γ_L 平面上对应于相同 G_P 的所有点位于同一个圆上，称为工作功率增益圆。工作功率增益圆的公式为

$$|\Gamma_L - C_P| = r_P \tag{6.3.34}$$

其圆心和半径分别表示为

$$C_P = \frac{g_P C_2^*}{1+g_P(|S_{22}|^2-|\Delta|^2)} \tag{6.3.35}$$

$$r_P = \frac{\sqrt{(1-2k|S_{12}S_{21}|r_P)\,g_P + |S_{12}S_{21}|^2 g_P^2}}{1+g_P(|S_{22}|^2-|\Delta|^2)} \tag{6.3.36}$$

如果 $r_P = 0$，则可通过式(6.3.36)解出 g_P，且为最大值，即

$$g_P = g_{P\max} = \frac{1}{|S_{12}S_{21}|}(k-\sqrt{k^2-1}) \tag{6.3.37}$$

根据式(6.3.31)，可得

$$G_{P\max} = \frac{|S_{21}|}{|S_{12}|}(k-\sqrt{k^2-1}) \tag{6.3.38}$$

2）条件稳定情况

对于条件稳定情况下晶体管的工作功率增益圆，也可以通过式(6.3.25)和式(6.3.26)求得。值得注意的是，负载阻抗点要选择在稳定区域，同时它的输入反射系数的共轭点也应该是稳定的，因为它代表源反射系数。源阻抗点的选择既要满足在稳定区域内又要能提供固定的增益，同时对应的输出反射系数的共轭点也必须位于稳定区域内，因为它代表负载反射系数。

例6.2　设一个GaAs MOSFET在5 GHz时，偏置点为$U_{ds}=5$ V，$I_{ds}=5$ mA，在6 GHz处，S参数为：$S_{11}=0.6\angle-60°$，$S_{22}=0.7\angle-29°$，$S_{12}=0.17\angle45°$，$S_{21}=3\angle75°$。设计一个能提供$G_P=10$ dB增益的射频放大器。

解　根据式(6.2.9)和式(6.2.10)得

$$|\Delta|=|S_{11}S_{22}-S_{12}S_{21}|\approx0.516<1$$

$$k=\frac{1+|\Delta|^2-|S_{11}|^2-|S_{22}|^2}{2|S_{12}S_{21}|}\approx0.4<1$$

因此该放大器潜在不稳定。下面求临界稳定圆方程。

对于输入临界稳定圆，根据式(6.2.24)和式(6.2.25)求得其圆心及半径为

$$C_{in}=\frac{(S_{11}-\Delta S_{22}^*)^*}{|S_{11}|^2-|\Delta|^2}=-0.65+j1.46$$

$$r_{in}=\left|\frac{S_{12}S_{21}}{|S_{11}|^2-|\Delta|^2}\right|\approx5.43$$

因为$|S_{22}|<1$，所以$\Gamma_s=0$代表一个稳定的源阻抗点，而且该点位于输入临界稳定圆的外边。

对于输出临界稳定圆，根据式(6.2.22)和式(6.2.23)，求得其圆心及半径为

$$C_{out}=\frac{(S_{22}-\Delta S_{11}^*)^*}{|S_{22}|^2-|\Delta|^2}\approx3.2+j3.5$$

$$r_{out}=\left|\frac{S_{12}S_{21}}{|S_{22}|^2-|\Delta|^2}\right|\approx3.8$$

因为$|S_{11}|<1$，所以$\Gamma_L=0$代表一个稳定的负载阻抗点，而且该点位于输出临界稳定圆的外边。

下面求工作功率增益圆。根据工作功率增益圆的式(6.3.26)和式(6.3.27)，求得其圆心和半径分别为

$$C_P=\frac{g_P C_2^*}{1+g_P(|S_{22}|^2-|\Delta|^2)} \tag{6.3.39}$$

$$r_P=\frac{\sqrt{(1-2k|S_{12}S_{21}|r_P)g_P+|S_{12}S_{21}|^2g_P^2}}{1+g_P(|S_{22}|^2-|\Delta|^2)} \tag{6.3.40}$$

其中，

$$g_P=\frac{1-|\Gamma_L|^2}{(|1-S_{22}\Gamma_L|^2)-(|S_{11}-\Gamma_L\Delta|^2)} \tag{6.3.41}$$

$$C_2=S_{22}-S_{11}^*\Delta \tag{6.3.42}$$

将本例题的S参数代入上述公式得到对应的工作增益圆的圆心和半径参数。

因为这个放大器对某些负载和输入阻抗是潜在不稳定的，所以必须避开这些区域。总之，选择合适的Γ_L是非常重要的。

6.4 CMOS 宽带放大器设计

6.4.1 宽带放大器的带宽约束

宽带放大器一般指相对频带宽度大于 20%～30%的放大器。

宽带放大器的带宽受限的原因可以归为以下几个方面：

(1) 射频放大器带宽主要受有源器件的增益带宽积的限制。

(2) 任何有源器件的增益在高频端都具有逐渐下降的特性。

(3) 当工作频率达到晶体管的截止频率 f_T 后，晶体管失去了放大功能，反而成为衰减器。

6.4.2 宽带放大器设计

1. 电阻匹配

电阻匹配网络与频率无关，因此可以用来设计宽带放大器。频率的上限取决于寄生参数。电阻匹配的最大缺陷是其有不可接受的噪声系数。

2. 网络补偿

晶体管的 S 参数都是随频率变化的，为了获得较宽的频率响应，在匹配网络设计时可以有意地造成一定的失配，从而产生低频增益的损耗和高频增益的补偿。下面通过一个实例来说明网络补偿的方法和步骤。

例 6.3 所采用的晶体管在 400 MHz、600 MHz 和 800 MHz 的 S 参数如表 6.1 所示，试设计一个在 400～800 MHz 上转化功率增益 G_T 为 10 dB 的放大器。

表 6.1 晶体管的 S 参数

f/MHz	S_{11}	S_{21}	S_{12}	S_{22}	$\|S_{21}\|^2$/dB
400	$0.32\angle -46^\circ$	$4.5\angle 38^\circ$	0	$0.87\angle -10^\circ$	13
600	$0.33\angle -60^\circ$	$3.2\angle 33^\circ$	0	$0.85\angle -13^\circ$	10
800	$0.28\angle -100^\circ$	$1.9\angle 31^\circ$	0	$0.87\angle -25^\circ$	6

解 因为 $S_{12}=0$，所以晶体管为单向的。由转化功率增益计算公式可得

$$G_T = G_{TU} = \frac{1-|\Gamma_s|^2}{|1-S_{11}\Gamma_s|^2}|S_{21}|^2\frac{1-|\Gamma_L|^2}{|1-S_{22}\Gamma_L|^2} = G_s G_0 G_L \tag{6.4.1}$$

表 6.2 给出了 3 个频率点下的补偿值。

表 6.2 晶体管增益的补偿值

f/MHz	$\|S_{21}\|^2$/dB	补偿值/dB
400	13	−3
600	10	0
800	6	+4

按照计算公式：

$$G_{s\max}=\frac{1}{1-|S_{11}|^2} \quad 和 \quad G_{L\max}=\frac{1}{1-|S_{22}|^2} \tag{6.4.2}$$

计算输入/输出匹配网络的最大增益 $G_{s\max}$ 和 $G_{L\max}$，并列入表 6.3 中。

表 6.3　输入/输出匹配网络的最大增益

f/MHz	$G_{s\max}$/dB	补偿值 $G_{L\max}$/dB
400	0.469	6.12
600	0.501	5.57
800	0.355	6.12

从表 6.3 可知，因为 $G_{s\max}$ 的最大值小于 0.51 dB，所以，源端匹配没法实现补偿。于是信号源电阻与晶体管输入端直接相连。表 6.3 给出输出匹配网络可以提供 5.57～6.12 dB的增益，可以用它实现增益补偿。可以设计一个输出匹配网络，使 G_L 在 400 MHz、600 MHz 和 800 MHz 时分别为－3、0 和 4 dB。

等 G_L 圆的参数，按照式(6.3.25)和式(6.3.26)求得 g_L，然后求半径：

$$r_P=\frac{\sqrt{(1-2k|S_{12}S_{21}|r_P)g_P+|S_{12}S_{21}|^2g_P^2}}{1+g_P(|S_{22}|^2-|\Delta|^2)}$$

和圆心

$$C_P=\frac{g_P C_2^*}{1+g_P(|S_{22}|^2-|\Delta|^2)}$$

考虑到 $S_{12}=0$，r_P 可以简化为 $r_P=\dfrac{\sqrt{g_P}}{1+g_P|\Delta|^2}$，结果如表 6.4 所示。

表 6.4　等 G_L 圆的参数

G_L/dB	−3	0	4
f/MHz	400	600	800
C_L	0.32∠10°	0.49∠13°	0.75∠25°
g_L	0.12	0.28	0.61
r_L	0.68	0.49	0.22

输出匹配网络应将 50 Ω 负载在 400 MHz、600 MHz 和 800 MHz 三个频率上分别变换到－3 dB、0 dB 和 4 dB 的等增益圆上，如图 6－13 所示。

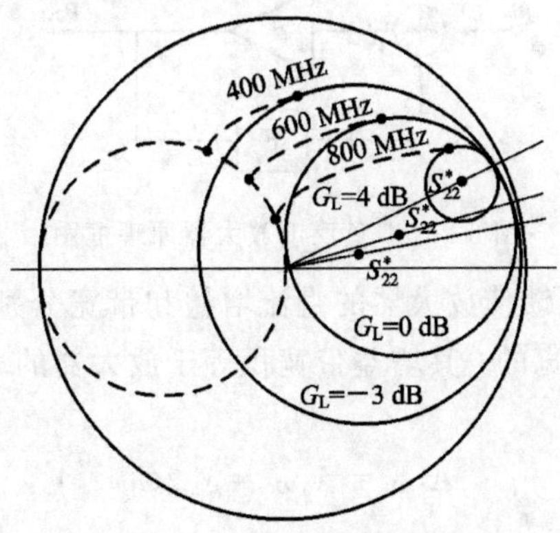

图 6－13　例 6.3 的等增益圆

使用L形匹配网络来实现上述阻抗的变换，它由并联电感和串联电感组成，如图6-14所示。

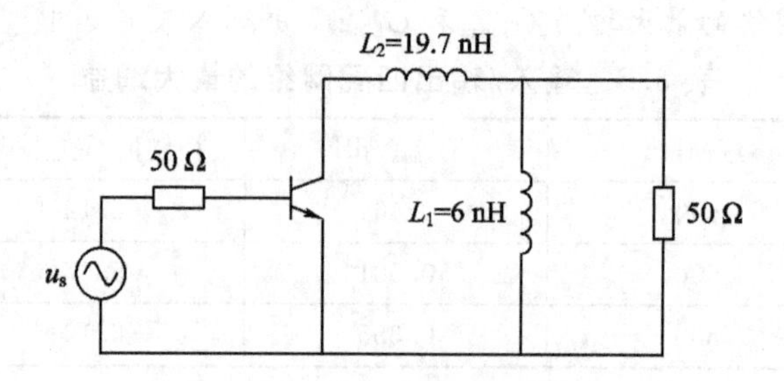

图6-14 例6.3输出匹配网络

使用最低频率(400 MHz)，L_1的值(在Smith圆图上直接读出大致值，如在ADS软件中可以读取)可以确定为

$$L_1=6\ \text{nH}$$

使用最高频率(800 MHz)，L_2的值(在Smith圆图上直接读出大致值，如在ADS软件中可以读取)可以确定为

$$L_2=19.7\ \text{nH}$$

最大输入电压驻波比出现在300 MHz处，其值(在Smith圆图上直接读出大致值，如在ADS软件中可以读取)为

$$\text{VSWR}=\frac{1+|S_{11}|}{1-|S_{11}|}=\frac{1+0.3}{1-0.3}=1.86$$

由于输入/输出匹配网络补偿技术是通过对该匹配网络进行失配来实现的，因此使得输入/输出的电压驻波比产生了恶化。

3. 负反馈扩展带宽

负反馈系统的原理框图如图6-15所示，其传递函数为

$$A(s)=\frac{U_{\text{out}}(s)}{U_{\text{in}}(s)}=\frac{a}{1+aF} \tag{6.4.3}$$

若a为单极点放大器，则有

$$a=\frac{A_0}{1+s/\omega_0} \tag{6.4.4}$$

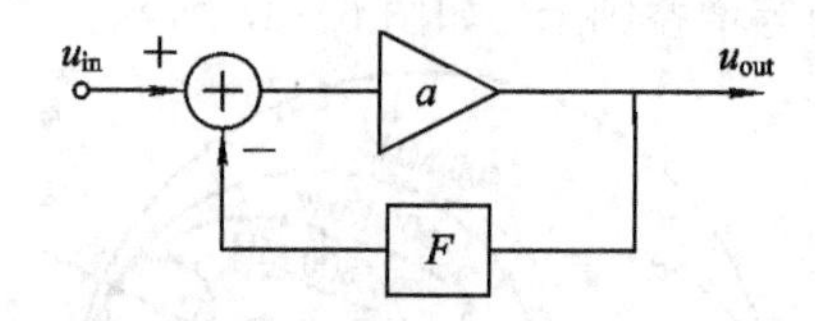

图6-15 负反馈放大器原理框图

从式(6.4.4)可知，负反馈使放大器的直流增益和带宽分别缩小和放大到$1+A_0F$倍，它是通过降低增益来扩展带宽的，其增益带宽积等于放大器的增益带宽积。负反馈放大器的增益带宽积变为

$$A_1\omega_1=A_0\omega_0=g_m/C_L \tag{6.4.5}$$

一般为常数。

4. 平衡放大电路

改进较宽的带宽匹配的另一种方法如图6-16所示。它采用了连着两个90°混合结的放大器。一个理想的90°混合结对其输入功率沿前进方向进行均分，而没有功率耦合到它的端口4，而且支路的输出信号滞后直通通路90°。因此，第一个混合结端口3的输入功率出现在端口1和端口2，却不会出现在端口4。同理，进入端口1的信号平均分配到端口3(∠0°)和端口4(∠−90°)。

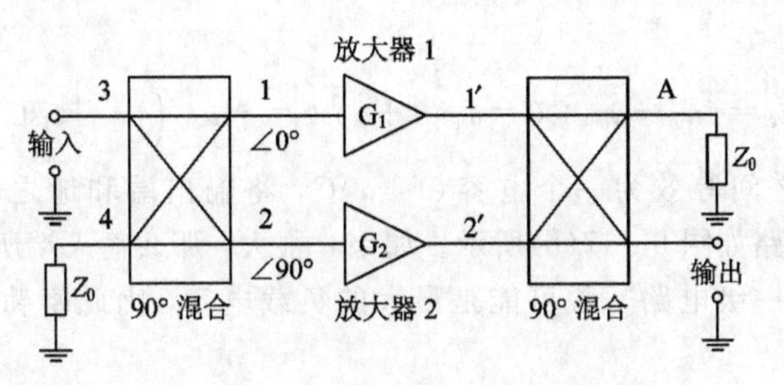

图6-16 平衡放大器的框图

假设图6-16中的两个放大器具有相等的输入阻抗，馈入这两个放大器的信号具有相同的幅度，但是相位相差90°，所以反射回来的信号幅度相等但保持该相位差。进入端口1和端口2的反射信号又以相等的功率分配到端口3和端口4，因此在端口3出现的两个返回信号的幅值相等，但彼此相位相差180°，于是相互抵消。出现在端口4的信号是同相位的，因为端口4接匹配负载，该功率被负载消耗掉。通过两个放大器放大的信号馈送到第二个混合器，该混合器的端口A接匹配负载。进入端口1′和端口2′的信号出现在输出端(每个通道占50%的功率)，而在输出端口A处抵消了50%的功率，因此，理想平衡放大器总的增益与连接到它的通道之一的一个放大器的增益相等。

6.4.3 放大器带宽扩展技术

1. 带宽估算

考虑具有如下传递函数的系统($\tau_1 \cdots \tau_n$ 为时间函数)：

$$H(s)=\frac{a_0}{(\tau_1 s+1)(\tau_2 s+1)\cdots(\tau_n s+1)} \tag{6.4.6}$$

将分母展开为 $b_n s^n + b_{n-1} s^{n-1} + \cdots + b_1 s + 1$，其中 $b_1 = \sum_{i=1}^{n} \tau_i$，是所有时间常数之和；$b_n = \prod_{i=1}^{n} \tau_i$ 是所有时间常数之积。

一般情况下，$\tau_i \ll 1$，所以有 $b_1 \gg b_i$，$i=2, \cdots, n$。因此在−3 dB频率附近，传输函数可以近似表示为

$$H(s) \approx \frac{a_0}{b_1 s+1} \tag{6.4.7}$$

系统的−3 dB带宽约为

$$\omega_{-3\mathrm{dB}} \approx \frac{1}{b_1} = \frac{1}{\sum_{i=1}^{n} \tau_i} \tag{6.4.8}$$

因此带宽可以通过计算系统中所有极点时间常数之和来估算。如果一个系统中的电抗元件均为电容，那么系统的极点与系统中的电容具有几乎一一对应的关系(由于电容闭合回路等情况的存在，实际的极点数将少于电容数)，系统中所有极点的时间常数之和就等于每个电容所对应的时间常数之和。

2. 密勒效应分析

设输入/输出端并接电容 C 的反相放大器增益为 $-a$，如图 6-17(a)所示。流经电容 C 的电流 i_C 为

$$i_C=(u_{\rm in}-u_{\rm out})sC=u_{\rm in}(1+a)sC=-u_{\rm out}\left(1+\frac{1}{a}\right)sC \tag{6.4.9}$$

将输入端和地之间等效为一个电容 $(1+a)C$，将输出端和地之间等效为一个电容 $(1+1/a)C$，等效电路如图 6-17(b)所示。如果 a 很大，那么输入端所看到的是被放大了 a 倍的电容，这对前一级电路来说可能是最大的负载电容，因此密勒效应限制了系统的带宽。

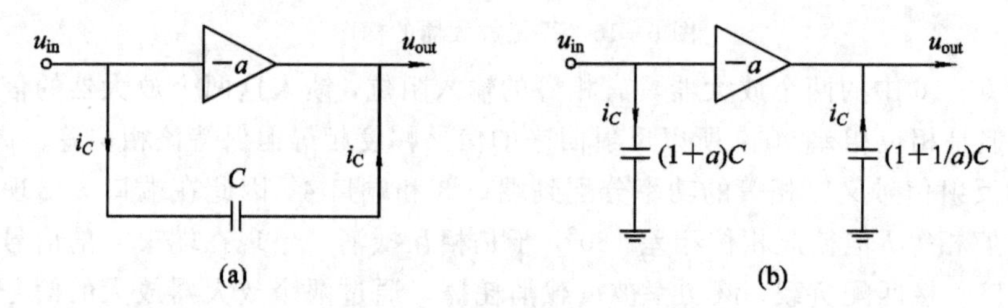

图 6-17　密勒效应等效电路

3. 零点带宽扩展

经过前面的分析可知，因为极点导致系统的带宽受到限制。如果设置一个零点来抵消某个频率点的极点，那么就可以扩展系统带宽了。

并联补偿放大器是一种典型的零点带宽扩展技术。在共源放大器的漏极连接电阻和电感串联电路即成为并联峰化(shunt peaking)共源放大器，如图 6-18 所示。

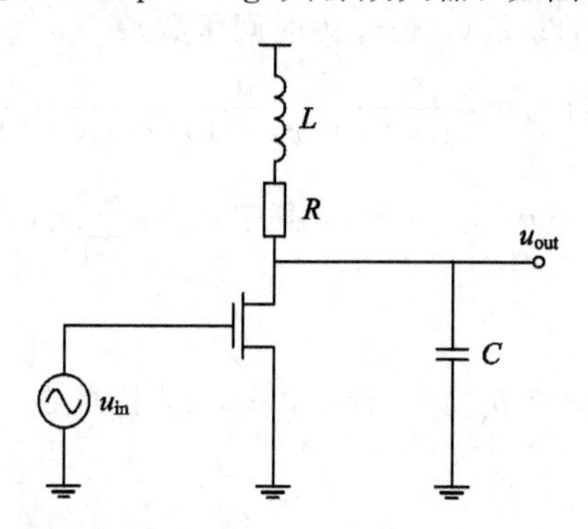

图 6-18　并联补偿放大器

假设晶体管是理想的，那么控制带宽的唯一元件就是 R、L 和 C。可以看出，电容 C 为输出节点上的等效负载电容；R 代表该节点上的等效负载电阻；L 的作用就是扩展带宽。具体分析如下。

首先将图 6-18 所示的放大器建模成图 6-19 所示的信号模型。由这个模型可以看到它的传递函数 u_{out}/i_{in} 就是 RLC 网络的阻抗，所以它应当容易分析。下面我们分析为什么以这种方式增加一个电感就能扩展带宽。因为纯电阻性负载共源放大器的增益正比于晶体管的跨导 g_m 和负载电阻 R_L 的乘积 g_mR_L，所以当增加一个容性负载时，随着频率的增加其增益会下降(这是因为容抗减小的缘故)。加入一个电感，与负载电阻串联后相当于提供了一个阻抗随频率增加的元件(相当于引入了一个零点)。这有助于补偿电容阻抗的减小，使得其总阻抗在一个较宽的频率范围内大致不变。

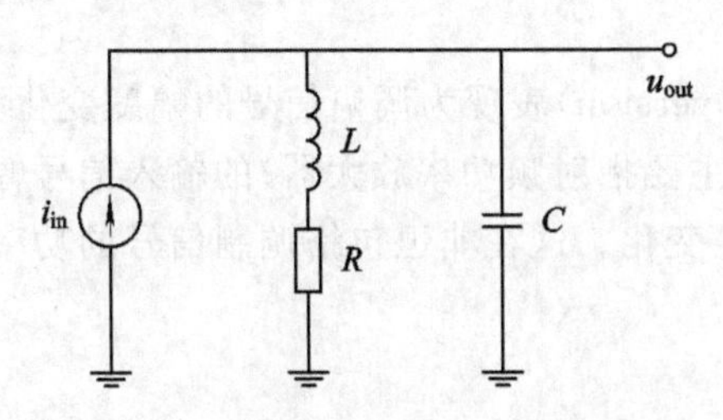

图 6-19　并联补偿放大器的小信号模型

从另一个角度来分析，即通过考虑阶跃响应来进行等同解释。电感和电阻串联使得电感延迟了通过含有电阻的分支电流，从而使更多的电流用于向电容充电，减少了上升时间。因为较短的上升时间意味着较大的带宽，所以合理地选择电感可以增加带宽。

下面根据模型从数学角度分析零点扩展带宽的原理。

RLC 网络的阻抗表示式为

$$Z(s)=(sL+R)/\!/\frac{1}{sC}=\frac{R[s(L/R)+1]}{s^2LC+sRC+1} \tag{6.4.10}$$

除了一个零点外，式(6.4.10)中有两个极点，用频率函数表示为

$$|Z(j\omega)|=R\sqrt{\frac{(\omega L/R)^2+1}{(1-\omega^2LC)^2+(\omega RC)^2}} \tag{6.4.11}$$

我们注意到，不同于简单 RC 的情形，式(6.4.11)中的分子中有一项(来源于零点)是随频率的增加而增加的。

6.5　射频放大器的非线性

6.5.1　非线性数学模型

射频放大器的非线性数学模型可以表示为

$$y(t)=\alpha_1x(t)+\alpha_2x^2(t)+\cdots+\alpha_nx^n(t)+\cdots \tag{6.5.1}$$

如果输入信号幅度很小，那么上式中二次及以上的项就可以忽略而成为小信号的情况。在许多情况下我们可以忽略三次以上的项。

6.5.2　非线性参量

1. 谐波失真

当输入信号为 $x(t)=K\cos(\omega t)$ 时，输出信号为

$$y(t)=\alpha_1 K\cos(\omega t)+\alpha_2 K^2\cos^2(\omega t)+\alpha_3 K^3\cos^3\omega(t)+\cdots$$
$$\approx\alpha_1 K\cos(\omega t)+\frac{1}{2}\alpha_2 K^2[1+\cos(2\omega t)]+\frac{1}{4}\alpha_3 K^3[3\cos(\omega t)+\cos(3\omega t)]+\cdots$$
$$=\frac{\alpha_2 K^2}{2}+\left(\alpha_1 A+\frac{3\alpha_3 K^3}{4}\right)\cos(\omega t)+\frac{\alpha_2 K^2}{2}\cos(2\omega t)+\frac{\alpha_3 K^3}{4}\cos(3\omega t)+\cdots \quad (6.5.2)$$

输出信号中除了含有基波分量外，还包含了许多由系统非线性产生的谐波分量。这些谐波分量就是谐波失真(harmonic distortion)。

2. AM-PM 失真

相位失真(AM-PM conversion)表现为调幅信号的幅度变化引起相位变化或相位调制，或者解释为非线性放大器(主要指射频功率放大器)的输入信号幅度上的变化，导致输出与输入信号之间的相位差发生变化。这在非恒包络调制信号的功率放大器设计中需要特别加以考虑。

3. 增益压缩

当输入为一个单频信号时，输出的基波分量幅度为

$$\left(\alpha_1 K+\frac{3\alpha_3 K^3}{4}\right)=\alpha_1 K\left(1+\frac{3K^2}{4}\frac{\alpha_3}{\alpha_1}\right) \quad (6.5.3)$$

如果 α_1 和 α_3 的符号相反，则信号增益将随幅度 K 的增大而减小。如果用对数(功率)来表示放大器的输入和输出信号幅度，可以观察到输出功率 P_{out} 随输入功率 P_{in} 增大而偏离线性关系的情况。当输出功率与理想的线性情况偏离达到 1 dB 时，放大器的增益同样下降 1 dB，此时的输入信号功率(或幅度)值称为输入 1 dB 增益压缩点(Input 1dB Gain Compression Point，IP1dB)，对应的输出功率表示为 OP1dB，如图 6-20 所示。

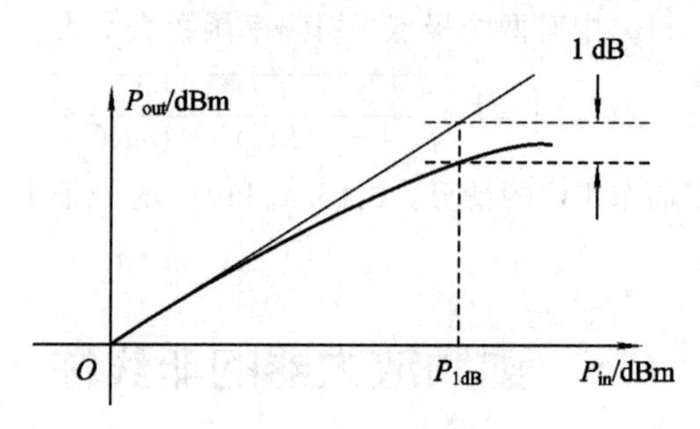

图 6-20 1dB 压缩点

4. 大信号阻塞(blocking)

假设接收机同时接收到一个有用信号 $K_1\cos(\omega_1 t)$ 和一个干扰信号 $K_2\cos(\omega_2 t)$，即

$$x(t)=K_1\cos(\omega_1 t)+K_2\cos(\omega_2 t) \quad (6.5.4)$$

系统的输出信号中有用信号的基波幅度为

$$基波幅度=\left(\alpha_1 K_1+\frac{3}{4}\alpha_3 K_1^3+\frac{3}{2}\alpha_3 K_1 K_2^2\right) \quad (6.5.5)$$

当 $\frac{3}{4}\alpha_3 K_1^3\ll\frac{3}{2}\alpha_3 K_1 K_2^2$，即 $K_1\ll\sqrt{2}K_2$ 时，

$$基波幅度=\left(\alpha_1 K_1+\frac{3}{2}\alpha_3 K_1 K_2^2\right)=\alpha_1\left(1+\frac{3}{2}\frac{\alpha_3}{\alpha_1}K_2^2\right)K_1 \quad (6.5.6)$$

当 $K_2=0$ 时，基波幅度 $=\alpha_1 K_1$，有用信号所得到的增益为 α_1；当 K_2 很大，且 α_1 和 α_3 的符号相反时，有

$$\text{基波幅度}=\alpha_1\left(1+\frac{3}{2}\frac{\alpha_3}{\alpha_1}K_2^2\right)K_1 \ll \alpha_1 K_1 \tag{6.5.7}$$

这个时候，有用信号所得到的增益将远小于 α_1，即有用信号被干扰信号阻塞了，也就是说，放大器或接收器的灵敏度降低了。抗强信号阻塞是射频电路设计的一个很重要的指标，通常要求引起射频接收机阻塞的信号比有用信号大 60～70 dB。

5. 交调(cross modulation)失真

在大信号阻塞分析中，当干扰信号含有调幅成分时，输入信号变为

$$x(t)=K_1\cos(\omega_1 t)+K_2[1+m\cos(\omega_m t)]\cos(\omega_2 t) \tag{6.5.8}$$

接收机系统输出信号为

$$y(t)=\left\{\alpha_1 K_1+\frac{3}{4}\alpha_3 K_1^3+\frac{3}{2}\alpha_3 K_1 K_2^2[1+m\cos(\omega_m t)]^2\right\}\cos(\omega_1 t)+\cdots \tag{6.5.9}$$

这时，有用信号就含有干扰信号的调幅信号，因此干扰信号的调幅信号会通过系统的非线性转移到有用信号的幅度上，这就称为交叉调制(cross modulation)，造成有用信号的失真。

交调失真是由非线性器件的三次方项产生的。

6. 互调(intermodulation)失真

假设接收机系统的输入信号为两个幅度相等、频率间隔很小的余弦波，即

$$x(t)=K\cos(\omega_1 t)+K\cos(\omega_2 t) \tag{6.5.10}$$

在系统的输出信号中，除了基波分量 ω_1 和 ω_2 外，还包含了它们的各种组合频率(不单单是谐波)，其输出信号的频率分量为 $\omega=|m\omega_1+n\omega_2|$，$m, n=-\infty, \cdots, -1, 0, 1, +\infty$，$m$ 和 n 不为 0 时的频率分量是通过 ω_1 和 ω_2 相互调制产生的，因此称为互调分量(intermodulation)。k 次互调失真中 $k=m+n$，记为 IM_k。例如，由三次失真引起的互调分量称为三次互调分量(IM_3)。尤其需要考虑的是 $2\omega_1-\omega_2$ 和 $2\omega_2-\omega_1$ 这两项，因为它们位于基波分量附近，如图 6-21 所示。

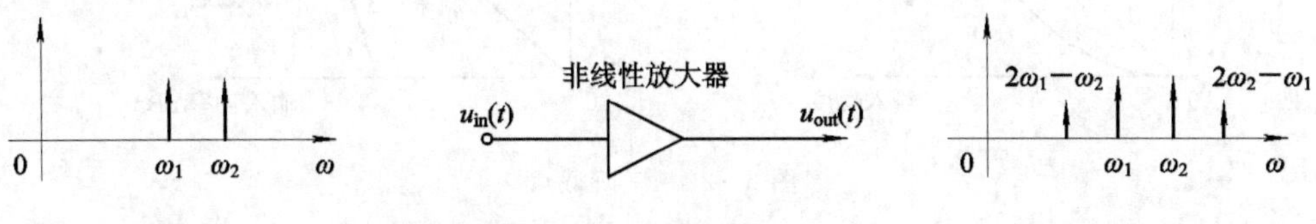

图 6-21　三次互调分量

7. 三阶截点(IP_3, 3rd order intercept point)

设非线性系统的输入信号为

$$x(t)=K\cos(\omega_1 t)+K\cos(\omega_2 t)$$

它经过一个三阶非线性系统后的输出信号为

$$y(t)=\alpha_1 x(t)+\alpha_2 x^2(t)+\alpha_3 x^3(t)$$

经过推导后得

$$y(t)=\alpha_2K^2+\left(\alpha_1K+\frac{9}{4}\alpha_3K^3\right)(\cos\omega_1t+\cos\omega_2t)+\frac{1}{2}\alpha_2K^2(\cos2\omega_1t+\cos2\omega_2t)$$
$$+\frac{1}{4}\alpha_3K^3(\cos3\omega_1t+\cos3\omega_2t)+\alpha_2K^2[\cos(\omega_1+\omega_2)t+\cos(\omega_1-\omega_2)t]$$
$$+\frac{3}{4}\alpha_3K^3[\cos(2\omega_1+\omega_2)t+\cos(2\omega_1-\omega_2)t+\cos(2\omega_2+\omega_1)t+\cos(2\omega_2-\omega_1)t] \tag{6.5.11}$$

输出信号中包含的频率分量如表 6.5 所示。

表 6.5 非线性系统输出信号的频率分量及其幅度

频率分量	幅度
直流	α_2K^2
基波(ω_1，ω_2)	$\alpha_1K+\frac{9}{4}\alpha_3K^3$
二次谐波($2\omega_1$，$2\omega_2$)	$\frac{1}{2}\alpha_2K^2$
三次谐波($3\omega_1$，$3\omega_2$)	$\frac{1}{4}\alpha_3K^3$
IM_2 ($\omega_1\pm\omega_2$)	α_2K^2
IM_3 ($2\omega_1\pm\omega_2$，$2\omega_2\pm\omega_1$)	$\frac{3}{4}\alpha_3K^3$

比较基波分量中的 α_1K 和三次互调量 $3\alpha_3K^3/4$ 可知，随着信号幅度 K 的增大，输出信号中的基波分量 α_1K 与三次互调量 $3\alpha_3K^3/4$ 会在某一点达到相同的幅度，这一点称为三阶截点 IP_3，对应的输入信号幅度或功率值称为输入三阶截点 IIP_3，对应的输出信号幅度或功率值称为输出三阶截点 OIP_3，如图 6-22 所示。

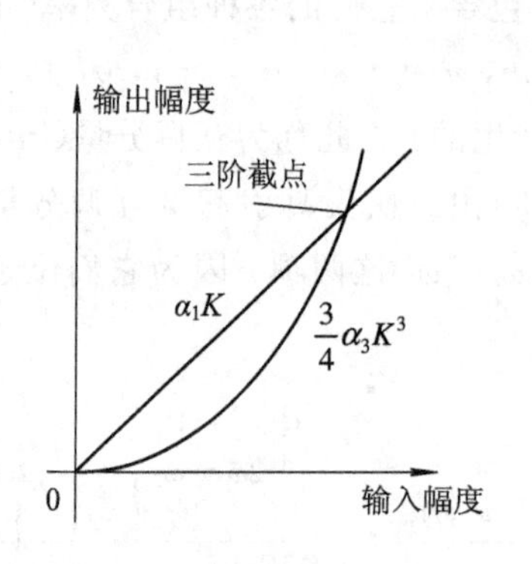

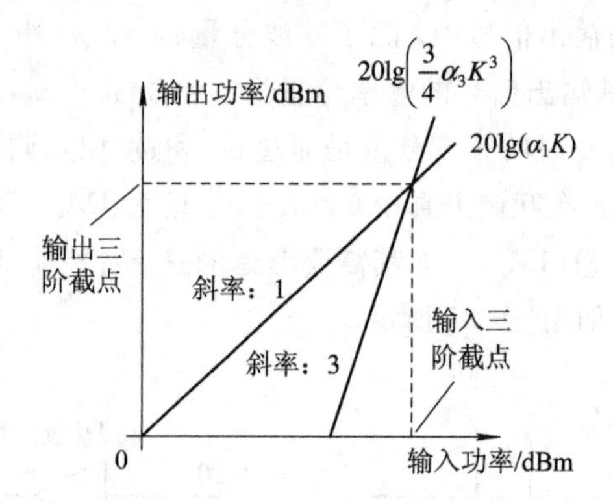

图 6-22 三阶截点

当用对数形式(dBm)来表示输入/输出信号大小时，基波和 IM_3 分量随输入信号功率的增加而上升的斜率分别为 1 和 3。

IIP_3 的测量方法如下：在系统输入端加两个幅度相等、频率间隔很小的正弦波(双音信号)，输入功率为 P_{in}。然后测量系统输出端的基波分量与三次互调分量的功率之差，记为 δ_P，如图 6-23 所示。IIP_3 可以近似表示为

$$IIP_{3\,dBm}=P_{in,\,dBm}+\frac{\delta_{P,\,dB}}{2} \tag{6.5.12}$$

测量时，为了 IIP_3 的准确测量，输入的双音信号幅度要尽可能小，目的是避免产生增益压缩。

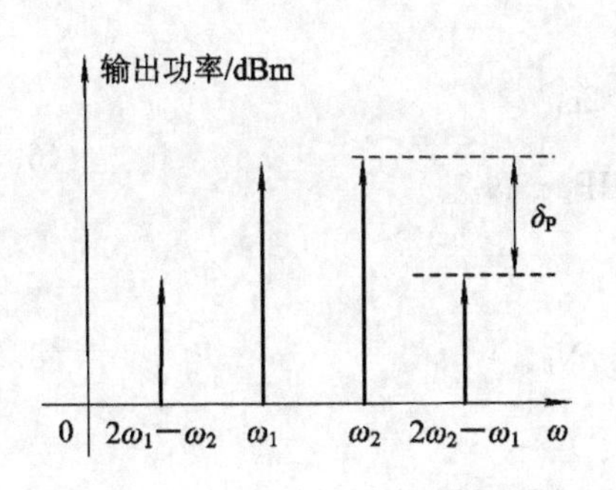

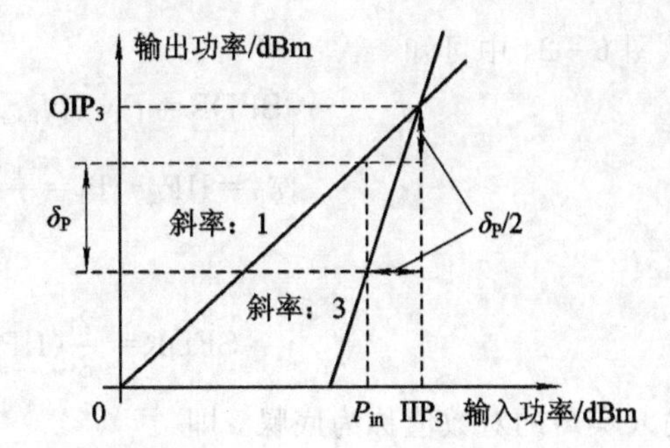

图 6-23　三阶截点的测量

IP1dB 与 IIP_3 的关系：根据 IIP_3 的定义可以推导出：

$$20\lg|\alpha_1 K| - 20\lg\left|\alpha_1 K + \frac{3\alpha_3 K^3}{4}\right| = 1$$

得到

$$K_{1dB} \approx 0.38\sqrt{\left|\frac{\alpha_1}{\alpha_3}\right|}$$

根据三阶截点的定义推导出：

$$\alpha_1 K = \frac{3\alpha_3 K^3}{4}$$

进而得

$$K_{IP3} = \sqrt{\frac{4}{3}\left|\frac{\alpha_1}{\alpha_3}\right|}$$

比较三阶截点处的输入信号幅度与 1 dB 压缩点处的输入信号幅度，得

$$\frac{K_{IP3}}{K_{1dB}} \approx 3.03 \approx 9.6\ \text{dB}$$

可见输入三阶交调点会比 1 dB 压缩点高大约 10 dB。

8. 无杂散动态范围(spurious free dynamic range, SFDR)

由于互调等非线性因素，信号不断增大将导致误码率上升，也就是说，噪声和非线性决定了系统的动态范围。动态范围有多种定义，如可以用－1 dB 压缩点作为信号上限。SFDR 常见的定义为 IM_3 与输出噪声相等时的输入信号与等效输入噪声之比。图 6-24 给出无杂散动态范围的示意图。

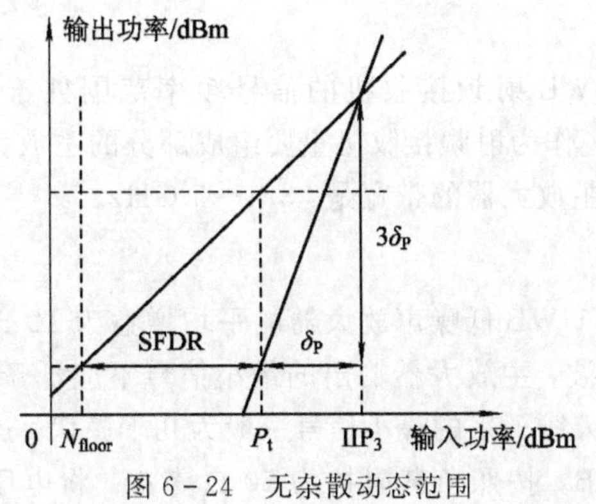

图 6-24　无杂散动态范围

从图 6-24 中可知

$$\begin{cases} SFDR = P_t - N_{floor} = 2\delta_P \\ \delta_P = IIP_3 - P_t = \dfrac{1}{3}(IIP_3 - N_{floor}) \end{cases} \tag{6.5.13}$$

可得

$$SFDR = \frac{2}{3}(IIP_3 - N_{floor}) \tag{6.5.14}$$

等效输入噪声的对数值称为底噪，即

$$N_{floor} = 10\lg(kTBF) = 10\lg B + NF - 174\text{dBm/Hz} \tag{6.5.15}$$

6.6 TH-UWB 射频接收机的主放大器设计实例

此处给出一种全集成的高增益、超宽带且具有 AGC 功能的主放大器。设计的TH-UWB(跳时-超宽带)通信射频接收机的主放大器采用标准 0.18 μm RF CMOS 工艺制造。

6.6.1 设计概述

根据 IEEE 802.15.3a 标准，基于 UWB 应用的频率范围是 3.1～10.6 GHz，其低频段和高频段分别是 3～5 GHz 和 6～10.6 GHz[8-10]，发射天线的辐射功率被限定在 －41.3 dBm/MHz以内。

低噪声放大器(LNA)在 UWB 无线接收机中起着关键作用。在接收路径中作为接收天线后接的第一级，其噪声指数(NF)是一个重要参数，这是因为它的噪声直接加到整个系统的总噪声中。另外还希望 LNA 具有高增益、好的线性度和稳定性[2,3,11]。

对应于发射天线的辐射信号，UWB 接收天线下来的信号的功率电平在几十微伏到几个毫伏之间，但一般来说，低噪声放大器的功率增益低于 25 dB。这个增益对于如此弱小的信号的放大仍然无法满足后续电路的处理要求，因此还需一个具有高增益的超宽带放大器来对来自 LNA 输出的信号做进一步放大。本书把完成这种放大功能的放大器称为主放大器。

6.6.2 指标要求

超宽带主放大器的指标主要包括带宽、增益等。

1. 带宽要求

此处所设计的 TH-UWB 射频接收机的信号频率范围处于 FCC 标准的低频段，即 3.1～5 GHz 的频率范围。作为射频接收机重要组成部分的主放大器理所当然要满足这一频带要求，因此本设计的主放大器的带宽是：3.1～5 GHz。

2. 增益要求

本书第 5 章所设计的 UWB 低噪声放大器的平均增益为 12 dB，为了能对所接收的最弱信号进行有效的包络检波，主放大器输出的最小信号不应低于几个毫伏，而对于 UWB 室内短距离通信，从接收天线下来的最小信号一般为几十微伏，这样，LNA 和主放大器的电压增益就要求达到 40 dB。按照负载阻抗为 50 Ω 考虑，将电压增益换算成功率增益为

38.3 dB。考虑到 LNA 的平均功率增益为 12 dB 左右，因此主放大器的功率增益约为 27 dB。

上面讨论了主放大器在最小接收信号时的功率增益，但还存在一个最大不失真的功率增益问题。对于室内短距离通信，可以假设发生端的最大平均发射功率为 −41.3 dBm/Hz 的信号在空中经过最小衰减(即最近的收发天线距离)。从接收天线下来的信号电平为几个毫伏，如果仍以 LNA 和主放大器的电压增益之和为 40 dB 考虑，则主放大器的输出信号电平为几百个毫伏，而这个幅度的信号经过主放大器后可能产生严重的限幅失真，而且同时对基底噪声也进行了较大增益的放大，不利于信号的包络检波。为使主放大器的输出信号不产生严重的限幅失真，要求主放大器此时应适当降低功率增益。这个增益的大小取决于放大器输出信号的失真情况。基于以上分析，主放大器在最大接收信号时的功率增益设定为 20 dB 左右。

3. 具有 AGC 功能

主放大器要适应来自接收天线的信号幅度变化范围，因此必须具有自动增益控制(AGC)功能。考虑到基底噪声对包络检波器的影响程度，将 AGC 的电压电平控制范围设定为 5～7 dB。

4. 其他要求

(1) 电源电压。本设计采用 1.8 V 单电源供电，以实现低功耗设计。

(2) 工艺选择。采用 SMIC 0.18 μm RF CMOS 工艺进行设计、仿真和流片。该工艺技术具有 1 层多晶硅和 6 层金属，特征频率达到 49 GHz[12]，完全可以满足本设计的工艺要求。

(3) 单片集成。主放大器与其他功能模块构成的 TH-UWB 射频接收机，是一个全集成的集成电路芯片。在满足性能指标条件下，应尽可能缩小芯片面积，以降低成本。

6.6.3　主放大器集成电路设计

1. 主放大器的组成

此处给出的主放大器是 TH-UWB 射频接收机的一个重要组成部分。主放大器的设计以 MOS Cherry-Hooper 跨导跨阻放大器为基础，采用三级跨导跨阻放大器，即 Amplifier_1 (AM1)、Amplifier_2 (AM2)和 Amplifier_3(AM3)，第二级采用 AGC 放大。TH-UWB 主放大器的整体组成框图如图 6-25 所示。

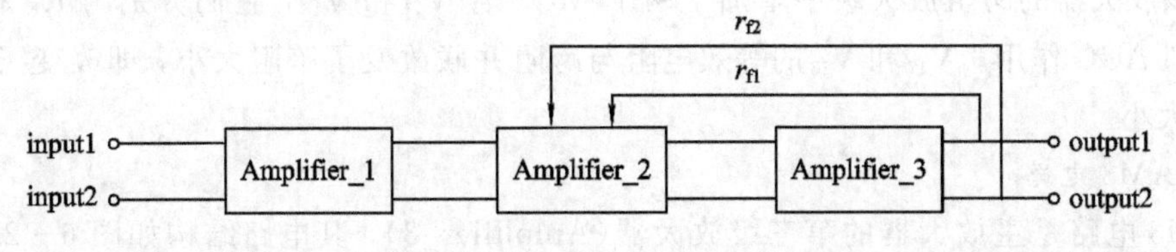

图 6-25　TH-UWB 主放大器的整体组成框图

2. 电路结构

按照图 6-25 所示的框图，构建 TH-UWB 主放大器的电路结构。下面分别就 TH-UWB射频接收机的主放大器的三个基本放大器进行介绍。

1) AM1 电路

AM1 电路是主放大器的第一级放大器(Amplifier_1)，其电路结构如图 6-26 所示。图中，“input1”和“input2”表示连接低噪声放大器(LNA)的差分输出的两个输入端口；“output1”和“output2”表示本级放大器的两个差分输出端口；“g”表示恒流源的基准电压输入端口，可以为下一级放大器提供静态直流电压；R_1 和 R_2 构成一个分压电路，R_3 和 R_4 起隔离作用，并分别给 V_4 和 V_5 提供栅极直流工作电压；V_1 和 V_2 构成一个 MOS 管等效分压器，是恒流源的基准电压产生电路；该分压器与 V_3 及 V_6 配合形成两个电流源，以便为跨导放大器和跨阻放大器提供稳定的电流；V_3～V_5、R_5 和 R_6 构成一个跨导放大器；而 V_6～V_8、R_7～R_{10} 构成一个跨阻放大器，这两个放大器连接起来构成一个 Cherry-Hooper 放大器。

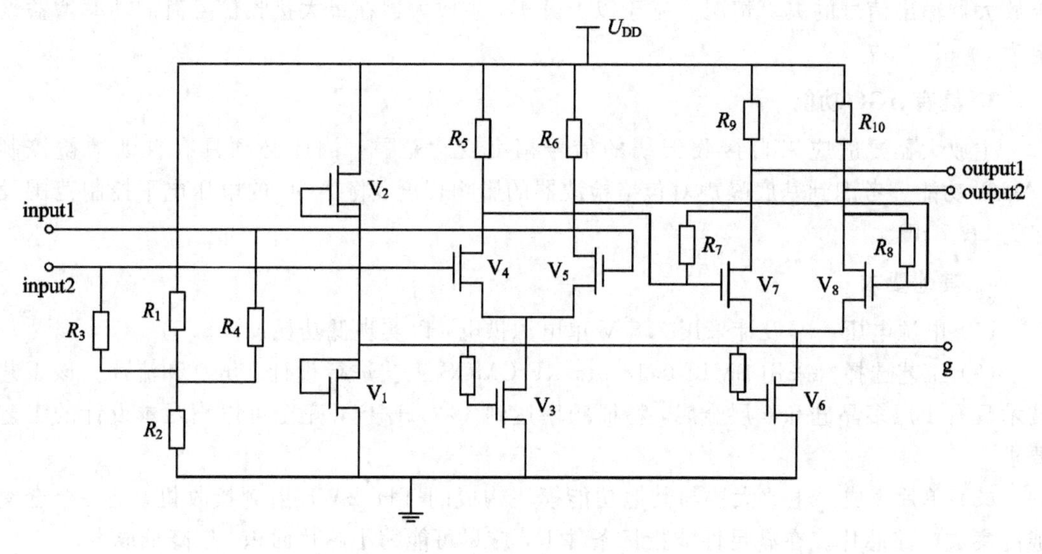

图 6-26 AM1 电路

2) AM2 电路

AM2 电路是主放大器的第二级放大器(Amplifier_2)，其电路结构如图 6-27 所示。图中，“input1”和“input2”表示连接主放大器的第一级放大器(AM1)的差分输出的两个输入端口；“output1”和“output2”表示本级放大器的两个差分输出端口；“G”表示恒流源的基准电压输入端；V_{11}～V_{13}、R_{11} 和 R_{12} 构成一个跨导放大器，而 V_{14}～V_{18}、R_{13}～R_{16} 构成一个跨阻放大器，这两个放大器连接起来也构成一个 Cherry-Hooper 放大器。但与 AM1 不同的是，该放大器的跨阻放大级中增加了两个 MOS 管 V_{17} 和 V_{18}，它们分别与 R_{13} 和 R_{14} 并联，起到 AGC 作用。V_{17} 和 V_{18} 的等效电阻与跨阻并联改变了跨阻大小，即改变了并联负反馈的大小。

3) AM3 电路

AM3 电路是主放大器的第三级放大器(Amplifier_3)，其电路结构如图 6-28 所示。图中，“input1”和“input2”表示连接主放大器的第二级放大器(AM2)的差分输出的两个输入端口；“output1”和“output2”表示本级放大器的两个差分输出端口；“G”表示恒流源的基准电压的输入端口，可以为本级放大器提供静态直流电压；V_{19}～V_{21}、R_{17} 和 R_{18} 构成一个跨导放大器，而 V_{22}～V_{24}、R_{19}～R_{22} 构成一个跨阻放大器，这两个放大器连接起来构成一个 Cherry-Hooper 放大器。V_{25}～V_{27}、R_{23} 和 R_{24} 构成一个输出放大级，其输出信号送入 TH-UWB 射频解调器。

6.6.4　参数选取与设计优化

本小节从静态工作点选取、静态功耗限定、带宽与增益调整以及 AGC 参数调整等几个方面对 TH-UWB 主放大器的参数选取与设计优化进行研究与分析。

1. 静态工作点的选取

从图 6-26～图 6-28 可以看出，放大器的电路采用三层电路结构。由于本设计采用 1.8 V 的直流电源供电，为了确保放大管工作在饱和区，又要为横流管提供一定的电流，因此在电路初步参数设定时，为放大管、横流管和负载平均分配 1.8 V 直流电压。基于上述考虑，G 端口的电位一般设定为 0.6～0.7 V 之间，input1 和 input2 端口的电位设定为 1.2 V 左右，每级的电阻负载两端的电压设定为 0.6 V 左右。

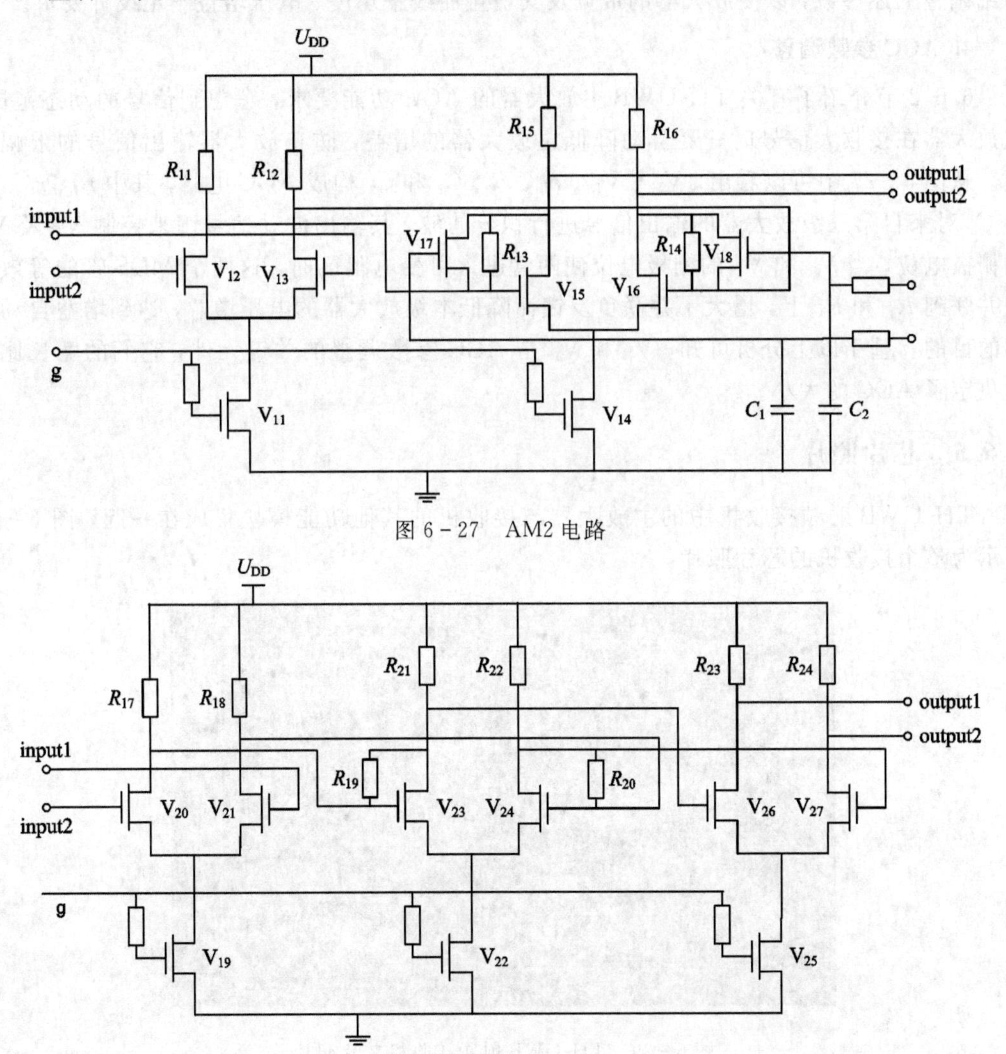

图 6-27　AM2 电路

图 6-28　AM3 电路

2. 静态功耗的限定

由于电源电压是固定的，即1.8 V，因此整个电路的总静态功耗由总的静态电流来决定。在保证电路其他指标的前提下，理想的设计是尽可能降低电路的功耗。由于本电路采用镜像恒流源供电，因此每一级电路的静态电路都由每一级的横流管上的电流决定，降低恒流源的电流事实上就相应地降低了电路的静态功耗。静态功耗的限定与放大器的增益直接相关，只有在保证一定的增益的条件下才能降低恒流源的电流。

3. 带宽、平坦度及增益调整

从6.6.3节的研究与分析可知，采用Cherry-Hooper放大器可以提高带宽增益积，但是在实际设计中，放大管的分布电容和负载对带宽增益积有非常大的影响。放大管的宽长比和负载电阻大小以及下一级放大管的输入端分布电容是决定放大器的设计是否成功的关键因素，因此在保证一定的静态工作点和一定的恒流源电流条件下，必须根据交流仿真来仔细调整上述参数，以使放大器的带宽及其增益曲线平坦度、电压增益满足设计要求。

4. AGC参数调整

6.6.2节介绍了有关TH-UWB主放大器的AGC功能要求，考虑到信号的动态范围，主放大器在接收大信号时，要自动降低主放大器的增益，防止放大器输出信号的限幅失真。从图6-27中可以看出，V_{17}、V_{18}、r_{f1}、r_{f2}、C_1和C_2构成AGC电路，其中r_{f1}、r_{f2}、C_1和C_2对来自第三级放大器的输出信号进行积分滤波，其输出波动信号用来控制V_{17}及V_{18}的栅极电位，当V_{17}和V_{18}的栅极电位使两管进入可变电阻区时，这两个MOS管的等效电阻并联到R_{13}和R_{14}上，增大了并联负反馈而降低本级放大器的电压增益，达到增益自动控制的目的。基于以上分析可知，V_{17}和V_{18}是AGC参数调整的关键元件，它们的宽长比设计决定了AGC的大小。

6.6.5 芯片照片

TH-UWB射频接收机中的主放大器与接收机的其他功能模块集成在一起，图6-29所示为整个接收机的芯片照片。

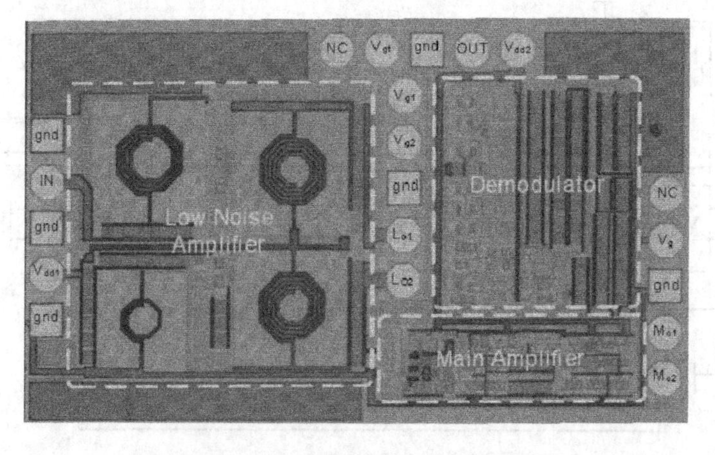

图6-29 TH-UWB射频接收机芯片照片

6.6.6 测试

1. 测试方法

(1) 连同LNA一起测量(键合后测量);

(2) 从LNA输出端口加测试信号(在芯片测量)。

采用在芯片测量方式,测试系统连接框图如图6-30所示。断开LNA电源,从LNA的输出端口L01和L02接入测试信号,从主放大器(MA)的输出端口接输出信号到网络分析仪,由Agilent直流电源向MA提供直流电源。

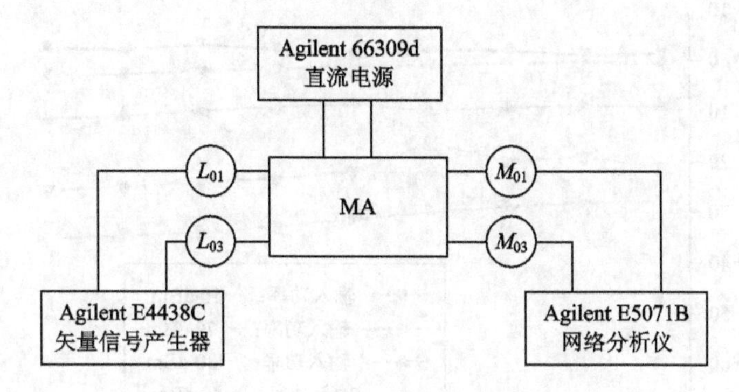

图6-30 主放大器测试连接框图

2. 测试结果

按照图6-30所示的测试框图,采用瞬态测量,其测试结果由表6.6给出。从表6.6中可以看出,当输入信号的功率电平为-50 dBm时,在3~5 GHz频段内测得主放大器的最大功率增益为18.5 dB,最小功率增益为14.7 dB;当输入信号的功率电平为-40 dBm时,在3~5 GHz频段内测得主放大器的最大功率增益为22 dB,最小功率增益为14.3 dB;当输入信号的功率电平为-30 dBm时,在3~5 GHz频段内测得主放大器的最大功率增益为21.5 dB,最小功率增益为18.4 dB;当输入信号的功率电平为-20 dBm时,在3~5 GHz频段内测得主放大器的最大功率增益为19 dB,最小功率增益为17 dB;当输入信号的功率电平为-10 dBm时,在3~5 GHz频段内测得主放大器的最大功率增益为10.5 dB,最小功率增益为6.9 dB。从弱电平信号输入(-50 dBm)到强电平信号输入(-10 dBm),主放大器由于AGC作用,其最大和最小功率增益均变化了11.5 dB。

表6.6 TH-UWB主放大器在芯片测试结果

频率/GHz	1	1.5	2	2.5	3	3.5	4	4.5	5
输入/dBm	-50	-50	-50	-50	-50	-50	-50	-50	-50
输出/dBm	-28	-28	-29	-30	-31.5	-32.7	-34	-34.6	-35.3
输入/dBm	-40	-40	-40	-40	-40	-40	-40	-40	-40
输出/dBm	-21	-19	-20	-16	-22	-23.3	-24.1	-25	-25.7
输入/dBm	-30	-30	-30	-30	-30	-30	-30	-30	-30
输出/dBm	-9	-9	-9.2	-10	-8.5	-9.2	-10.1	-11	-11.6

续表

频率/GHz	1	1.5	2	2.5	3	3.5	4	4.5	5
输入/dBm	−20	−20	−20	−20	−20	−20	−20	−20	−20
输出/dBm	−0.5	−0.3	−0.5	−1.1	−1	−1.7	−2	−2.8	−3
输入/dBm	−10	−10	−10	−10	−10	−10	−10	−10	−10
输出/dBm	+1.3	+1	+2.1	+2.1	+0.5	−2.3	−3.1	−2	−2.5

根据表6.6画出5根功率增益特性曲线，如图6-31所示。

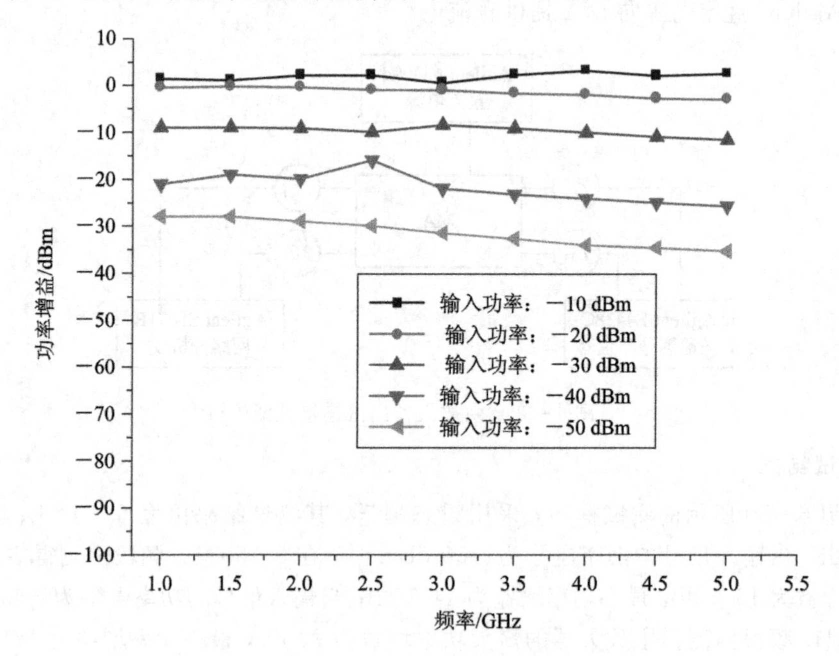

图6-31 主放大器的增益特性测试曲线

6.7 本章小结

CMOS射频放大器是RFIC的重要组成部分。它涉及较多的技术指标，且实现难度大，其主要技术指标有增益、频率和带宽、输出功率、输入/输出反射系数、噪声系数及线性度等。

射频放大器的稳定性是研究重点。如果一个射频放大器无法达到稳定，则整个射频系统将会崩溃。放大器不稳定的主要原因是放大器的输入阻抗中含有负的实部，即出现了负阻。射频放大器的稳定性分为绝对稳定、条件稳定和不稳定几种。

本章给出绝对稳定应该具备的四个条件，并通过临界稳定圆来判别放大器是否工作在稳定区域。条件稳定是指通过恰当的设计也可以使放大器稳定工作。基于最大增益的CMOS放大器的设计包括单向放大器设计和双向放大器设计；固定增益条件下的CMOS射频放大器设计也包括单向放大器设计和双向放大器设计。单向放大器的设计相对简单些，但双向放大器的设计需要同时利用输入和输出匹配网络进行阻抗匹配。

本章的另一个内容是宽带放大器设计，有几种关于宽带放大器的设计方法，包括电阻匹配、网络补偿、平衡放大器等。

本章还分别介绍了如何扩展放大器带宽的方法，如零点扩展带宽法。

射频放大器的非线性性能会影响到系统的动态范围，本章针对非线性做了详细分析，并引出多个非线性技术参量，包括增益压缩、谐波失真、交调失真、大信号阻塞、互调失真、三阶截点和无杂散动态范围等。

本章最后以 TH-UWB 射频接收机中的主放大器作为例子进行具体而详细介绍，并提供了实际芯片照片和测试结果曲线。

习　题

6.1　晶体管在 700 MHz 的 S 参数为：$S_{11}=0.66\angle-80°$，$S_{12}=0.022\angle45°$，$S_{21}=6.13\angle105°$，$S_{22}=0.65\angle-35°$，试判断其稳定性，并说明如何加负载可以使晶体管无条件稳定。

6.2　(1) 证明：当晶体管的信号源和负载的阻抗都等于参考阻抗 Z_0（通常为 50 Ω）时，转换功率增益由 $G_T=|S_{11}|^2$ 给出。

(2) 当信号源和负载的阻抗都等于阻抗 Z_0 时，求 G_P 和 G_A 的表达式。

6.3　在 Γ_s 平面上画出史密斯阻抗圆图与输入临界稳定圆示意图，并标出 $|S_{22}|<1$ 时 Γ_s 平面的稳定区域。

6.4　在 Γ_L 平面上画出史密斯阻抗圆图与输出临界稳定圆示意图，并标出 $|S_{11}|<1$ 时 Γ_L 平面的稳定区域。

6.5　简述三阶截点和 1 dB 压缩点的关系。

6.6　简述跨导跨阻放大器扩展带宽的基本原理。

6.7　画出负反馈放大器的原理框图，并分析其扩展带宽的原理。

6.8　画出米勒效应的等效电路，并推导输入/输出端等效电容表示式。

6.9　基于最大功率增益原则设计题图 6-1 所示的放大器，已知晶体管在 600 MHz 时的 S 参数为($Z_0=50\Omega$)

$$S_{11}=0.75\angle-120°,\ S_{12}=0.02\angle-60°,\ S_{21}=3.75\angle75°,\ S_{22}=0.72\angle-41°$$

(1) 分析放大器的稳定性并求出放大器的最大增益；

(2) 若采用 L 型匹配网络，试计算匹配网络的元件参数。

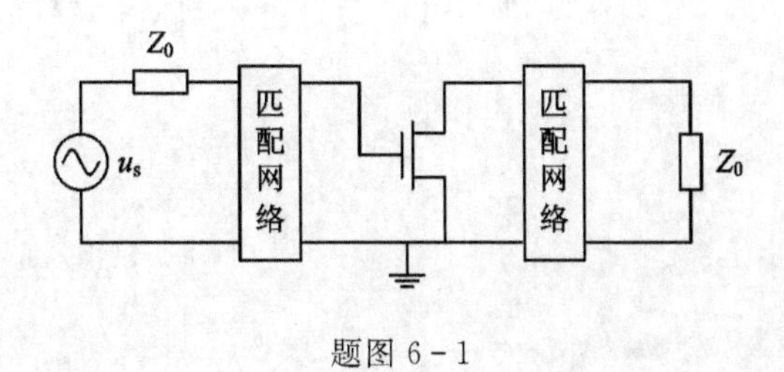

题图 6-1

参考文献

[1] Devendra K Misra. 射频与微波通信电路：分析与设计[M]. 张肇仪，徐承和，祝西里，等译. 北京：电子工业出版社，2005.

[2] 池保勇，余志平，石秉学. CMOS射频集成电路分析与设计[M]. 北京：清华大学出版社，2007.

[3] 李智群，王志功. 射频集成电路与系统[M]. 北京：科学出版社，2008.

[4] 段吉海. TH-UWB通信射频集成电路研究与设计[D]. 南京：东南大学射光所，2010.

[5] Thomas H Lee. MOS射频集成电路设计[M]. 余志平，周润德，主译. 北京：电子工业出版社，2006.

[6] 段吉海，王志功，李智群. 跳时超宽带(TH-UWB)通信集成电路设计[M]. 北京：科学出版社，2012.

[7] Reinhold Ludwig，Gene Bogdanov. 射频电路设计：理论与应用[M]. 王子宇，王心悦，主译. 北京：电子工业出版社，2014.

[8] Batra A，et al. Multi-band OFDM physical layer proposal for IEEE 802.15 task group 3a. IEEE P802.15-03/268r3，2004.

[9] Shi B，Chia YW. Ultra-wideband SiGe low-noise amplifier. ELECTRONICS LETTERS 13th，2006，42(8).

[10] Aiello G R，Rogerson G D. Ultra-wideband wireless systems. IEEE Microw. Mag.，2003，4(2)：36-37.

[11] Garuda Chetty，Cui Xian and Lin Po-Chin. A 3-5GHz fully differential CMOS LNA with dual-gain mode for wireless UWB applications [C]. CIRCUIT and Systems，48th Midwest Symposium，2005，1：790-793.

[12] SIMC公司设计文档：0.18μm Mixed Signal 1P6M Salicide 1.8V/3.3V RF Spice Models.

第 7 章　CMOS 射频混频器

7.1 概　述

混频器起频率变换的作用，如一个超外差接收机混频器的任务就是将射频信号转换成中频信号。在电路分析基础课程中，我们学习了线性时不变系统，而本章将利用线性时变系统分析方法来研究 CMOS 射频混频过程。

7.2 混 频 原 理

7.2.1 线性时变原理

1. 非线性器件分析

非线性器件的伏安特性为

$$i=f(u) \tag{7.2.1}$$

令

$$u=U_Q+u_1+u_2 \tag{7.2.2}$$

其中，U_Q 表示静态工作点，u_1 和 u_2 表示两个输入电压。在 U_Q 上进行泰勒级数展开，可得

$$i=a_0+a_1(u_1+u_2)+a_2(u_1+u_2)^2+\cdots+a_n(u_1+u_2)^n+\cdots \tag{7.2.3}$$

其中，

$$a_n=\frac{1}{n!}\frac{\mathrm{d}^n f(u)}{\mathrm{d}u^n}\bigg|_{u=U_Q}=\frac{f^{(n)}(U_Q)}{n!} \tag{7.2.4}$$

式(7.2.3)可以改写为

$$i=\sum_{n=0}^{\infty}\sum_{m=0}^{\infty}\frac{n!}{m!n!}a_n u_1^{n-m}u_2^m \tag{7.2.5}$$

式(7.2.5)的电流有用项为两个电压的乘积项 $2a_2u_1u_2$，对应于 $m=1$，$n=2$ 的展开式。但同时也出现了众多 $m\neq1$，$n\neq2$ 的无用高阶乘积项。可见，非线性器件的相乘特性是不理想的，为了提高线性特性，需要设法减少无用乘积项。

设 $u_1=U_{1m}\cos(\omega_1 t)$ 和 $u_2=U_{2m}\cos(\omega_2 t)$，代入电流表达式并进行三角函数变换，电流包含以下众多组合频率分量：

$$\omega_{p,q}=|p\omega_1\pm q\omega_2|$$

其中，p、q 为包括零在内的正整数。$p=q=1$ 对应有用相乘项产生的频率分量：

$$\omega_{p,q}=|\omega_1\pm\omega_2|$$

通常采取以下三个措施来减少无用高阶相乘项以及它们所产生的组合频率分量，实现较为理想的相乘运算：

第一、在器件的特性方面，考虑选择具有平方律特性的场效应管，并选择合适的静态工作点使该器件的工作处于接近平方律状态。

第二、在电路结构方面，采用多个非线性器件组成平衡电路，目的是为了抵消一些无用组合频率分量，还可以采用补偿或负反馈技术实现较为理想的相乘运算。

第三、在输入电压大小方面，减小 u_1 或 u_2，目的是为了减少高阶相乘项以及它们产生的组合频率分量幅度。设 u_1 为本振信号，u_2 为输入信号，则限制 u_2 幅度大小，使该器件工作在线性时变状态就能得到较好的频谱搬移特性。

2. 线性时变原理

将非线性器件的伏安特性 $i=f(U_Q+u_1+u_2)$ 在 (U_Q+u_1) 上进行泰勒级数展开，得到数学表达式如下：

$$i=f(U_Q+u_1+u_2)=f(U_Q+u_1)+f'(U_Q+u_1)^2u_2+\cdots+\frac{1}{n!}f^{(n)}(U_Q+u_1)^nu_2^n+\cdots \tag{7.2.6}$$

若 u_2 足够小，可以忽略 u_2 的二次方及其以上各次方项，则式(7.2.6)可简化为

$$i\approx f(V_Q+u_1)+f'(U_Q+u_1)u_2 \tag{7.2.7}$$

式中，$f(U_Q+u_1)$ 和 $f'(U_Q+u_1)$ 与 u_2 无关，它们都是 u_1 的非线性函数，且随时间而变化，称为时变系数或时变参量。i 可以表示为

$$i\approx I_0(u_1)+g(u_1)u_2 \tag{7.2.8}$$

其中，$I_0(u_1)$ 称为时变静态电流；$g(u_1)$ 称为时变增量电导。

i 与 u_2 之间的关系是线性的，但它们的系数是时变的，我们将这种器件的工作状态称为线性时变状态。

当 $u_1=U_{1m}\cos(\omega_1 t)$ 时，$g(u_1)$ 将是角频率为 ω_1 的周期性函数，它的傅里叶级数展开式为

$$g(u_1)=g[U_{1m}\cos(\omega_1 t)]=g_0+g_1\cos(2\omega_1 t)+\cdots \tag{7.2.9}$$

$$g_0=\frac{1}{2\pi}\int_{-\pi}^{\pi}g(u_1)\mathrm{d}(\omega_1 t) \tag{7.2.10}$$

$$g_1=\frac{1}{\pi}\int_{-\pi}^{\pi}g(u_1)\cos(n\,\omega_1 t)\mathrm{d}(\omega_1 t),\quad n\geqslant 1 \tag{7.2.11}$$

将 $g(u_1)$ 与 $u_2=V_{2m}\cos(\omega_2 t)$ 相乘，产生的组合频率分量为 $|p\omega_1\pm\omega_2|$。其中有用的频率分量为 $|\omega_1\pm\omega_2|$，很明显，它消除了 $q=0$ 和 $q>1$ 的多个频率分量。这些分量经过频谱搬移电路后，使得无用分量和有用分量之间的频率间隔变大，因而容易用滤波器滤除无用分量，取出有用分量。

7.2.2 上、下变频

在介绍上、下变频原理之前，首先介绍一些信号的傅里叶变换。

实信号的傅里叶变换：正负频率分量同时存在且互为共轭，即

$$x(t)\leftrightarrow X(\omega)=\int_{-\infty}^{\infty}x(t)\mathrm{e}^{-\mathrm{j}\omega t}\mathrm{d}t \tag{7.2.12}$$

$$X(\omega)=X^*(-\omega) \tag{7.2.13}$$

正弦和余弦函数的傅里叶变换关系式为

$$\cos(\omega_c t)\leftrightarrow\pi[\delta(\omega-\omega_c)+\delta(\omega+\omega_c)] \tag{7.2.14}$$

$$\sin(\omega_c t)\leftrightarrow j\pi[\delta(\omega+\omega_c)-\delta(\omega-\omega_c)] \tag{7.2.15}$$

复数信号可能只存在单边频率分量。复数信号的傅里叶变换关系式为

$$e^{-j\omega t}\leftrightarrow 2\pi\delta(\omega+\omega_c) \tag{7.2.16}$$

$$e^{j\omega t}\leftrightarrow 2\pi\delta(\omega-\omega_c) \tag{7.2.17}$$

其中，

$$e^{-j\omega t}=\cos(\omega_c t)-j\sin(\omega_c t) \tag{7.2.18}$$

$$e^{j\omega t}=\cos(\omega_c t)+j\sin(\omega_c t) \tag{7.2.19}$$

将式(7.2.14)、式(7.2.15)以及式(7.2.18)和式(7.2.19)用频谱表示，如图7-1所示。

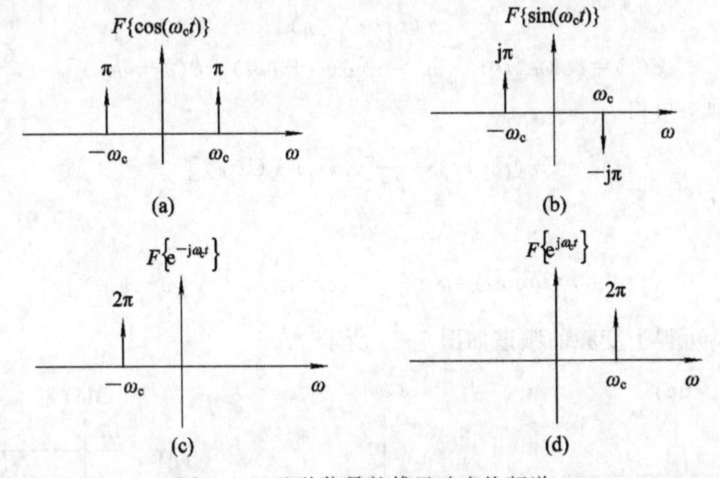

图7-1　几种信号的傅里叶变换频谱

混频器是一个三端口器件，如图7-2所示，它包含两个射频信号的输入端(射频输入及本振端)和一个中频输出端。

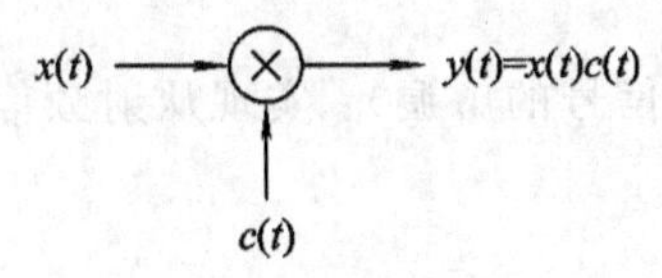

图7-2　混频器模型

设

$$x(t)\leftrightarrow X(\omega) \tag{7.2.20}$$

$$y(t)\leftrightarrow Y(\omega) \tag{7.2.21}$$

则根据卷积定理，可得

$$x(t)y(t)\leftrightarrow\frac{1}{2\pi}[X(\omega)*Y(\omega)] \tag{7.2.22}$$

于是有

$$x(t)\cos(\omega_c t)\leftrightarrow\frac{1}{2}[X(\omega+\omega_c)+X(\omega-\omega_c)] \tag{7.2.23}$$

$$x(t)\sin(\omega_c t)\leftrightarrow\frac{j}{2}[X(\omega+\omega_c)-X(\omega-\omega_c)] \tag{7.2.24}$$

$$x(t)e^{j\omega_c t} \leftrightarrow X(\omega-\omega_c) \tag{7.2.25}$$

$$x(t)e^{-j\omega_c t} \leftrightarrow X(\omega+\omega_c) \tag{7.2.26}$$

1. 上变频

上变频(正弦载波幅度调制)：实现从基带信号到射频信号的变换。上变频的模型如图7-3所示。

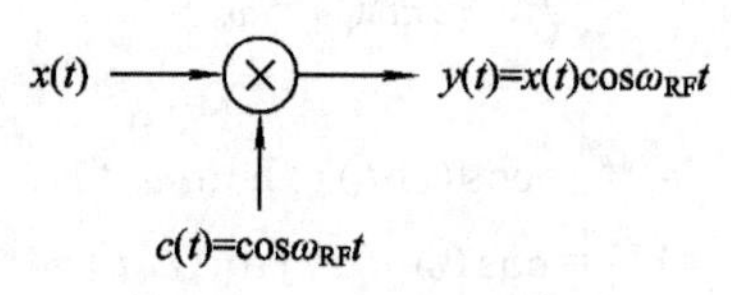

图7-3 上变频的模型

设

$$x(t) \leftrightarrow X(\omega) \tag{7.2.27}$$

$$c(t)=\cos\omega_{RF}t \leftrightarrow C(\omega)=\pi[\delta(\omega+\omega_{RF})+\delta(\omega-\omega_{RF})] \tag{7.2.28}$$

则根据卷积定理，可得

$$x(t)c(t) \leftrightarrow \frac{1}{2\pi}[X(\omega) * C(\omega)] \tag{7.2.29}$$

于是有

$$y(t)=x(t)\cos\omega_{RF}t \leftrightarrow \frac{1}{2}[X(\omega+\omega_{RF})+X(\omega-\omega_{RF})] \tag{7.2.30}$$

根据上述知识，可得上变频的频谱如图7-4所示。

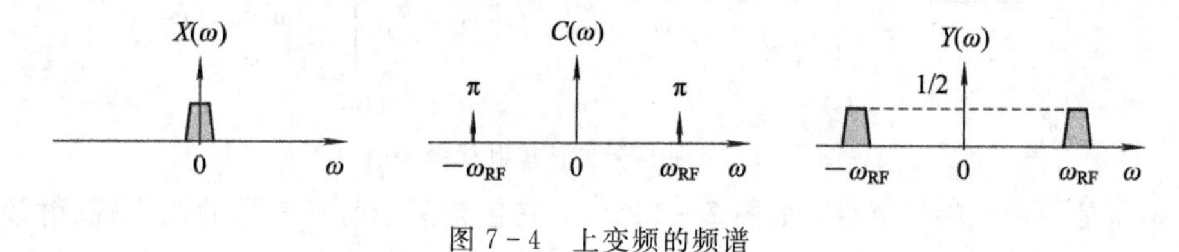

图7-4 上变频的频谱

2. 下变频

下变频(正弦载波幅度调制信号的解调)：实现从射频信号到中频或基带信号的变换。下变频的模型如图7-5所示。

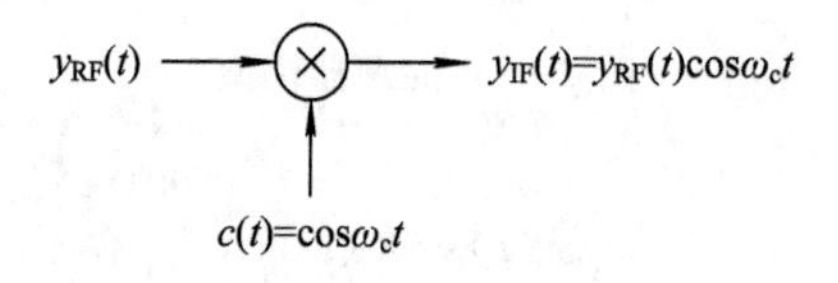

图7-5 下变频的模型

根据上述知识，同样可得下变频的频谱如图7-6所示。

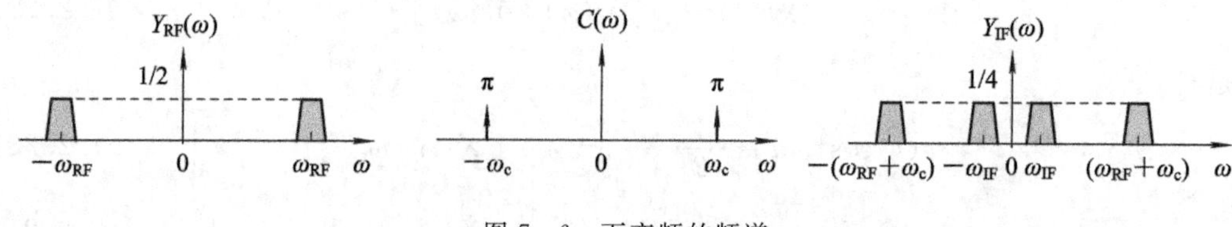

图7-6 下变频的频谱

7.2.3 镜像频率

假设混频器的输入信号中包含有射频信号和干扰信号的复合信号 $y_{RF+IMG}(t)$，则对应的频谱为 $Y_{RF+IMG}(\omega)$。设本振信号 $c(t)$ 为余弦信号，则混频器的输出信号为 $y_{IF+IMG}(t)$，其对应的频谱为 $Y_{IF+IMG}(\omega)$，此时的下变频的模型如图7-7所示。

设

$$y_{RF+IMG}(t) \leftrightarrow Y_{RF+IMG}(\omega) \tag{7.2.31}$$

$$c(t)=\cos\omega_c t \leftrightarrow C(\omega)=\pi[\delta(\omega+\omega_c)+\delta(\omega-\omega_c)] \tag{7.2.32}$$

则根据卷积定理，可得

$$y_{RF+IMG}(t)c(t) \leftrightarrow \frac{1}{2\pi}[Y_{RF+IMG}(\omega) * C(\omega)] \tag{7.2.33}$$

于是有

$$y_{IF+IMG}(t)=y_{RF+IMG}(t)\cos\omega_c t \leftrightarrow \frac{1}{2}[Y_{RF+IMG}(\omega+\omega_c)+Y_{RF+IMG}(\omega-\omega_c)] \tag{7.2.34}$$

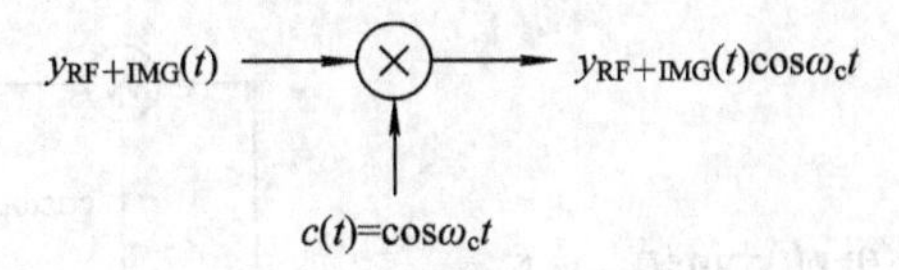

图7-7 复数信号时的下变频的模型

混频器的输入信号频谱 $Y_{RF+IMG}(\omega)$ 如图7-8(a)所示，干扰信号的中心频率为 $(\omega_c-\omega_{IF})$ 和 $(-\omega_c+\omega_{IF})$。$C(\omega)$ 本振信号的频谱如图7-8(b)所示；图7-8(a)的频谱被搬移到 ω_c 处的频谱如图7-8(c)所示，被搬移到 $-\omega_c$ 处的频谱如图7-8(d)所示。将图7-8(c)和图7-8(d)的频谱叠加后得到混频器输出信号频谱 $Y_{IF+IMG}(\omega)$，如图7-8(e)所示。

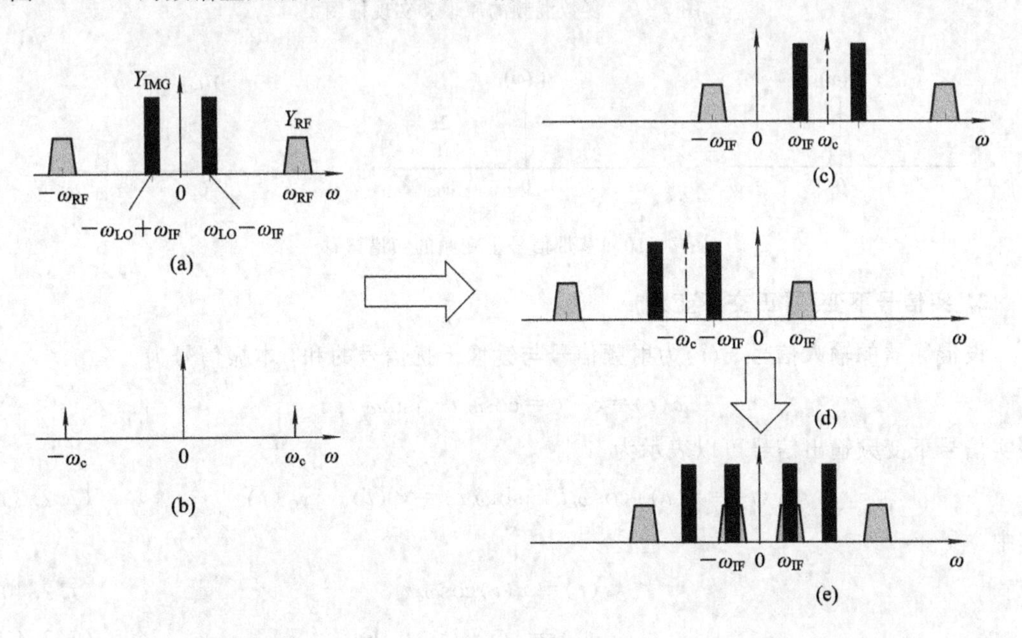

图7-8 镜像频率干扰

7.2.4 复数混频

载波为复指数载波的混频称为复数混频。

1. 基带信号上变频

复数混频器的原理框图如图7-9所示。设

$$x(t) \leftrightarrow X(\omega) \tag{7.2.35}$$

$$c(t)=\mathrm{e}^{\mathrm{j}\omega_{\mathrm{RF}}t}=\cos\omega_{\mathrm{RF}}t+\mathrm{j}\sin\omega_{\mathrm{RF}}t \leftrightarrow C(\omega)=2\pi\delta(\omega-\omega_{\mathrm{RF}}) \tag{7.2.36}$$

则根据卷积定理，可得

$$y(t)=x(t)c(t) \leftrightarrow Y(\omega)=\frac{1}{2\pi}[X(\omega)*C(\omega)] \tag{7.2.37}$$

于是有

$$y(t)=x(t)(\cos\omega_{\mathrm{RF}}t+\mathrm{j}\sin\omega_{\mathrm{RF}}t) \leftrightarrow Y(\omega)=X(\omega-\omega_{\mathrm{RF}}) \tag{7.2.38}$$

根据上述知识，可得上变频的频谱如图7-10所示。

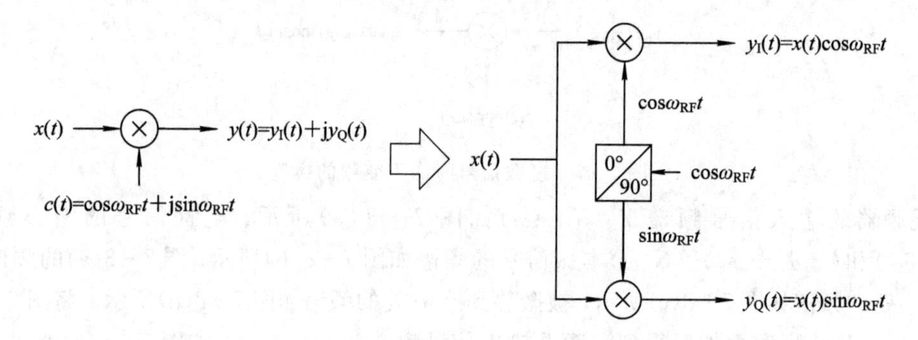

图7-9 复数混频的原理和实现框图

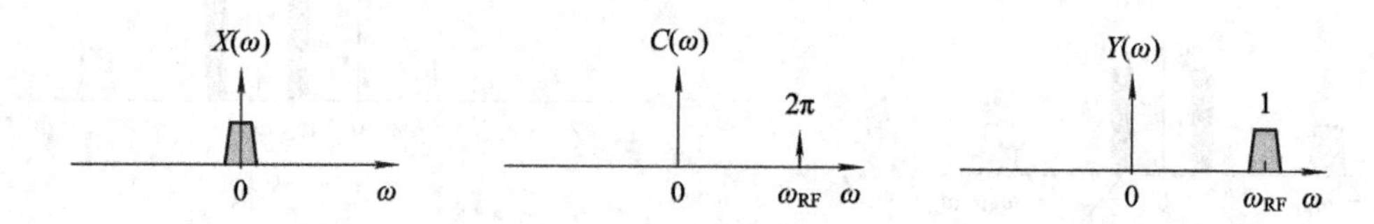

图7-10 基带信号上变频的频谱搬移

2. 实信号下变频(正交下变频)

设混频器的输入信号 $x(t)$ 为射频信号与镜像干扰信号的和，本振信号为

$$c(t)=\mathrm{e}^{-\mathrm{j}\omega_c t}=\cos\omega_c t-\mathrm{j}\sin\omega_c t$$

则实信号下变频输出信号可以表示为

$$y(t)=x(t)(\cos\omega_c t+\mathrm{j}\sin\omega_c t)=y_{\mathrm{I}}(t)+\mathrm{j}y_{\mathrm{Q}}(t) \tag{7.2.39}$$

其中，

$$y_{\mathrm{I}}(t)=x(t)\cos\omega_c t \tag{7.2.40}$$

$$y_{\mathrm{Q}}(t)=x(t)\sin\omega_c t \tag{7.2.41}$$

实信号下变频的模型如图7-11所示。

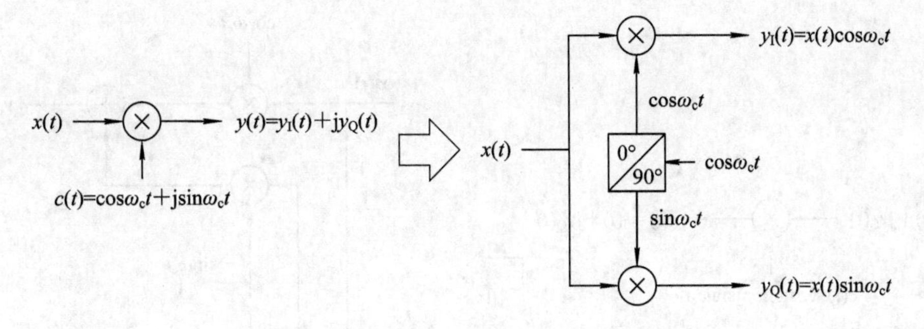

图7-11　实数信号下变频的原理与实现框图

输入信号的频谱 $X(\omega)$ 如图 7-12(a)所示，本振信号的频谱如图 7-12(b)所示，下变频输出信号的频谱如图 7-12(c)所示。

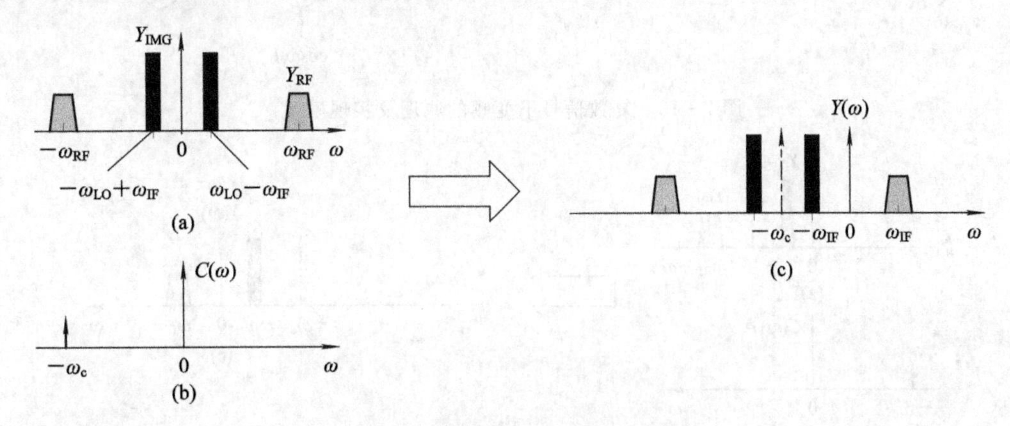

图7-12　实数信号下变频的频谱搬移

3. 复信号下变频

设混频器的输入信号 $x(t)$ 为射频信号与镜像干扰信号的和，本振信号为

$$c(t)=e^{-j\omega_c t}=\cos\omega_c t-j\sin\omega_c t$$

则复信号下变频输出信号可以表示为

$$\begin{aligned}y(t)&=x(t)e^{-j\omega_c t}=[x_I(t)+jx_Q(t)](\cos\omega_c t-j\sin\omega_c t)\\&=[x_I(t)\cos\omega_c t+x_Q(t)\sin\omega_c t]+j[x_Q(t)\cos\omega_c t-x_I(t)\sin\omega_c t]\\&=y_I(t)+jy_Q(t)\end{aligned}\tag{7.2.42}$$

其中，

$$y_I(t)=x_I(t)\cos\omega_c t+x_Q(t)\sin\omega_c t\tag{7.2.43}$$

$$y_Q(t)=x_Q(t)\cos\omega_c t-x_I(t)\sin\omega_c t\tag{7.2.44}$$

复信号下变频的模型如图 7-13 所示。

输入信号的频谱 $X(\omega)$ 如图 7-14(a)所示，本振信号的频谱如图 7-14(b)所示，下变频输出信号的频谱如图 7-14(c)所示。

由图 7-14 可知，对于复数形式的本振信号，其输出信号的频谱在中频没有受到镜像干扰信号的影响，即去除了镜像干扰。但由图 7-14 也能看出，混频器的电路结构变得比较复杂了。

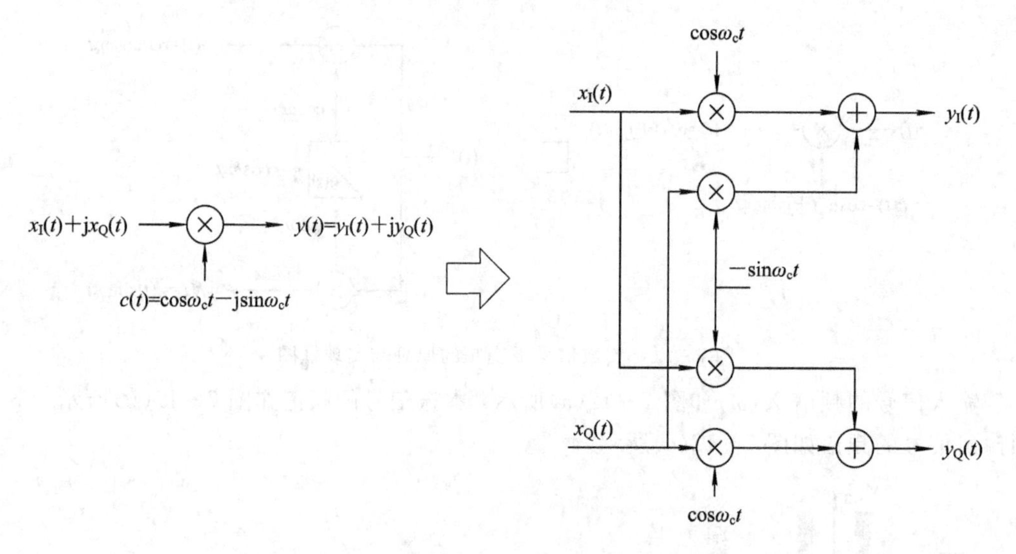

图 7-13　复数信号下变频的原理及实现模型

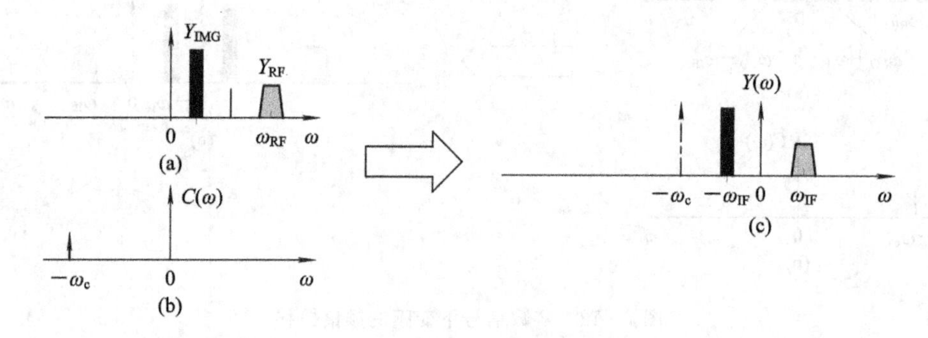

图 7-14　复数信号下变频的频谱搬移

7.3　混频器指标

1. 变频增益或损耗

混频器的一个重要特性是有一定的变频增益或损耗。变频增益(conversion gain)或损耗定义为输出信号与输入信号的比。

有源混频器有一定的变频增益；无源混频器有一定的损耗(loss)。让混频器具有适当的增益有助于抑制后续电路的噪声。

2. 噪声系数

噪声系数定义为输入信噪比与输出信噪比的比值。由于混频器仍然处在系统的前端，因而其噪声系数对系统噪声有较大的影响。混频器的噪声系数往往比低噪声放大器的噪声系数大，这是因为有用射频信号以外的噪声也可能混合到了中频信号中。

3. 线性度

在现代高性能的通信系统中，动态范围要求是非常严格的，常常超过 80 dB 甚至接近 100 dB。动态范围的下限是由噪声系数决定的，它提供了有关能被处理的最小有用信号，而上限是由大信号输入引起的严重非线性来确定的，即由线性度决定。

与放大器一样，1 dB 压缩点是这个动态范围上限的一个度量，并且以相同的方式定义。从理想的角度看，我们希望 IF 输出正比于 RF 输入信号的幅值。然而实际中的混频器有某些限制，如果超出了这些限制，输出与输入之间就会有一种"亚线性"关系。这个关系可以用 1 dB 压缩点和三阶截点加以描述。

两个正弦信号的三阶截点(intercept)也常用来表示混频器的线性度特性。一个正弦信号的互调是估计混频器性能的方法之一，这是因为它能够模仿实际情况，即一个期望信号和一个干扰信号同时加到混频器的输入口。理想情况下的两个叠加的 RF 信号进入混频器后可以各自进行频率变换而互不影响，而在实际中总是产生一些互调现象。混频器的输出可能包含三阶 IM 分量经过频率变换后的分量，即 $2\omega_{RF1}\pm\omega_{RF2}$ 及 $2\omega_{RF2}\pm\omega_{RF1}$。其中的差频项可以被外差混频成为在 IF 通带内的分量，因此它一般是引起线性度问题的分量，而和频信号则可以通过滤波器滤掉。

衡量混频器线性度的指标有 1 dB 压缩点(输入 1 dB 压缩点 IP1dB，输出 1 dB 压缩点 OP1dB)和三阶截点(输入三阶截点 IIP_3，输出三阶截点 OIP_3)。关于 1 dB 压缩点和三阶截点的概念，在第 6 章中已有详细的介绍。

4. 隔离度

具有实际意义的另一个参数就是隔离度。端口隔离与电路设计、结构、器件和信号电平有关，一般要大于 20 dB。造成隔离度变差的原因如下：

(1) 本振端口到中频端口存在馈通：本振信号会泄漏到中频端口，尽管可以通过滤波的方式抑制中频端口的本振信号，但如果本振的功率太大仍有可能对微弱的中频信号形成阻塞，同时本振的噪声也将提高整体噪声系数。

(2) 本振端口到射频端口存在馈通：本振信号会泄漏到射频端口，可能造成本振泄漏、自混频、灵敏度降低等问题。

(3) 射频端口到本振端口存在馈通：射频信号会泄漏到本振端口，这会引起自混频现象，同时强干扰信号会影响本振的工作。

7.4　CMOS 混频器结构

7.4.1　饱和区 MOSFET 混频器

由单个 MOSFET 构成的混频器如图 7-15 所示。

沟道 MOS 管工作在饱和区时，MOS 管的电流电压接近平方律关系。令

$$u_{RF}=U_{RF}\cos(\omega_{RF}t),\quad u_c=U_c\cos(\omega_c t) \tag{7.4.1}$$

MOS 管 V_1 的栅源电压为

$$u_{GS}=u_{RF}+u_c+U_{bias}=U_{RF}\cos(\omega_{RF}t)+U_c\cos(\omega_c t)+U_{bias} \tag{7.4.2}$$

则 MOS 管 V_1 的漏极电流为

$$\begin{aligned}i_D&=\frac{\mu C_{ox}W}{2L}(u_{GS}-U_{TH})^2\\&=\frac{\mu C_{ox}W}{2L}[U_{bias}+U_{RF}\cos(\omega_{RF}t)+U_c\cos(\omega_c t)-U_{TH}]^2\end{aligned} \tag{7.4.3}$$

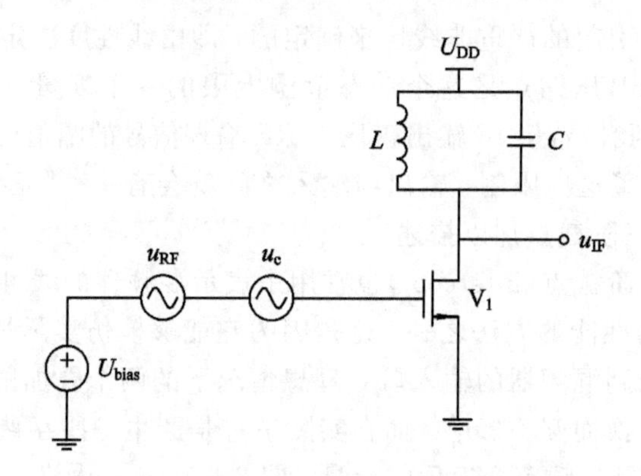

图 7-15 由单个 MOSFET 构成的混频器

其中有用的混频项仅有一项，表示为

$$\frac{\mu C_{ox}W}{2L}[2U_{RF}U_c\cos(\omega_{RF}t)\cos(\omega_c t)]=\frac{\mu C_{ox}W}{2L}U_{RF}U_c[\cos(\omega_{RF}+\omega_c)t+\cos(\omega_{RF}-\omega_c)t] \tag{7.4.4}$$

所以该混频器的效率不高。

混频器的转换增益(这里是跨导)表示为

$$g_c=\frac{\mu C_{ox}W}{2L}U_c \tag{7.4.5}$$

这一平方律电路的跨导 g_c 与偏置无关，但与本振的幅度以及温度(考虑到迁移率的变化)有关。

漏极电流中有射频和本振信号，即射频和本振信号都直接出现在中频，因此，射频端口到中频端口和本振端口到中频端口的隔离都很差。

7.4.2 简单开关混频器

1. 理想开关混频器

前面已经介绍过，本振信号为大信号。当本振信号为理想方波信号时，混频器把本振信号作为开关，其具体工作原理如下：令 $u_{RF}(t)=A\cos(\omega_{RF}t)$，$u_c(t)$为方波信号，即 $u_c(t)=\text{sgn}(u_c)$，则输出电压可以表示为

$$u_{out}(t)=u_{RF}(t)\text{sgn}(u_c)=A\cos(\omega_{RF}t)\text{sgn}(u_c) \tag{7.4.6}$$

由 $u_{out}(t)$的表达式可知，上式对 $u_{RF}(t)$来说是线性时变的，对 $u_c(t)$来说是非线性时变的。符号函数的傅里叶展开式为

$$\text{sgn}(u_c)=\frac{4}{\pi}\left[\sin(\omega_c t)-\frac{1}{3}\sin(3\omega_c t)+\frac{1}{5}\sin(5\omega_c t)-\cdots\right] \tag{7.4.7}$$

$$\begin{aligned}u_{out}=\frac{2A}{\pi}\Big[&\sin(\omega_{RF}+\omega_c)t-\sin(\omega_{RF}-\omega_c)t\\&+\frac{1}{3}\sin(\omega_{RF}+3\omega_c)t-\frac{1}{3}\sin(\omega_{RF}-3\omega_c)t\\&+\frac{1}{5}\sin(\omega_{RF}+5\omega_c)t-\frac{1}{5}\sin(\omega_{RF}-5\omega_c)t+\cdots\Big]\end{aligned} \tag{7.4.8}$$

若这个开关是理想的，那么混频器虽然引入了损耗，但它本身不产生噪声，因此具有

理想的线性度和端口间隔离度，没有直流功耗。

2. 二极管环形混频器

二极管环形混频器是一个典型的开关式混频器，如图7-16所示。

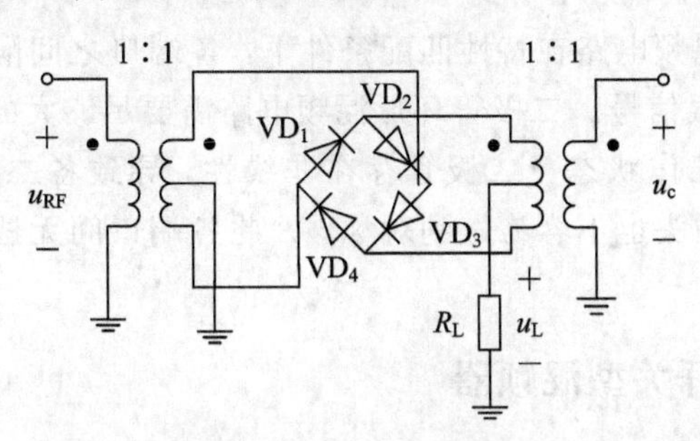

图7-16 二极管环形混频器

设 $u_{RF}=U_{RF}\cos(\omega_{RF}t)$，$u_c=U_c\cos(\omega_c t)$，本振信号 $u_c(t)$ 幅度 U_c 足够大，使二极管 $VD_1\sim VD_4$ 工作于开关状态，并有

$$U_c\gg U_{RF}$$

在 $u_c(t)$ 的正半周：VD_2、VD_3 导通，VD_1、VD_4 截止；在 $u_c(t)$ 的负半周：VD_2、VD_3 截止，VD_1、VD_4 导通。

当 $u_c(t)$ 为正半周时，有

$$\begin{cases}u_c=i_2R_D+u_{RF}+(i_2-i_3)R_L\\u_c=(i_3-i_2)R_L-u_{RF}+i_3R_D\end{cases}\tag{7.4.9}$$

$$i_2-i_3=-\frac{2u_{RF}}{R_D+2R_L}K(\omega_c t)\tag{7.4.10}$$

其中，$K(\omega_c t)$ 为单向开关函数，即

$$K(\omega_c t)=\begin{cases}1 & -\dfrac{\pi}{2}\leqslant\omega_c t+2n\pi<\dfrac{\pi}{2}\\0 & \dfrac{\pi}{2}\leqslant\omega_c t+2n\pi\leqslant\dfrac{3\pi}{2}\end{cases}\tag{7.4.11}$$

式中，n 为整数。

当 $u_c(t)$ 为负半周时，有

$$i_1-i_4=-\frac{2u_{RF}}{R_D+2R_L}K_1(\omega_c t-\pi)\tag{7.4.12}$$

流过负载电阻 R_L 的总电流 i_L 为

$$i_L=(i_1-i_4)-(i_2-i_3)=-\frac{2u_{RF}}{R_D+2R_L}[K(\omega_c t-\pi)-K(\omega_c t)]\tag{7.4.13}$$

整理后得

$$i_L=\frac{2u_{RF}}{R_D+2R_L}[K(\omega_c t)-K(\omega_c t-\pi)]=\frac{2u_{RF}}{R_D+2R_L}K'(\omega_c t)\tag{7.4.14}$$

$$K'(\omega_c t)=\frac{4}{\pi}\cos\omega_c t-\frac{4}{3\pi}\cos 3\omega_c t+\cdots\tag{7.4.15}$$

$K'(\omega_c t)$ 称为双向开关函数，它也可以表示为

$$K'(\omega_c t)=\begin{cases}1 & -\frac{\pi}{2}\leqslant\omega_c t+2n\pi<\frac{\pi}{2}\\ -1 & \frac{\pi}{2}\leqslant\omega_c t+2n\pi\leqslant\frac{3\pi}{2}\end{cases} \tag{7.4.16}$$

结论：二极管环形混频电路在特性匹配条件下，各端口之间隔离良好，原因在于总电流中没有出现射频和本振信号。二极管环形混频电路需要足够大的本振信号克服二极管的非线性，使之接近开关工作状态。二极管存在非线性，导致各二极管特性的匹配比较困难，而且变压器的中心抽头也不容易做到对称，因此各端口间无法做到理想隔离，即存在着信号馈通现象。

7.4.3 MOS管电压开关型混频器

1. 单MOS管电压开关混频器

由理想方波作为本振信号来开关单个MOS管可以实现混频，即构成单MOS管电压开关混频器，如图7-17所示。

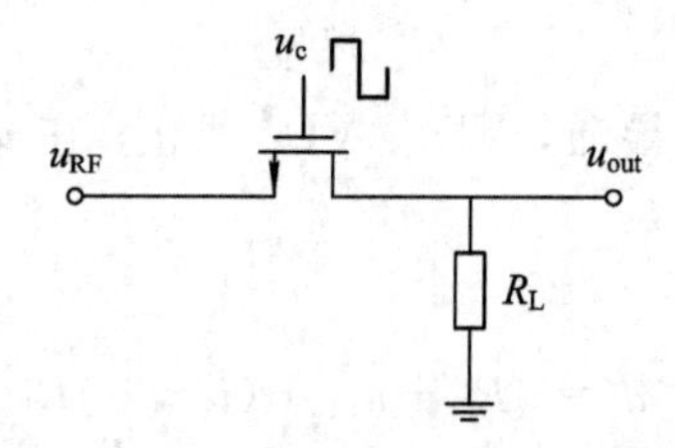

图7-17 单MOS管电压开关混频器

若MOS管开关是理想的，令射频信号为$u_{RF}=U_{RF}\cos(\omega_{RF}t)$，本振信号为$u_c=U_c\cos(\omega_c t)$，则输出电压可以表示为

$$\begin{aligned}u_{out}&=u_{RF}\frac{1+\text{sgn}(u_c)}{2}=U_{RF}\cos\omega_{RF}t\cdot\left[\frac{1}{2}+\frac{2}{\pi}\left(\sin\omega_c t-\frac{1}{3}\sin 3\omega_c t+\cdots\right)\right]\\&=\frac{U_{RF}}{2}\cos\omega_{RF}t+\frac{U_{RF}}{\pi}\left[\sin(\omega_c+\omega_{RF})t+\sin(\omega_c-\omega_{RF})t\right.\\&\quad\left.-\frac{1}{3}\sin(3\omega_c+\omega_{RF})t-\frac{1}{3}\sin(3\omega_c-\omega_{RF})t+\cdots\right]\end{aligned} \tag{7.4.17}$$

转换增益为

$$G_c=\frac{1}{\pi} \tag{7.4.18}$$

结论：

(1) 输出信号u_{out}中存在u_{RF}的成分，即存在射频(RF)端口到中频(IF)端口的馈通，导致RF端与IF端之间的隔离不好。

(2) 上述分析中的开关是理想开关，因此u_{out}的表达式没有出现本振(LO)成分，而实际情况下的MOS开关是非理想的，当本振信号加在MOS管的栅极时，其源极和漏极都会出现本振信号，从而导致本振信号可能同时耦合到输入端和输出端。

2. 单平衡MOS管电压开关混频器

由两个单MOS管混频器可以构成单平衡MOS管电压开关混频器，如图7-18所示。

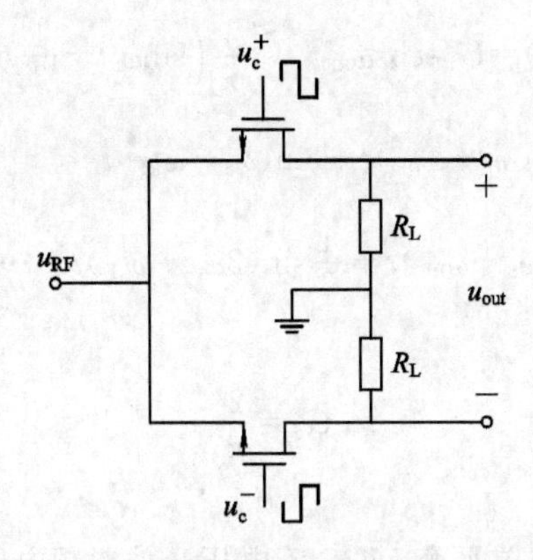

图 7-18 单平衡 MOS 管电压开关混频器

MOS 开关的栅极受差分本振信号的控制，输出电压可以表示为

$$\begin{aligned}u_{out}&=u_{RF}\operatorname{sgn}(u_c)\\&=U_{RF}\cos\omega_{RF}t\cdot\left[\frac{4}{\pi}\left(\sin\omega_c t-\frac{1}{3}\sin 3\omega_c t+\cdots\right)\right]\\&=\frac{2}{\pi}U_{RF}\left[\sin(\omega_c+\omega_{RF})t+\sin(\omega_c-\omega_{RF})t\right.\\&\qquad\left.-\frac{1}{3}\sin(3\omega_c+\omega_{RF})t-\frac{1}{3}\sin(3\omega_c-\omega_{RF})t+\cdots\right]\end{aligned}\tag{7.4.19}$$

转换增益为

$$G_c=\frac{2}{\pi}\tag{7.4.20}$$

结论：

(1) 与单个开关混频电路相比，单平衡开关混频电路的输出电压中不存在 RF 成分。

(2) LO 的差分特性改善了 LO 到 RF 的馈通状况。

(3) LO 到 IF 的馈通仍然存在。

3. 双平衡 MOS 管电压开关混频器

在单平衡 MOS 管电压开关混频器基础上可以构建一个双平衡 MOS 管电压开关混频器，如图 7-19 所示。

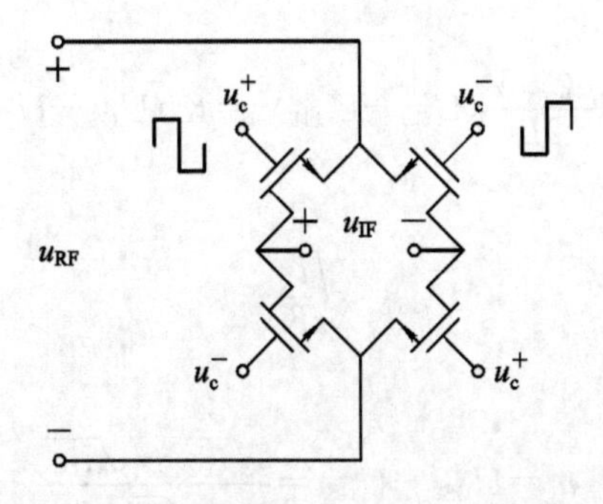

图 7-19 双平衡 MOS 管电压开关混频器

双平衡 MOS 管电压开关混频电路由四个 MOS 管开关组成，MOS 管开关的栅极受差分本振信号的控制。输出电压可以表示为

$$u_{IF}=u_{RF}\operatorname{sgn}(u_c)=U_{RF}\cos\omega_{RF}t\cdot\left[\frac{4}{\pi}\left(\sin\omega_c t-\frac{1}{3}\sin3\omega_c t+\cdots\right)\right]$$
$$=\frac{2}{\pi}U_{RF}[\sin(\omega_c+\omega_{RF})t+\sin(\omega_c-\omega_{RF})t$$
$$-\frac{1}{3}\sin(3\omega_c+\omega_{RF})t-\frac{1}{3}\sin(3\omega_c-\omega_{RF})t+\cdots] \tag{7.4.21}$$

转换增益为

$$G_c=\frac{2}{\pi} \tag{7.4.22}$$

结论：

(1) 输出电压的表达式与单平衡MOS管电压开关混频电路的完全相同。

(2) 优点是解决了单平衡MOS管电压开关混频电路存在的本振端口到中频端口的馈通问题。

注：前面论述的开关混频电路均是在电压域内执行乘法的。

7.4.4 电流开关型混频器

与电压开关型混频器不同，电流开关型混频器是先将射频电压信号转换为射频电流信号，然后用开关控制射频电流连接到输出端，在电流域内执行乘法。

电流开关型混频器的主要优点包括：

(1) 端接适当的负载，可以获得一定的增益。

(2) 对本振幅度的要求降低。

(3) 可获得更好的端口隔离性能。

(4) 更适于低电压工作。

电流开关型混频器的主要缺点包括：

(1) 电路需要一定的偏置电流，因而会产生直流功耗。

(2) 电路使用了电压-电流转换电路(跨导放大器)，因此线性度受到了限制。

1. 单平衡MOS管电流开关混频器

单平衡MOS管电流开关混频器如图7-20所示。假设MOS管处于饱和区并以平方律工作，于是有

$$I_D=\frac{\mu C_{ox}W}{2L}(U_{GS}-U_{TH})^2=K(U_{GS}-U_{TH})^2 \tag{7.4.23}$$

得

$$U_{GS}=\sqrt{\frac{I_D}{K}}+U_{TH} \tag{7.4.24}$$

因此

$$u_c=U_{GS2}-U_{GS3}=\frac{\sqrt{I_{D2}}-\sqrt{I_{D3}}}{\sqrt{K}} \tag{7.4.25}$$

$$\sqrt{K}u_c=\sqrt{I_{D2}}-\sqrt{I_{D3}} \tag{7.4.26}$$

因为 $I_{D1}=I_{D2}+I_{D3}$，对上式两边平方得

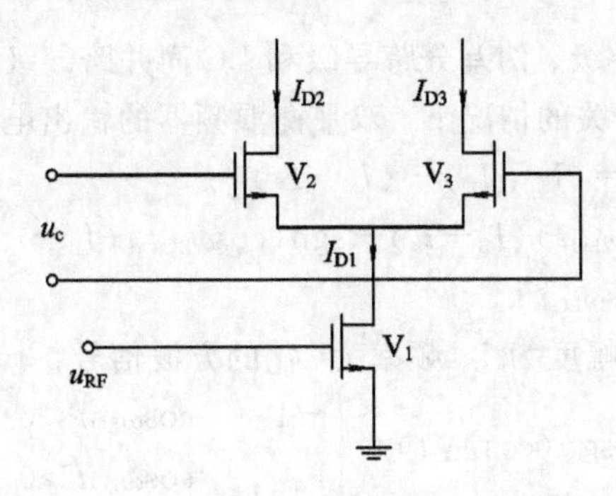

图 7-20　单平衡 MOS 管电流开关混频器

$$Ku_c^2=I_{D2}+I_{D3}-2\sqrt{I_{D2}I_{D3}}=I_{D1}-2\sqrt{I_{D2}I_{D3}} \tag{7.4.27}$$

或

$$4I_{D2}I_{D3}=(I_{D1}-Ku_c^2)^2 \tag{7.4.28}$$

定义

$$I_{out}=I_{D2}-I_{D3} \tag{7.4.29}$$

于是有

$$I_{out}^2=(I_{D2}-I_{D3})^2=(I_{D2}+I_{D3})^2-4I_{D2}I_{D3}=I_{D1}^2-(I_{D1}-Ku_c^2)^2 \tag{7.4.30}$$

$$i_{out}^2=\frac{I_{out}^2}{I_{D1}^2}=1-\left(1-\frac{Ku_c^2}{I_{D1}}\right)^2 \quad \Rightarrow \quad i_{out}=\sqrt{1-\left(1-\frac{Ku_c^2}{I_{D1}}\right)^2}\operatorname{sgn}(u_c) \tag{7.4.31}$$

下面研究式(7.4.31)：当 $u_c>0$ 时，有 $i_{out}>0$；当 $u_c<0$ 时，有 $i_{out}<0$，因此输出电流的正负特性由本振信号 u_c 的正负特性决定，也就是说本振信号 u_c 充当了电流开关的作用。

2. 双平衡 MOS 管电流开关混频器(Gilbert 混频器)

双平衡 MOS 管电流开关混频器如图 7-21 所示。

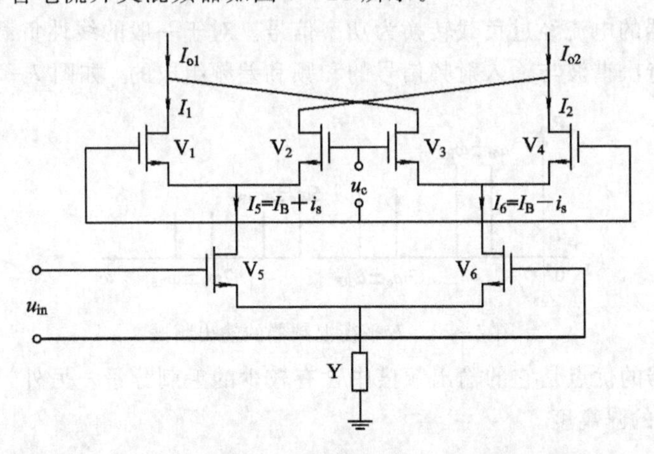

图 7-21　双平衡 MOS 管电流开关混频器

当两个输入信号都较弱时，该混频器可以完成模拟信号相乘的功能。图 7-21 中的本振信号一般都足够强，使得 $V_1\sim V_4$ 可近似看成理想开关对。开关对在本振信号控制下，将跨导级产生的电流周期性地由一边转换到另一边。差分对 V_5、V_6 和元件 Y 构成混频器的跨导级，将输入射频电压信号转换成电流，送入开关对的共源节点。

图 7-21 中，Y 可能是一个电流源，或者直接接地，或者为一个 LC 谐振电路。这些跨

导级分别被称为全差分跨导级、伪差分跨导级和 LC 简并跨导级。

在 $V_1 \sim V_4$ 构成理想开关的情况下，双平衡混频器的输出电流为

$$\begin{aligned} I_o &= I_{o1} - I_{o2} = (I_1 - I_2) - (I_3 - I_4) \\ &= \operatorname{sgn}(\cos\omega_{LO}t)(I_B + i_s) - \operatorname{sgn}(\cos\omega_{LO}t)(I_B - i_s) \\ &= 2\operatorname{sgn}[\cos\omega_{LO}t] i_s \end{aligned} \tag{7.4.32}$$

其中，$\operatorname{sgn}(\cos\omega_{LO}t)$是一个幅度为 1、频率为 ω_{LO}的方波信号：

$$\operatorname{sgn}(\cos\omega_{LO}t) = \begin{cases} -1 & \cos\omega_{LO}t < 0 \\ 1 & \cos\omega_{LO}t > 0 \end{cases} \tag{7.4.33}$$

将该方波信号进行傅里叶变换得

$$\operatorname{sgn}(\cos\omega_{LO}t) = \sum_{k=1}^{\infty} A_k \cos k\omega_{LO} t \tag{7.4.34}$$

其中，

$$A_k = \frac{\sin(k\pi/2)}{k\pi/4} \tag{7.4.35}$$

可见方波信号是由本振信号的各个奇次谐波组成的。

对于跨导级来说，其输出为

$$2i_s = g_m u_{RF} \cos\omega_{RF} t \tag{7.4.36}$$

则双平衡混频器的输出电流为

$$I_o = g_m u_{RF} \sum_{k=1}^{\infty} \frac{\sin(k\pi/2)}{k\pi/2} [\cos(k\omega_{LO} + \omega_{RF})t + \cos(k\omega_{LO} - \omega_{RF})t] \tag{7.4.37}$$

其转换增益为

$$G = g_m \cdot \frac{2}{\pi} \cdot R_L \tag{7.4.38}$$

双平衡混频器的电流经过负载转换为功率信号。对于一般的线性负载，双平衡混频器的输出是由各个奇次谐波与输入射频信号的和频和差频组成的，如图 7-22 所示。

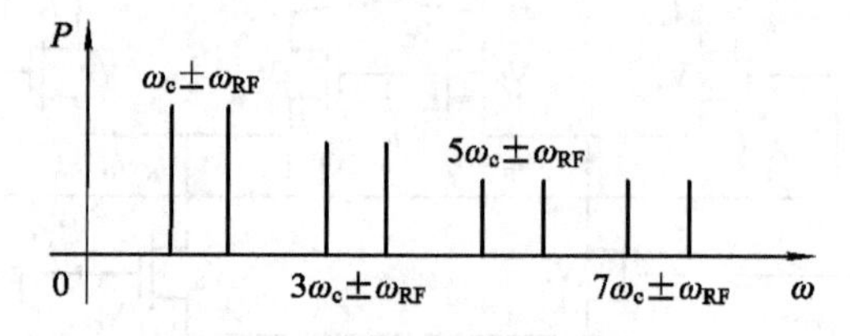

图 7-22　双平衡混频器的输出频谱

双平衡混频器的优点是它的输出频谱中含有较少的毛刺分量。另外，它还具有很高的 LO、RF、IF 之间的隔离度。

7.5　线性化技术与噪声分析

7.5.1　MOSFET 的非线性

对于电流开关型混频器，如果本振有足够的驱动能力以保证晶体管处于良好的开关状

态，那么非线性将由RF部分的跨导电路决定，混频器的线性化也就主要针对这部分电路。

长沟道MOSFET工作于饱和区时的漏极电流与栅极和源极之间的电压关系为平方律关系，可表示为

$$I_D=\frac{\mu C_{ox}W}{2L}(u_{GS}-U_{TH})^2=\frac{\mu C_{ox}W}{2L}(U_{GS}+u_{gs}-U_{TH})^2=\frac{\mu C_{ox}W}{2L}(U_{GS}-U_{TH})^2\left(1+\frac{u_{gs}}{U_{GS}-U_{TH}}\right)^2 \tag{7.5.1}$$

当$|u_{gs}|\ll U_{GS}-U_{TH}$时，$I_D$与$u_{gs}$近似为线性关系，即

$$I_D\approx\frac{\mu C_{ox}W}{2L}(U_{GS}-U_{TH})^2\left(1+\frac{2}{U_{GS}-U_{TH}}u_{gs}\right) \tag{7.5.2}$$

由于$U_{GS}-U_{TH}\gg U_T$，因此MOSFET的线性度比BJT要好很多，另外理想平方律工作的MOSFET几乎没有奇次非线性。但是随着特征尺寸的缩小，MOS器件的$I-U$特性已经与长沟道的情况产生了很大的偏离，如考虑纵向电场作用下的迁移率退化：

$$I_D=\frac{\mu C_{ox}W}{2L}\frac{(u_{GS}-U_{TH})^2}{1+\theta(u_{GS}-U_{TH})}\approx\frac{\mu C_{ox}W}{2L}[(u_{GS}-U_{TH})^2-\theta(u_{GS}-U_{TH})^3] \tag{7.5.3}$$

可以看出，此时电流表达式中明显出现了三次失真。

研究发现，单平衡结构中跨导级对线性度影响最大。由于射频信号都是从跨导管的栅极输入漏极输出，根据共源组态电路的知识[8]可得

$$\mathrm{IP}_3\propto U_{GS}-U_{TH} \tag{7.5.4}$$

$$U_{n,\,in}^2=\frac{4kT\gamma}{g_m}=\frac{4kT\gamma}{2I_D}(U_{GS}-U_{TH}) \tag{7.5.5}$$

由式(7.5.5)可知，混频器的三阶截点正比于跨导管的过驱动电压，而等效输入噪声却与跨导管的过驱动电压成反比。在单平衡混频器的设计中，过驱动电压的值需要在线性度和噪声系数间权衡。

除了跨导级的影响外，MOS管V_2和V_3的工作状态也影响着混频器的线性度，当V_2和V_3各自导通处于三极管区时，混频器的线性度会急剧下降，如图7-23所示。若开关级中的一个MOS管处于三极管区，而另一个处于饱和区，则处于饱和区的MOS管的源极电阻不变，而处于三极管区的MOS管的源极电阻会受到输出电压的影响，从而使得混频器的线性度下降。

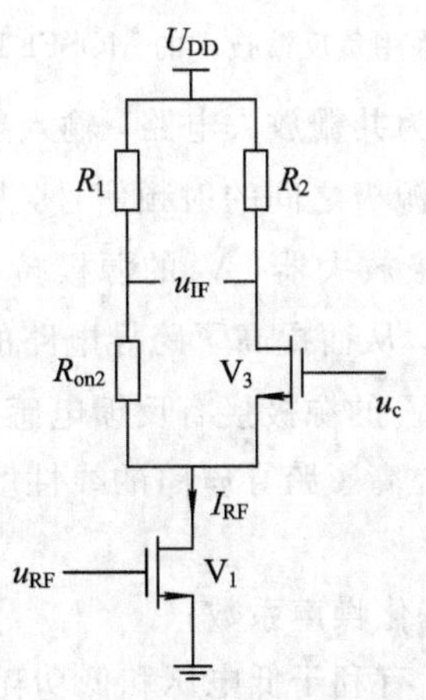

图7-23　开关管对线性度的影响

在双平衡的 Gilbert 混频器中，跨导电路是一个差分对，因此可以利用上面的单平衡混频器的推导结果讨论 MOSFET 差分对的非线性情况。

考虑 MOSFET 双平衡混频器，设偏置电流为 I_0，注意到

$$|x|\ \mathrm{sgn}(x)=x=u_{\mathrm{RF}}/U_{\mathrm{od}}$$

$$\begin{aligned}I_{\mathrm{out}}&=I_0\sqrt{1-(1-x^2/2)^2}\,\mathrm{sgn}(x)=I_0\,|x|\sqrt{1-\left(\frac{x}{2}\right)^2}\,\mathrm{sgn}(x)\\&\approx I_0\left(x-\frac{1}{4}x^3-\frac{1}{32}x^5-\cdots\right)=I_0x\left(1-\frac{1}{4}x^2-\frac{1}{32}x^4-\cdots\right)\end{aligned}\tag{7.5.6}$$

差分工作抵消了所有的偶次失真，但是输出电流中仍然有奇次项。

当$(x/2)^2\ll1$，即$|x|\ll2$，也即$|u_{\mathrm{RF}}|\ll2U_{\mathrm{od}}$时，$i_{\mathrm{out}}$与$u_{\mathrm{RF}}$近似为线性关系。

为了提高线性度，需要使x尽量小，即减小u_{RF}或增大U_{od}：

(1) 减小u_{RF}意味着减小增益；

(2) 增大U_{od}意味着增大功耗或减小增益。

7.5.2 线性化技术

1. 负反馈技术

提高跨导电路的线性度是设计混频器的一个重要挑战。图 7-24 给出了采用负反馈技术的 MOSFET 混频器电路图。

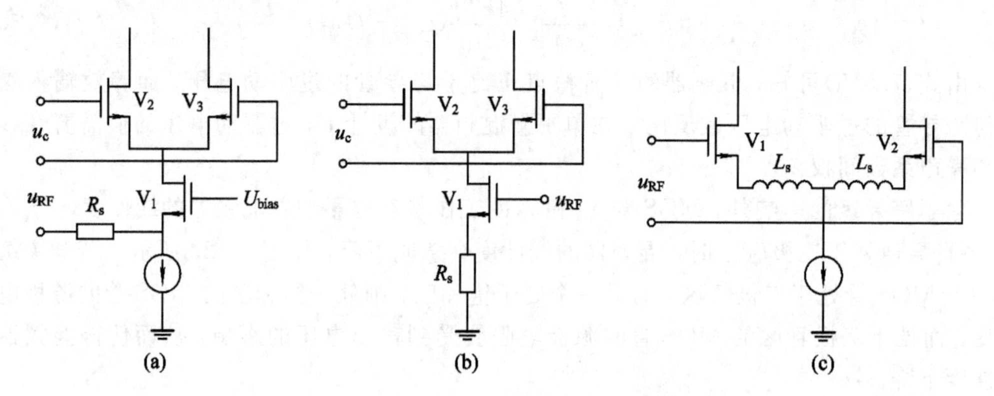

图 7-24 采用负反馈技术的 MOSFET 混频器电路

图 7-24(a)所示的跨导电路为共栅放大电路，输入射频信号通过电阻R_s接至V_1的源极，R_s的引入降低了V_1的栅极到源极之间的射频信号，从而提高了跨导电路的线性度。图 7-24(b)所示的跨导电路为共源极放大器，V_1的源极接有反馈电阻R_s，R_s的引入降低了V_1的栅极到源极之间的射频信号，从而提高了跨导电路的线性度。图 7-24(c)所示的跨导电路为共源极差分放大器，V_1和V_2的源极接有反馈电感L_s，L_s的引入降低了V_1和V_2的栅极到源极之间的射频信号，从而提高了跨导电路的线性度。电感负反馈比电阻负反馈具有更多的优点(但占用更大面积)：

(1) 电感没有热噪声，不会恶化噪声系数；

(2) 电感不存在直流电压降，有利于低电压和低功耗设计；

(3) 电感的电抗随频率增加，有助于抑制谐波和互调分量。

2. 分段线性化

任何系统在一个足够小的范围内都是线性的，因此分段线性近似利用了这一原理。分段线性化近似技术采用的电路使用3个差分对，分别在以U_B，0，$-U_B$为中心的一定输入电压范围上具有线性跨导，如图7-25所示。如果输入电压接近0，则中心的跨导级提供绝大多数电流，总跨导近似为一个常数；当输入电压增加到一定程度后，图左边的跨导级开始起主导作用，在以U_B为中心的一小段输入电压范围内，其跨导级的跨导近似为一个常数；同理，当输入电压增加到一定程度后，图右边的跨导级开始起主导作用，在以$-U_B$为中心的一小段输入电压范围内，其跨导级的跨导近似为一个常数。总的跨导等于各个支路跨导之和。通过合理的参数设置，可以使得其总跨导在很大的输入电压范围内保持为常数，从而提高整个电路的线性度。

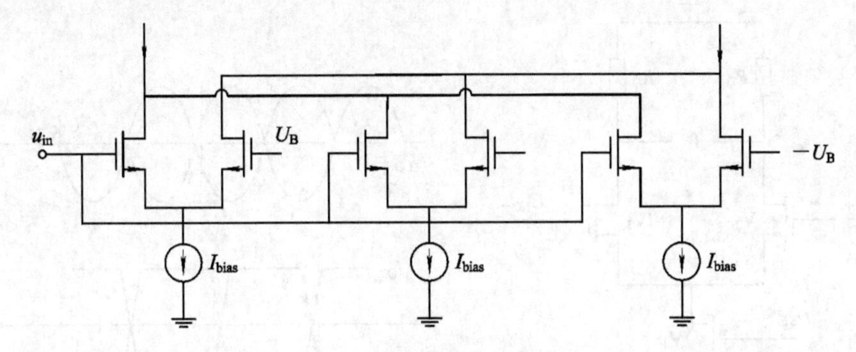

图7-25　分段线性化

7.5.3　混频器的噪声分析

根据有关噪声的计算方法可知，混频器的噪声需要先求解混频器的转换增益，其次将电路所有噪声等效为输出噪声，最后利用等效的输出噪声与转换增益求出输入噪声。

为了便于分析，令混频器的本振输入为理想方波。当输入处于正半周期时，电路状态如图7-26所示，跨导级晶体管V_1产生的噪声电流会随着射频信号流入开关级的差分对管V_2和V_3，最终中频信号中包含了噪声电流与理想方波混频后的成分。根据信号与系统中的卷积理论可知，噪声电流幅度降低了1/2。

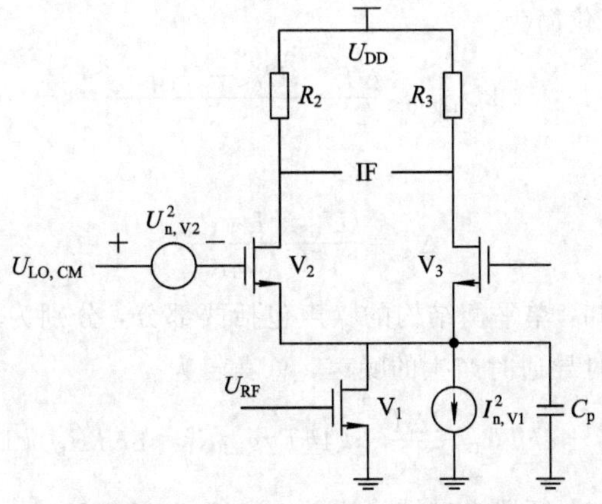

图7-26　V_2导通时的噪声模型

当忽略晶体管 V_2 产生的输出噪声电流，令 $R_2=R_3=R_D$，则中频输出噪声为

$$\overline{U_{n,\,out}^2}=4kT\gamma g_{m1}R_D^2+8kTR_D \tag{7.5.7}$$

由前文可知单平衡混频器的转换增益为

$$G_c=\frac{2}{\pi}g_{m1}R_D \tag{7.5.8}$$

由定义可得

$$\overline{U_{n,\,in}^2}=\pi^2kT\left(\frac{\gamma}{g_{m1}}+\frac{2}{g_{m1}^2R_D}\right) \tag{7.5.9}$$

但是上述分析是以本振为理想方波为前提进行的，而实际混频器的本振为正弦信号，如图 7-27 所示[8]。

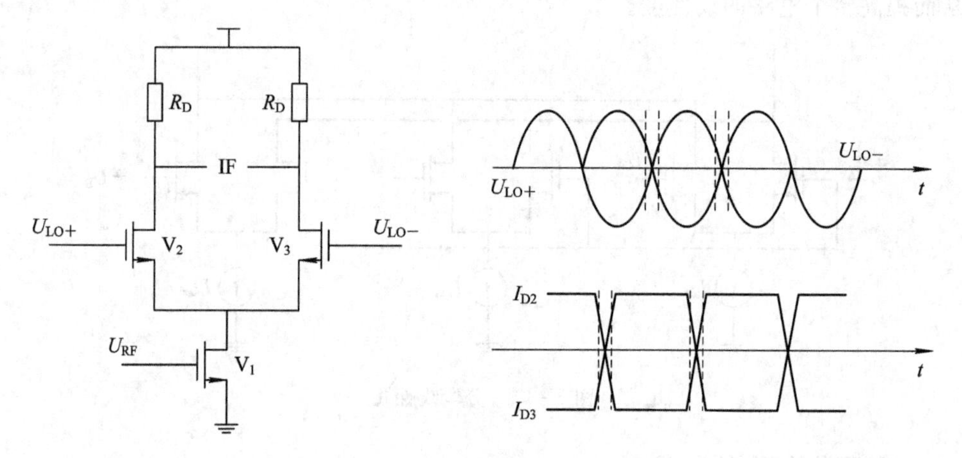

图 7-27　实际的本振信号与电流

在 ΔT 时间内，若 V_2 和 V_3 同时处于导通状态，则这段时间的混频器可以等效为一个差放，令差分对管完全对称，则噪声电压为

$$\overline{U_{n,\,out}^2}=2(4kT\gamma g_{m2}R_D^2+4kTR_D) \tag{7.5.10}$$

由图 7-27 可知 ΔT 与过驱动电压的关系为

$$2U_{LO}\cos\left(\omega_{LO}\frac{\Delta T}{2}\right)=\frac{(U_{GS}-U_{TH})_{eq}}{5} \tag{7.5.11}$$

令 $\omega_{LO}\Delta T/2\ll1$，上式可化简为

$$2U_{LO}\omega_{LO}\frac{\Delta T}{2}=\frac{(U_{GS}-U_{TH})_{eq}}{5} \tag{7.5.12}$$

由上式解得 ΔT 为

$$\Delta T=\frac{(U_{GS}-U_{TH})_{eq}}{5U_{LO}\omega_{LO}} \tag{7.5.13}$$

由上述推导分析可知，单平衡结构的噪声包括两部分，分别为单个晶体管导通时产生的噪声和两个晶体管同时导通时产生的噪声，总噪声为

$$\overline{U_{n,\,out}^2}=(8kT\gamma g_{m2}R_D^2+8kTR_D)\frac{2\Delta T}{T_{LO}}+(4kT\gamma g_{m1}R_D^2+8kTR_D)\left(1-\frac{2\Delta T}{T_{LO}}\right) \tag{7.5.14}$$

考虑晶体管同时导通时，混频器没有转换增益，式(7.5.8)修正为

$$G_c=\frac{2}{\pi}g_{m1}R_D\left(1-\frac{2\Delta T}{T_{LO}}\right) \tag{7.5.15}$$

最终单平衡混频器的输入噪声为

$$\overline{U_{n,in}^2}=\frac{(8kT\gamma g_{m2}R_D^2+8kTR_D)\frac{2\Delta T}{T_{LO}}+(4kT\gamma g_{m1}R_D^2+8kTR_D)\left(1-\frac{2\Delta T}{T_{LO}}\right)}{\frac{4}{\pi^2}g_{m1}^2R_D^2\left(1-\frac{2\Delta T}{T_{LO}}\right)^2} \tag{7.5.16}$$

具体可参考图 7-28。

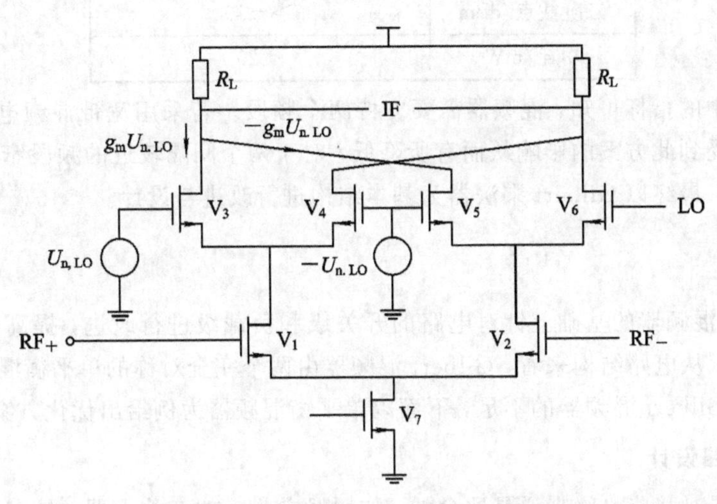

图 7-28　本振噪声对 Gilbert 混频器的影响

从上述推导的表达式中可知，若要提高噪声性能，可以减少晶体管的同时导通时间，增大本振信号的幅度以及降低晶体管的过驱动电压。

然而上述的分析只考虑了热噪声，并未考虑闪烁噪声的影响。V_1 的闪烁噪声通过开关级后被本振信号调制到较高频率，并未对输出产生影响。开关级的差分管在同时导通状态时会影响输出信号的纯净度。

与单平衡混频器类似，Gilbert 混频器的噪声也会受到上述因素的影响，通常情况下，电路参数相同的 Gilbert 混频器的噪声系数是单平衡混频器的 2 倍。但是在 Gilbert 混频器的设计中并不需要考虑提供本振信号的锁相环带来的影响。双平衡混频器的差分对称结构使得本振信号产生的噪声在输出端以电流的形式相互抵消。

7.6　下变频混频器设计实例

本节将介绍一种 CMOS 下变频器的设计实例。

7.6.1　设计指标

本设计的混频器需兼容 GPS 的 L1 和 L2 频段，Galileo 的 E1 和 E5b 频段，北斗的 B1 和 B2 频段。为了降低设计复杂度，将这些频点分为两个频段综合考虑。当混频器的射频输入频段在 1.57 GHz 或者 1.2 GHz 附近时，此时根据射频信号的带宽调整本振信号的频率来完成下变频。详细指标如表 7.1 所示。

表 7.1 下变频混频器的设计指标

射频频率/GHz	1.575 42/1.207 14
本振频率/GHz	1.571 328/1.217 37
中频频率/MHz	4.092/10.23
变频增益/dB	>10
噪声系数/dB	<10
三阶截点/dBm	>−10
功耗/mW	<20

从表 7.1 中的指标可知，混频器需要支持两个频段。若采用宽带混频电路，那么电路的其他指标会受到此方案的影响从而有所降低，对于两个间隔较近的频段窄带混频电路有着更好的表现。最终以 Gilbert 乘法器为基本结构进行改进与设计。

7.6.2 设计

在 Gilbert 混频器的基础上针对电路的开关级和负载级进行改进，提高电路的转换增益和噪声性能。从电路结构来看，Gilbert 混频器由两个完全对称的单平衡混频器组成，为了理解与改进 Gilbert 混频器的不足，下面以单平衡混频器为例给出优化方案。

1. 负载电路设计

信号的泄漏对某些电路来说是致命的，如射频前端、功率放大器、具有反馈环路的系统等。射频信号的泄漏会给前级电路造成干扰也会使后级电路饱和，从而降低系统的性能，甚至使系统丧失最基本的功能。在射频前端的每个模块设计中，必须考虑信号泄漏问题。本设计用低通 RC 网络替换 Gilbert 混频器的电阻负载，方案如图 7-29 所示。RC 网络具有滤除高频信号的作用，因此混频器输出端的高频奇次谐波分量以及混频中的毛刺均可得到滤除[10]。

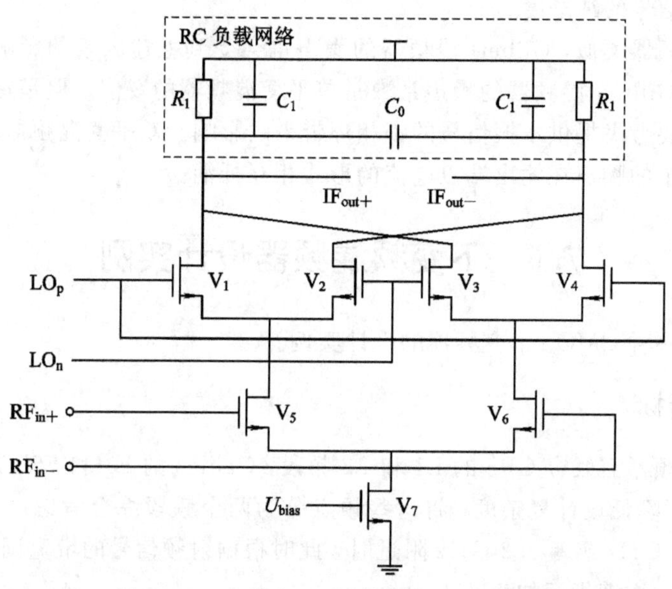

图 7-29 负载为 RC 网络的 Gilbert 混频器

中频输出端并联电容 C_0 可等效到 RC 网络中，如图 7-30 所示。

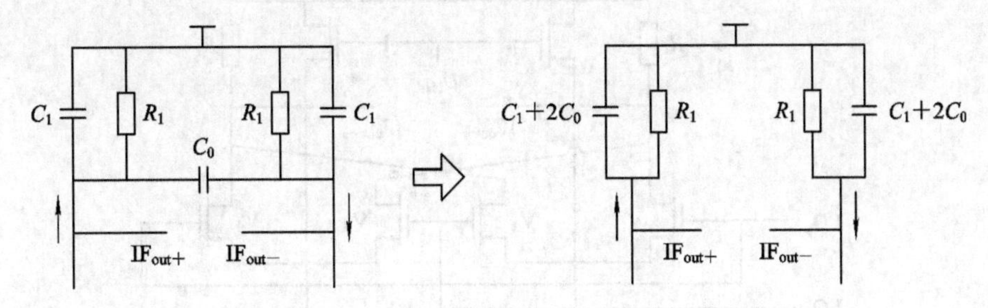

图 7-30　桥接电容的等效电路

由 Miler 定理可知

$$Z_0=\frac{1}{j\omega C_0} \tag{7.6.1}$$

$$Z_{eq}=\frac{1}{j2\omega C_0} \tag{7.6.2}$$

桥接电容 C_0 的引入使每个 RC 网络的电容增加了 $2C_0$，此时混频器的实际负载为

$$R_L=\frac{R}{1+j\omega R(C_1+2C_0)} \tag{7.6.3}$$

当中频输出为差分信号时，变频增益为

$$G_V=cg_mR_L \tag{7.6.4}$$

$$c\approx\frac{2}{\pi}\frac{\sin(\pi\cdot\Delta f_{LO})}{\pi\cdot\Delta f_{LO}} \tag{7.6.5}$$

其中，c 表示差分管的变频增益；Δf_{LO} 为差分管同时导通的翻转时间，对于幅度较大的本振，Δf_{LO} 较小。当本振幅值增大时，c 也随之增大，因此可在不改变总电流的前提下，适当减小差分管的电流来提高电路的变频增益。

联立式(7.6.3)和式(7.6.4)得

$$G_V=cg_m\frac{R}{1+j\omega R(C_1+2C_0)} \tag{7.6.6}$$

令高频奇次谐波频率为 ω_1，则

$$G'_V\approx cg_m\frac{R}{j\omega_1R(C_1+2C_0)}\ll cg_mR_L \tag{7.6.7}$$

由式(7.6.7)可知，RC 网络可以实现高次谐波的滤除。

2. 电流复用技术

为了改善有源混频器的噪声性能和线性度，可以在保持总电流不变的前提下，降低开关管的电流的同时额外注入电流，这种方法称为电流复用技术[8,9]，如图 7-31 所示。根据单平衡混频器的分析可知，当电路参数相同时，Gilbert 混频器的增益为单平衡混频器的两倍，令 $R_1=R_2=R_D$，可得变频增益为

$$G_c=\frac{4}{\pi}g_{m1}R_D\left(1-\frac{2\Delta T}{T_{LO}}\right)=\frac{4}{\pi}g_{m1}R_D\left[1-\frac{(U_{GS}-U_{TH})_{3,eq}}{5\pi V_{LO}}\right] \tag{7.6.8}$$

$$g_{m1}=\sqrt{2\mu_{on}C_{ox}(W/L)_1I} \tag{7.6.9}$$

$$(U_{GS}-U_{TH})_{3,eq}=\sqrt{\frac{2(1-\alpha)I}{\mu_{on}C_{ox}(W/L)_3}} \tag{7.6.10}$$

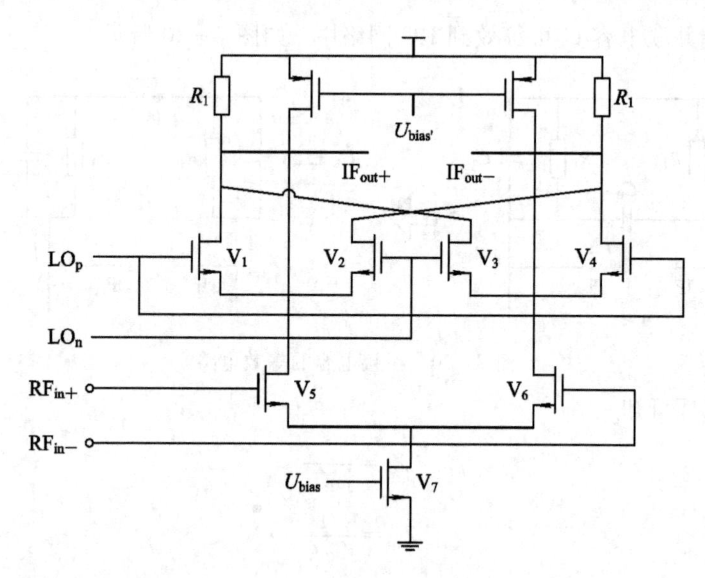

图 7-31 电流注入技术

式(7.6.10)中，I 为总电流，α 为注入电流与总电流的比值，将其代入式(7.6.8)，得

$$G_c=\frac{4}{\pi}R_D\sqrt{2\mu_{on}C_{ox}(W/L)_1 I}\left[1-\frac{1}{5\pi U_{LO}}\cdot\sqrt{\frac{2(1-\alpha)I}{\mu_{on}C_{ox}(W/L)_3}}\right] \tag{7.6.11}$$

式(7.6.11)表明：为了提高变频增益，可以降低开关管的电流，同时增加跨导管的电流。

仅考虑热噪声的影响时，V_1 和 V_2 引入的热噪声为

$$\overline{U_{n,out}^2}=8kT\gamma g_{m1}R_D^2\left[1-\frac{1}{5\pi U_{LO}}\cdot\sqrt{\frac{2(1-\alpha)I}{\mu_{on}C_{ox}(W/L)_3}}\right] \tag{7.6.12}$$

跨导级的等效输入噪声为

$$\overline{U_{n,in}^2}=\frac{\pi^2 kT\gamma}{2\sqrt{2\mu_{on}C_{ox}(W/L)_1 I}\left(1-\frac{1}{5\pi U_{LO}}\cdot\sqrt{\frac{2(1-\alpha)I}{\mu_{on}C_{ox}(W/L)_3}}\right]} \tag{7.6.13}$$

式(7.6.13)表明：在总电流不变的条件下，旁路电流的注入降低了两组差分管的电流，因此降低了翻转时间，从而弱化了开关级对噪声的影响。

V_3、V_4、V_5 以及 V_6 引入的热噪声可表示为

$$\overline{U_{n,out}^2}=16kT\gamma g_{m3}R_D^2\cdot\frac{(U_{GS}-U_{TH})_{3,eq}}{5\pi U_{LO}}=32kT\gamma R_D^2\frac{(1-\alpha)I}{5\pi U_{LO}} \tag{7.6.14}$$

则等效输入噪声为

$$\overline{U_{n,in}^2}=\frac{2\pi kT\gamma(1-\alpha)}{5U_{LO}\mu_{on}C_{ox}(W/L)_1\left[1-\frac{1}{5\pi U_{LO}}\cdot\sqrt{\frac{2(1-\alpha)I}{\mu_{on}C_{ox}(W/L)_3}}\right]^2} \tag{7.6.15}$$

式(7.6.15)表明：在总电流不变的条件下，旁路电流的注入降低了差分管的噪声，从而降低了混频器的噪声系数。但是随着旁路电流的不断增大，旁路电路也会引入相应的噪声[52]。

V_7 引入的噪声为

$$\overline{U_{\text{n, out}}^2}=8kT\gamma g_{\text{m7}}R_{\text{D}}^2\left[1-\frac{(U_{\text{GS}}-U_{\text{TH}})_{3,\text{ eq}}}{5\pi U_{\text{LO}}}\right] \tag{7.6.16}$$

旁路电路的等效输入噪声为

$$\overline{U_{\text{n, in}}^2}=\frac{\pi^2 g_{\text{m7}}kT\gamma}{2g_{\text{m1}}^2}=\frac{\pi^2 kT\gamma\sqrt{2\alpha\mu_{\text{op}}C_{\text{ox}}(W/L)_7}}{4\mu_{\text{on}}C_{\text{ox}}(W/L)\left[1-\frac{1}{5\pi U_{\text{LO}}}\cdot\sqrt{\frac{2(1-\alpha)I}{\mu_{\text{on}}C_{\text{ox}}(W/L)_3}}\right]}\cdot\frac{1}{\sqrt{I}} \tag{7.6.17}$$

式中，μ_{op}为空穴迁移率。由式(7.6.17)可知，随着α的增加，旁路电路所引入的噪声也随之增加。

负载级的噪声为

$$\overline{U_{\text{n, out}}^2}=8kTR_{\text{D}} \tag{7.6.18}$$

负载级的等效输入噪声为

$$\overline{U_{\text{n, in}}^2}=\frac{\pi^2 kT}{2\mu_{\text{on}}C_{\text{ox}}(W/L)_1 I\left[1-\frac{1}{5\pi U_{\text{LO}}}\cdot\sqrt{\frac{2(1-\alpha)I}{\mu_{\text{on}}C_{\text{ox}}(W/L)_3}}\right]^2 R_{\text{D}}} \tag{7.6.19}$$

由式(7.6.19)可知，在总电流不变的条件下，负载级的噪声随着α的增大而降低。综上分析，α存在一个最优值，通常通过软件仿真得到。

混频器的跨导级决定了线性度：

$$\text{IP}_3\propto(U_{\text{GS}}-U_{\text{TH}})_{1,\text{ eq}}\propto\sqrt{I} \tag{7.6.20}$$

根据上式可知，在总电流不变的条件下，旁路电流的注入降低了差分管的电流，从而提高了电路的线性度。

双平衡混频器的最终结构如图7-32所示，电路基于Gilbert混频器结构，采用RC负载网络以滤除高频谐波分量，利用电流注入技术提高了电路的线性度，同时降低了噪声系数。

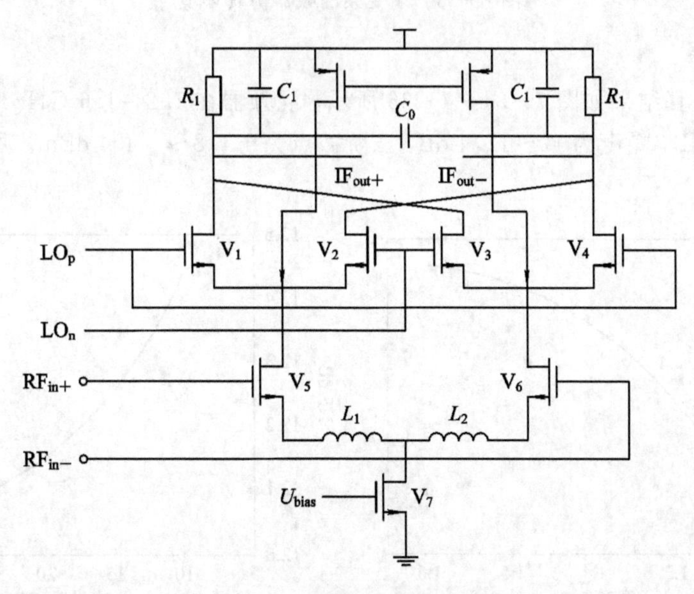

图7-32　下变频混频器的主体电路

7.6.3　仿真

1. 仿真环境

考虑到混频器具有三个差分输入/输出端口。为了便于仿真，射频端口和本振端口均使用单端转差分的巴伦处理，仿真环境如图7-33所示。

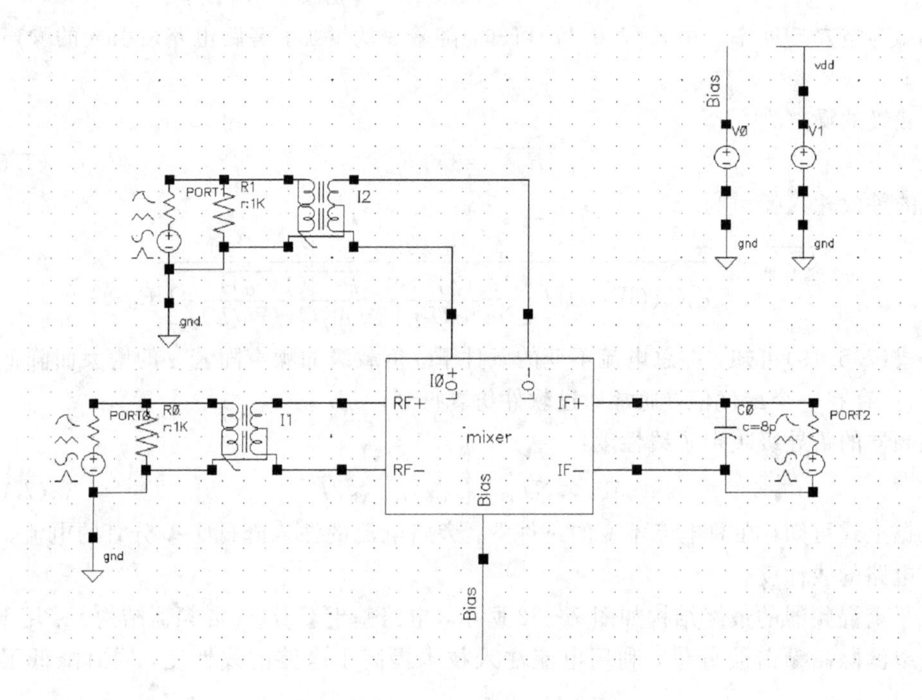

图7-33　下变频混频器仿真环境

2. 仿真结果

混频器的仿真结果如图7-34～7-36所示，混频器在1.2～1.6 GHz频段内，变频增益为13.5～14 dB，噪声为12～12.4 dB，三阶截点为－4.8～－4.4 dBm。所有指标均满足设计要求。

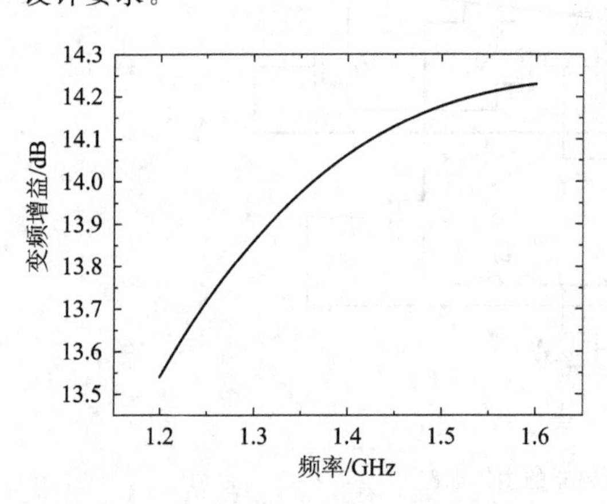

图7-34　下变频混频器的变频增益曲线

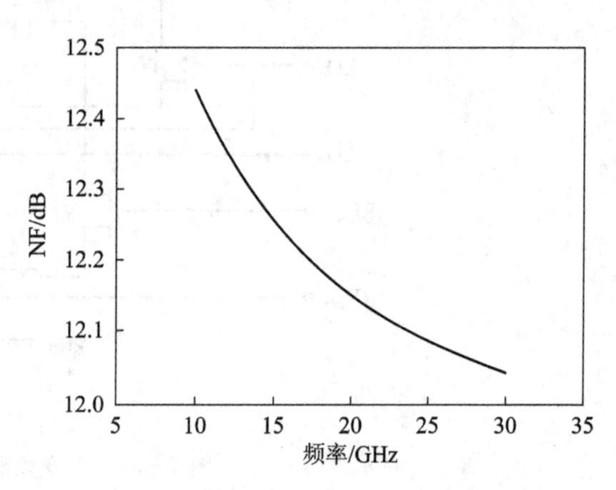

图7-35　下变频混频器的噪声系数曲线

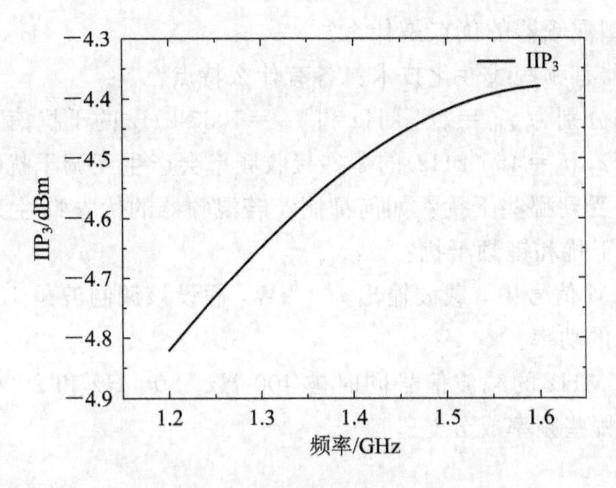

图 7－36　下变频混频器的线性度曲线

7.7 本章小结

混频器作为非线性器件起着频率变换的作用。理想的混频器应该是一个乘法器，而实际采用的混频器的相乘特性是不理想的，原因在于它的高阶乘积项带来的影响，因此，在混频器设计中要充分考虑这一点。混频器可以看成线性时变系统。采用实数上、下变频存在镜像频率干扰，而复数下变频可以从理论上去除镜像干扰，但这增加了混频器结构的复杂度。混频器的通用性能指标包括变频增益或损耗、噪声系数、线性度、隔离度等。

CMOS 混频器有多种结构，如饱和区 MOSFET 混频器、开关型混频器等。其中，开关型混频器又包括电压开关型和电流开关型两种。理想的开关型混频器的各端口之间可以获得良好的隔离。电流开关型混频器的主要优点包括：① 端接适当的负载，可以获得一定的增益；② 对本振幅度的要求降低；③ 可获得更好的端口隔离；④ 更适于低电压工作。电流开关型混频器因具有较多优点而被重点选用。Gilbert 混频器是典型的电流开关型混频器。本章还针对混频器的线性化和噪声进行了专门分析与研究，介绍了几种线性化技术，包括负反馈技术、分段线性技术等。本章最后给出了一个混频器的具体设计实例，并给出了仿真结果。

习　题

7.1　试说明在电流换向有源混频器中，开关对共源节点、寄生电容对混频器噪声系数、线性度的影响，并解释原因。

7.2　用数学模型说明上变频器的原理。

7.3　用数学模型说明下变频器的原理。

7.4　画出复数上变频器的模型，并说明原理。

7.5　画出复数下变频器的模型，并说明原理。

7.6　混频器有哪些主要结构？

7.7　开关混频器有哪些种类？

7.8　电流开关型混频器的优点是什么？

7.9　针对混频器有哪些线性化技术？各有什么特点？

7.10　两种频率分别为$f_{n1}=774$ kHz和$f_{n2}=1035$ kHz的干扰信号，它们对某短波收音机($f_s=2\sim12$ MHz，$f_i=465$ kHz)的哪些接收频率会产生互调干扰？

7.11　混频器会受到哪些干扰？如何抑制？若混频器的伏安特性为$i=a_0+a_1u+a_2u^2$时，是否会产生中频干扰和镜频干扰？

7.12　在一个AM信号中，载波输出为1 kW，假设该调制波是100%调制，求出每个边带的功率和被发送的功率。

7.13　有一个1 MHz的载波信号同时被400 Hz、800 Hz和2000 Hz的正弦信号调幅，试问输出端存在哪些频率成分？

参考文献

[1] Devendra K Misra(美). 射频与微波通信电路：分析与设计[M]. 张肇仪，徐承和，祝西里，等译. 北京：电子工业出版社，2005.

[2] 池保勇，余志平，石秉学. CMOS射频集成电路分析与设计[M]. 北京：清华大学出版社，2007.

[3] 李智群，王志功. 射频集成电路与系统[M]. 北京：科学出版社，2008.

[4] 段吉海. TH-UWB通信射频集成电路研究与设计[D]. 南京：东南大学射光所，2010.

[5] Thomas H Lee. MOS射频集成电路设计[M]. 余志平，周润德，主译. 北京：电子工业出版社，2006.

[6] 段吉海，王志功，李智群. 跳时超宽带(TH-UWB)通信集成电路设计[M]. 北京：科学出版社，2012.

[7] 程鹏. 多模卫星导航系统关键模块研究与设计[D]. 桂林：桂林电子科技大学，2018.

[8] Razavi，Bechzad. RF microelectronics[M]. 北京：清华大学出版社，2003.

[9] Durabi H，Chiu J. A noise cancellation technique in active RF-CMOS mixer [J]. IEEEJ. Solid-State Circuits，2005，40 (12)：2628-2632.

[10] FanG，Wang W，Xi X. Real time simulation system of satellite navigation observation [C]. Asia Simulation Conference，International Conference on System Simulation，and Scientific Computing，IEEE，2008：1298-1301.

[11] Reinhold Ludwig，Gene Bogdanov. 射频电路设计：理论与应用[M]. 王子宇，王心悦，主译. 北京：电子工业出版社，2014.

[12] 段吉海. 高频电子线路[M]. 重庆：重庆大学出版社，2004.

第 8 章　CMOS 射频振荡器

8.1　概　　述

振荡器(oscillator)是将直流电源能量转换成交流能量的电路。振荡器必须有正反馈和足够的增益以克服反馈路径上的损耗，同时还需要有选频网络。振荡器是无线射频通信系统中非常重要的部件。振荡器的设计之所以非常困难，原因在于我们利用了非线性电路的固有特征，而且这种特征是不能用线性系统的理论来全面解释的。例如，小信号线性电路模型无法全面解释有源器件内部负载的反馈机制。另外，由于振荡器要向后一级电路输出功率，因此与工作频率有关的输出负载常常与之有重要关联。

8.2　振荡器的主要指标

8.2.1　普通振荡器指标

在本章，所谓普通振荡器，是指除压控振荡器以外的环形振荡器和 LC 振荡器等。

1. 振荡频率

对于环形振荡器来说，振荡频率与串行单元的延迟量以及串行单元的个数有关；对于 LC 振荡器来说，振荡频率与谐振回路的电感及等效电容有关。

2. 振荡幅度

对于环形振荡器来说，振荡幅度和串行单元的负载及电源电压有关；对于 LC 振荡器来说，振荡幅度涉及有源器件的跨导和偏置电流。

3. 相位噪声

相位噪声指当载波频率为 ω_0，在偏离中心频率 $\Delta\omega$ 处，单位赫兹内的单边带噪声功率谱密度与载波功率之比的分贝数，单位为 dBc/Hz。相位噪声是振荡器的一个重要指标，体现了振荡器的主要性能之一。关于这个指标在后续将作详细介绍。

4. 振荡频率的准确度和稳定度

1) *振荡频率的准确度*

振荡频率的准确度又叫频率精度，是指振荡器在规定的条件下，实际振荡频率 f 与要求的标称频率 f_0 之间的偏差(或称频率误差)，即

$$\Delta f = f - f_0 \tag{8.2.1}$$

式中，Δf 称为绝对频率准确度。

为了合理评价不同标称频率振荡器的频率偏差，振荡频率准确度也常用相对值来表示，即

$$\frac{\Delta f}{f_0}=\frac{f-f_0}{f_0} \tag{8.2.2}$$

式中，$\frac{\Delta f}{f_0}$称为相对频率准确度或相对频率偏差。

通常，测量频率准确度时，要反复多次进行，因而 Δf 应该采用多次实测的绝对频率偏差的平均值。

2）振荡频率的稳定度

振荡频率的稳定度是指振荡器实际振荡频率偏离其标称频率的变化程度，它指在一段时间内，振荡频率的相对变化量的最大值。可用公式表示为

$$\text{振荡频率的稳定度}=\frac{\Delta f_{\max}}{f_0}/\text{时间间隔} \tag{8.2.3}$$

根据所规定的时间间隔的不同，振荡频率的稳定度可以分为长期频率稳定度、短期频率稳定度和瞬时频率稳定度。长期频率稳定度一般指一天以上乃至几个月内振荡频率的相对变化量，它主要取决于有源器件、电路元件的老化特性。短期频率稳定度一般指一天以内振荡频率的相对变化量，它主要与温度、电源电压变化和电路参数的不稳定性等因素有关。瞬时频率稳定度是指一秒或一毫秒内振荡频率的相对变化量，这是一种随机的变化。这些变化均由设备内部噪声或各种突发干扰所引起。

8.2.2 压控振荡器指标

1. 中心频率

压控振荡器的中心频率是指振荡器的最小振荡频率 $\omega_{\min}$ 与最大振荡频率 $\omega_{\max}$ 的中间值，即

$$\omega_{\text{mid}}=\frac{(\omega_{\min}+\omega_{\max})}{2} \tag{8.2.4}$$

2. 调谐范围

压控振荡器的调谐范围是指振荡频率的最高值与最低值的差值，也是最重要的几个指标之一。

$$\text{TR}=\omega_{\max}-\omega_{\min} \tag{8.2.5}$$

如何在保证其他指标不明显恶化的前提下，获得更宽的调谐范围一直是振荡器研究的难点与热点。

3. 调谐增益

调谐增益表示振荡器的输出频率随变容管控制电压的变化而引起的变化量。作为衡量输出频率对控制电压敏感程度的指标，一般用 K_{VCO} 来表示。调谐增益越大，表明电压波动对输出频率的影响越大，由此会对相位噪声性能造成很大的影响。

4. 相位噪声

与普通振荡器的相位噪声定义相同。相位噪声在频域角度衡量振荡器的频谱纯度，它受调谐范围、调谐增益和功耗的影响。改善相位噪声一直是设计中的难点。

5. 调谐线性度

调谐线性度是用来衡量调谐增益好坏的指标。一般理想当中我们希望调谐线性度保持一个恒定的值。

6. 输出摆幅

输出摆幅是指振荡器输出波形的峰值，是输出信号最大值和最小值的差。通过增大输出摆幅，能够使振荡器对外部的噪声干扰不敏感，从而起到改善相位噪声的作用。增加摆幅的同时会使功耗增加，因此摆幅与功耗需要折中考虑。

7. 功耗

振荡器的功耗与相位噪声、输出电压幅度、工作频率等密切相关，设计在满足其他指标的情况下尽量减小功耗。近几年，基于CMOS工艺的低功耗振荡器不断地被设计出来，核心电路典型功耗已经降到10 mW以下。

8.3 振荡器的工作原理

振荡器按输出波形的不同分为正弦振荡器和非正弦振荡器；按产生振荡的原理不同分为反馈式振荡器和负阻式振荡器。

8.3.1 正反馈与巴克豪森条件

1. 组成与分类

反馈式振荡器是振荡回路通过正反馈网络和有源器件连接构成的振荡电路。反馈式振荡器实质上是建立在放大和反馈基础上的振荡器，这是目前应用最多的一类振荡器。反馈式振荡器的原理方框图如图8-1所示。由图8-1可知，当开关S在位置1时放大器的输入端外加一定频率和幅度的正弦波信号$\dot{U}_i$，$\dot{U}_i$经过放大器放大后，在输出端产生输出信号$\dot{U}_o$，输出信号$\dot{U}_o$经反馈网络后，在反馈网络输出端得到反馈信号$\dot{U}_f$。若$\dot{U}_f$和$\dot{U}_i$不仅大小相等，且相位也相同，则此时将开关S转接到位置2，即用$\dot{U}_f$代替$\dot{U}_i$，使得放大器和反馈网络构成一个闭合正反馈回路，这时，虽然没有外加输入信号，但输出端仍然有一定幅度的电压输出，即实现了自激振荡。

为了使振荡器的输出电压$\dot{U}_o$是一个固定频率的正弦波，也就是说自激振荡只能在某个频率上产生，而在其他频率上不能产生，则图8-1所示的闭合回路内必须包含选频网络，使得只有选频网络中心频率的信号满足$\dot{U}_f$和$\dot{U}_i$相同的条件，从而产生自激振荡，其他频率的信号则不满足$\dot{U}_f$和$\dot{U}_i$相同的条件，不产生自激振荡。

由此可见，反馈式正弦振荡器应包括放大器、反馈网络和选频网络。此外，为了使得振荡器的幅度稳定，振荡器还应包含稳幅环节。其中，选频网络根据组成元件的不同，可分为LC选频网络、RC选频网络和石英晶体选频网络。所以，根据选频网络的不同，反馈式正弦波振荡器可分为LC振荡器、RC振荡器和石英晶体振荡器。

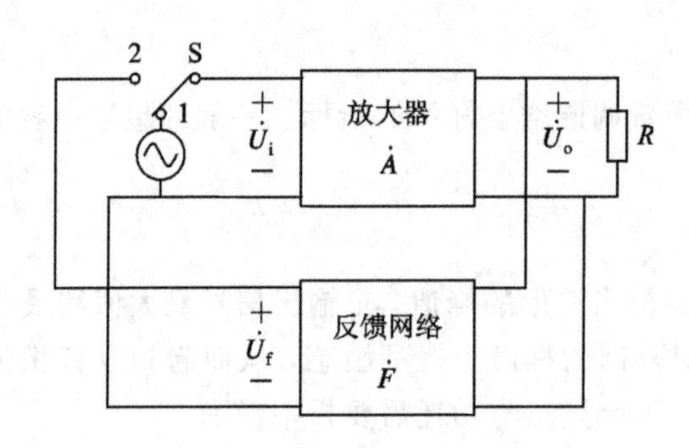

图 8-1　反馈式振荡器的原理方框图

2. 平衡和起振条件

1）平衡条件

前面已经讨论过，在图 8-1 中，当开关由位置 1 转接到位置 2，且反馈电压 $\dot{U}_f$ 等于放大器输入电压 $\dot{U}_i$ 时，振荡器就能维持等幅振荡，并有一个稳定的电压输出。我们称电路此时的状态为平衡状态，$\dot{U}_f=\dot{U}_i$ 称为电路振荡的平衡条件，又称巴克豪森条件。

由图 8-1 可知，

$$\dot{U}_o=\dot{A}\dot{U}_i \tag{8.3.1}$$

$$\dot{U}_f=\dot{F}\dot{U}_o \tag{8.3.2}$$

则

$$\dot{U}_f=\dot{A}\dot{F}\dot{U}_i \tag{8.3.3}$$

所以，电路振荡的平衡条件又可写为

$$\dot{A}\dot{F}=AF\angle(\varphi_A+\varphi_F)=1 \tag{8.3.4}$$

根据式(8.3.4)可以得到自激振荡的两个基本条件：

(1) 相位平衡条件：

$$\varphi_A+\varphi_F=2n\pi \qquad n=0,\ 1,\ 2,\ 3,\ \cdots \tag{8.3.5}$$

由式(8.3.5)可知，相位平衡条件实质上就是要求振荡器在振荡频率 f_0 处的反馈为正反馈。

(2) 振幅平衡条件：

$$AF=1 \tag{8.3.6}$$

由式(8.3.6)可知，振幅平衡条件就是要求在 f_0 处的反馈电压与输入电压的振幅相等。

要使反馈式振荡器输出一个具有稳定幅值和固定频率的交流电压，式(8.3.5)和式(8.3.6)一定要同时得到满足，它们适应于任何类型的反馈式正弦振荡器。平衡条件是研究振荡器的基础，利用振幅平衡条件可以确定振荡幅度，利用相位平衡条件可以确定振荡频率。

2）起振条件

反馈式振荡器是一个闭合正反馈回路，当刚接通电源时，振荡器回路内总存在各种电扰动信号。这些扰动信号的频率范围很宽，经过振荡器选频网络选频后，只将其中某一频率的信号反馈到放大器的输入端，成为最初的输入信号，而其他频率的信号将被抑制。被放大后的某一频率经过反馈又加到放大器的输入端，幅度得到放大，在经过"放大→反馈→放大→反馈"的不断循环后，某一频率信号的幅度将不断增大，即振荡由小到大建立起来了。但是随着信号幅度的增大，放大器进入非线性工作区，放大器的增益随之下降，最后当反馈电压正好等于原输入电压时，振荡幅度不再增大从而进入平衡状态。可见，为了使得振荡器在接通电源后能产生自激振荡，要求在起振时，反馈电压 $\dot{U}_f$ 与输入电压 $\dot{U}_i$ 在相位上同相，在幅值上要求 $\dot{U}_f > \dot{U}_i$，即

$$\varphi_A + \varphi_F = 2n\pi \qquad n=0, 1, 2, 3, \cdots \tag{8.3.7}$$

$$AF > 1 \tag{8.3.8}$$

式(8.3.7)和式(8.3.8)称为振荡器的起振条件。由于振荡器的建立过程是一个瞬态过程，而式(8.3.7)和式(8.3.8)是在稳态分析下得到的，原则上说，不能用稳态分析来研究一个电路的瞬态，而必须通过列出振荡的微分方程来研究。但是，在起振的开始阶段，振荡的幅度还很小，电路还没有进入非线性区，振荡器还可以作为线性电路来处理，即可以用小信号等效电路来分析，所以说，式(8.3.7)和式(8.3.8)是判定振荡器能否起振的一个常用准则。

综上所述，为了使得振荡器能产生自激振荡，开始振荡时，在满足正反馈条件的前提下，必须满足 $AF>1$ 的条件。起振后，振荡幅度迅速增大，使得晶体管工作进入非线性区，导致放大器的增益 A 下降，直至 $AF=1$，振荡幅度不再增大，达到稳幅振荡。

8.3.2 负阻的概念及负阻式振荡器

为了更好地说明负阻的概念，我们分析如图 8-2(a)所示的电路模型[1]。设流过电阻 R 的电流 I 和端电压 U 的关系如图 8-2(b)所示，即当电流 I 增加 ΔI 时，端电压 U 也随之增加 ΔU，则 $I-U$ 曲线的斜率倒数 $\Delta U/\Delta I$ 为正。也就是说，R 呈现正电阻值，该电阻从外界吸收能量，并转化为热损耗。

如果电阻 R 的电流 I 和端电压 U 的关系曲线变为如图 8-2(c)所示的形式，当电压减小时，流过 R 的电流反而增大，即 $I-U$ 曲线的斜率倒数 $\Delta U/\Delta I$ 为负。也就是说，R 呈现负电阻值，该电阻不但不消耗能量，反而向外界输出能量，相当于一个功率源。

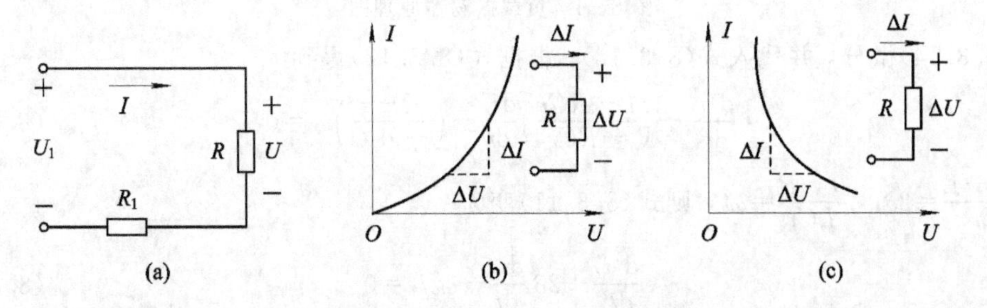

图 8-2 正、负电阻的概念

振荡器也可看做谐振器与产生"负电阻"的有源电路耦合而成。这个负阻恰好抵消了谐振器内部的电阻，使振荡在谐振频率点能够维持。图 8-3 给出了振荡电路的一般结构，其

中阻抗为 $Z=R+\mathrm{j}X$ 的无源谐振器与输入阻抗为 $Z_{\mathrm{in}}=R_{\mathrm{in}}+\mathrm{j}X_{\mathrm{in}}$ 的有源电路相连。根据基尔霍夫电压定律有：

$$(Z+Z_{\mathrm{in}})I=0 \tag{8.3.9}$$

为了获得非0电流，需要 $Z+Z_{\mathrm{in}}=0$。将此方程的实部和虚部分开，则可得到振荡条件：

$$R_{\mathrm{in}}=-R \tag{8.3.10}$$

$$X_{\mathrm{in}}=-X \tag{8.3.11}$$

由于外部谐振器是无源的，即 $R>0$，因此在谐振条件下 $R_{\mathrm{in}}<0$。振荡电路只需在谐振频率附近具有负的射频电阻。式(8.3.11)确定了谐振频率。

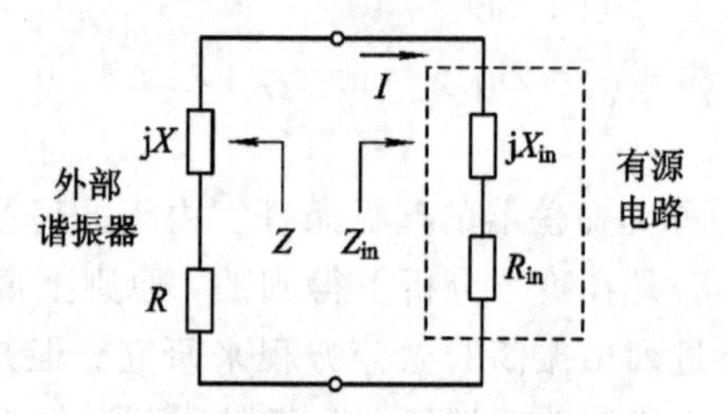

图8-3　典型的负阻式振荡器模型

下面具体分析负阻式振荡器的工作原理。图8-4所示是一个LRC谐振回路，$-r$ 是一个负阻，R 是电感寄生电阻。由图可知，

$$i_1=i_2+i_3 \tag{8.3.12}$$

$$L\frac{\mathrm{d}i_2}{\mathrm{d}t}+Ri_2-i_1r=0 \tag{8.3.13}$$

$$L\frac{\mathrm{d}i_2}{\mathrm{d}t}+Ri_2-\frac{1}{C}\int i_3\,\mathrm{d}t=0 \tag{8.3.14}$$

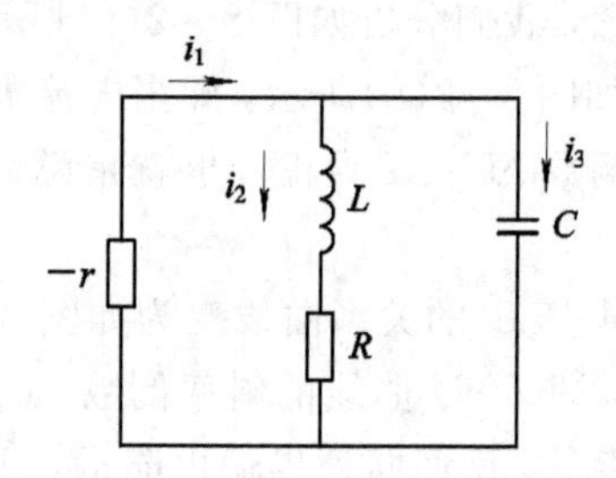

图8-4　负载振荡器原理图

将式(8.3.14)微分，并代入式(8.3.13)，根据式(8.3.12)得到

$$\frac{\mathrm{d}^2i_2}{\mathrm{d}t^2}+\left(\frac{L-RCr}{-RCr}\right)\frac{\mathrm{d}i_2}{\mathrm{d}t}+\left(\frac{R-r}{-rLC}\right)i_2=0 \tag{8.3.15}$$

令 $\dfrac{RCr-L}{RCr}=2\delta$，$\dfrac{r-R}{LCr}=\omega_0^2$，则式(8.3.11)变为

$$\frac{\mathrm{d}^2i_2}{\mathrm{d}t^2}+2\delta\frac{\mathrm{d}i_2}{\mathrm{d}t}+\omega_0^2i_2=0 \tag{8.3.16}$$

对该方程进行拉普拉斯变换，其初始条件为零，得到

$$s^2+2\delta s+\omega_0^2=0 \tag{8.3.17}$$

该方程的两个可能的解为

$$s_{1,2}=-\delta\pm\sqrt{\delta^2-\omega_0^2} \tag{8.3.18}$$

电路的响应将受到这些极点的影响，因此，这些电路有如下特性：

(1) 当 $\delta^2>\omega_0^2$ 时，两个极点为不同的实数，此电路称为过阻尼(overdamped)电路。此时，电路不产生振荡。

(2) 当 $\delta^2=\omega_0^2$ 时，两个极点为相同的实数，此电路称为临界阻尼(critically damped)电路。此时，电路仍然不产生振荡。

(3) 当 $\delta^2<\omega_0^2$ 时，两个极点互为共轭，此电路称为欠阻尼(underdamped)电路。此时，电路将产生振荡。

8.4　环形振荡器

环行振荡器是由一串延时单元构成的环行电路，为了实现振荡它必须满足正反馈条件。环行振荡器的电路模型如图 8-5 所示。

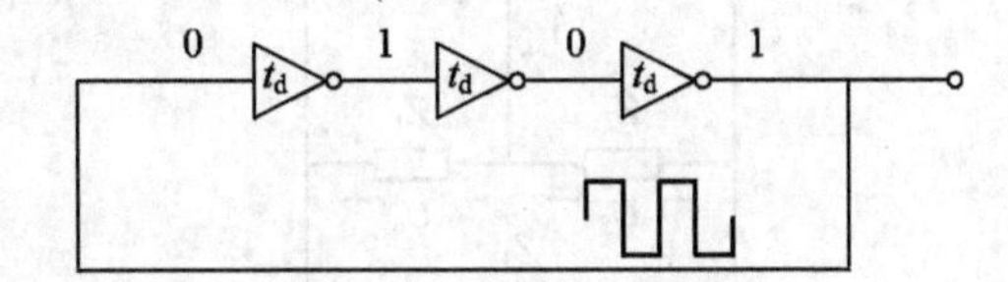

图 8-5　环行振荡器电路模型

若不计电路的延时，为了使得电路产生 180°相移，则电路延时应满足条件 $3t_d=T/2$。若用反相器构成延时单元，必须使用奇数($N>1$)个反相器，此时环行振荡器的振荡频率为

$$f=\frac{1}{2T_d}=\frac{1}{2Nt_d} \tag{8.4.1}$$

其中，t_d 为单个反相器的延时；T_d 为总延时。

若使用差分放大器作为延时单元，则既可以使用偶数级也可以使用奇数级来实现环行振荡器。图 8-6 给出了一个由两级差分放大器构成的环行振荡器。

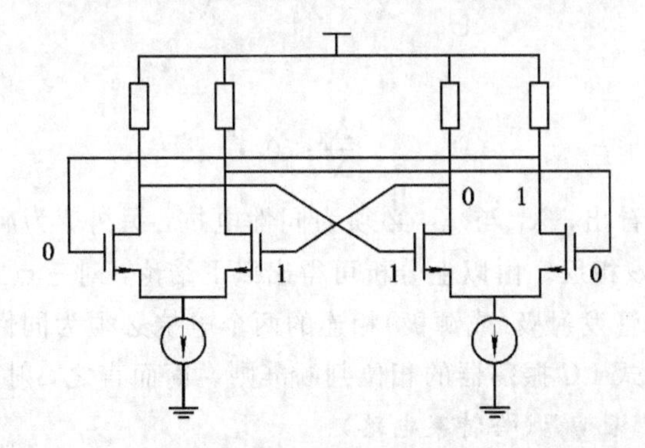

图 8-6　两级差分放大器构成的环行振荡器

8.5　LC振荡器

此处主要介绍三点式 LC 振荡器和差分 LC 振荡器。

8.5.1 三点式LC振荡器

1. 分类与特点

LC振荡器的选频网络是由电感和电容组成的并联谐振电路，按其反馈方式，LC振荡器可分为互感耦合式振荡器、电感反馈式振荡器和电容反馈式振荡器等三种类型，其中后两种通常称为三点式振荡器。

2. 三点式LC振荡器的工作原理

1）电路组成法则

三点式LC振荡器是指LC谐振回路的三个端点与晶体管的三个电极分别相接构成的一种振荡电路，图8-7是三点式LC振荡器的原理图。

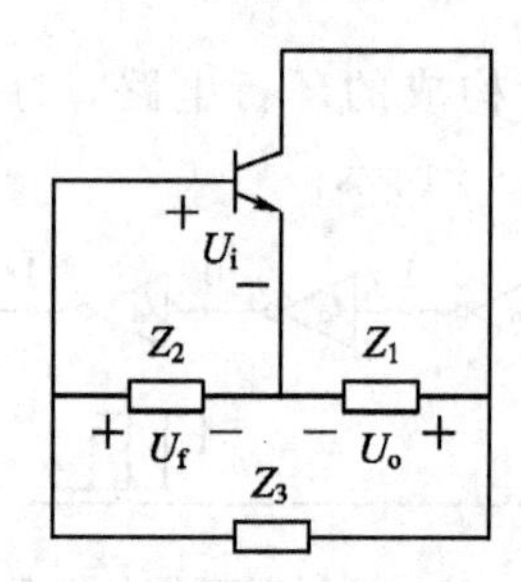

图8-7 三点式LC振荡器原理图

当回路元件损耗电阻很小，可以忽略不计时，图中Z_1、Z_2、Z_3可换成纯电抗X_1、X_2、X_3。显然要产生振荡，必须满足下列条件：

$$X_1+X_2+X_3=0 \tag{8.5.1}$$

另外为满足相位条件，$\dot{U}_f$与$\dot{U}_o$应该反相，即要求$\dot{U}_f/\dot{U}_o<0$，而

$$\frac{\dot{U}_f}{\dot{U}_o}=\frac{X_2}{X_2+X_3}=-\frac{X_2}{X_1} \tag{8.5.2}$$

所以

$$-\frac{X_2}{X_1}<0 \tag{8.5.3}$$

由式(8.5.3)可以看出，X_1与X_2必须为同性电抗，另外，为满足式(8.5.1)，X_3与X_1、X_2的电抗性质应该相反。由以上分析可得出以下结论：对三点式LC振荡器，为满足相位平衡条件，与晶体管发射极(或源极)相连的两个电抗必须为同性，另一个电抗元件必须为异性，这就是三点式LC振荡器的相位判断准则。简而言之，射(源)同基(栅)反。

2）电感三点式LC振荡器(哈特莱电路)

电感三点式LC振荡器的实际电路如图8-8(a)所示，图8-8(b)是交流等效电路，图8-8(c)是开环小信号等效电路。

由图8-8(b)可见，C和L_1、L_2构成谐振回路，谐振回路的三个端点分别与晶体管的三个电极相连，符合三点式LC振荡器的组成原则，由于反馈信号由电感线圈L_2上取得，故称其为电感三点式LC振荡器。图8-8(c)中的g_Σ为集电极到地的总等效电导。电路的

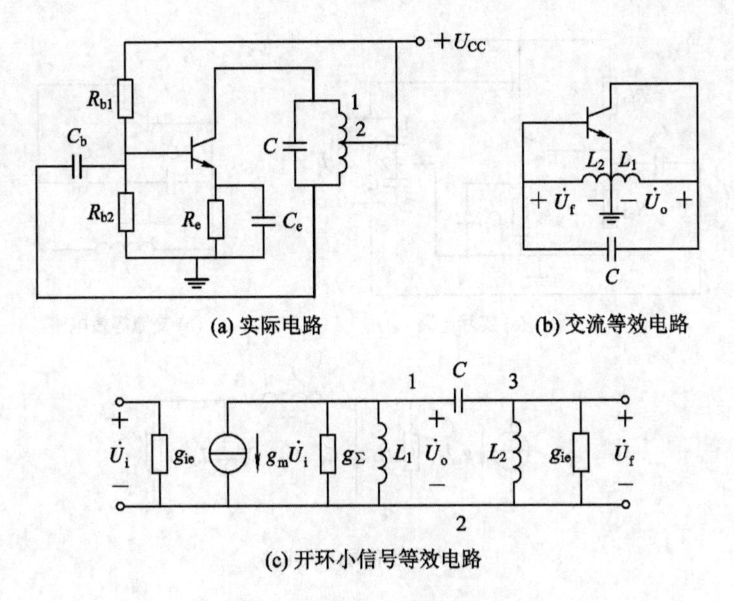

图 8-8　电感三点式振荡器

振荡频率可由振荡器相位平衡条件求得，它取决于谐振回路参数，由式(8.5.1)可得

$$f_0=\frac{1}{2\pi\sqrt{(L_1+L_2+2M)}} \tag{8.5.4}$$

式中，L_1、L_2分别为线圈两部分的电感；M是两部分之间的互感。增益$A(\omega_0)$和反馈系数$F(\omega_0)$为

$$A=\frac{U_o}{U_i}=\frac{g_m}{g_\Sigma} \tag{8.5.5}$$

$$F=\frac{U_f}{U_o}=-\frac{L_2+M}{L_1+M} \tag{8.5.6}$$

因此，起振的振幅条件为

$$AF=-\frac{g_m}{g_\Sigma}\frac{L_2+M}{L_1+M}>1 \tag{8.5.7}$$

即

$$g_m>g_\Sigma\frac{L_1+M}{L_2+M} \tag{8.5.8}$$

式中，$g_m=I_{EQ}/26\text{mV}$，I_{EQ}为振荡器静态工作电流(mA)。

电感三点式LC振荡器的优点：一是由于L_1和L_2之间存在互感，起振容易；二是调整回路电容改变振荡频率时，反馈系数不变，不影响振荡幅度。它的主要缺点是：反馈支路为电感，对LC回路中的高次谐波反馈电压大，振荡器输出波形不好。另外，晶体管极间电容与回路电感并联，在振荡频率高时，可能改变电抗性质，破坏起振条件以致不能振荡，所以工作频率没有电容三点式LC振荡器高。

3) 电容三点式LC振荡器(考毕兹电路)

图8-9(a)是电容三点式LC振荡器实际电路，图8-9(b)是交流等效电路，图8-9(c)是开环小信号等效电路。

由图8-9(b)可以看出，回路电抗元件性质符合三点式LC振荡器电路的组成原则，故

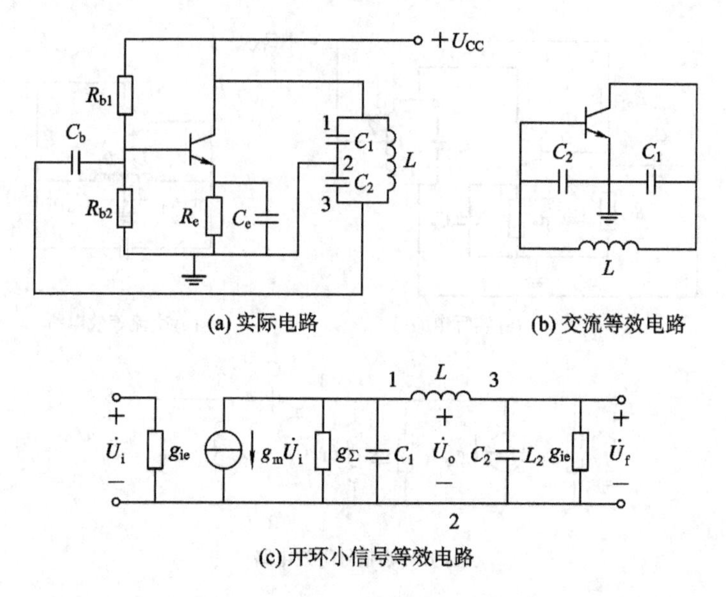

图 8-9　电容三点式振荡器

满足起振相位条件。振荡频率为

$$f_0=\frac{1}{2\pi\sqrt{L\dfrac{C_1C_2}{C_1+C_2}}} \tag{8.5.9}$$

由图 8-9(c)所示小信号交流等效电路，可求得起振的振幅条件。图中，略去管子正向传输导纳的相移，y_{fe}可近似认为等于 g_m；因晶体管输出电容 C_{oe}和输入电容 C_{ie}均比 C_1、C_2 小得多，可将它们包括在 C_1、C_2中，在谐振回路 1、2 端考虑到 g_{oe}和 R_c 影响后的等效电导为 g_Σ。并设 $g_{ie}\ll\omega_0C_2$，可得电压放大增益 $A(\omega_0)$和反馈系数 $F(\omega_0)$分别为

$$A=\frac{U_o}{U_i}=\frac{g_m}{g_\Sigma} \tag{8.5.10}$$

$$F=-\frac{C_1}{C_2} \tag{8.5.11}$$

由此可得出电容三点式 LC 振荡器的振幅起振条件为

$$AF=\frac{g_mC_1}{g_\Sigma C_2}>1 \tag{8.5.12}$$

因此起振时所需晶体管 g_m 为

$$g_m>\frac{g_\Sigma C_2}{C_1} \tag{8.5.13}$$

式中，$g_m=I_{EQ}/26\ \text{mV}$，I_{EQ}为振荡器静态工作电流(mA)。

如果 C_1/C_2增大，则 F 增大，有利于起振，但它会使 C_{ie}对回路影响增大，回路 Q 值因此下降，等效谐振电导增大，不利于起振。一般取 $C_1/C_2=0.1\sim0.5$。为保证振荡有一定的稳定振幅值，起振时环路增益一般取 3～5。电容三点式 LC 振荡器与电感三点式 LC 振荡器相比，其优点是输出波形好。主要因为电容三点式 LC 反馈支路为电容性，对高次谐波为低阻抗，反馈弱，输出谐波成分少，波形接近于正弦波。其次，晶体管极间电容与回路并联，适当加大回路电容可以减小晶体管极间电容不稳定性对振荡频率的影响，提高频

率稳定度。当工作频率很高时，可直接利用晶体管输入、输出电容作为回路电容。所以电容三点式LC振荡器可以获得较高的工作频率。电容三点式LC振荡器的主要缺点是：用C_1或C_2改变振荡频率时，影响反馈系数，振荡幅度要发生变化。改进办法是在L两端并上一个可变电容C_3，C_1、C_2取固定值，调C_3改变振荡频率，反馈系数基本不变。

4）两种改进型电容三点式LC振荡器

• 克拉泼振荡器

图8-10(a)是克拉泼振荡器的实际电路，图(b)是等效电路。它是在图8-9电容三点式LC振荡器的电感支路中串入一个可变电容C_3得到的，是一个电容三点式LC振荡器。

振荡频率为

$$f_0=\frac{1}{2\pi\sqrt{L\dfrac{C_1C_2C_3}{C_1C_2+C_2C_3+C_1C_3}}}\tag{8.5.14}$$

当$C_3 \ll C_1$、C_2时

$$f_0\approx\frac{1}{2\pi\sqrt{LC_3}}\tag{8.5.15}$$

式(8.5.14)表明：如果电容C_3取得远小于C_1、C_2，则C_1和C_2对频率的影响大大减小，那么，与C_1、C_2并联的晶体管极间电容的影响也就大大减小了。由图8-10(b)可见，晶体管与回路的接入系数p为

$$p=\frac{\dfrac{1}{C_1}}{\dfrac{1}{C_1}+\dfrac{1}{C_2}+\dfrac{1}{C_3}}\approx\frac{C_3}{C_1}\ll 1\tag{8.5.16}$$

因此，晶体管对回路影响很小，说明频率稳定度高。

最后指出，克拉泼振荡器是通过调整C_3来改变振荡频率的，由式(8.5.16)可看出，C_3改变，接入系数p改变，放大器输出负载谐振阻抗将随之改变，放大器增益也改变。调整振荡频率时，可能因C_3过小，振荡器会因为不满足振幅起振条件而停振。所以，克拉泼电路只适用于固定频率或波段很窄的场合，其频率覆盖系数一般只有1.2～1.3。

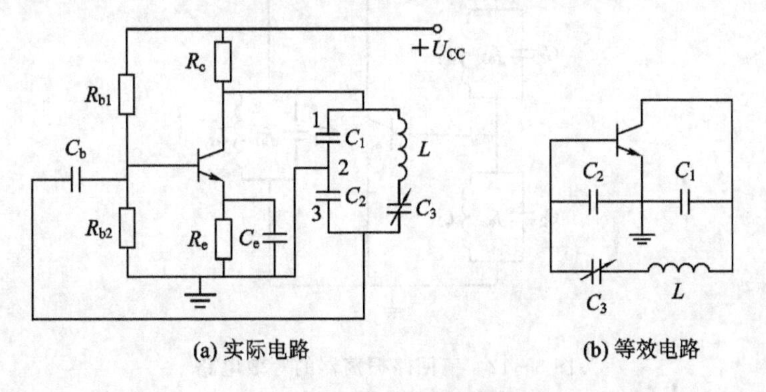

图8-10　克拉泼振荡器

• 西勒振荡器

西勒振荡器是在克拉泼振荡器的基础上，在电感线圈两端并联一个可变电容C_4构成的，如图8-11所示，图(a)是实际电路，图(b)是等效电路。

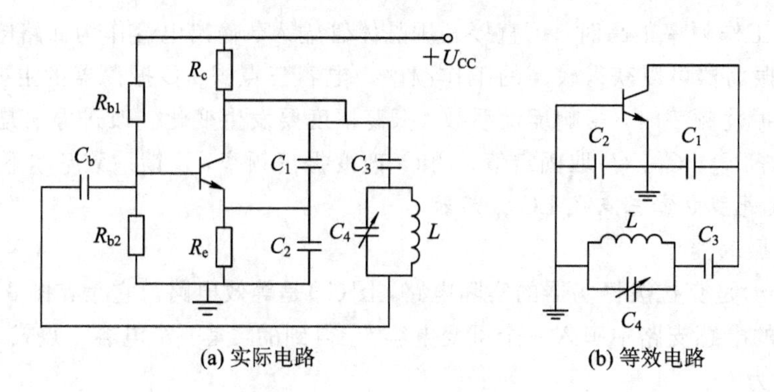

图 8-11 西勒振荡器

振荡频率为

$$f=\frac{1}{2\pi\sqrt{\left(C_4+\frac{1}{\frac{1}{C_1}+\frac{1}{C_2}+\frac{1}{C_3}}\right)L}}\approx\frac{1}{2\pi\sqrt{L(C_4+C_3)}} \tag{8.5.17}$$

西勒振荡器的反馈系数的大小与克拉泼振荡器的相同。由于西勒振荡器通过调整 C_4 改变频率，而 C_4 的改变不影响接入系数 p，故西勒振荡器适用于在较宽波段工作，频率覆盖系数可达 1.6～1.8。

例 8.1 图 8-12 是一个三回路振荡器的等效电路，设有下列四种情况：

(1) $L_1C_1>L_2C_2>L_3C_3$；

(2) $L_1C_1<L_2C_2<L_3C_3$；

(3) $L_1C_1=L_2C_2>L_3C_3$；

(4) $L_1C_1<L_2C_2=L_3C_3$。

试分析上述四种情况是否都能振荡，振荡频率 f_0 与各回路谐振频率有何关系？分别属于何种类型的振荡器？

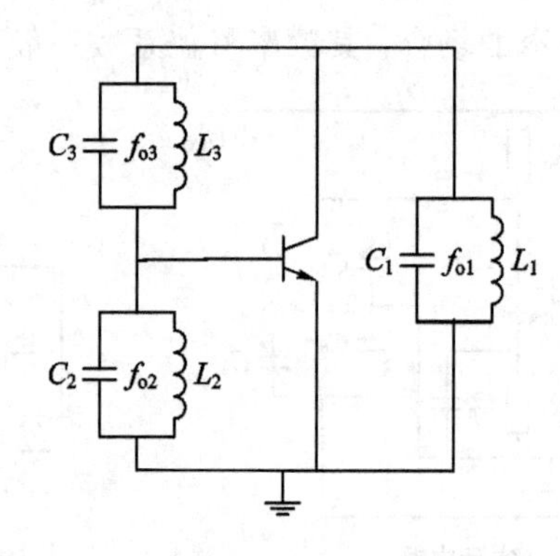

图 8-12 三回路振荡器的等效电路

解 根据三点式振荡器的组成原则可知，要使电路振荡，L_1 C_1 回路与 L_2 C_2 回路在振荡时应呈现同性电抗，L_3 C_3 回路与它们的电抗性质应不同。又由于三个回路都是并联回路，根据并联谐振回路的相频特性，该电路要能够振荡，三个回路的谐振频率必须满足：$f_{03}>\max(f_{01}, f_{02})$ 或 $f_{03}<\min(f_{01}, f_{02})$，所以：

(1) 因 $f_{01}<f_{02}<f_{03}$，故电路可能振荡，可能振荡的频率 f_0 为 $f_{02}<f_0<f_{03}$，属于电容三点式LC振荡器；

(2) 因 $f_{01}>f_{02}>f_{03}$，故电路能振荡，可能振荡的频率 f_0 为 $f_{02}>f_0>f_{03}$，属于电感三点式LC振荡器；

(3) 因 $f_{01}=f_{02}<f_{03}$，故电路能振荡，可能振荡的频率 f_0 为 $f_{01}=f_{02}<f_0<f_{03}$，属于电容三点式LC振荡器；

(4) 因 $f_{01}>f_{02}=f_{03}$，故电路不可能振荡。

8.5.2　差分LC振荡器

1. CMOS差分LC振荡器的结构

差分LC振荡器由差分耦合放大器和谐振电路组成，如图8-13所示，其中，差分耦合放大器构成负阻。

图8-13(a)中的差分耦合放大器采用NMOS管，图8-13(b)中的差分耦合放大器采用PMOS管，而图8-13(c)中的差分耦合放大器采用两个NMOS管和两个PMOS管构成。

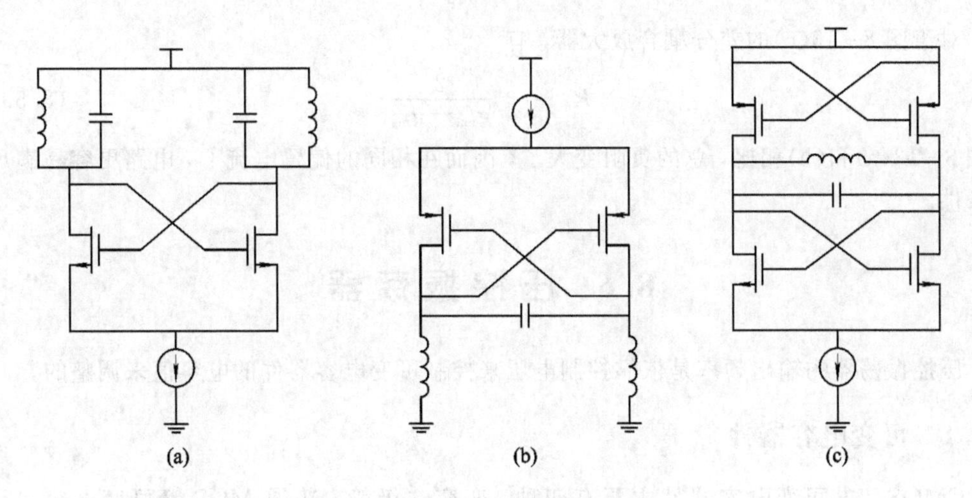

图8-13　差分LC振荡器原理图

2. 差分LC振荡器的工作原理

根据图8-13的差分LC振荡器原理图可以得到等效电路，如图8-14所示。

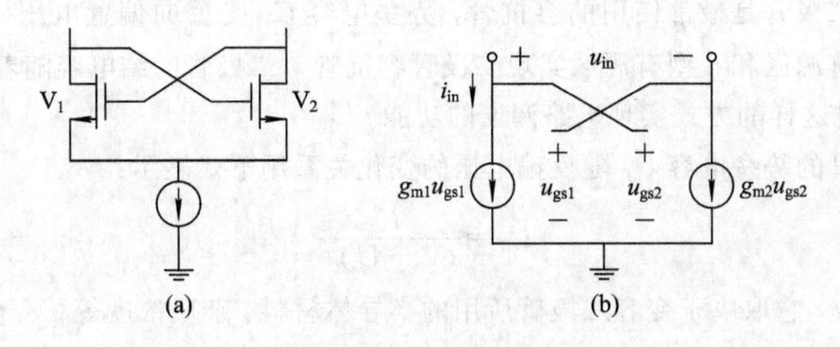

图8-14　差分耦合LC振荡器及其等效电路

根据图 8 - 14(b)列出方程：

$$\begin{aligned} u_{in} &= u_{gs2} - u_{gs1} \\ i_{in} &= g_{m1} u_{gs1} = -g_{m2} u_{gs2} \end{aligned} \tag{8.5.18}$$

可以推导出放大器的输入电阻(即等效负阻)为

$$R_{in} = \frac{u_{in}}{i_{in}} = -\frac{1}{g_{m1}} - \frac{1}{g_{m2}} \tag{8.5.19}$$

若 $g_{m1} = g_{m2} = g_m$，则有

$$R_{in} = -\frac{2}{g_m} \tag{8.5.20}$$

设与差分耦合放大器相连的 LC 谐振电路的并联等效电阻为 R_P，则为了保证电路能够起振，R_{in}必须满足关系式：

$$|R_{in}| = \frac{2}{g_m} < R_P \tag{8.5.21}$$

或

$$g_m > \frac{2}{R_P} \tag{8.5.22}$$

对于图 8 - 13(c)的差分耦合放大器，有

$$R_{neg} = -\frac{2}{g_{mn} + g_{mp}} \tag{8.5.23}$$

与图 8 - 13(a)和(b)相比，总的负阻变大了，因而在相同的偏置电流下，电路更容易满足起振条件。

8.6 压控振荡器

压控振荡器的输出频率是依靠控制电压来控制可变电容器件的电容值来调整的。

8.6.1 可变电容器件

CMOS 工艺可变电容器件主要有四种：变容二极管、普通 MOS 管可变电容、反型 MOS 管可变电容和积累型 MOS 管可变电容。

1. 变容二极管

反向工作二极管是最常使用的容抗管，势垒电容 C_T 受反向偏置电压控制，一般在 n 阱中制作 p 型有源区和 n 型有源区实现二极管容抗管。二极管的结电容随着控制电压的改变而变化，通过这样的方式实现电路调谐的功能。

变容二极管的势垒电容 C_T 随反偏电压的变化关系用下式表示：

$$C_T = \frac{K}{(V_f - U)^m} \tag{8.6.1}$$

其中，K 为常数，它取决于变容二极管所用的半导体材料、杂质浓度等；V_f 为接触电位差；U 为外加电压(由于反向偏置，故 $U<0$)；m 为电容变化系数，它取决于结的类型，为缓变结时 $m \approx 1/3$，为突变结时 $m \approx 1/2$，为超突变结时 $m \approx 2$。

2. 普通 MOS 管可变电容

MOS 管电容实现起来非常简单，只要将 MOS 管的源极 S、漏极 D 和衬底 B 进行短接作为电容的一端，栅极 G 作为电容的另一端，即可实现一个与 U_{BG} 相关的电容。当两端的电压大于 PMOS 管的阈值电压 $|U_T|$ 时，MOS 管电容进入反型区；当两端的电压小于 PMOS 管的阈值电压时，PMOS 管进入积累区。在积累区与强反型区中，PMOS 变容管容值最大，其电容值等于整个栅氧化层电容值，即 $C_{ox}=\varepsilon_{ox}S/\tau_{ox}$；电容值与 MOS 管沟道的面积和栅氧化层厚度相关。普通 MOS 变容管的电压调谐特性曲线是不单调的。这种特性使得在有效电压控制范围内电容的变化量减少，导致调谐范围较小，无法满足电感电容压控振荡器对宽调谐范围的需求。

特点：调谐特性非单调。

3. 反型 MOS 管可变电容

为了获得更好的调谐线性度，需要变容管在控制电压变化范围内具有一定的线性，通过对普通 MOS 管连接方式进行改变获得了两种具有单调线性的 MOS 变容管。一种是将 PMOS 管的衬底接 V_{DD}，源极和漏极一起作为电容的一端，栅极为另一端。此时 PMOS 管工作在反型区，称为反型 MOS 管可变电容(I-MOS)。与 p 型管类似，反型 NMOS 通过将衬底接地来实现，与 PMOS 反型电容相比，它具有更小的寄生电阻，但是在 CMOS 工艺中由于共用 p 衬底，对衬底噪声干扰抵抗力更差。

特点：调谐特性单调。

4. 积累型 MOS 管可变电容

积累型 MOS 管是在一个 n 阱内制作一个 NMOS 管，这样可以使 n 阱接触的电子称为多数载流子，管子不进入反型区。该结构会带来更大的调谐范围、更低的寄生电阻、更高的品质因数。更好的线性带来了较小的 K_{vco}，有利于相位噪声性能的提高。

特点：调谐特性单调，调谐范围更大，品质因数更高。

综上所述，普通 MOS 管可变电容调谐范围小，线性度低，不适用于低相噪要求和宽带 VCO。反型 MOS 管与积累型 MOS 管广泛应用于 LC VCO 中，两者相比，积累型 MOS 管可变电容具有更高的 Q 值，同时减少源漏之间的寄生电容，扩展变容管的可调范围，使得宽带 LC VCO 获得更宽的调谐范围和更好的相位噪声[19]。

5. 小结

(1) 变容二极管的缺点是在谐振电压大的时候，pn 结有可能进入正偏状态，增加了漏电流，导致品质因数下降，故在全集成宽调谐范围的电感电容压控振荡器的设计中，变容二极管的使用已逐渐淡出。

(2) 普通 MOS 管可变电容是非单调的，降低了电压控制范围，不适合于电感电容压控振荡器电路。

(3) 反型 MOS 管和积累型 MOS 管可变电容是单调的，适用于电感电容压控振荡器，其调谐范围主要取决于可变电容的最大值与最小值的比值 C_{max}/C_{min}，同时与谐振电路中固定电容大小以及寄生电容有关。

(4) 采用积累型 MOS 管的电感电容压控振荡器具有更小的功耗和更好的相位噪声。

8.6.2 压控振荡器的结构和相位域模型

压控振荡器(VCO)的输出信号相位可以表示为

$$\varphi = \omega_0 t + K_{\mathrm{VCO}} \int U_{\mathrm{out}} \mathrm{d}t + \varphi_0 \tag{8.6.2}$$

其中，φ_0 是振荡信号的初始相位。

在锁相环中，VCO是一个输入信号为控制电压 U_{out}、输出信号为余量相位的模块，因此VCO的相位域模型是一个理想的积分器，即

$$\frac{\varphi_{\mathrm{ex}}}{U_{\mathrm{cont}}}(s) = \frac{K_{\mathrm{VCO}}}{s} \tag{8.6.3}$$

8.7 振荡器的干扰和相位噪声

8.7.1 振荡器的干扰

振荡器会受到外部干扰、负载变化和电源变化的影响而偏离正常工作状态。

1. 注入锁定与牵引

在一个自由振荡的振荡器和另外一个工作在不同频率的时钟之间存在串扰，特别是当两者的频率很接近时，自由振荡器的振荡频率将会受到干扰。当串扰较强时，振荡器的频率将随着串扰频率变化，并最终与之相同。这种现象称为振荡器的“注入锁定”(injection locking)或“注入牵引”(injection pulling)。

2. 负载牵引

负载变化：负载变化会导致VCO频率发生变化，这种现象称为“负载牵引”(load pulling)。为了避免负载牵引，VCO的输出端应有一个输出缓冲器。

3. 电源推进

电源变化：射频振荡器对电源的变化比较敏感，当振荡器的电源发生变化时，其振荡频率和幅度都可能发生变化，这种现象称为“电源推进”(supply pushing)。例如在便携式收发机中，功率放大器的开和关会造成几百毫伏的电源电压波动，从而影响振荡器的正常工作。

8.7.2 振荡器的相位噪声

振荡器的相位噪声是振荡器设计中最重要的指标和概念。理解相位噪声产生的物理机制，对振荡器设计有重要的指导作用。

理想的振荡信号可以表示为

$$x(t) = A\cos(\omega_c t) \tag{8.7.1}$$

由于电路噪声等原因，实际的信号表示为

$$x(t) = [1 + a(t)] A\cos[\omega_c t + \varphi_n(t)] \tag{8.7.2}$$

其中，$a(t)$为幅度上的噪声，称为寄生调幅成分；$\varphi_n(t)$为相位噪声。

如图 8-15 所示，实际信号近似表示为

$$x(t)\approx A\cos(\omega_c t)-A\varphi_n(t)\sin(\omega_c t) \tag{8.7.3}$$

因此，相位噪声频谱被调制或搬移到了载波 ω_c 处，如图 8-16 所示。

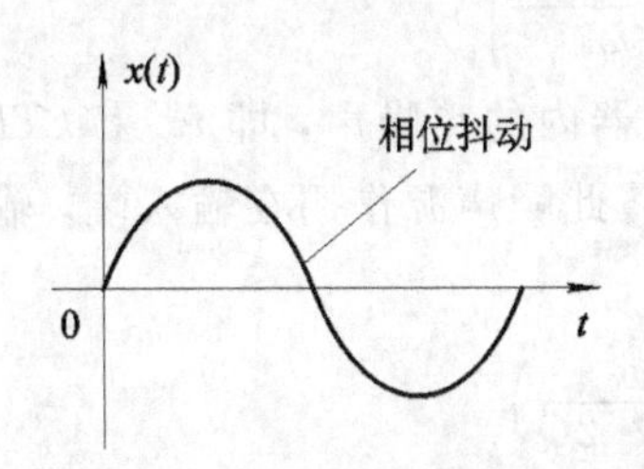

8-15　含相位噪声的振荡信号时域波形图

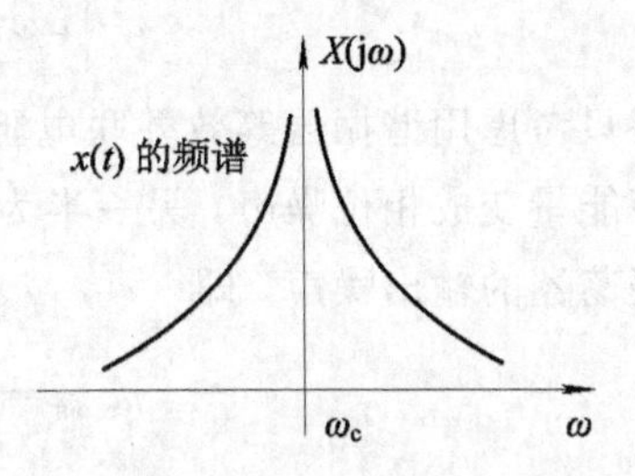

图 8-16　振荡信号的频谱

8.7.3　相位噪声产生的机理

1. 线性时不变相位噪声模型(Leeson 相位模型)

经典振荡器相位分析是基于所谓的线性时不变模型进行的。这个模型最先由 Leeson 提出，所以人们称之为信号 Leeson 相位模型。该模型将相位噪声解释为由振荡器内部热噪声通过振荡器环路转换产生的，在输出表现为相位噪声，如图 8-17 所示。

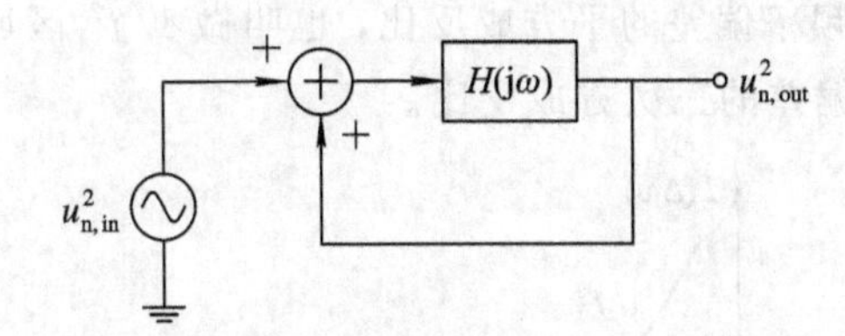

图 8-17　振荡器线性噪声模型

如果考察从输入到输出的闭环传递函数，则有

$$H_c(j\omega)=\frac{H_o(j\omega)}{1-H_o(j\omega)} \tag{8.7.4}$$

对于噪声传递，只关心传递函数的幅度，因为

$$u^2_{n,out}=u^2_{n,in}\cdot|H_c(j\omega)|^2 \tag{8.7.5}$$

根据巴克豪森条件，在振荡角频率 ω_0 处，使得$|H(j\omega_0)|=1$且为极值，而环路的相位 $\varphi(j\omega_0)=0$，即 $H(j\omega_0)=1$。在振荡角频率 ω_0 附近，将进行泰勒级数展开，并令 $H(j\omega_0)=1$，得

$$H(j\omega)=H(j\omega_0)+\Delta\omega\cdot\frac{dH}{d\omega}\Big|_{\omega=\omega_0}=1+\Delta\omega\cdot\frac{dH}{d\omega}\Big|_{\omega=\omega_0} \tag{8.7.6}$$

将式(8.7.6)代入式(8.7.4)，且只考虑其幅度，则有

$$|H_c(j\omega)|=\frac{|H(j\omega_0)|}{\left|\Delta\omega\cdot\frac{dH}{d\omega}\right|_{\omega=\omega_0}}=\frac{1}{\left|\Delta\omega\cdot\frac{dH}{d\omega}\right|_{\omega=\omega_0}} \tag{8.7.7}$$

根据振荡器的Q值的定义，若不考虑相位，令$\left|\frac{\mathrm{d}\varphi(\mathrm{j}\omega)}{\mathrm{d}\omega}\right|_{\omega_0}=0$，则$Q=\frac{\omega_0}{2}\cdot\left|\frac{\mathrm{d}H(\mathrm{j}\omega)}{\mathrm{d}\omega}\right|_{\omega=\omega_0}$，式(8.7.7)改写为

$$|H_c(\mathrm{j}\omega)|=\frac{1}{\left|\Delta\omega\cdot\frac{\mathrm{d}H}{\mathrm{d}\omega}\right|}=\frac{1}{\left|\frac{\Delta\omega\cdot 2Q}{\omega_0}\right|}=\frac{\omega_0}{\Delta\omega\cdot 2Q} \tag{8.7.8}$$

如果只考虑用谐振器等效并联电阻来等效振荡器内的热噪声，即$u_n^2=4kTR$，又假设一半噪声能量变成相位噪声，另一半为幅度噪声，将此噪声源作用在输入端，输出端的输出即为振荡器的输出噪声，即

$$u_{n,out}^2=2kTR\cdot\left(\frac{\omega_0}{\Delta\omega\cdot 2Q}\right)^2 \tag{8.7.9}$$

考虑到相位噪声是噪声相对于信号的噪声比值，于是相位噪声也可以表示为

$$L(\Delta\omega)=\varphi_{n,out}^2=\frac{2kTR}{u_{sig}^2}\cdot\frac{1}{4Q^2}\cdot\left(\frac{\omega_0}{\Delta\omega}\right)^2=\frac{2kT}{P_{sig}}\cdot\frac{1}{4Q^2}\cdot\left(\frac{\omega_0}{\Delta\omega}\right)^2 \tag{8.7.10}$$

Leeson 公式为[9]

$$L(\Delta\omega)=10\lg\left\{\frac{2FkT}{P_{sig}}\left[1+\left(\frac{\omega_0}{2Q\Delta\omega}\right)^2\right]\left(1+\frac{\Delta\omega_{1/f^3}}{[\Delta\omega)}\right)\right\} \tag{8.7.11}$$

式(8.7.11)将相位噪声分为三个不同的部分，反映到图上如图8-18所示。当频率偏差$\Delta\omega$大于$\omega_0/2Q$时，相位噪声与频率偏差无关；当频率偏差$\Delta\omega$大于ω_{1/f^3}而小于$\omega_0/2Q$时，这一区域相位噪声与频率偏差的平方成反比，也叫做$1/f^2$区域；当频率偏差$\Delta\omega$小于ω_{1/f^3}时，相位噪声与频率偏差的三次方成反比。

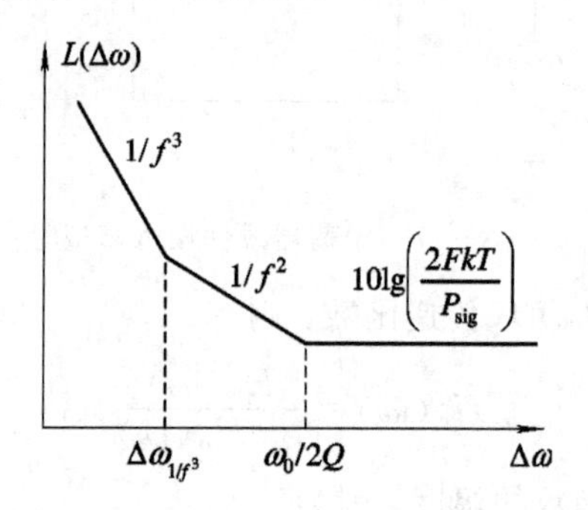

图8-18　Leeson 相噪曲线

通过线性时不变模型可以看出，在频率偏差较小的地方，也就是在三次方的区域，闪烁噪声起到主导作用。水平线和频率偏差二次方的拐点也可以认为是闪烁噪声和热噪声的拐点，水平区域与频率无关且主要受热噪声影响。由于振荡器本身工作状态并不是线性的，因此用线性时不变模型分析还有一些不足的地方。特别是公式中的经验参数F，只能通过实验数据的总结获得，不能为相位噪声的定量分析提供帮助。随后 De Muer Bram 对模型进行了一些改进，使得模型指出了振荡器各部分对相位噪声的贡献，为减小相位噪声提供了帮助，但其无法准确定量分析相位噪声的缺陷依然存在。

2. Hajimiri 线性时变噪声模型

前面的相位噪声讨论假设了振荡器是线性和时不变的。通常线性假设是合理的，而时

不变假设却缺乏明显的依据，因为振荡器本质上是时变系统。

线性时变噪声模型引入了一个脉冲灵敏度函数(impulse sensitivity function，ISF)，该函数在信号幅度最大时有最小值 0，在信号过零点时有最大值。根据该相位噪声理论，要获得良好的相位噪声，有源电路应该在 ISF 最小时对谐振电路充电，尽量采用对称设计可以减小 $1/f$ 噪声的影响。

斯坦福大学的 Hajimiri 提出并系统地讨论了振荡器的线性时变噪声模型。建立时变噪声模型的第一步是找到电路噪声源到振荡器相位噪声的传递函数。电路噪声可以等效为电压噪声或电流噪声。因为振荡器具有大信号和周期性特性，所以其传递函数是周期性时变的。线性时变噪声建模的第二步是理解周期性时变噪声。振荡器的周期振荡会周期性地调制 MOS 管电流和跨导，从而决定了其电流噪声随振荡器周期变化，即该 MOS 管电流噪声被周期性地调制为周期性时变噪声源。最终通过周期性时变噪声源得到噪声相位传递函数。

3. Razavi 模型

Leeson 相位模型是针对 LC 振荡器提出的，对于环形振荡器并不适用。Razavi 提出了针对环形振荡器的新模型，用来描述环形振荡器的相位噪声性能。Razavi 将振荡器的开环品质因素定义为

$$Q=\frac{\omega_0}{2}\sqrt{\left(\frac{\mathrm{d}A}{\mathrm{d}\omega}\right)^2+\left(\frac{\mathrm{d}\Phi}{\mathrm{d}\omega}\right)^2} \tag{8.7.12}$$

其中，A 为环路增益的幅度；Φ 为环路增益的相位。

再应用 Leeson 相位模型，得到环形振荡器在 $(\Delta\omega)^{-2}$ 区的相位噪声为

$$L\{\Delta\omega\}=\frac{2NFkT}{P_{\mathrm{sig}}}\left(\frac{\omega_0}{2Q\Delta\omega}\right)^2 \tag{8.7.13}$$

其中，N 为延迟单元级数的函数。

4. 相位噪声的计算

相位噪声定义为噪声功率密度与载波功率之比的分贝数(单位为 dBc/Hz)，即

$$L(\Delta\omega)=10\lg\left[\frac{P_{\mathrm{n}}/\Delta f}{P_{\mathrm{sig}}}\right] \tag{8.7.14}$$

或用 dBm 表示为

$$L(\Delta\omega)=(P_{\mathrm{n}})_{\mathrm{dBm}}-(P_{\mathrm{sig}})_{\mathrm{dBm}}-10\lg(\Delta f) \tag{8.7.15}$$

8.8　相位噪声带来的问题与设计优化

8.8.1　对邻近信道造成的干扰

假设接收机接收一个中心频率为 ω_2 微弱信号，其附近有一个发射机发射一个频率为 ω_1 的大功率信号并伴随着相位噪声。此时接收机希望接收的微弱信号会受到发射机相位噪声的干扰，如图 8-19 所示。在 900 MHz 和 1.9 GHz 周围，频率 ω_1 和 ω_2 的差可以小到

几十千赫兹，因此LO的输出频谱必须非常尖锐，以减小对有用信号的影响。例如，在IS-54系统中，相位噪声在60 kHz频率偏移量上必须小于-115 dBc/Hz。

为了说明相位噪声对接收信号的影响。下面结合图8-20，通过例8.2来做具体解释。

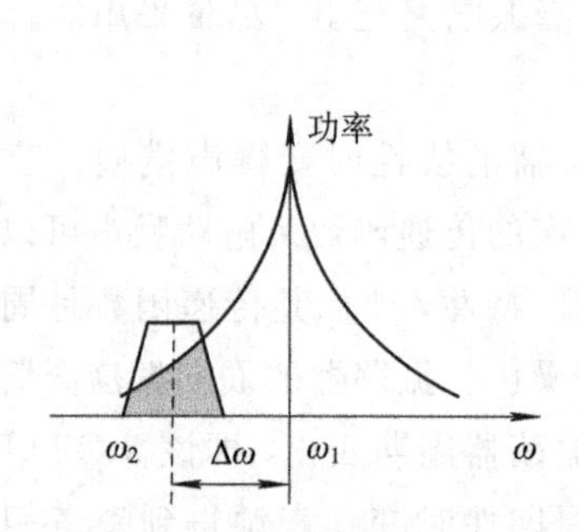

图8-19 相位噪声对接收信号的影响

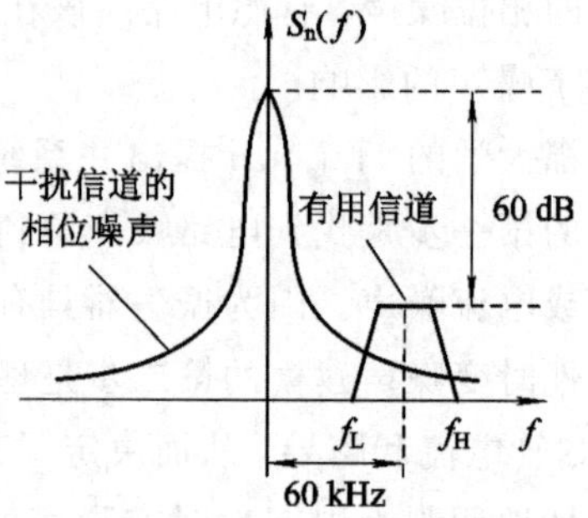

图8-20 相位噪声和有用信道的分布

例8.2 有用信道的带宽是30 kHz，信号功率与相距60 kHz干扰信道相比低60 dB。那么，为了使信噪比达到15 dB，干扰信道的相位噪声在偏移量为60 kHz时应为多少？

解 干扰信道在有用信道上产生的总噪声功率为

$$L\{\Delta\omega\}=10\lg\frac{P_{n,\,tot}/(f_H-f_L)}{P_{int}}$$

$$=10\lg\frac{S_0}{P_{int}}=10\lg S_0-10\lg P_{int}$$

$$=10\lg S_0-10\lg P_{signal}-60\text{dB}$$

$$=-SNR_{dB}-10\lg(f_H-f_L)-60$$

将相关的数据代入上式得

相位噪声$=-15-10\lg(f_H-f_L)-60\approx-120$(dBc/Hz@60kHz)

8.8.2 倒易混频

当接收机同时接收有用信号和相邻信道的强干扰信号时，本振的相位噪声对接收信号的影响和干扰如图8-21所示。

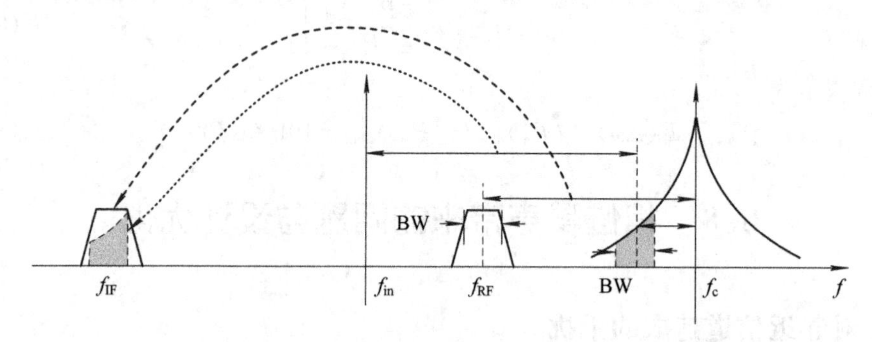

图8-21 本振的相位噪声对接收信号的干扰

当图8-21中的有用信号和本振信号经混频后产生中频信号，同时本振的相位噪声和相邻信道的强干扰信号经混频后，相位噪声也被搬移到中频，因此对有用信号造成干扰。

这种干扰称为倒易混频(reciprocal mixing)。

8.8.3　对星座图的影响

理想情况下的星座图的各点应该在各个方格的中心位置，但一旦本振存在相位噪声，就会造成实际的星座图上的各点相对于中心发生旋转，在通信系统性能上导致误码率升高，如图8-22所示。

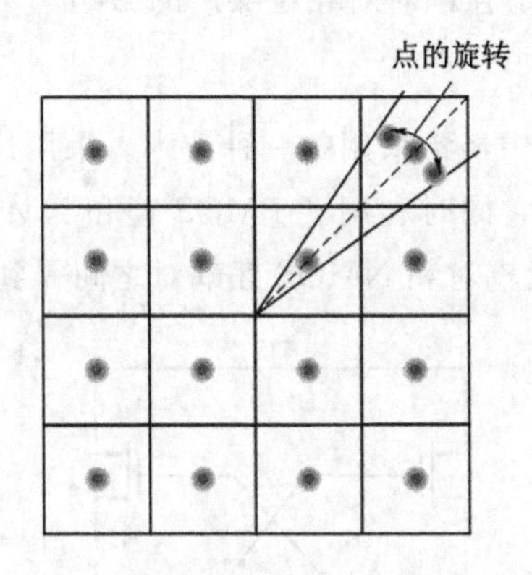

图8-22　本振相位噪声对星座图的影响

8.8.4　设计优化

1. 相位噪声考虑

LC振荡器的核心是LC谐振回路。而L的质量直接影响整个谐振回路的性能。对于LC振荡器来说，相位噪声的主要来源有：LC回路噪声、负阻互耦对噪声和电流源噪声等。

2. 电流源作用及优化

在电流偏置型振荡器中，电流源对相位噪声有很大的影响。如果在CMOS振荡器的共源端加一个理想的电流源，如图8-23所示，则构成一个电流型偏置振荡器。

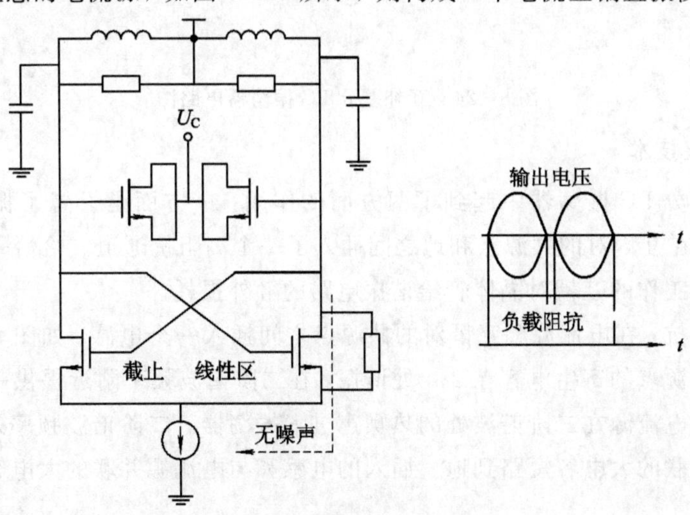

图8-23　电流源在负阻LC振荡器中的作用

在振荡器信号靠近 0 时，两个晶体管都导通电流，形成一个负阻，给谐振回路补充能量损失。假设两个晶体管的尺寸完全一致，在平衡状态流过它们的电流均为 1/2。通过设计使得两个晶体管的过驱动电压小于晶体管阈值电压 $U_{GS}-U_{TH}<U_{TH}$，则当振荡信号超过差分对的线性工作范围时，使得其中一个晶体管进入线性区，并使得另一个晶体管截止。进入线性区的晶体管导通尾电流源所提供的所有电流并保持不变，因此不会给谐振回路引入额外的损耗，进而大大降低了互耦对对相位噪声的影响。

3. 电流复用技术

电流复用技术是功耗设计中经常采用的一种技术。采用这个技术的振荡器称为互补差分振荡器，如图 8－24 所示。它同时利用了 PMOS 管和 NMOS 管互耦对来提供负阻，其电流源提供的电流在 PMOS 互耦对和 NMOS 互耦对之间得到了复用。

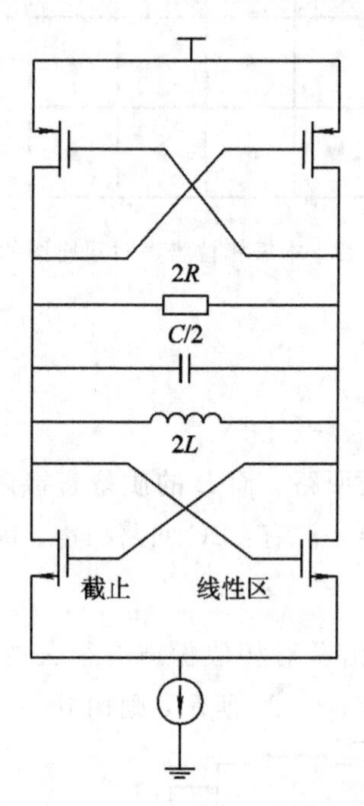

图 8－24　互补差分 LC 振荡器电路图

4. 噪声滤波技术

电流源在差分 LC 振荡器中起到了两方面的作用：一方面是设置了振荡器的偏置电流；另一方面是在互耦对的共源点和地之间插入了一个高阻抗通道。恰恰是这个高阻抗通道降低了线性区工作的互耦对晶体管给谐振电路的额外损耗。

为了提高阻抗，在电流源和互耦对的共源点之间插入一个电感，如图 8－25 所示。该电感与互耦对共源点的寄生电容在 $2\omega_0$ 处谐振，在二阶谐波频率附近提供一个高阻抗。这个高阻抗阻止了电流源在二阶谐波处的热噪声进入振荡器。二阶谐波频率处的热噪声通过一个与电流源并联的大电容短路到地。插入的电感和与电流源并联的大电容组成的网络称为噪声滤波器。

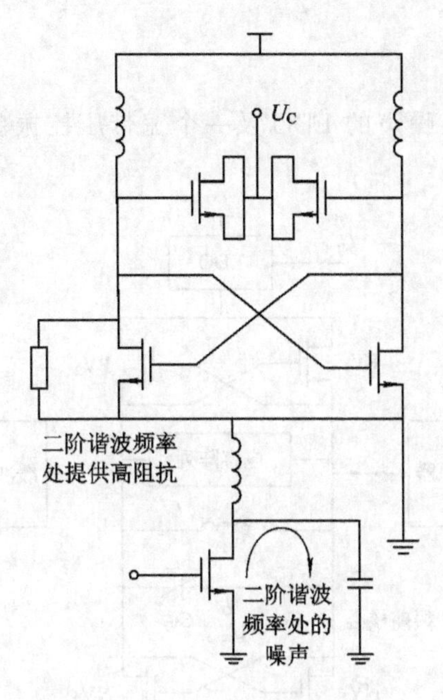

图 8-25　噪声滤波原理图

5. LDO 应用

低压差线性稳压器(low dropout voltage regulator，简称 LDO)是一个能够在外界电压波动，输出电流发生变化依然能够快速稳定输出电压的电路模块。

电源噪声的主要来源有稳压电路自身的噪声、外部供电电源的噪声、作为电源电路负载的其他模块电路产生的噪声。通过提高电源电路的电源抑制比性能，能够有效降低外部供电设备带来的外部噪声；设计低输出噪声的线性稳压电源的关键就是降低稳压源本身噪声和增强电源抑制比性能。

VCO 对电源上的低频噪声非常敏感，低频噪声会通过上变频进入振荡器，进而恶化 VCO 的相位噪声[10]。低噪声的 LDO 的应用将减小压控振荡器的相位噪声。

8.9　4～6 GHz 宽频带 CMOS LC 压控振荡器设计实例

对于通信系统来说，有着众多的通信标准和制式，不同的标准意味着不同的频率范围需求，如果采用一个宽频带的振荡器来同时满足多个标准，就能够显著地减小芯片面积。减小面积意味着降低成本，因此研究宽带振荡器具有十分重要的现实意义。本节将介绍一种宽带低噪声压控振荡器及为振荡器提供低噪声电压的 LDO 的设计，主要包括电感电容的确定、MOS 负阻管的优化、电容阵列单元的选择、LDO 中的误差放大器设计等。本节的具体例子为 4～6 GHz 宽频带 CMOS LC 压控振荡器的设计。

8.9.1 选择电路结构

整体电路由一个低输出噪声的 LDO 及一个宽带压控振荡器组合而成，如图 8-26 所示。

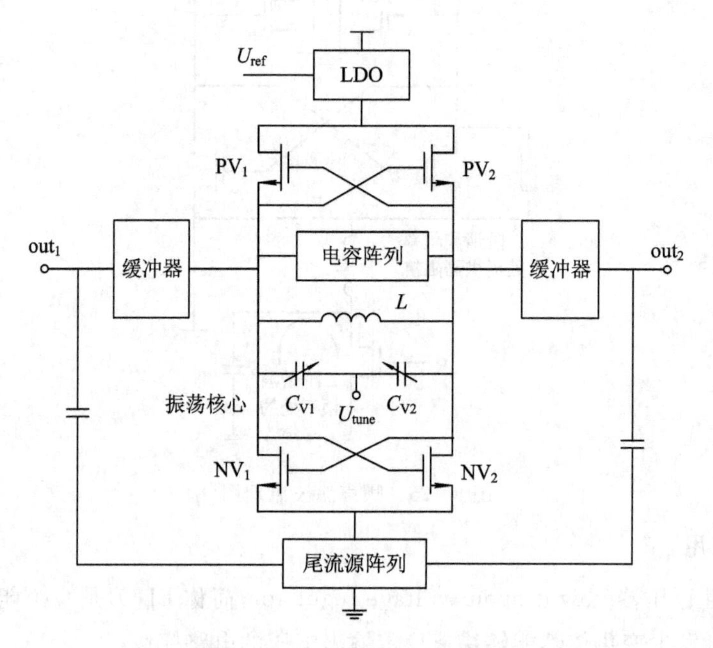

图 8-26 振荡器整体电路框图

在图 8-26 中，电感电容压控振荡器一般都由谐振单元、负阻管和偏置尾流源组成。按照使用晶体管的种类区分有：只用 NMOS 管的 VCO、只用 PMOS 管的 VCO、两种 MOS 管都用的互补型 VCO。从偏置电流源的角度分析，含有在顶部或底部的偏置电流源，还有无尾流源的结构。

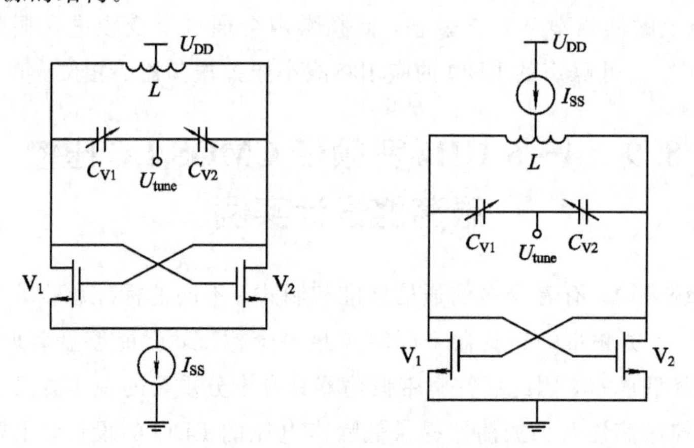

图 8-27 NMOS 管负阻结构

图 8-27 所示为只使用 NMOS 管作为负阻管的 LC VCO，这种结构能够提供比互补型电路更好的相位噪声，且负阻对管具有更快的开关速度[11]。图 8-28 所示为 PMOS 管作为负阻管的结构，与 NMOS 管的结构相比，在相同跨导下，PMOS 管的漏电流热噪声更

小，并且在截止频率时的电流增益很小[12]。只使用一种管子做负阻的结构在减小闪烁噪声方面具有一定的优势，并且相位噪声相对较小，其提供的输出电压摆幅能够突破电源电压的限制，这使其适用于低供电电压情况，然而这种结构的稳定性较差，且功耗稍大[3]。

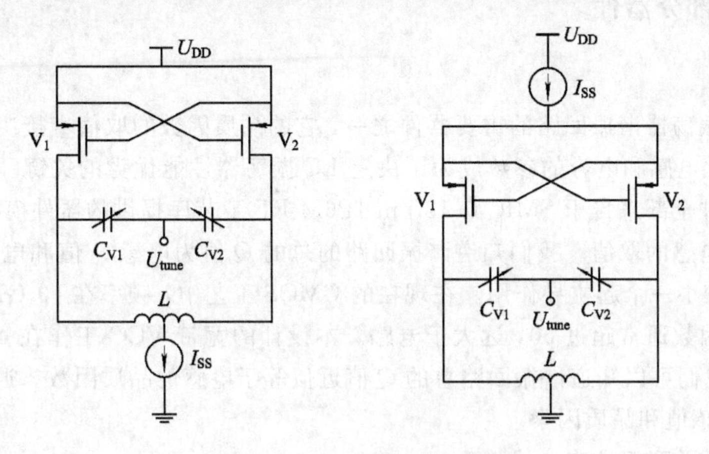

图 8－28　PMOS 管负阻结构

图 8－29 所示为互补型结构，对于同样大小的电感，它获得相同大小的振荡器输出摆幅，而 NMOS 管和 PMOS 管结构只获得 1/2 大小的振荡器输出摆幅，即在同样的性能下，互补型的 VCO 功耗要小一半。由于从电源到地的通路上串联了多个晶体管，需要比单晶体管结构更大的电压，以使每个管子都满足过驱动电压要求，因此无法用于低电源电压情况。

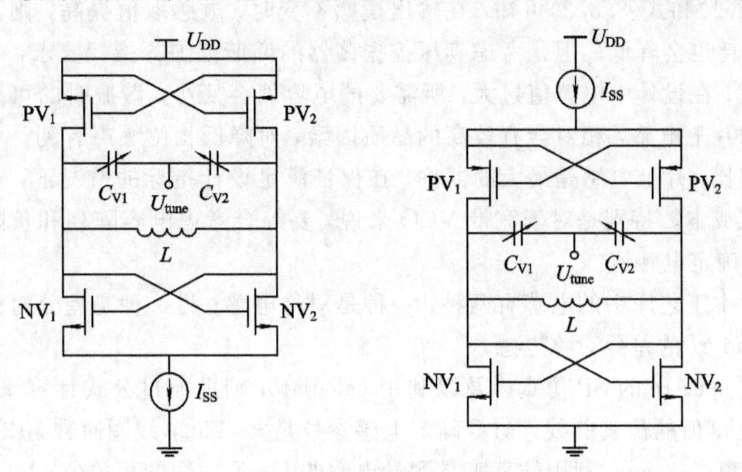

图 8－29　互补型负阻结构

LC VCO 的尾电流通过 LC 谐振腔，限制了经由谐振器的电压摆幅，并增加了振荡器的相位噪声。但是，尾电流源通过 LC 谐振器向差分对提供稳定的电流，能够使得振荡器对电源的变化不敏感。总的来说，电流源是隔离电源注入噪声和谐振器的首选[14]。尾流源会减少电源的电压馈入，与此同时，振荡器电路需要大尺寸的晶体管来提供足够的跨导 g_m，以满足起振条件。我们知道，大尺寸的晶体管会带来较大的寄生电容，这会减少调谐范围和振荡频率覆盖面[15]。无尾流源的结构虽然能够减小开关管带来的 $1/f$ 噪声，但是这种结构不能够为差分对管提供稳定的电流偏置，且容易受电源波动的影响进而恶化相位噪声[16]，因此大量 VCO 设计中都使用有尾流源的结构。通过使用尾流源，LC 谐振电路提

供了较高的 g_m 跨导，使得差分负阻对管能够快速切换[17]。本次设计的 VCO 采用互补 MOS 对管和 NMOS 管的偏置尾流源[18]。

8.9.2 选取部分器件

1. 电感

电感作为振荡器谐振回路的重要器件之一，它的品质因数的取值直接决定了振荡器的整体性能，因此电感和电容的参数成为了决定 LC 振荡器性能优劣的关键。本设计使用的电感和电容器件全部来自于 SMIC 0.18 μm 1P6M RF 工艺库提供的器件模型。

首先确定电感的取值。我们知道谐振回路的总的 Q 值为电感 Q 值和电容 Q 值的并联值，即由取值较小一个起主导作用。在现在的 CMOS 工艺中，频率在 10 GHz 以下的应用中电容的品质因数通常超过 50，远大于电感。本设计的宽带 VCO 工作在 4～6 GHz 的频率区间，由此我们可以知道谐振回路总的 Q 值近似等于电感的品质因数。通过电感模型用 spectre 来测其感值和品质因素。

电感的等效并联阻抗表达式如下：

$$R_p = \omega L Q \tag{8.9.1}$$

振荡器电压输出摆幅为

$$U_{out} = \frac{2}{\pi} I_{ss} R_p \tag{8.9.2}$$

由式(8.8.1)和式(8.8.2)可知，在输出摆幅不变时，电感取值提高，则消耗的电流减小，相应的功耗也会降低。但是考虑到压控振荡器的调谐范围等指标要求，不能无限制地取大的电感值，在设计中电感值过大，所需要的电容值会变小，谐振时的可调谐范围也会变小。较小的片上电感，相对会有较高的品质因素，对降低相位噪声有利。与集成电路中的其他器件相比，片上电感是最大的器件，在保证满足设计指标的情况下，选择小一些的电感能够降低成本。特别是对于宽带 VCO 来说，要综合考虑电容阵列和负阻管带来的寄生效应，折中确定电感值。

本次设计中工艺库中的电感有两种：一种是对称电感；另一种是差分对称电感。本设计选用 diff_ind_rf 的差分对称电感。

我们通过 spectre 的 SP 仿真以及以利用 calculator 辅助通过公式计算来得到 L_s 对频率曲线。通过 Q 值的仿真曲线，初步确定电感参数是 $r=75$u，线圈匝数是 2，金属宽度是 8u，金属的距离是 1.5u。利用仿真工具测量电感的 $L-F$ 曲线的相关公式如下：

$$L = \frac{\mathrm{imag}\left(\frac{1}{Y_{11}}\right)}{2\pi f} \tag{8.9.3}$$

通过仿真分析可知，电感值随频率的增加而增加，但是增加到一定值之后会变为容性。电感的工作频率远小于自激振荡频率 10 GHz。电感的感值比较大，在频率 5 GHz 处的感值为 2.04 nH。通过仿真分析，在 4～6 GHz 范围内的 Q 值最低为 12，最高为 15。

2. 可变电容与开关电容阵列

本次设计使用工艺库提供的积累型 MOS(AMOS)管，不同种类和可调大小的 AMOS 通过设置管子的宽和叉指数得到需要的最大电容值和最小电容值。宽调谐范围会增加振荡器的相位噪声，为了尽量降低相位噪声，可以在满足频率覆盖范围的情况下，通过降低变容管的可调范围、减小调谐灵敏度来提高相噪性能。

利用仿真工具测量电容的 $C-U$ 曲线，相关公式如下：

$$C=\frac{\text{imag}Y_{11}}{2\pi f} \tag{8.9.4}$$

当压控电压 U 在 0～1.8 V 的范围内变化时，可以计算出可变电容的变化范围。在振荡器的中心频率 5GHz 处，当控制电压从 0 增加到 1.8 V 时，对应的可变电容的变化范围为 1.85～0.8 pF。

本次设计的振荡器的调谐范围很广，需要用到数据调谐技术来实现，即需要并联电容阵列，增加它的调谐范围，以达到设计的目的。VCO 中最早使用的传统的电容阵列如图 8-30 所示。为了实现宽调谐范围，降低 K_{VCO}，提出了一种数字电压控制电容阵列的数字调谐技术，即将一条较宽的频带分为多条较窄的频带，且相邻的频带之间有重叠的频率覆盖区域。本设计参考同样的思路使用了一组四位开关电容阵列，四位二进制数有 16 种组合，因此 4～6 GHz 的频带被分为 16 条相邻的频带。当开关管全部导通时，谐振回路的电容值最大，调谐频率最低；当开关全部截止时，谐振回路的电容值最小，此时调谐频率最高，为了保持全频带都被覆盖，相邻的子频带需要有部分频率覆盖范围重叠，因此需要仔细选择变容管和固定电容的大小。

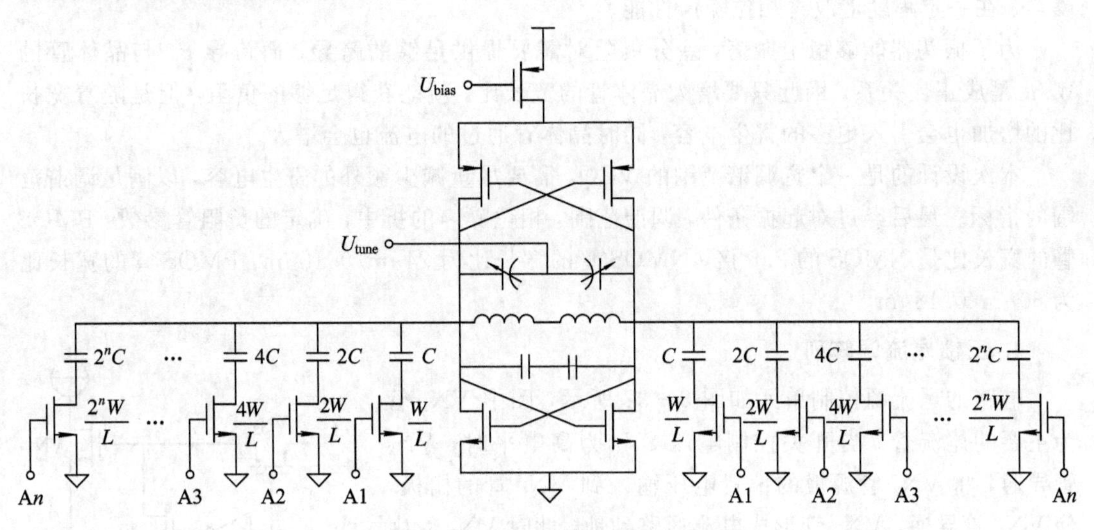

图 8-30　传统使用电容阵列的 VCO

在图 8-30 中，开关以 NMOS 管实现，与平板金属电容串联，NMOS 管导通时，可等效为一个电阻，近似导通电阻为 R_{on}，此时可得开关单元的品质因数表达式为

$$Q=\frac{1}{\omega C R_{\text{on}}} \tag{8.9.5}$$

其中，R_{on}可由晶体管饱和公式推出：

$$R_{\text{on}}=\frac{1}{\mu_{\text{n}} C_{\text{ox}} \dfrac{W}{L}(U_{\text{GS}}-U_{\text{TH}})} \tag{8.9.6}$$

从式(8.8.5)可知，想要获得更高的 Q 值，需要导通电阻尽量小，由式(8.8.6)可知导通电阻与晶体管宽长比成反比关系，因此 L 应该取器件工艺允许的最小值，即最小沟道长度。根据公式，为了提高 Q 值，宽度 W 显然越大越好，但是增大 NMOS 开关管的宽长比的同时，也会带来较大的寄生电容，在晶体管关断后，管子等效为一个电容，这个电容与固定电容串联，会降低电容阵列的调谐能力，因此应在不降低谐振回路的 Q 值的情况下，尽量减小开关管的尺寸。传统结构的电容阵列因为器件非对称误差，对噪声的抑制能力较差。

本设计的整体电容阵列如图 8-31 所示。电容 C_0 为固定平板电容，且四组电容单元的电容比例依次为 1∶2∶4∶8。电容 C_0 为边长 9.5 μm 的方块平板金属电容，值为 88.98fF。

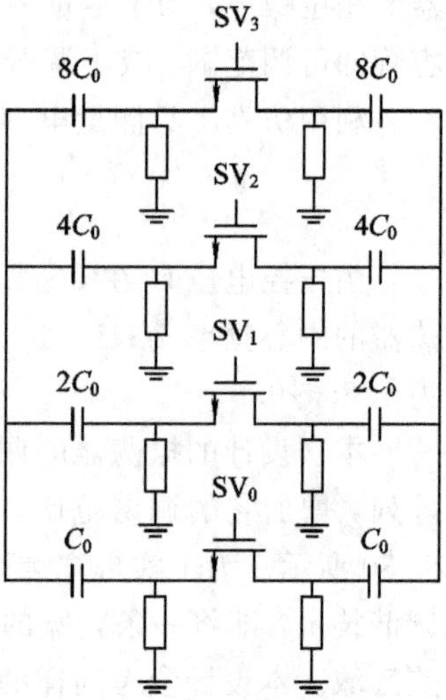

图 8-31 四比特电容阵列

3. 差分负阻对

宽频带 VCO 不同谐振频率处的等效内阻不同，在频率最低处起振最困难，拥有最小的 R_p。前面分析选择了差分互补结构，则 $-R_p$ 由互补管 VN_1、VN_2 和 VP_1、VP_2 的跨导相加得到。NMOS 管和 PMOS 管的跨导设为相等可使得振荡波形更加接近正弦波、负阻管的开关时间一致、减小角频率噪声、在一定程度上改善相位噪声性能。

为了振荡器能够稳定振荡，差分负阻对需要提供足够的跨导，而跨导 g_m 与晶体管的 W/L 是成正比关系，因此只要增大晶体管的宽长比，就能获得足够的负阻，但是随着宽长比的增加也会引入更多的寄生电容，同时晶体管通过的电流也会增大。

本次设计的是一个宽调谐范围的 VCO，需要尽量减少额外的寄生电容，以满足调谐范围的指标。最后经过对起振条件，调谐范围，相位噪声的折中，确定的负阻管参数：PMOS 管的宽长比是 NMOS 的 2.5 倍，NMOS 管的宽长比为 24μm/0.18μm，PMOS 管的宽长比为 60μm/0.18μm。

4. 反馈尾流源阵列

电路的尾流源控制单元如图 8-32 所示，图中 VN_1 管为主要的尾流管，当开关控制电压 SV_a 为高电平时，VN_2 管导通，将 VN_2 管源极的偏置电压输入到 VN_1 管的栅极，使 VN_1 管导通，VN_1 管形成电流通路到地，此时 VN_3 管由于栅极接低电平，成高阻状态；当开关控制电压 SV_a 为低电平时，VN_2 管关断，VN_3 管的栅极此时为高电平导通，将 VN_1 管的栅极连接到地，使 VN_1 管截止。

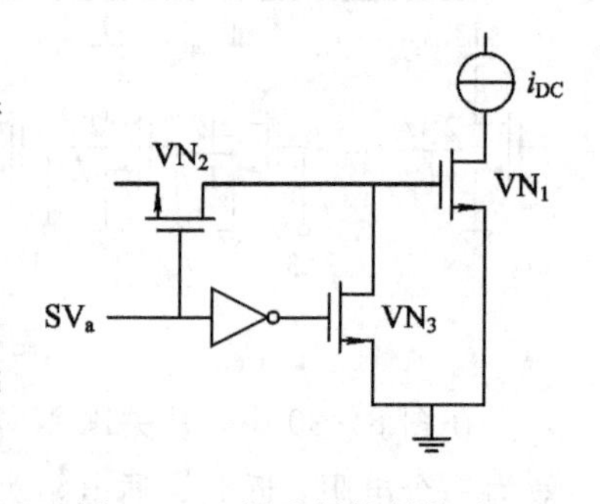

图 8-32 尾流源控制单元

图 8-33 所示为 LC VCO 的完整电路，中间的振荡核心为谐振电路和负阻电路，振荡信号通过输出驱动接外界负载，起到隔离和增大驱动的作用。尾流源阵列与电容开关阵列都由四位二进制数字信号控制，abcd 控制信号 a 为高位，d 为低位，产生 16 种不同的开关方式，即有 16 个不同的频带。

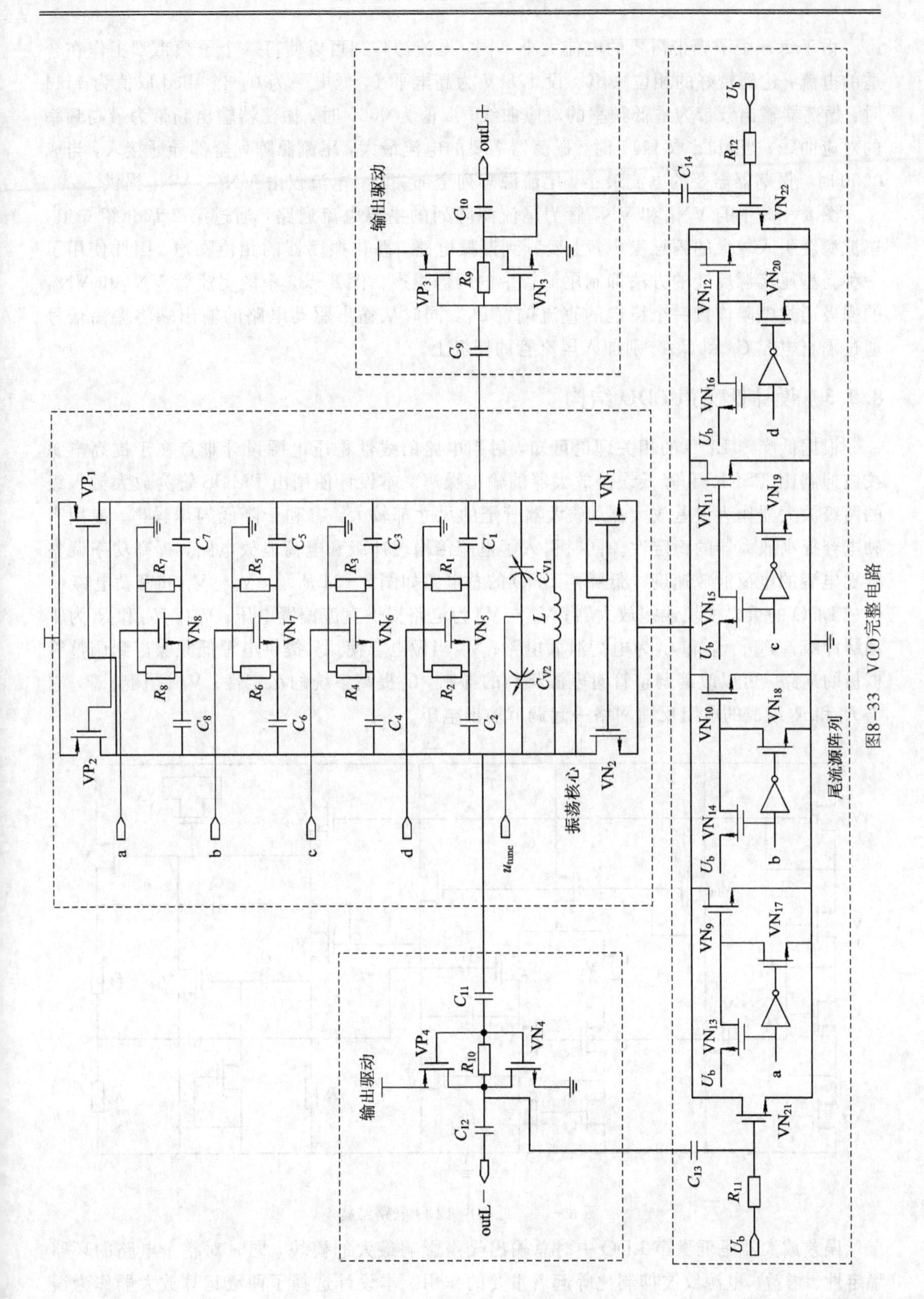

图8-33　VCO完整电路

由于每一个子频带需要的电流大小不同，尾流源阵列可以使每一个子频带都工作在合适的电流，达到较好的相位噪声。设 1.8 V 为高电平 1，低电平为 0，当 abcd 取值为 1111 时，振荡器输出频带为最低频率的对应曲线，取值为 0000 时，振荡器输出频带为最高频率的对应曲线；当 abcd 取 1111 时，振荡器需要的电流最大，尾流源阵列全部导通接入，当取 0000 时，振荡器需要的电流最小，尾流源阵列全部关断，电流仅由 VN_{21}、VN_{22} 提供。

图 8-33 中的 VN_{21} 和 VN_{22} 管为尾流源阵列的主要电流通路，通过第 2 章介绍知道，尾流源会引入较大的闪烁噪声，上变频到谐振电路，恶化振荡器的相位噪声，因此使用了一种新型尾流源反馈的方法抑制尾流管中的闪烁噪声。图 8-33 中的尾流管 VN_{21} 和 VN_{22} 的栅极通过电阻连接一个稳定的直流偏置 U_b，同时从输出驱动电路的输出端将振荡信号通过隔直电容 C_{13} 和 C_{14} 分别加入尾流管的栅极上。

8.9.3 设计低噪声 LDO 结构

根据低噪声 LDO 的相关理论可知，射频电路的线性稳压电源设计难点在于提高电源纹波抑制比(PSRR)和降低误差放大器的输出噪声。本设计使用由 PMOS 管为放大输入级的两级放大器作为误差放大器，放大器管子的尺寸都较大，有利于降低闪烁噪声，使用密勒电容提高放大器的稳定性。同时引入了电流倍增缓冲级和电荷泄放电路，提高功率调整管栅电容的电荷泄放速度。低噪声 LDO 的总电路如图 8-34 所示，V_1～V_{11} 和密勒电容 C_c 构成 LDO 的重要模块误差放大器；V_{12}～V_{15} 为电路提供直流偏置电压；V_{16}、V_{17} 和 R_1 为驱动缓冲级；V_{18}、V_{19} 和 C_2 为电荷泄放电路；V_{20} 当做电容使用，提供电源低频噪声到调整管栅极的通路，可以改善调整管对电源噪声的抑制，C_1 提高系统的稳定性；V_{21} 是调整管，它与 R_2 和 R_3 组成的电阻反馈网络一起调节输出电压。

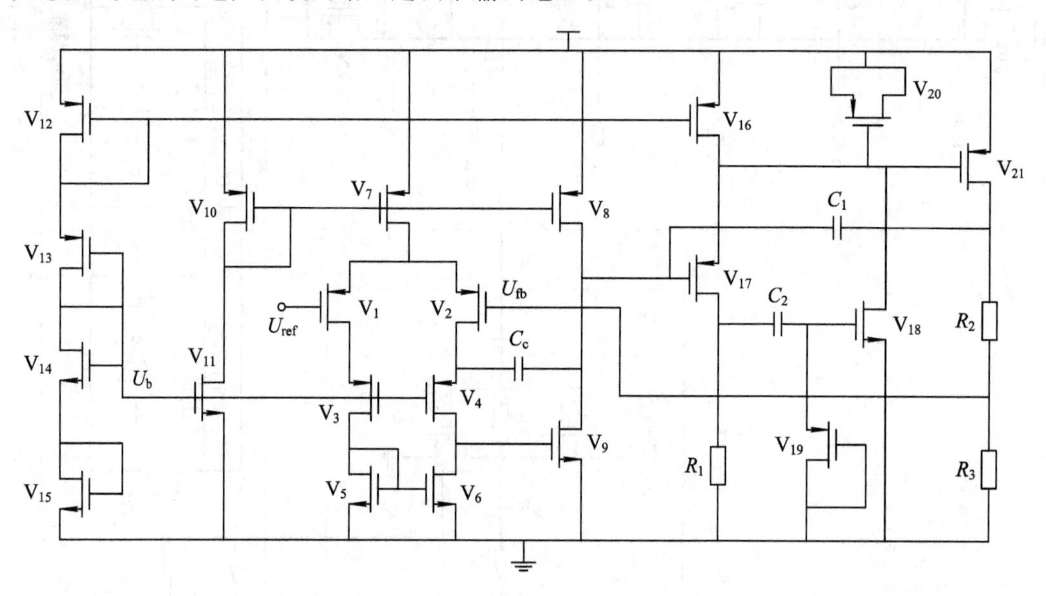

图 8-34 低噪声 LDO 电路结构

误差放大器是低噪声 LDO 中对总输出噪声影响最大的模块，同时对整个电路的环路稳定性、增益、电源纹波抑制比等起着重要的作用。本设计选择了两级运算放大器作为误差放大器的结构，并使用 PMOS 管作放大器第一级的输入放大管，栅长取值为 1 μm，以尽可能减小闪烁噪声对输出噪声的贡献，如图 8-35 所示。放大管负载使用折叠共源共栅结构，V_5、V_6 是放大器中噪声最大来源，尽量减小其闪烁噪声是关键，因此这两个管子取工艺所能得到的最大栅长 10 μm。两级运放结构能够获得很大的放大增益，电源纹波抑制比与放大器增益相关，提高增益能够得到更好的纹波抑制能力。

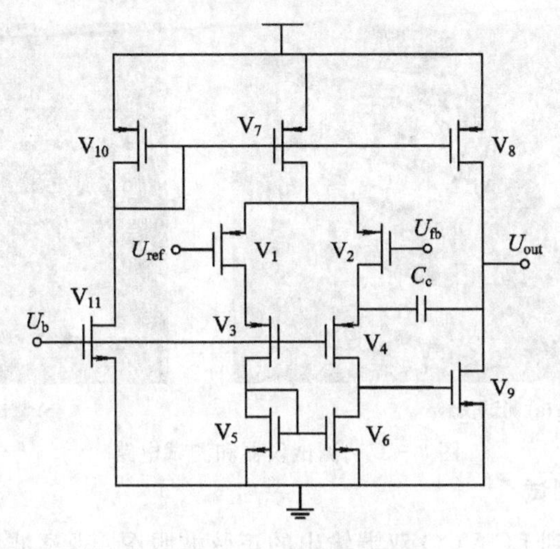

图 8-35　误差放大器

8.9.4　芯片测试

我们对所设计的 LC VCO 在 SMIC 0.18 μm 工艺下进行了试验性流片，并使用仪器进行测试。下面给出芯片的显微照片、测试电路板、测试方案和结果分析。

1. VCO 芯片及测试环境

图 8-36(a)所示为使用 cascade 探针台拍摄的完整的 LC VCO 芯片显微照片，中间的红框部分为芯片核心电路部分，周围为 ESD 静电防护电路和键合用焊盘。图 8-36(b)所示为芯片与 PCB 的键合位置对应关系。

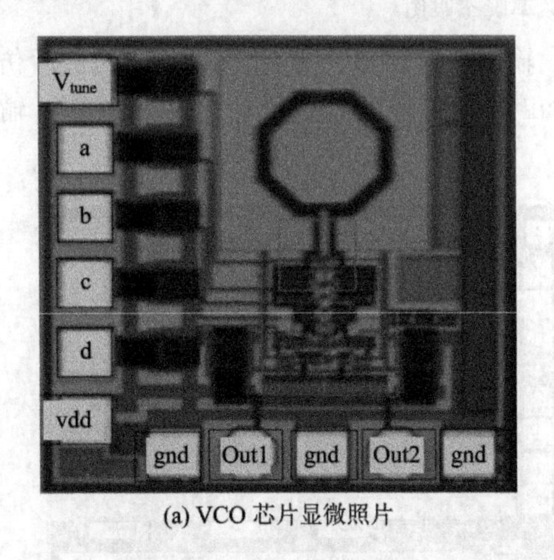

(a) VCO 芯片显微照片

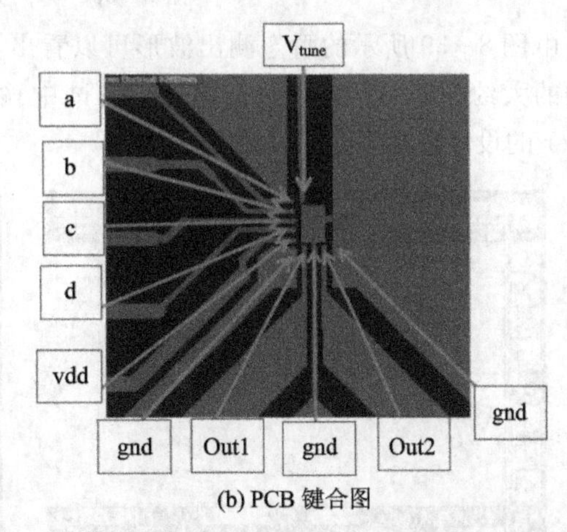

(b) PCB 键合图

图 8-36　VCO 芯片

电路的主要测试仪器如图 8-37 所示。VCO 的输出信号通过 SMA 射频头，用专用的射频信号线与仪器进行连接。所用的仪器主要有观测时域信号的Agilent 90604A高频示波器；在频域使用的R&S FSU 43 GHz频谱分析仪，用来精确测量振荡频率和相位噪声。测试板使用四位拨码开关加1 kΩ的上拉电阻作为开关阵列的数字位控制，调谐电压通路外接一个1 kΩ的限流电阻，避免由于过大的电流产生的电荷集聚而使栅极击穿。

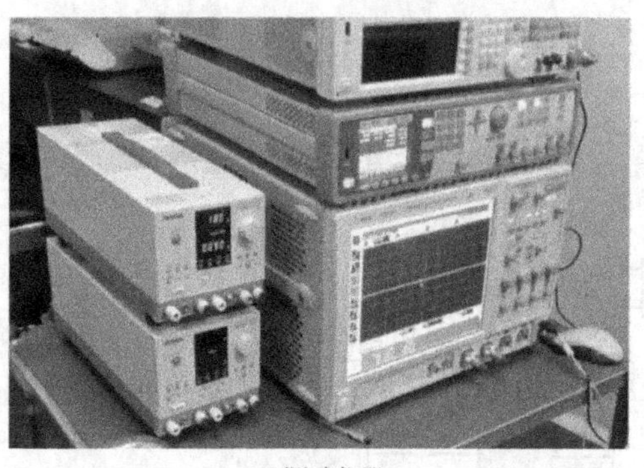

(a) 测试仪器

(b) 测试板照片

图8-37　测试仪器和测试电路

2. VCO芯片瞬态测试

通过示波器测量得到LC VCO双端输出的正弦波眼图，观察波形的抖动情况。清晰的眼图说明波形稳定，越稳定相位噪声性能就越好。眼图如图8-38所示，在4.41 GHz时抖动最小，眼图最为清晰，6.5 GHz时眼图抖动最大。

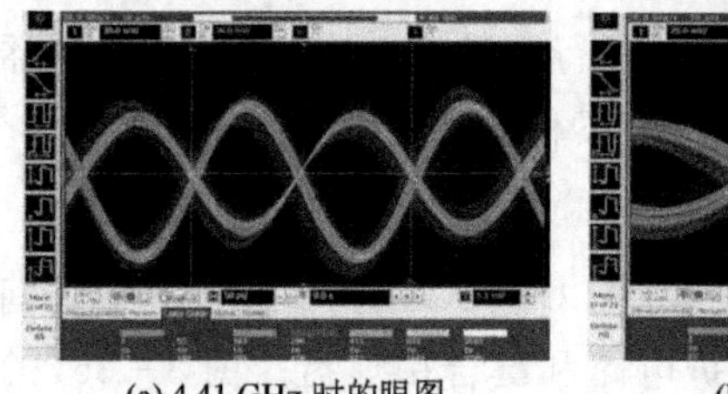

(a) 4.41 GHz时的眼图

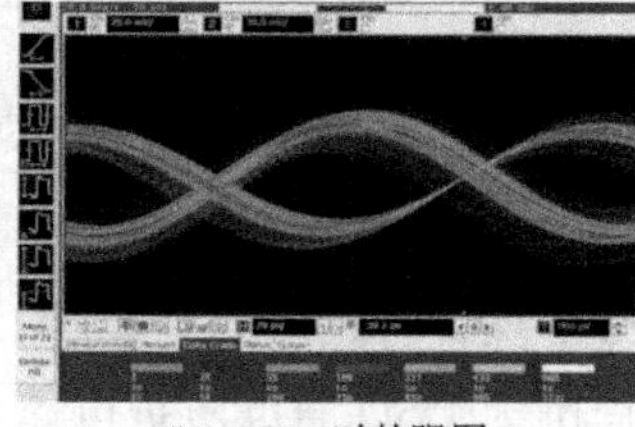

(b) 5 GHz时的眼图

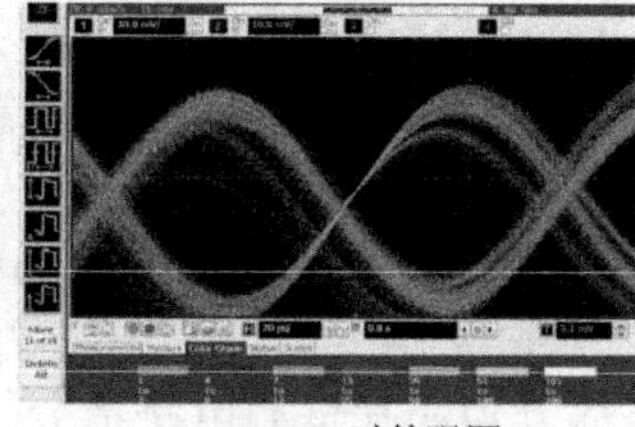

(c) 6.5 GHz时的眼图

图8-38　不同频率瞬态眼图

由图8-39所示的瞬态测出波形可以看出，输出电压摆幅只有94.53 mV，与前后仿真得到的大约300 mV有了明显降低。测试中输出摆幅的降低符合设计之初的预期。输出buffer的设计还需要进一步改进。

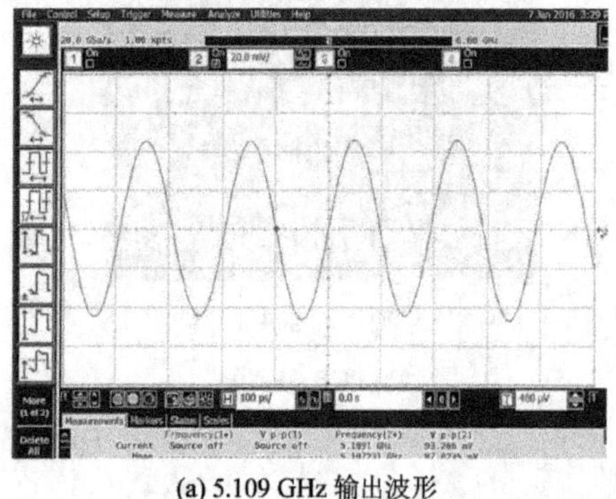

(a) 5.109 GHz输出波形

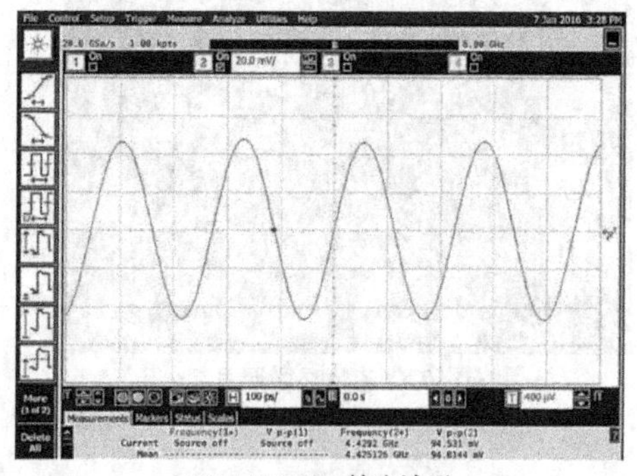

(b) 4.429 GHz输出波形

图8-39　瞬态输出波形

3. VCO 芯片频率特性测试

图 8－40 所示的调谐曲线由频谱分析仪测量得到，每条频率曲线取 7 个频率点，变容管控制电压从 0 V 开始，每隔 0.3 V 取一点，后用 Origin 软件进行绘图。测试得到的频率调谐范围为 4.326～6.508 GHz，频带比预期的设计目标上移了 300 MHz。可能的原因是电感模型得到的仿真值与实际值有一定的差距，还有芯片实际制作过程中的寄生参数影响和工艺角变化。

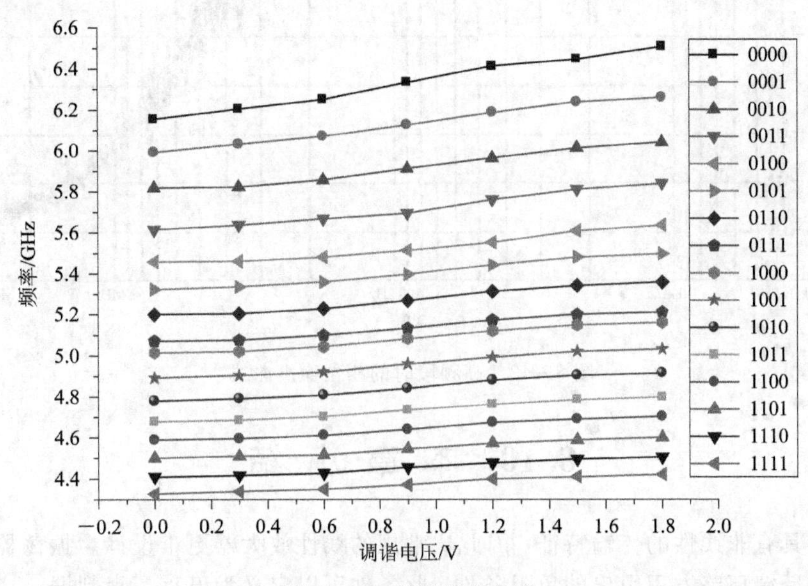

图 8－40　测试调谐曲线

测试得到的相位噪声曲线如图 8－41 和图 8－42 所示，低频段时得到的相位噪声为 －119.36dBc/Hz@1MHz，此时频率为 4.326GHz，高频段相位噪声为－110.87dBc/Hz@ 1MHz。

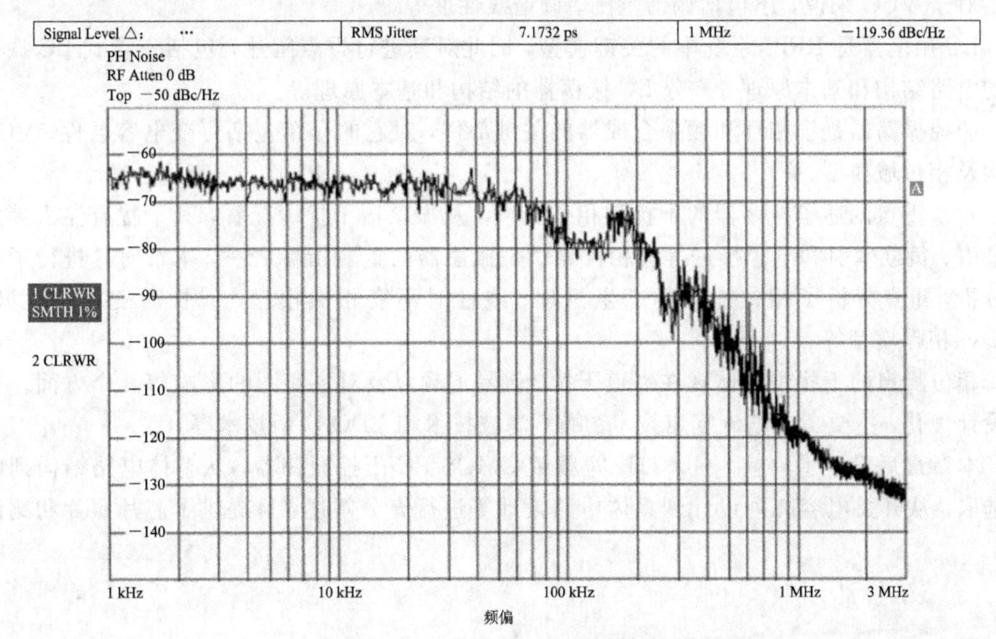

图 8－41　低频段时的相位噪声

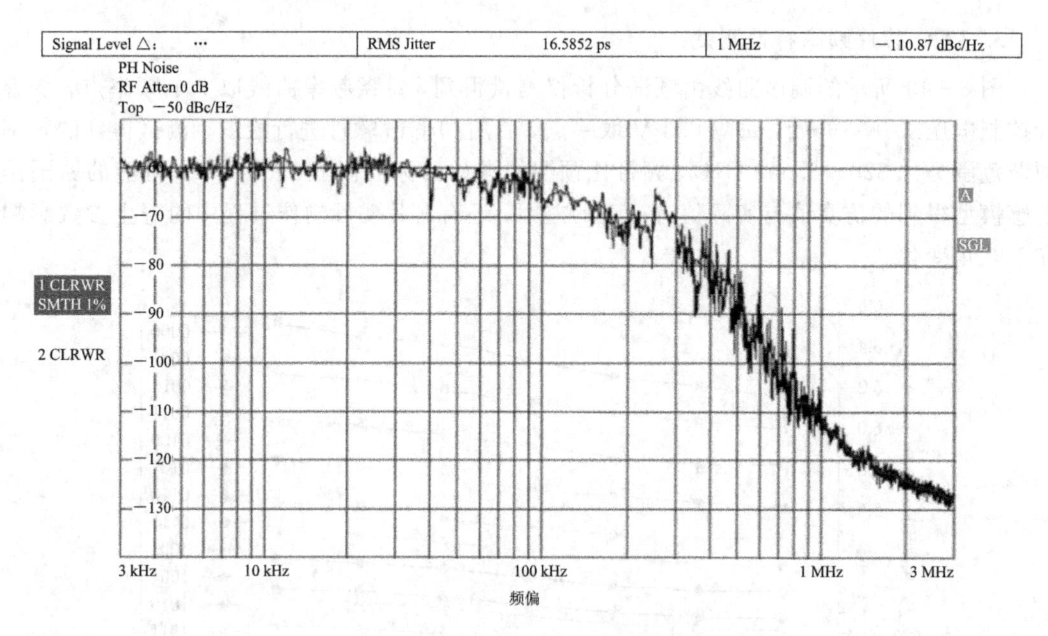

图 8-42 高频段时的相位噪声曲线

8.10 本章小结

振荡器具有非线性的传输特征，因此比常规的线性放大器更难设计。振荡器设计的关键之一是由反馈环路方程引出的负阻条件，此条件可以定义为巴克豪森判据：

$$H_F(j\omega)\cdot H_A(j\omega)=1$$

振荡器的主要技术指标有振荡频率、振荡幅度、相位噪声、功耗、频率稳定度和准确度。对于VCO来说，还包括调谐范围、调谐线性度等。

LC振荡器是RFIC系统中的关键模型，因此对其进行重点阐述，包括三点式LC振荡器的电路结构和基本原理、差分LC振荡器的结构和基本原理等。

压控振荡器是锁相环和频率合成器的关键部件，对它的介绍包括可变电容器件、VCO结构及相位域模型。

本章重点阐述了振荡器的干扰和相位噪声。从振荡器干扰情况看，其干扰有注入锁定与牵引、负载牵引和电源推进等。相位噪声是振荡器的重要指标之一，本章对其进行了详细分析，重点分析了相位噪声的产生机理、线性时不变相噪模型、线性时变相噪模型、Razavi相噪模型等。

相位噪声的干扰主要体现在邻道干扰、倒易混频以及对星座图的影响等几个方面。针对设计优化，主要考虑电流复用技术、噪声滤波技术和LDO应用技术等。

本章最后设计了一款4～6 GHz宽频带CMOS LC压控振荡器，从整体电路结构到电感选取，从开关电容阵列设计到具体电路设计等进行充分阐述，且提供了芯片照片和测试结果。

习 题

8.1 射频振荡器的主要指标有哪些？

8.2 画出反馈式振荡器的原理框图，并简述其原理。

8.3 什么是巴克豪森条件？

8.4 什么是负阻式振荡器？

8.5 画出三点式振荡器的原理图，并用数学模型描述其原理。

8.6 画出差分耦合振荡器原理图和等效电路图，并推导起振条件。

8.7 振荡器的干扰有哪些？

8.8 相位噪声是如何定义的？

8.9 求题图8-1所示电路的开环传输函数并计算相位裕度。假设$U_{DD}=3V$，$g_{m1}=g_{m2}=g_m$，并忽略其他电容。

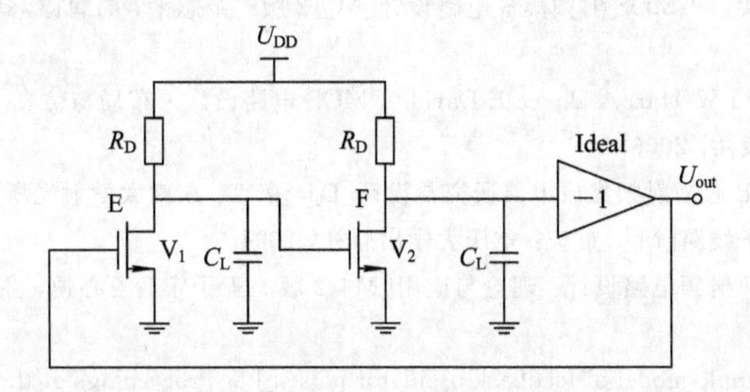

题图8-1

8.10 题图8-2是一个差分负阻式LC振荡器。

(1) 计算LC谐振回路上振荡信号的频率和幅度，假设电感的品质因数为10，忽略除C_{gs}之外的所有晶体管寄生电容；

(2) 解释该振荡器的幅度是如何受限的；

(3) 计算保证该振荡器正常起振的电源电压最小值；

(4) 估算振荡器的功耗。

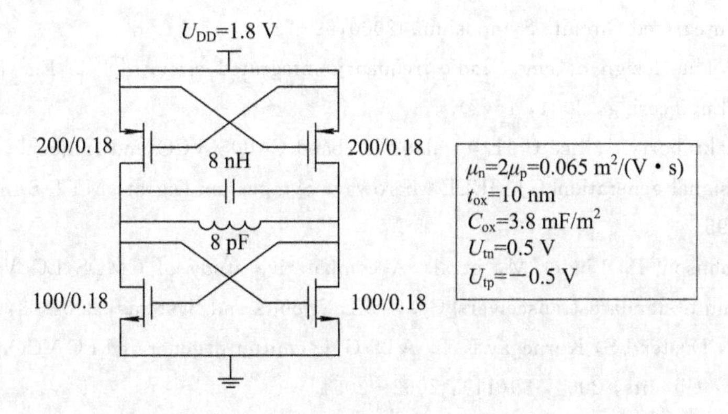

题图8-2

8.11 针对题图8-2，若将图中的电容换成一个串联的RC，并假设电阻值可以从小变大。

(1) 推出这个结构的等效并联RC网络。如果8 nH的电感是理想的，那么这个谐振回路的Q值是多少？

(2) 画出振荡频率和谐振回路Q值和R的关系曲线；

(3) 参考(2)的答案，这个利用电阻的变化来调谐的方式有什么优缺点？

参考文献

[1] 池保勇，余志平，石秉学．CMOS射频集成电路分析与设计[M]．北京：清华大学出版社，2007.

[2] 李智群，王志功．射频集成电路与系统[M]．北京：科学出版社，2008.

[3] Devendra K Misra(美)．射频与微波通信电路：分析与设计[M]．张肇仪，祝西里，等译．北京：电子工艺出版社，2005.

[4] Thomas H Lee (美)．CMOS射频集成电路设计[M]．2版．余志平，周润德，等译．北京：电子工业出版社，2006.

[5] Backer R Jacob，Li W Harry，Boyce E David. CMOS电路设计·布局与仿真[M]．陈中建，译．北京：机械工业出版社，2006.

[6] 段吉海．TH-UWB通信射频集成电路研究与设计[D]．南京：东南大学射光所，2010.

[7] 段吉海．高频电子线路[M]．重庆：重庆大学出版社，2004.

[8] Reinhold Ludwig. 射频电路设计：理论与应用[M]．2版．王子宇，王心悦，主译．北京：电子工业出版社，2014.

[9] Leeson D B. A simple model of feedback oscillator noise [J]. Proceedings of the IEEE，1966，54(2)：329-330.

[10] Wang X，Bakkaloglu B. Systematic Design of Supply Regulated LC-Tank Voltage-Controlled Oscillators [J]. Circuits & Systems I Regular Papers IEEE Transactions on，2007，55(7)：1834-1844.

[11] Thamsirianunt M，Kwasniewski T. CMOS VCO′s for PLL frequency synthesis in GHz digital mobile radio communication[J]. IEEE Journal of Solid-State Circuits，1997，32(10)：1511-1524.

[12] Jerng A，Sodini C G. The impact of device type and sizing on phase noise mechanisms MOS VCOs [C]. IEEE Custom Integrated Circuits Conference，2003，547-550.

[13] Hung C M，Floyd B A. A fully integrated 5.35-GHz CMOS VCO and a prescaler[C]. IEEE Radio Frequency Integrated Circuits Symposium. 2000，69-72.

[14] Lee T H. The design of cmos radio-frequency integrated circuits [J]. Encyclopedia of RF & Microwave Engineering，2004，16(2).

[15] Park Y，Chakraborty S，Lee C H，et al. Wide-band CMOS VCO and frequency divider design for quadrature signal generation[C]. IEEE Microwave Symposium Digest，MTT-S International，2004，3：1493-1496.

[16] Fard A，Johnson T，Linder M，et al. A comparative study of CMOS LC VCO topologies for wide-band multi-standard transceivers[C]. IEEE Circuits and Systems，2004，3：17-20.

[17] Zhan J H C，Duster J S，Kornegay K T. A 25-GHz emitter degenerated LC VCO [J]. IEEE Journal of Solid-State Circuits，2004，39(11)：2062-2064.

[18] 张喜．4-6GHz宽频带CMOS LC压控振荡器的研究与设计[D]．桂林：桂林电子科技大学，2016.

[19] Zhang H，Chen B，Liu J，et al. A kind of LC voltage-controlled oscillator based on centre-tapped

inductance[C]. Mechanic Automation and Control Engineering (MACE), 2011 Second International Conference, 7111 - 7114.

[20] 张刚 . CMOS 集成电路锁相环电路设计[M]. 北京：清华大学出版社，2013.

[21] 袁璐 . 宽带电感电容压控振荡器的研究与设计[D]. 上海：复旦大学，2008.

[22] 郑金汪，陈华，倪侃，等 . 低增益变化宽线性范围低噪声压控振荡器设计[J]. 微电子学与计算机，2014，6：84 - 90.

第9章 CMOS射频功率放大器

9.1 概　　述

射频功率放大器是无线发射机中的核心模块之一，它的主要作用是给发射天线等外部负载提供输出功率。射频功率放大器也是一种特殊的放大器，之所以说它特殊是因为它要解决常规射频放大器的一个重要问题，即效率问题。效率成为了射频功率放大器的一个关键指标。关于射频功率放大器还有一个特殊设计的问题，即功放的输入/输出匹配问题、最大功率传输和最大效率的匹配问题。

本章将介绍射频功率放大器的分析与设计技术。首先介绍射频功率放大器的技术指标，然后介绍非开关型射频功率放大器，最后介绍开关型射频功率放大器。本章的另一个重点内容是介绍射频功放的设计方法以及线性化技术。

9.2 技 术 指 标

1. 输出功率

射频功率放大器的输出功率是指功率放大器驱动负载的带内射频信号的总功率，它不包含谐波成分以及杂散成分的功率。功率放大器的输出功率大小由系统标准制定。射频和微波系统中信号的功率可以用瓦(W)、毫瓦(mW) 和 dBm 表示。单位 dBm 是信号功率相对于 1 mW 的对数值，定义为

$$P_{\mathrm{dBm}}=10\lg(P_{\mathrm{mW}})=10\lg(P_{\mathrm{W}})+30 \tag{9.2.1}$$

如果使用统一的负载，则功率与幅度是一一对应的。在 50 W 的系统中，10 V 的信号幅度所对应的功率为

$$P=\frac{U_{\max}^2}{2R}=\frac{10^2}{2\times50}=1\ \mathrm{W}=1000\ \mathrm{mW} \tag{9.2.2}$$

$$P_{\mathrm{dBm}}=10\lg(P_{\mathrm{mW}})=10\lg(10^3)=30\ \mathrm{dBm} \tag{9.2.3}$$

2. 效率和附加效率

功率放大器的效率是指衡量放大器将直流电源消耗的功率转化为射频输出功率的能力，它是衡量功率放大器的一个主要指标。

若用 P_{L}表示负载上的功率，P_{D}表示电源提供的直流功率，G 表示功率增益，则功率放大器效率定义为

$$\eta=\frac{P_{\mathrm{L}}}{P_{\mathrm{D}}} \tag{9.2.4}$$

功率附加效率(power-added efficiency，PAE)定义为

$$\mathrm{PAE}=\frac{P_{\mathrm{L}}-P_{\mathrm{in}}}{P_{\mathrm{D}}}=\eta\left(1-\frac{1}{G}\right) \tag{9.2.5}$$

3. 功率利用因子

功率利用因子(power utilization factor, PUF)是用来衡量功率放大器是否充分发挥了晶体管输出功率潜能的一个技术指标，它被定义为功率放大器的实际输出功率与利用同一晶体管构成的理想 A 类功率放大器输出功率的比值。

4. 功率增益

功率放大器的功率增益被定义为放大器的输出信号功率与驱动信号功率的比值，即

$$G=\frac{P_{\mathrm{out}}}{P_{\mathrm{in}}} \tag{9.2.6}$$

5. 线性度

功率放大器产生的非线性失真会同时表现在幅度和相位上，即在信号的幅度和相位上会同时出现失真。功放的线性度可以用如下几种表示方式。

1) 1 dB 压缩点

1 dB 压缩点和三阶截点是描述电路线性度的关键指标。与小信号放大器相同，射频功率放大器也可以用 1 dB 压缩点和三阶截点来描述其线性度。考虑到在 1 dB 压缩点附近的功率增益受到了压缩，会产生 AM-AM 失真，同时输入信号和输出信号之间的相移也会随输入信号功率的变化发生变化，会产生 AM-PM 失真。为了满足所需的线性度要求，放大器的输出功率通常要小于它的最大设计输出功率(输出 1 dB 压缩点)。射频放大器的输出功率与 1 dB 压缩点的差值称为功率回退(bach-off)。

功率放大器的非线性可以通过双音测试来表征，即在放大器输入端加两个幅度相等、频率间隔很小的正弦信号，然后在放大器输出端测量互调分量。对相邻信道的干扰情况，用三阶互调量(IM_3)来表示，对邻近信道的干扰情况，用五阶互调量(IM_5)来表示。功率放大器的非线性可以用 1 dB 压缩点表示。

2) 相邻信道功率比

相邻信道功率比(adjacent channel power ratio, ACPR)是指信道带宽内的信号功率 P_0 与相邻信道带宽内泄漏或扩展的信号功率 P_1 之比，即 $\mathrm{ACPR}=P_0/P_1$，如图 9-1 所示。

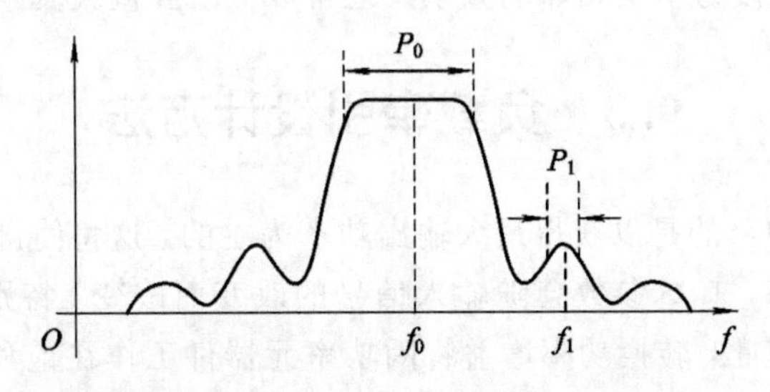

图 9-1　相邻信道功率比的示意图

在通信标准中采用频谱掩模板进行频谱规范。发射机输出信号的功率谱密度称为谱辐射(spectral emission)。当信号被非线性放大时，信号会在频域上扩展到相邻信道内，产生带外辐射。当发射机中存在非线性时，非线性将可能扩展发射信号的带宽，提高邻近信道内的功率谱密度，这种现象称为频谱扩展(spectral regrowth)。无线通信系统标准的频谱

掩模板(spectral mask)给发射机的功率谱密度扩展和带外辐射设定了下限值，反射机的输出功率谱密度必须在掩模板限定的范围内。

3) 误差矢量幅度

由于非线性失真会使信号幅度和相位同时出现失真，因此用星座图中实际信号的点和理想信号的点之间的距离来表示误差矢量幅度(error vector magnitude, EVM)，如图9-2所示。

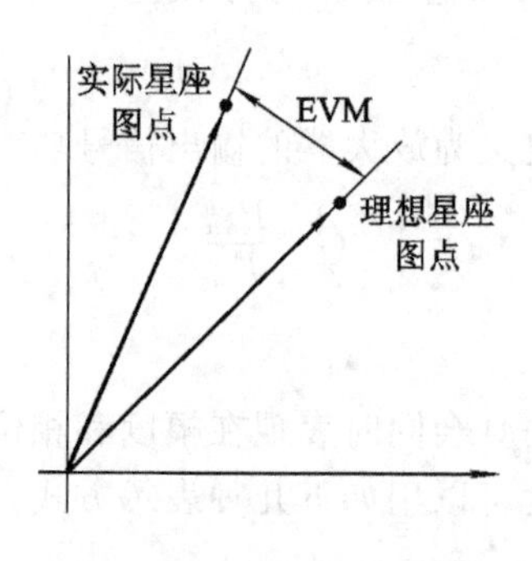

图9-2　误差矢量幅度

4) 几种失真

信号失真主要是由有源元件的非线性引起的，主要为谐波失真(harmonic distortion)、AM to PM Conversion、互调失真(inter modulation distortion, IMD)，分别解释如下。

(1) 谐波失真。当功率放大器输入单一频率信号时，在输出端除了放大原信号外，原信号的各次谐波也被放大了，因此很可能干扰别的频带，所以在系统中均明确规定信号的谐波衰减量。

(2) AM to PM Conversion。当输入功率较大时，因为S_{21}包含振幅和相角，而相移量随振幅的增加而改变，则原来的AM调制会转而影响FM调制的变化。

(3) 互调失真。当放大器输入端输入两个频率分别为f_c+f_m、f_c-f_m的信号时($f_c \gg f_m$)，在放大器的输出端除了输入信号的各次谐波(谐波失真)外，还会出现因输入信号频率之间的和差(交互调制)所产生的互调失真信号，它对系统产生的伤害主要集中在载波频率f_c附近的三次、五次等奇数阶次的互调分量信号。互调失真因与载波频率太近，难以利用滤波器将它滤除，且极易干扰相邻的频率。通常以三阶互调失真来判断其线性度。

9.3　负载牵引设计方法

通常功率放大器的目的是以获得最大输出功率为主的，这将使得功率放大器的晶体管工作在趋近非线性状态，其S参数会随输入信号的改变而改变，特别是S_{21}参数会因输入信号的增加而变小。因此，转换功率增益将因功率元器件工作在饱和区而变小，不再是输出功率与输入信号成正比关系的小信号状态。也就是说，原本功率元器件在小信号工作状态下，输入和输出端都是设计在共轭匹配的最佳情况下的，随着功率元器件进入非线性区，输入和输出的共轭匹配就逐渐失配。此时，功率器件就无法得到最大的输出功率，因此在设计功率放大器时，为使得输出端达到最大的功率输出，其关键在于输出匹配网络。这可以利用负载牵引(load-pull)原理找出功放最大输出功率时的最佳外部负载阻抗。

load-pull是决定最佳负载阻抗值最精确的方法，它用来模拟及测量功率管在大信号时的特性，如输出功率、传输功率增益、附加功率效率以及双音交调信号分析的线性度。

功率放大器在大信号工作时，功率管的最佳负载会随着输入信号的功率增加而改变，因此，必须在史密斯圆图上针对给定一个输入功率值绘制出在不同负载阻抗时的等输出功率曲线，帮助找出最大输出功率时的最佳负载阻抗，这种方法称为负载牵引。

9.4　非开关型射频功放分类

9.4.1　A类功率放大器

1. 原理分析

A类功率放大器又叫甲类功率放大器，其典型电路如图9-3所示。A类功率放大器是线性功率放大器，能够对输入信号进行线性放大，不会使信号的幅值和相位产生明显的失真。它的另一个特点是晶体管在整个信号周期内保持导通。图9-3中，晶体管漏极的总电流为

$$i_{DS}=I_Q-i_o=I_Q-I_o\sin\omega t \tag{9.4.1}$$

漏极的总电压为

$$u_{DS}=V_{DD}+U_o\sin\omega t \tag{9.4.2}$$

集电极总电流和集电极总电压如图9-4所示。图中的射频扼流圈一方面为功放提供偏置电流，另一方面充当了交流负载。

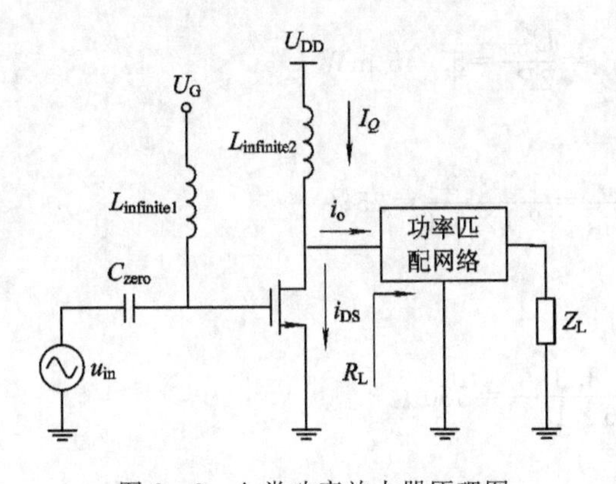

图9-3　A类功率放大器原理图

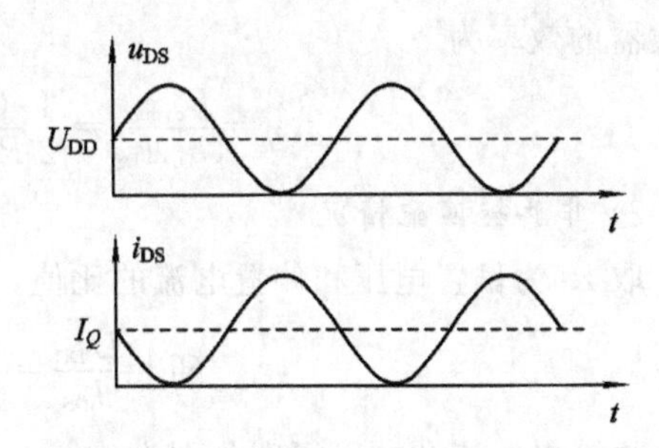

图9-4　i_{DS}和$u_{DS}=u_o$变化曲线

负载上能得到的最大电流幅度为

$$I_{o,\max}=I_Q \tag{9.4.3}$$

此时对应的最大输出电压幅度为

$$U_{o,\max}=I_{o,\max}R_L=U_{DD} \tag{9.4.4}$$

由式(9.4.3)和式(9.4.4)可得

$$I_Q=\frac{U_{DD}}{R_L} \tag{9.4.5}$$

直流电源功率为

$$P_{D}=I_{Q}U_{DD}=\frac{U_{DD}^{2}}{R_{L}} \tag{9.4.6}$$

负载上的最大功率为

$$P_{o,max}=\frac{1}{2}I_{o,max}U_{o,max}=\frac{U_{DD}^{2}}{2R_{L}} \tag{9.4.7}$$

功率放大器的最大效率为

$$\eta_{max}=\frac{P_{o,max}}{P_{D}}=\frac{1}{2}=50\% \tag{9.4.8}$$

如果输出电压幅度(用U_{o}表示)减小，那么输出功率减小，由于直流功耗不变，因此效率随之降低，此时效率表示为

$$\eta=\frac{P_{o}}{P_{D}}=\frac{U_{o}^{2}/(2R_{L})}{U_{DD}^{2}/R_{L}}=\frac{1}{2}\frac{U_{o}^{2}}{U_{DD}^{2}} \tag{9.4.9}$$

2. 输出阻抗匹配问题讨论

设晶体管的输出电阻为r_{o}，负载阻抗Z_{L}经阻抗变换后变成了R_{L}。假设$U_{DD}=3.3\ \text{V}$，$I_{DS}=6.6\ \text{mA}$，$r_{o}=1\ \text{k}\Omega$。

1) 共轭匹配情况

为了实现输出端的共轭匹配，取$R_{L}=r_{o}=1\ \text{k}\Omega$，因而有

$$I_{DS}r_{o}=6.6\ \text{V}>U_{DD}$$

最大的输出电压($U_{o,max}$)应等于U_{DD}，即有

$$U_{o,max}=U_{DD}=3.3\ \text{V}$$

放大器的最大输出功率为

$$P_{o,max}=\frac{1}{2}I_{o,max}U_{o,max}=\frac{U_{DD}^{2}}{2R_{L}}=5.445\ \text{mW}$$

放大器的效率为

$$\eta=\frac{P_{o,max}}{U_{DD}I_{DS}}=\frac{1}{2}\frac{U_{DD}}{R_{L}I_{DS}}=\frac{1}{2}\frac{3.3}{1\times 6.6}=25\%$$

2) 非共轭匹配情况

取R_{L}为偏置电压和偏置电流的比值，即

$$R_{L}=\frac{U_{DD}}{I_{DS}}=\frac{3.3}{6.6\times 10^{-3}}=500\ \Omega$$

最大的输出电流和电压幅度分别为

$$I_{o,max}=\frac{U_{DD}}{R_{L}}=6.6\ \text{mA},\quad U_{o,max}=U_{DD}=3.3\ \text{V}$$

放大器的最大输出功率为

$$P_{o,max}=\frac{1}{2}I_{o,max}U_{o,max}=\frac{U_{DD}^{2}}{2R_{L}}=9.075\ \text{mW}$$

放大器的效率为

$$\eta=\frac{P_{o,max}}{U_{DD}I_{DS}}=\frac{1}{2}\frac{U_{DD}}{R_{L}I_{DS}}=\frac{1}{2}\frac{3.3}{0.5\times 6.6}=50\%$$

结论：共轭匹配在功率放大器的设计中不是最佳选择，负载电阻R_{L}需要根据电源电

压和最大偏置电流确定，在电源电压很低的情况下，需要将负载阻抗变换成更小的 R_L，并提供更大的偏置电流。

3. 设计步骤

在已知电源电压 U_{DD} 和输出功率 P_o 的情况下，A 类功率放大器的设计步骤可以归纳如下：

(1) 计算可以实现最大电压和电流摆幅的负载电阻 R_L：

$$R_L = \frac{U_{DD}^2}{2P_o}$$

若给定的负载与该值不同，则用匹配网络将给定负载变成 R_L。

(2) 计算晶体管的漏极偏置电流 I_{DS}：

$$I_{DS} = \frac{U_{DD}}{R_L}$$

(3) 在信号源和放大器输入端之间通常要进行阻抗匹配。

9.4.2　B 类功率放大器

1. 原理分析

B(乙)类功率放大器的偏置电流为零，没有信号时晶体管截止，有信号时晶体管只在信号正半周导通。B 类功率放大器的原理图如图 9－5 所示。图中，$L_{infinite}$ 表示扼流圈；C_{zero} 表示隔直电容；i_{DS1}、i_{DS2}、i_o 和 u_o 波形如图 9－6 所示。

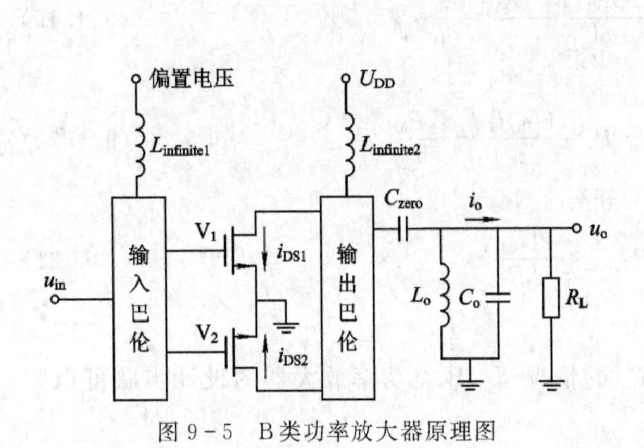

图 9－5　B 类功率放大器原理图

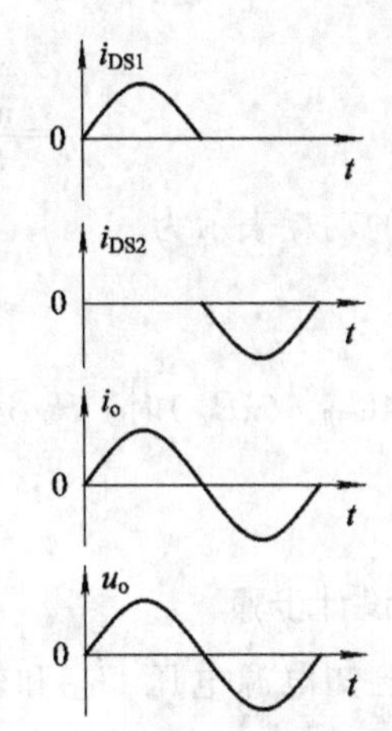

图 9－6　B 类功率放大器的输入/输出信号关系图

图 9－5 中的 MOS 管 V_1 和 V_2 的漏源电流分别为

$$i_{DS1}(t) = \begin{cases} I_P \sin\omega t & 0 \leqslant \omega t \leqslant \pi \\ 0 & \pi \leqslant \omega t \leqslant 2\pi \end{cases} \tag{9.4.10}$$

$$i_{DS2}(t) = \begin{cases} I_P \sin\omega t & \pi \leqslant \omega t \leqslant 2\pi \\ 0 & 0 \leqslant \omega t \leqslant \pi \end{cases} \tag{9.4.11}$$

其中，I_P 为电流的最大值。晶体管的直流电流通过下式计算：

$$I_{DC} = \frac{1}{T}\int [i_{DS1}(t) + i_{DS2}(t)]dt = \frac{2I_P}{\pi} \tag{9.4.12}$$

流过电源的电流为

$$i = i_{DS1} + i_{DS2} = I_P |\sin\omega t| \tag{9.4.13}$$

漏极电流由基波和谐波分量组成，其中的谐波分量可通过滤波器滤除，电流的基波分量表示为

$$I_P \sin\omega t \tag{9.4.14}$$

相应的平均输出功率为

$$P_o = \frac{I_P^2}{4}R_L \tag{9.4.15}$$

电源提供的直流功率为

$$P_{DC} = U_{DD}I_{DC} = \frac{2U_{DD}I_P}{\pi} \tag{9.4.16}$$

效率计算公式为

$$\eta = \frac{P_o}{P_{DC}} = \frac{\pi I_P R_L}{8U_{DD}} \tag{9.4.17}$$

由于

$$\begin{cases} \dfrac{I_P^2}{4}R_L \leqslant \dfrac{U_{DD}^2}{R_L} \\ I_P \leqslant \dfrac{2U_{DD}}{R_L} \end{cases} \tag{9.4.18}$$

有

$$\eta = \frac{\pi I_P R_L}{8U_{DD}} \leqslant \frac{\pi(2U_{DD}/R_L)R_L}{8U_{DD}} = \frac{\pi}{4} \approx 78.5\% \tag{9.4.19}$$

晶体管的功耗表示为

$$P_T = P_{DC} - P_o = \frac{U_{DD}I_P}{\pi} - \frac{I_P^2 R_L}{8} \tag{9.4.20}$$

当 $I_P = 4U_{DD}/(\pi R_L)$ 时，P_T 达到最大值，并有

$$P_{T,max} = \frac{2U_{DD}^2}{\pi^2 R_L} \tag{9.4.21}$$

2. 设计步骤

在已知电源电压 U_{DD} 和输出功率 P_o 的情况下，B类功率放大器的设计步骤可以归纳如下：

(1) 计算可以实现最大电压和电流摆幅的负载电阻 R_L：

$$R_L = \frac{U_{DD}^2}{2P_o}$$

若给定的负载与该值不同，则用匹配网络将给定负载变成 R_L。

(2) 偏置晶体管使其在半个周期内导通，即导通角为180°。

(3) 在信号源和放大器输入端之间通常要进行阻抗匹配。

由于B类功率放大器的输出有很大的失真，因此输出匹配网络应同时具有滤除谐波的功能。

9.4.3 C类功率放大器

1. 原理分析

如果进一步减小晶体管的导通角，让其小于180°，就可以获得更高的效率，这就是C类功率放大器的工作原理。C类功率放大器是非线性的，如图9-7所示，其输入/输出信号关系如图9-8所示。

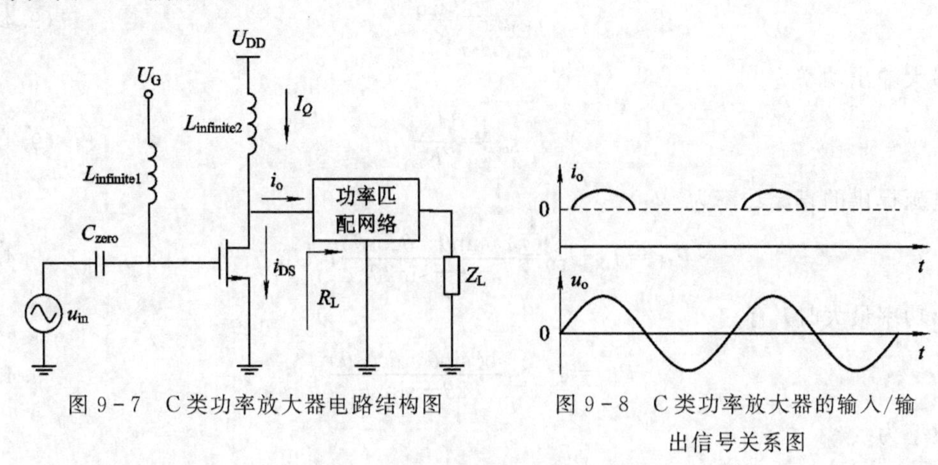

图9-7　C类功率放大器电路结构图

图9-8　C类功率放大器的输入/输出信号关系图

从结构上看，C类功率放大器除了直流偏置以外，其他都和A类功率放大器基本相似，但在输出端要使用调谐电路，以便能恢复输入的正弦信号。

由于C类功率放大器比前两类功率放大器具有更高的效率，因此对恒包络信号，它是非常有吸引力的功率放大器。

MOS管漏极电流可以表示为

$$i_{DS}(t)=\begin{cases}0 & 0\leqslant\omega t\leqslant\dfrac{\pi}{2}-\theta\\ I_P\sin\omega t-I_P\cos\theta & \dfrac{\pi}{2}-\theta\leqslant\omega t\leqslant\dfrac{\pi}{2}+\theta\\ 0 & \dfrac{\pi}{2}+\theta\leqslant\omega t\leqslant 2\pi\end{cases}\tag{9.4.22}$$

漏极电流的直流分量表示为

$$I_{DC}=\frac{\omega}{2\pi}\int_{(\pi/2-\theta)/\omega}^{(\pi/2+\theta)/\omega}(I_P\sin\omega t-I_P\cos\theta)\,dt=\frac{I_P}{\pi}(\sin\theta-\theta\cos\theta)\tag{9.4.23}$$

其中，2θ为导通角。

设MOS管漏极电流的基波分量为$I_F\sin\omega t$，谐波分量被滤波器滤除，因此输出功率表示为

$$P_o=\frac{I_F^2R_L}{2}\tag{9.4.24}$$

其中，I_F可由傅立叶展开式得到：

$$I_F=\frac{2}{T}\int_{(\pi/2-\theta)/\omega}^{(\pi/2+\theta)/\omega}(I_P\sin\omega t-I_P\cos\theta)\cos\omega t\,dt=\frac{I_P}{2\pi}(2\theta-\sin2\theta)\tag{9.4.25}$$

根据式(9.4.23)得

$$\frac{I_F^2 R_L}{2} \leqslant \frac{U_{DD}^2}{2R_L} \tag{9.4.26}$$

整理得

$$I_F \leqslant \frac{U_{DD}}{R_L} \tag{9.4.27}$$

在最大功率输出时，

$$I_{F,max} = \frac{U_{DD}}{R_L} \tag{9.4.28}$$

因此最大输出功率为

$$P_{o,max} = \frac{U_{DD}^2}{2R_L} \tag{9.4.29}$$

电源提供的直流功率为

$$P_{DC} = I_{DC} U_{DD} = \frac{2(\sin\theta - \theta\cos\theta)}{2\theta - \sin 2\theta} I_F U_{DD} \tag{9.4.30}$$

当输出功率最大时，有

$$P_{DC} = P_{o,max} \frac{4(\sin\theta - \theta\cos\theta)}{2\theta - \sin 2\theta} \tag{9.4.31}$$

可得效率为

$$\eta_{max} = \frac{P_{o,max}}{P_{DC}} = \frac{2\theta - \sin 2\theta}{4(\sin\theta - \theta\cos\theta)} \tag{9.4.32}$$

当导通角趋近0时，效率将趋近100%。

晶体管功耗表示为

$$P_T = P_{DC} - P_o = P_o \left[\frac{4(\sin\theta - \theta\cos\theta)}{2\theta - \sin 2\theta} - 1 \right] \tag{9.4.33}$$

晶体管中流过的最大电流为

$$I_{max} = I_P (1 - \cos\theta) \tag{9.4.34}$$

对应最大输出功率时的最大电流表达式为

$$I_{max} = \frac{2\pi U_{DD} (1 - \cos\theta)}{R_L (2\theta - \sin 2\theta)} \tag{9.4.35}$$

晶体管的最大电流将随着效率的增加而增加，当效率趋向于100%时，它将趋向于无穷大，因此，C类功率放大器的高效率是通过晶体管的大电流容限换来的。

2. 设计步骤

在已知电源电压 U_{DD} 和输出功率 P_o 的情况下，C类功率放大器的设计步骤可以归纳如下：

(1) 计算可以实现最大电压和电流摆幅的负载电阻 R_L：

$$R_L = \frac{U_{DD}^2}{2P_o}$$

若给定的负载与该值不同，则用匹配网络将给定负载变成 R_L。

(2) 偏置晶体管使其在半个周期内导通，即导通角小于180°。

(3) 在信号源和放大器输入端之间通常要进行阻抗匹配。

9.4.4　AB 类功率放大器

我们已经看到 A 类功率放大器在 100%的时间内导通，B 类功率放大器在 50%的时间内导通，而 C 类功率放大器在 0～50%时间内导通。顾名思义，AB 类功率放大器是指在一个周期内的 50%～100%时间内导通。它和 C 类功率放大器相比，区别在于电路的偏置不同，因此可以借助于 C 类功率放大器的分析方法来分析 AB 类功率放大器。

9.5　开关型射频功放分类

前面介绍的功率放大器都是采用有源器件作为控制电流源的。另一种方法是采用器件作为开关，其理由是：开关理想上不消耗任何功率，因为或者开关两段的电压为零，或者通过它的电流为零，因而开关的电压与电流乘积总是为零，所以晶体管不消耗任何功率且其效率必定是 100%。

9.5.1　D 类功率放大器

D 类(丁类)功率放大器如图 9－9 所示。

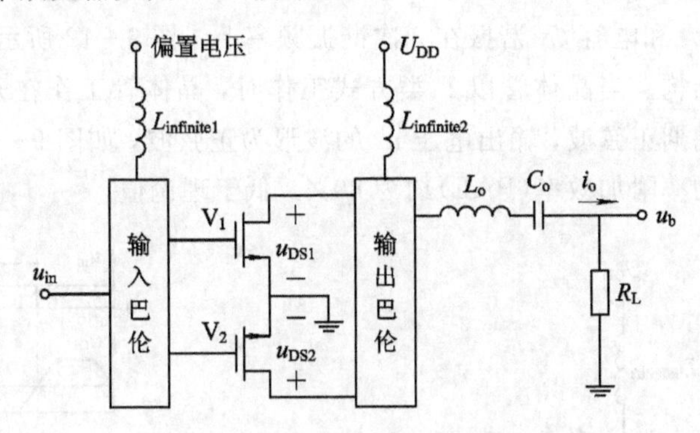

图 9－9　D 类功率放大器原理图

与 A 类、B 类和 C 类不同，D 类功率放大器的晶体管工作在开关状态，在半个周期内导通，而在另外半个周期内截止。电感 L_o 和电容 C_o 谐振在工作频率。D 类功率放大器由一对晶体管构成，如同一对双极性开关，晶体管的输出电压和电流波形均为方波。图 9－9 中，漏极电压 u_{DS1} 和 u_{DS2} 的波形为方波，输出电压 u_o 的波形为正弦波。

理想情况下，晶体管的电压电流积等于 0，即不消耗功率，因此从理论上讲，效率可以达到 100%。但理想的开关是不存在的，因此效率小于 100%。

9.5.2　E 类功率放大器

图 9－10 所示为一个 E 类功率放大器的工作原理图。电感 L_o 和电容 C_o 谐振在工作频率。当晶体管以 E 类方式工作时，晶体管工作在开关状态。电流 i_{DS} 和电压 u_{DS} 的输出波形共轭，输出电压 u_o 的波形为一个有相位延迟的正弦波，如图 9－11 所示。

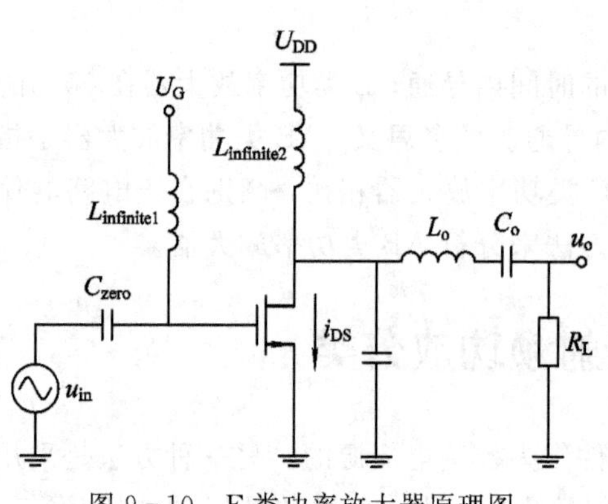

图 9-10　E 类功率放大器原理图

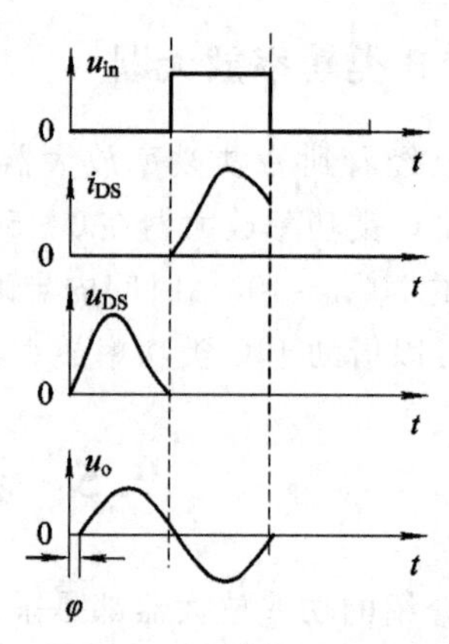

图 9-11　晶体管开关工作状态波形

9.5.3　F 类功率放大器

F 类功率放大器的特征：它的负载网络不仅在载波频率上会发生谐振，而且在一个或多个谐波频率上也会发生谐振，其电路原理图如图 9-12 所示。电感 L_o 和电容 C_o 谐振在工作频率上。电感 L_3 和电容 C_3 谐振在 3 次谐振频率上。图 9-12 所示的是一种三次谐波峰化放大器的电路结构。当晶体管以 F 类方式工作时，晶体管工作在开关状态。电流 i_{DS} 的输出波形为半个周期正弦波，输出电压 u_o 的波形为正弦波，如图 9-13 所示。F 类功率放大器工作的实际功率附加效率(PAE)约为 80%，低于理论值。

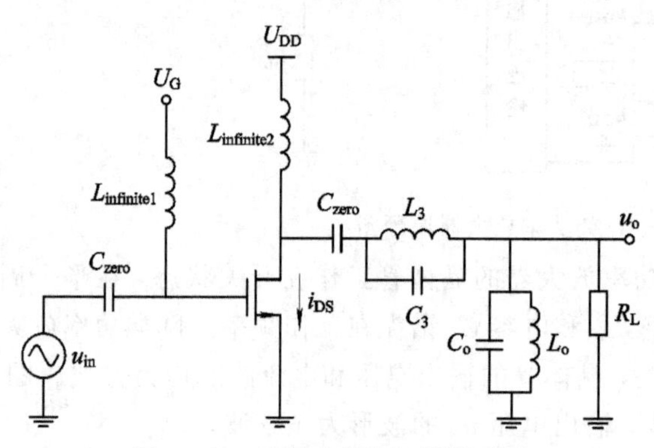

图 9-12　F 类功率放大器原理图

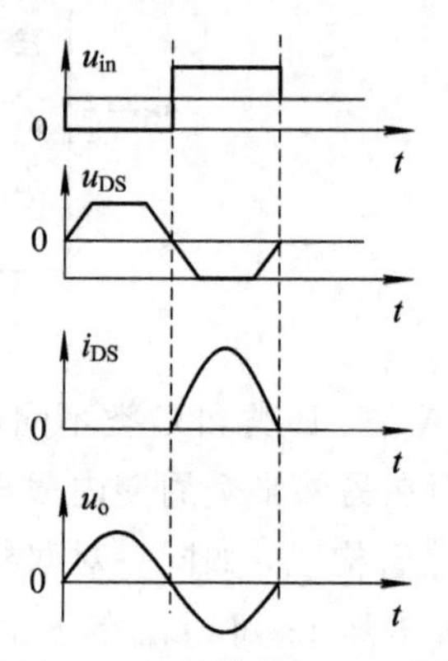

图 9-13　晶体管开关工作状态波形

9.6　CMOS 工艺的射频功放面临的问题

1. 耐压问题

对于 CMOS 射频功率放大器来说，特征尺寸的减小，虽然可以获得更高的增益，但同时也使得晶体管的耐压能力急剧下降，使得采用先进 CMOS 工艺实现集成化功率放大器面临更多的挑战。

MOS 晶体管的耐压能力受到以下三方面的限制：漏源二极管齐纳击穿、漏源穿通以及栅氧化层击穿。值得注意的是，第三种击穿是不能恢复的，将导致晶体管损坏。

在工艺上，为了减小 MOS 晶体管漏端和源端的寄生电阻，在晶体管的漏端和源端通常进行重掺杂，它们与衬底形成的 pn 结具有很低的击穿电压，因此，功率放大器漏端的电压摆幅就受到限制。

MOS 管的漏源穿通与 BJT 的类似，晶体管漏端电压增加时，晶体管漏端的耗尽区宽度会增加，当晶体管漏端电压增加到一定程度时，漏端的耗尽区可能扩展到与晶体管源端的耗尽区接上，使得晶体管的导电沟道消失，栅极电压也就不再对漏极电压具有控制作用。因此，它限制了功率放大器的漏端输出电压摆幅。

栅氧化层击穿的原因是 MOS 晶体管中的栅氧化层只能承受一定的电场强度。当栅氧化层上的电压增加到一定程度时，氧化层中的电场强度超过了氧化层所允许的最大电场强度，导致栅氧化层发生击穿。栅氧化层击穿限制了栅源电压和栅漏电压的允许最大值。

2. MOS 晶体管跨导小问题

随着晶体管耐压能力的下降，MOS 晶体管的栅极和漏极极性相反将导致漏端电压摆幅减小，为了实现一定的功率，必须增加晶体管的工作电流。而增加电流会导致寄生阻抗的增大，使得功率放大器的效率变低。由于晶体管跨导较小，增加输出电流就要加大晶体管尺寸，或者增加前级驱动电路的功率，这会导致功耗上升、系统效率降低。

晶体管的寄生电容会随着晶体管尺寸的增加而变大。在射频功率放大器中，为了达到最佳功率传输，功率放大器一般使用 LC 匹配网络实现各级互联，在寄生电容增加时，谐振电感相应减小，但由于工艺的限制，谐振电感量有一个下限值，这就限制了晶体管尺寸不能随意增加。

3. 衬底损耗问题

MOS 晶体管的制造工艺导致晶体管的各极与衬底都有寄生电容和电阻，而金属互联与衬底之间也存在寄生电容，这使得设计 MOS 电路必须考虑衬底耦合以及衬底损耗问题，特别是在射频功率放大器中，这两个问题不容忽视。射频功率放大器输出电压摆幅很大，输出的信号频率很高，由于寄生电容的存在，功率放大器的信号容易耦合到其他功能电路中，造成其他功能电路不能正常工作或性能变坏的后果。

衬底损耗是所有射频电路所面临的一个问题。衬底损耗使射频功率放大器的效率降低，造成片上电感品质因素较差，较低的电感品质因数会影响射频功率放大器的性能。

4. Knee 电压问题

随着晶体管尺寸的不断减少，功率放大器一般采用负载线匹配设计方法，实现最佳功率传输，如图 9-14 所示。由于击穿电压的限制，晶体管工作电压不能超过 U_{max}，为了工作的稳定性，最小电压受 Knee 电压的限制。Knee 电压一般取晶体管漏端电流达到最大电流的 95%时漏源极之间的电压 U_{DS}，我们一般以 Knee 电压为界来判断晶体管是工作在线性区还是饱和区[2]。对于一般功率放大器，负载值的优化公式为

$$R_{opt}=\frac{U_{max}-U_{Knee}}{I_{max}} \tag{9.6.1}$$

随着晶体管特征尺寸不断减小，晶体管所能承受的最大电压随之降低，Knee 电压反而

增加，这两个参数的变化缩短了晶体管饱和区的工作范围。在深亚微米工艺下，优化负载电阻变得很小。一方面由于电感值所能实现的范围难以达到，使之与负载电阻实现LC匹配很困难；另一方面为了实现同样的功率输出，在深亚微米工艺下，功率放大器的输出电流必须增加，这将引起寄生参数功耗的增加，带来大电流所遇到的所有问题[2]。图9-15是功率晶体管与深亚微米晶体管优化电阻线对比。

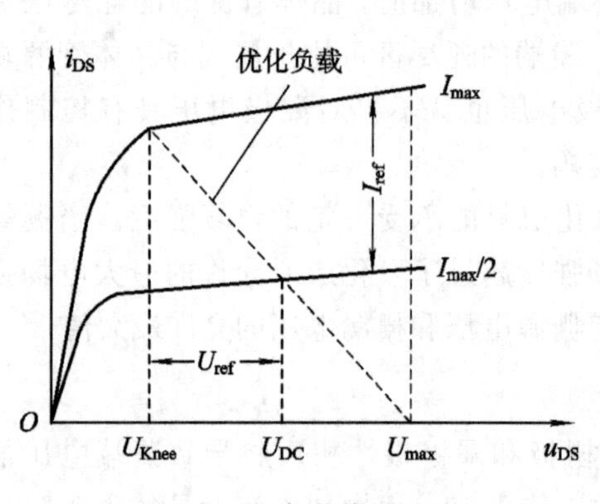

图9-14 负载线匹配法

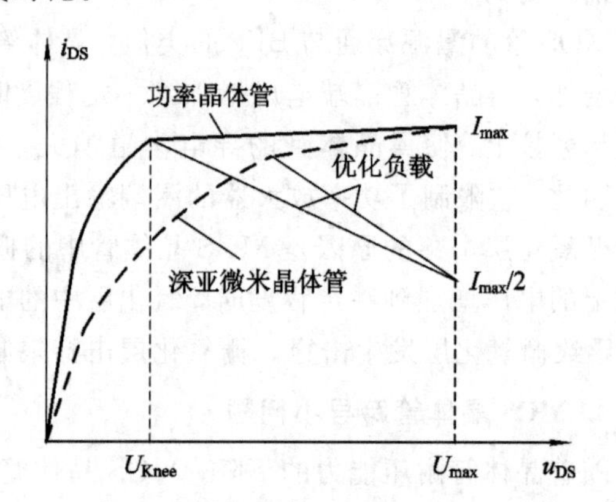

图9-15 功率晶体管和深亚微米晶体管特性曲线

9.7 CMOS射频功放的设计方法

9.7.1 采用差分结构

差分结构具有很多优点，它不仅对差模信号具有放大作用，而且对共模噪声具有抑制作用。采用差分结构的CMOS射频功放具有相对宽的输出电压摆幅，可以降低功率放大器对封装寄生效应的灵敏度，还可以降低功率放大器对其他电路的干扰。

对于CMOS射频功率放大器来说，击穿电压限制了输出晶体管漏端的电压摆幅，若采用差分结构，每个支路的输出电压都将受到击穿电压限制，但其差分输出电压摆幅增加为单端输出电压的两倍。

采用差分结构的另一个好处是可以降低对封装寄生效应的灵敏度。其原理分析如下：功率放大器的地线和电源线都必须通过键合线连接到PCB上，在射频条件下，这些键合线可以等效为一个高品质因数的电感。若采用单端结构，电源线和地线的键合线电感会严重影响功率放大器的性能，但若采用差分结构，两个晶体管的源极和电源端都是共模点，键合线引入的寄生电感并不会影响差分结构的性能。

采用差分结构的第三个优点是可以降低功率放大器对其他电路的影响，原因是差分结构的两个支路注入衬底的能量会相互抵消，因而降低了整个功率放大器注入衬底的能量，也就降低了功率放大器通过衬底耦合对其他电路的干扰。

9.7.2 采用Cascode技术

Cascode技术是低噪声放大器中常用的一种技术。这种技术也可以用于CMOS射频功率放大器的设计。采用Cascode技术的CMOS射频功率放大器如图9-16所示。

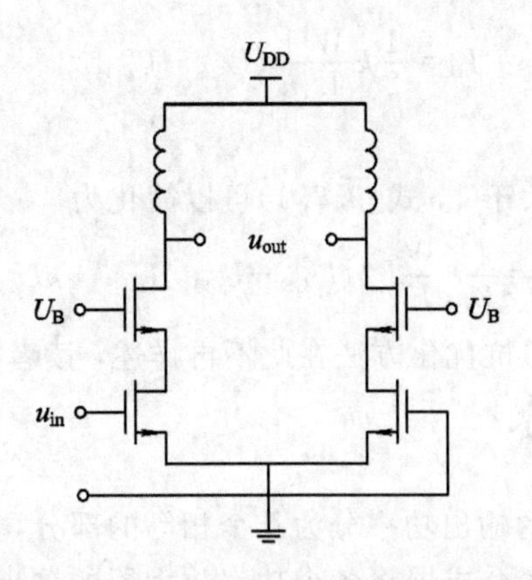

图 9-16　Cascode 差分功率放大器电路

在图 9-16 中，驱动信号加到共源晶体管的栅极，而 Cascode 晶体管的栅极接一个固定的电平。与 Cascode 低噪声放大器不同的是，功率放大器采用 Cascode 技术的目的是为了减轻晶体管击穿电压的压力，提高功率放大器的输出电压摆幅，达到降低对晶体管最大电流能力要求的目的，进而提高功率放大器的效率，并减小输出晶体管的尺寸。(详细推导过程请查阅文献[2]。)

9.7.3　应用键合线电感

在射频和微波频率上，晶体管的寄生电容使得输出阻抗变小，如果不采用电感元件增大晶体管的输出阻抗，则无法得到高的射频增益。因此，射频电感的使用有利于提高射频电路的增益。对于射频功率放大器来说，输出晶体管会引入较大寄生电容，通过电感和晶体管寄生电容在使用频率或频带内谐振，可以提高输出阻抗，进而提高功率放大器的增益。

值得注意的是，低的电感品质因数会限制放大器的增益。片上电感的品质因数往往较低，它会降低功率放大器的最大输出功率和效率。

9.7.4　采用输出级阻抗优化技术

在设计功率放大器时，负载线阻抗匹配是常用的方法，目的是确定负载阻抗的最优值。由于 Knee 电压问题的存在，导致常规的功率放大器的负载电阻值偏小，为了维持相同的输出功率，要加大输出级的电流，导致出现输出晶体管的电流过大的问题。解决这个问题的办法就是将原来设计的晶体管工作状况从饱和区变为线性区。考虑到线性区的晶体管输出电流与漏极电压有关，当负载阻抗值一定时，功率放大器的漏极电压是由输出电流确定的。为此，引入一个晶体管工作在线性区和饱和区都适用的通用电流与电压方程，称为 Tsividis 方程：

$$I_D=\frac{1}{2}k\frac{W}{L}\frac{1}{n}\left[(U_{GS}-U_{TH})^2-(2n\phi_t)^2\ln^2\left(1+e^{\frac{U_{GS}-U_{TH}-nU_{DS}}{2n\phi_t}}\right)\right] \tag{9.7.1}$$

其中，n、ϕ_t 都是工艺参数。

在饱和区，$U_{GS}-U_{TH}<U_{DS}$，$e^{\frac{U_{GS}-U_{TH}-nU_{DS}}{2n\phi_t}}\ll 1$，式(9.7.1)可以简化为

$$I_D=\frac{1}{2}k\frac{W}{L}\frac{1}{n}(U_{GS}-U_{TH})^2 \tag{9.7.2}$$

该方程为简单的平方律方程。

在线性区，指数项要远大于 1，式(9.7.1)可以简化为

$$I_D=\frac{1}{2}k\frac{W}{L}[2(U_{GS}-U_{TH})U_{DS}-nU_{DS}^2] \tag{9.7.3}$$

限于篇幅，具体的输出阻抗优化方法在此不再详述，读者可查阅文献[2]。

9.7.5　采用功率合成技术

功率合成技术将所要求的输出功率分为几个相等的部分，每个部分由一个单独的功率放大器来提供，然后采用功率合成器将各个功率放大器的输出功率合成在一起，以便给负载提供一个大的输出功率。图 9-17 给出了一个基于 Wilkinson 技术的功率合成器原理框图。图中，单端输入信号先由 Wilkinson 功率合成器(或称功分器)等分为两路，每一路的功率为输入功率的一半，分别驱动两个功率放大器。两个功率放大器的输出又由一个 Wilkinson功率合成器合为一路，提供给外部负载。Wilkinson 功率合成器由两个特征阻抗为$\sqrt{2}Z_c$ 的 1/4 波长传输线组成，两个传输线之间以 $2Z_c$ 的桥式电阻连接，合成器的每一个端口看到的阻抗均为 Z_c，端口上不会产生反射。

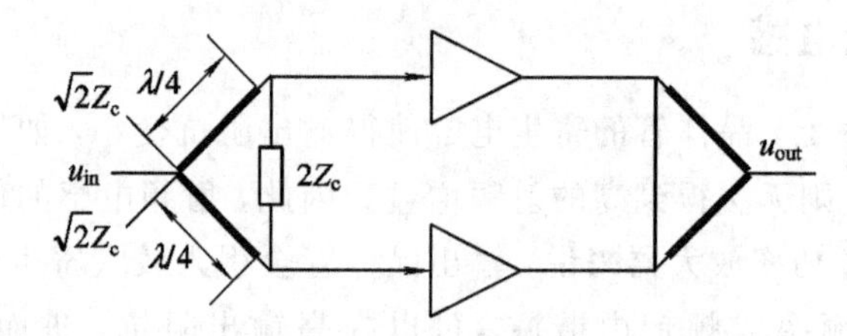

图 9-17　Wilkinson 功率合成原理框图

由于 1/4 波长的传输线太长而无法集成，因此有一种便于集成的功率合成技术，称为分布式有源变压器技术(distributed active transformer，DAT)，如图 9-18 所示[2]。

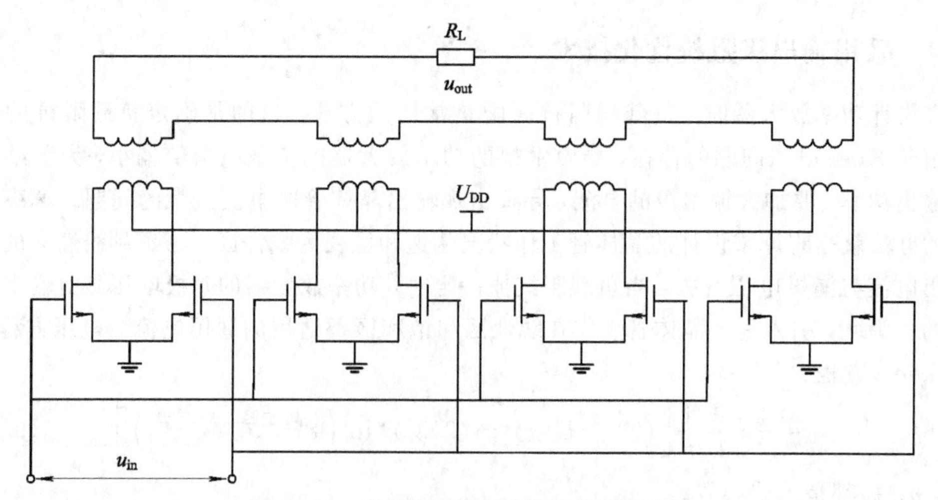

图 9-18　分布式有源变压器技术的原理图

9.8 线性化技术

为了提高功率放大器的线性度，人们提出了各种线性化技术，以使所设计的功率放大器既具有高的线性度，又具有较高的效率。

9.8.1 功率放大器的非线性分析

功率放大器的非线性性能对发射机的主要影响有：产生高阶交调积及谐波、发射机频谱扩散、降低信噪比、AM-AM 和 AM-PM 效应以及星座图发生变化等。

功率放大器的非线性会使放大器的输出产生各阶交调和互调成分。两个频率相近的单频信号通过非线性放大器后，会产生各阶交调和互调分量。其中，三次互调与基频成分之比是考察功率放大器线性度的一个很重要的技术指标。

通常信道频带范围内会存在各种频率成分的信号，而各阶交调积就会构成一个连续的扩展频谱，如图 9-19 所示[2]。信号频谱扩展造成的能量泄漏会导致邻道干扰。

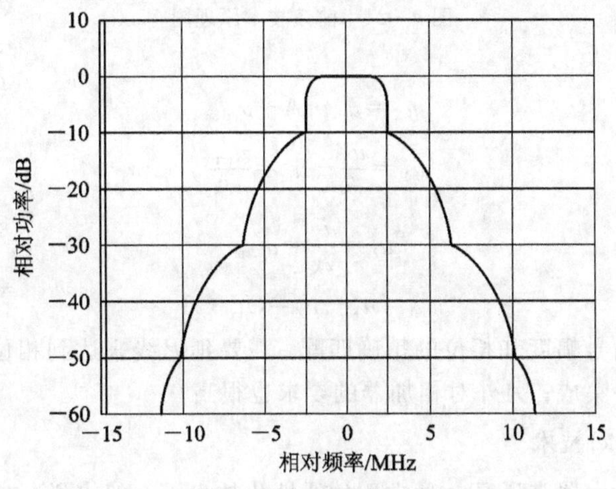

图 9-19 功率放大器的非线性引起的频谱扩散

功率放大器的非线性还会引起 AM-AM 效应和 AM-PM 效应。图 9-20 给出了非线性功率放大器的增益和相移随输入功率的变化曲线[2]。当输入功率增加到一定程度时，放大器的增益发生压缩，引起 AM-AM 效应。如果放大器的相移不是一个常数，它随输入功率的变化而变化，则引起 AM-PM 效应。这些效应会使得调制信号的幅度和相位之间互相耦合，改变它们之间的正交关系，导致解调器的解调失真，从而增加系统误码率。

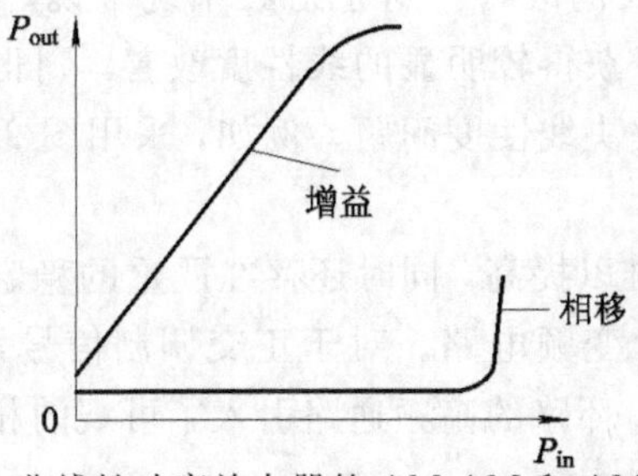

图 9-20 非线性功率放大器的 AM-AM 和 AM-PM 效应

9.8.2 线性化技术

1. 前馈(feedforward)技术

前馈是一种开环线性化技术，它由 Black 在负反馈放大器发明之前提出。前馈的基本原理是将非线性失真后的信号看做一个线性信号与一个误差(error)信号从放大后的信号中提取出来并去除，如图 9-21 所示。图中，A 为主放大器的放大倍数；$\Delta\tau_1$ 表示延迟线，是对 u_{in}的相位延迟，其延迟量等于主放大器的延迟量；$\Delta\tau_2$ 的延迟量要保证 u_{in}到达输出加法器时与 Z 点的信号相位一致。

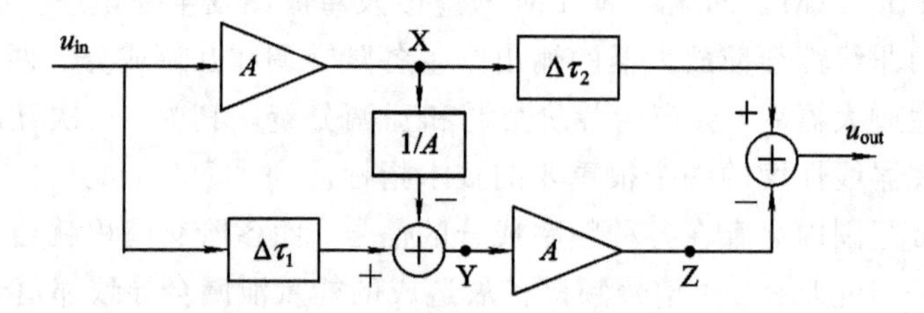

图 9-21　前馈技术原理图

图 9-21 中：

$$u_X = u_{in} \cdot A + u_{error} \tag{9.8.1}$$

$$u_Y = \frac{u_X}{A} - u_{in} = \frac{u_{error}}{A} \tag{9.8.2}$$

$$u_Z = \frac{u_Y}{A} = u_{error} \tag{9.8.3}$$

$$u_{out} = u_X - u_Z = U_{in} \cdot A \tag{9.8.4}$$

这种电路依赖信号幅度和相位的精确匹配，需要延迟线来达到相位的良好匹配，因此会引入损耗并且不易集成；另外对相加器的要求也很高。

2. 反馈(feedback)技术

反馈技术对于放大器来说是一种常用的线性化技术。一般来说，在射频功率放大器的周围加上一个通常的反馈环路是不可取的。这是因为如果采用电阻负反馈，则在大功率放大器中，反馈网络的功耗可能会很大，甚至导致散热问题。众所周知，效率总是随着功耗增大而降低的。如果采用电抗元件反馈电路，尽管电抗元件反馈没有功耗问题，但是它容易引起寄生振荡，进而容易导致放大器不稳定。研究发现，当非线性度减小的倍数等于环路传输幅值时，其回路的闭环增益也降低了同样的倍数。也就是说，需要提供足够的额外增益才能使得线性度得到较大的改善。对于射频系统来说，获得一定的开环增益比较困难，若大幅度降低闭环增益来获得较明显的线性度改善，则得不偿失。因此，必须另辟路径，应用其他负反馈方式来解决线性度问题。例如，采用图 9-22 所示的负反馈系统来提高线性度。

考虑到高频时环路增益难以提高，同时还存在严重的稳定性问题，因此希望反馈环路在低频工作，于是环路中包含变频电路。对于正交调制信号，需要相应的正交解调电路，此时的反馈称为笛卡尔反馈。环路的高频通路引入了可观的相移，因此需要在解调时进行补偿，相移的控制是一个难点。

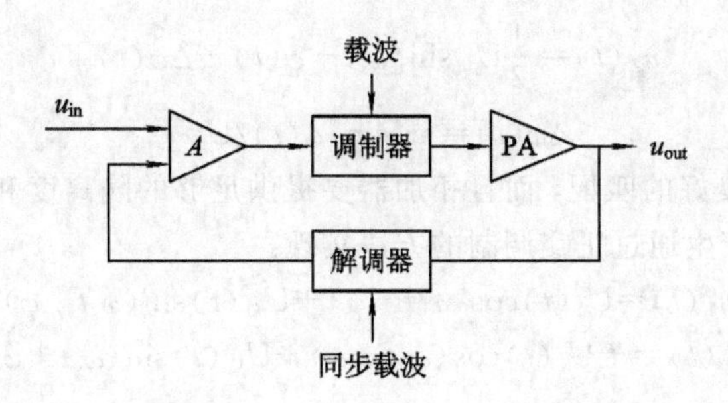

图 9-22　负反馈技术原理图

3. 预失真(predistortion)技术

如果把一个非线性元件与它在数学上非线性特性相反的元件串联在一起，则可以得到传输特性为线性的结果。这样的补偿元件既可以放在非线性放大器的前面，又可以放在非线性放大器的后面，分别称为预失真(或预畸变)器和后失真(或后畸变)器。预失真是更普遍采用的方式，如图 9-23 所示。放大器中主要的非线性与增益压缩有关。

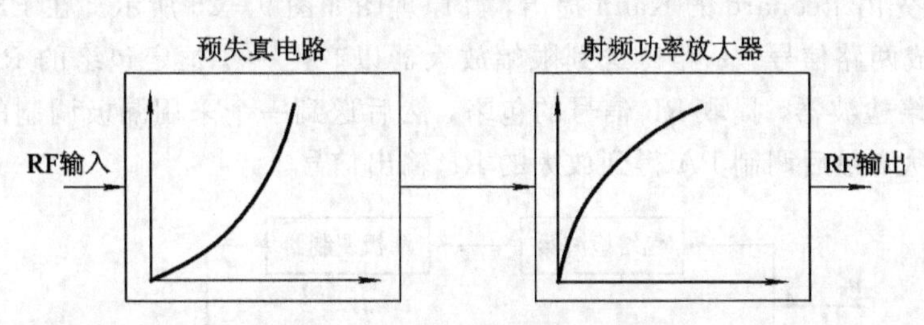

图 9-23　预失真技术原理图

4. LINC 技术

LINC(linear amplification with nonlinear components)的中文意思是“非线性元件的线性放大”。它的基本原理是将一个非恒包络调制信号分解为两个恒包络调相信号之和，用两个高效率放大器去分别放大这两个恒包络调相信号，然后对它们求和得到线性放大的信号，如图 9-24 所示。

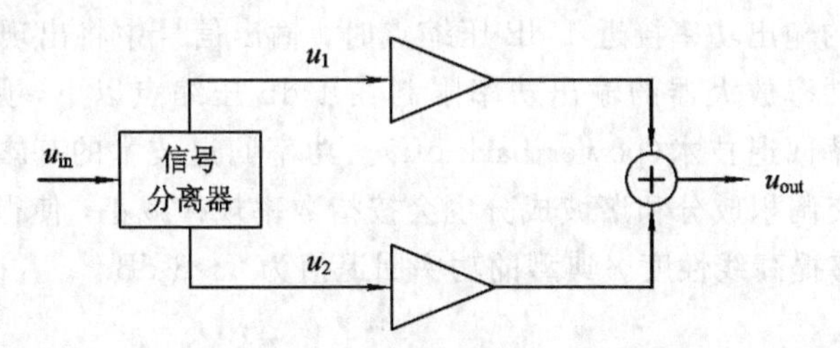

图 9-24　LNIC 技术原理图

一个非恒包络调制信号可以分解为两个恒包络调相信号之和，表示为

$$u_{in}(t)=a(t)\cos[\omega_c t+\varphi(t)]=u_1(t)+u_2(t) \tag{9.8.5}$$

其中，

$$u_1(t)=\frac{1}{2}U_m\sin[\omega_c t+\varphi(t)+\Delta\varphi(t)] \tag{9.8.6}$$

$$u_2(t)=\frac{1}{2}U_{\mathrm{m}}\sin[\omega_{\mathrm{c}}t+\varphi(t)-\Delta\varphi(t)] \tag{9.8.7}$$

$$\Delta\varphi(t)=\arcsin[a(t)/U_{\mathrm{m}}] \tag{9.8.8}$$

要求两路信号有良好的匹配，而且相加器要提供足够的隔离度和尽可能小的损耗；同时，两个调相信号的产生通过正交调制的方法实现：

$$u_1(t)=U_{\mathrm{I}}(t)\cos(\omega_{\mathrm{c}}t+\varphi)+U_{\mathrm{Q}}(t)\sin(\omega_{\mathrm{c}}t+\varphi) \tag{9.8.9}$$

$$u_2(t)=-U_{\mathrm{I}}(t)\cos(\omega_{\mathrm{c}}t+\varphi)+U_{\mathrm{Q}}(t)\sin(\omega_{\mathrm{c}}t+\varphi) \tag{9.8.10}$$

其中，

$$U_{\mathrm{I}}(t)=\frac{a(t)}{2},\quad U_{\mathrm{Q}}(t)=\frac{\sqrt{U_{\mathrm{m}}^2-a^2(t)}}{2} \tag{9.8.11}$$

$U_{\mathrm{I}}(t)$和$U_{\mathrm{Q}}(t)$都是低频信号。

5. EE&R技术

EE&R(envelope elimination and restoration)的中文意思是“包络消除及恢复”。EE&R技术最先由Leonard的Kahn提出，其原理图如图9-25所示。在EE&R技术中，将RF信号分成两路信号，一路传送到限幅放大器以产生一个恒定包络的RF信号；另一路送到一个包络检波器，提取RF信号的包络，然后送到一个采用漏极调制的恒包络放大器进行信号放大，最后调制PA得到放大的RF输出信号。

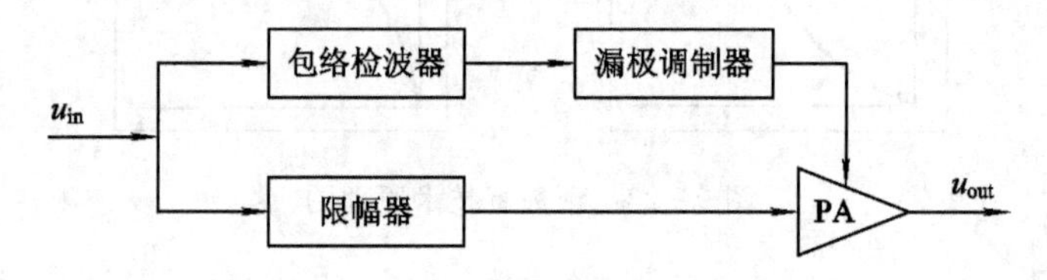

图9-25　EE&R技术原理图

电路实现的难点：低频和高频信号的延时必须一致；去除包络时会引入相位失真(AM-PM)；需要使用开关电源技术减小控制(调制)的功耗。

6. 功率回退技术

当功率放大器的输出功率接近1 dB压缩点时，输出信号中将出现严重的失真。如果能找到一种方法将功率放大器的输出功率限制在1 dB压缩点以下，则可以提高线性度。这种技术被称为功率回退技术(power back-off)。功率回退技术的基本原理是：随着输入功率的减小，各阶交调积成分和谐波成分也会按指数率规律减小，使得输出功率也按线性规律减小，这样能够提高线性度。典型的功率回退值为6～8 dB[2]。

9.9　本章小结

射频功率放大器作为无线射频发信机的关键部件，其性能起到至关重要的作用。射频功率放大器的主要技术指标包括输出功率、效率及附加效率、功率利用因子、功率增益和线性度等。

本章针对射频功率放大器的匹配，介绍了负载牵引设计方法，通过负载匹配可以提高功率放大器的效率。当功率放大器工作在大信号时，功率管的最佳负载会随着输入信号的功率增加而变化，因此采用负载牵引方法可以找出最大输出功率时的最佳负载阻抗。

射频功放分为非开关型和开关型两类，其中非开关型包括 A、B、C、D 和 AB 类功率放大器。针对其中的每一种，本章都做了线性分析与推导，并给出了具体的设计步骤。开关型射频功放包括 D、E 和 F 类，其功率管工作在开关状态，其输出端需要可靠的滤波器来获得线性度好的输出信号。

CMOS 射频功放的设计，采用的技术包括差分结构、Cascode 技术、键合线电感应用、输出级阻抗优化技术和功率合成技术等。

涉及射频功放的线性化问题，分析功放的非线性特性是必不可少的。实现线性化的技术包括前馈技术、反馈技术、预失真技术、LINC 技术和 EE&R 技术等。

习　题

9.1　功率放大器的偏置与小信号放大器的是不一样的。对于功放来说，不仅电流更高，而且温度效应和输入信号电平都会对偏置产生影响。一般来说，一个好的偏置应该满足哪几个条件？

9.2　设计一个题图 9－1 所示的射频功率放大器时，通常在电源端会并联几个到地的电容(C_1、C_2、C_3)，试说明原因。

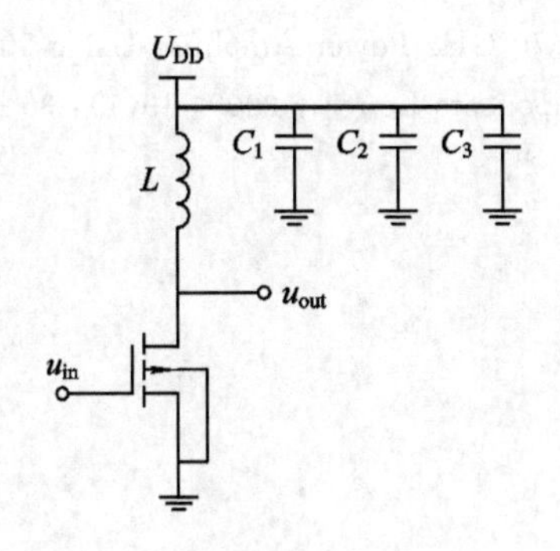

题图 9－1

9.3　CMOS 射频功放有哪些技术指标？

9.4　非开关型射频功放的种类和特点是什么？

9.5　开关型射频功放的种类和特点是什么？

9.6　简述 A 类功率放大器的设计步骤。

9.7　简述 B 类功率放大器的设计步骤。

9.8　简述 C 类功率放大器的设计步骤。

9.9　CMOS 工艺下的射频功率放大器面临哪些问题？

9.10　针对功率放大器有哪些线性化措施？

参 考 文 献

[1]　Devendra K Misra. 射频与微波通信电路：分析与设计[M]. 张肇仪，徐承和，祝西里，等译. 北京：电子工业出版社，2005.

[2] 池保勇，余志平，石秉学. CMOS射频集成电路分析与设计[M]. 北京：清华大学出版社，2007.

[3] 李智群，王志功. 射频集成电路与系统[M]. 北京：科学出版社，2008.

[4] 段吉海. TH-UWB通信射频集成电路研究与设计[D]. 南京：东南大学，2010.

[5] Thomas H Lee. MOS射频集成电路设计[M]. 余志平，周润德，主译. 北京：电子工业出版社，2006.

[6] 段吉海，王志功，李智群. 跳时超宽带(TH-UWB)通信集成电路设计[M]. 北京：科学出版社，2012.

[7] 李缉熙. 射频电路工程设计[M]. 鲍景富，唐宗熙，张彪，主译. 北京：电子工业出版社，2014.

[8] 张吉左. 基于0.18 μm CMOS工艺的2.4 GHz全集成线性功率放大器研究与设计[D]. 桂林：桂林电子科技大学，2011.

[9] 段吉海. 高频电子线路[M]. 重庆：重庆大学出版社，2004.

[10] 徐兴福. ADS2011射频电路设计与仿真实例[M]. 北京：电子工业出版社，2014.

[11] 金香菊. CMOS射频C类功率放大器研究与设计[D]. 成都：电子科技大学，2007.

[12] 陈邦媛. 射频通信电路[M]. 北京：科学出版社，2002.

[13] Jen Yung-Nien, Tsai Jeng-Han. A 20 to 24 GHz 16.8 dBm Fully Integrated Power Amplifier Using 0.18μm CMOS Process[J]. IEEE Microwave and Wireless Compone-nts Letters, 2009, 19(1): 20-35.

[14] Hossein M Nemati, et al. Design of High Efficiency Ka-Band Harmonically Tuned Power Amplifier [C]. IEEE Radio and Wireless Symposium, 2009, 251-258.

[15] Kuo Jing-Lin, et al. A 50 to 70 GHz Power Amplifier Using 90nm CMOS Technolo-gy[C]. IEEE Microwave and Wireless Components Letters, 2009, 19(1): 30-45.

第 10 章　CMOS 射频锁相环与频率合成器

10.1　概　　述

锁相环(phase lock loop，PLL)由于其独特的优越性和多样性而在现代通信系统中占据重要地位。PLL 是由 de Bellescie H 于 1932 年率先提出的。以零中频接收机为例，为了使零中频或者直接变频接收机能正确地工作，要求本地振荡器(LO)的频率和被接收的载波频率完全相同，且其相位差保持恒定。由于彼此的相位关系不被控制，导致增益会变得很小甚至为零。De Bellescie H 提出了一个其相位与载波相位锁住的本机振荡器来解决这个问题。

频率合成器的功能是给收发信机的变频电路提供频率可编程的本地载波信号，它的输出频率一般可以表示为

$$f_{out}=f_0+\gamma f_{ch} \tag{10.1.1}$$

其中，f_0 是频率合成器输出频率范围的下限；γ 是位于 0 和通信系统的最大信道数之间的整数；f_{ch}是信道之间的频率间隔。

10.2　锁相环原理

10.2.1　锁相环的组成

锁相环路为什么能进入相位锁定，实现输出与输入信号的同步呢？这是因为它是一个相位的负反馈控制系统。一个典型的锁相环(PLL)系统由鉴相器(PD)、压控振荡器(VCO)和低通滤波器(LPF)三个基本电路组成，如图 10－1 所示。下面逐个介绍基本部件在环路中的作用及其数学模型，进而导出整个锁相环路的数学模型。

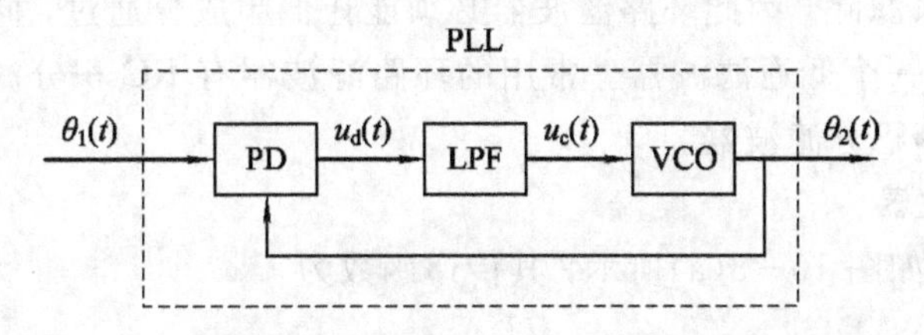

图 10－1　锁相环(PLL)系统

在下面的分析中，$\theta_1(t)$表示输入信号相位；$\theta_2(t)$表示反馈信号相位；$\theta_e(t)$表示输入信号相位$\theta_1(t)$与反馈信号相位$\theta_2(t)$之间的相位差。

1. 鉴相器(PD)

鉴相器是一个相位比较装置，用来检测输入信号相位 $\theta_1(t)$ 与反馈信号相位 $\theta_2(t)$ 之间的相位差 $\theta_e(t)$。输出误差信号 $u_d(t)$ 是相差 $\theta_e(t)$ 的函数，即

$$u_d(t)=f[\theta_e(t)] \tag{10.2.1}$$

鉴相特性是多种多样的，可以是正弦特性的、三角形特性的，也可以是锯齿波特性的。常用的正弦波特性的鉴相器可以用模拟乘法器和低通滤波器来模拟，其模型如图 10-2 所示。

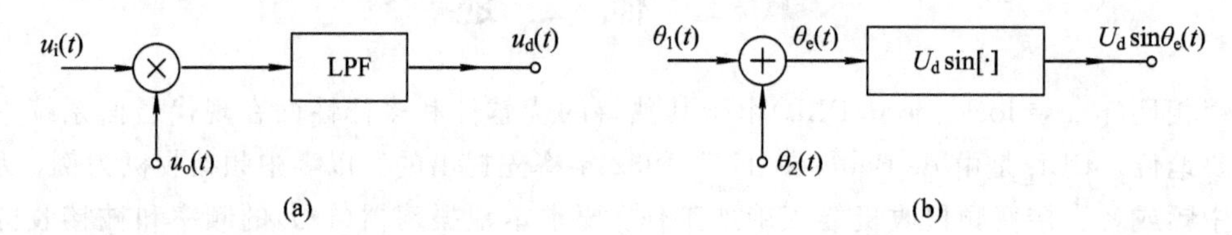

图 10-2 正弦波鉴相器模型

令模拟乘法器的乘积系数为 K_m，单位为 1/V，输入信号 $\theta_1(t)$ 与反馈信号 $\theta_2(t)$ 经过乘法作用后，有

$$\begin{aligned}K_m u_i(t)u_o(t)&=K_m U_i\sin[\omega_o t+\theta_1(t)]U_o\cos[\omega_o t+\theta_2(t)]\\&=\frac{1}{2}K_m U_i U_o\sin[2\omega_o t+\theta_1(t)+\theta_2(t)]+\frac{1}{2}K_m U_i U_o\sin[\theta_1(t)-\theta_2(t)]\end{aligned} \tag{10.2.2}$$

经过低通滤波器(LPF)滤除 $2\omega_o$ 成分后，得到的误差信号为

$$u_d(t)=\frac{1}{2}K_m U_i U_o\sin[\theta_1(t)-\theta_2(t)] \tag{10.2.3}$$

令

$$U_d=\frac{1}{2}K_m U_i U_o \tag{10.2.4}$$

表示鉴相器的最大输出电压，因此正弦波鉴相器的鉴相特性函数为

$$u_d(t)=U_d\sin[\theta_e(t)] \tag{10.2.5}$$

2. 环路滤波器

鉴相器输出信号中包含有直流成分和各高阶谐波成分。直流成分与相位误差 $\theta_e(t)$ 成正比，是对环路进行动态调整所需要的信号，而高频成分则是不需要的信号。这些高频信号通过环路滤波器来滤除，因此环路滤波器必须能让低频成分通过，同时阻止高频信号通过，也就是说，它是一个低通滤波器。常用的环路滤波器有 RC 积分滤波器、无源比例积分滤波器和有源比例积分滤波器。

1) RC 积分滤波器

RC 积分滤波器如图 10-3(a)所示，其传递函数为

$$F(s)=\frac{U_o(s)}{U_i(s)}=\frac{1}{s\tau_1+1} \tag{10.2.6}$$

式中，$\tau_1=RC$ 是时间常数。滤波器的频率特性为

$$F(j\omega)=\frac{1}{1+j\omega\tau_1} \tag{10.2.7}$$

做出对数频率特性曲线，如图 10-3(b)所示。由其频率特性曲线可以看出，它具有低通特

性，且相位滞后。

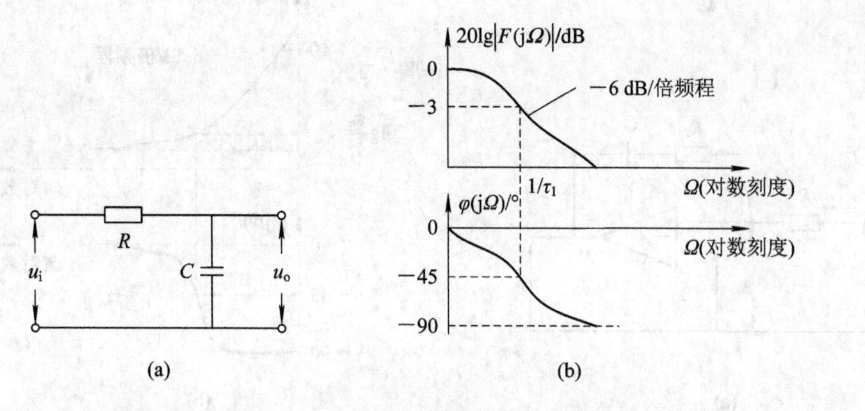

图 10-3　RC 积分滤波器原理图及其对数频率特性曲线

2）无源比例积分滤波器

无源比例积分滤波器如图 10-4(a)所示。

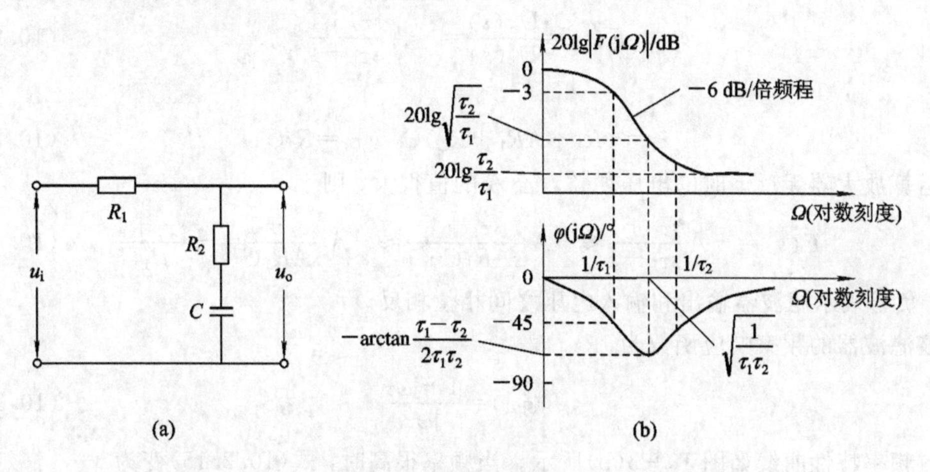

图 10-4　无源比例积分滤波器的原理图及其对数频率特性曲线

该滤波器的传递函数为

$$F(s)=\frac{U_o(s)}{U_i(s)}=\frac{s\tau_2+1}{s(\tau_1+\tau_2)+1} \tag{10.2.8}$$

式中，

$$\tau_1=R_1C, \quad \tau_2=R_2C \tag{10.2.9}$$

其频率响应函数为

$$F(j\omega)=\frac{1+j\omega\tau_2}{1+j\omega\tau_1} \tag{10.2.10}$$

其对数频率特性曲线如图 10-4(b)所示。当频率很高时，式(10.2.10)变为

$$F(j\omega)\big|_{\omega\to\infty}=\frac{R_2}{R_1+R_2} \tag{10.2.11}$$

这就是滤波器的比例作用。

3）有源比例积分滤波器

有源比例积分滤波器如图 10-5(a)所示。

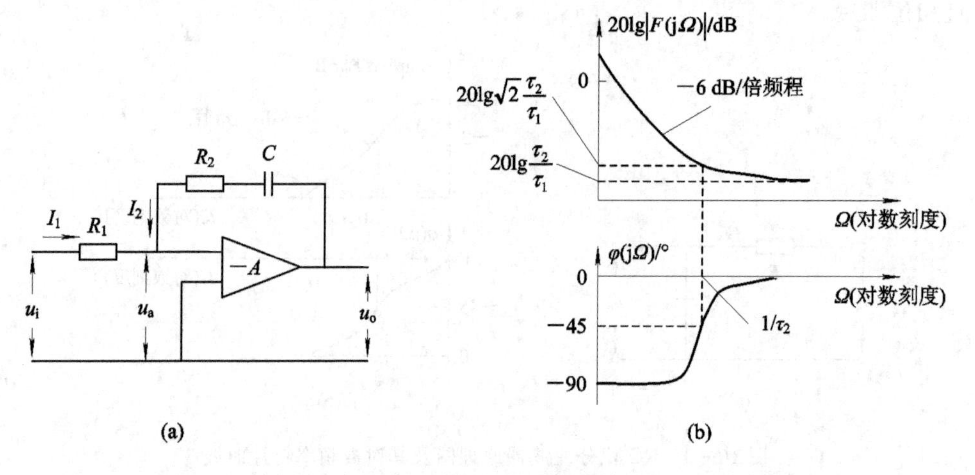

图 10-5　有源比例积分滤波器的原理图及其对数频率特性曲线

该滤波器的传递函数为

$$F(s)=\frac{U_o(s)}{U_i(s)}=-A\,\frac{s\tau_2+1}{s\tau_1+1} \tag{10.2.12}$$

式中，

$$\tau_1=(R_1+AR_1+R_2)C, \quad \tau_2=R_2C \tag{10.2.13}$$

A 是运算放大器无反馈时的电压增益，若 A 的值很大，则

$$F(s)=-A\,\frac{s\tau_2+1}{s\tau_1+1}\approx -A\,\frac{s\tau_2+1}{sAR_1C+1}\approx -A\,\frac{s\tau_2+1}{sAR_1C}=-\frac{s\tau_2+1}{sR_1C} \tag{10.2.14}$$

式中，负号表示滤波器输出和输入电压之间相位相反。

该滤波器的频率响应函数为

$$F(\mathrm{j}\omega)=\frac{1+\mathrm{j}\omega\tau_2}{\mathrm{j}\omega\tau_1} \tag{10.2.15}$$

其对数频率特性曲线如图 10-5(b)所示。当频率很高时，式(10.2.15)变为

$$F(\mathrm{j}\omega)\big|_{\omega\to\infty}=\frac{R_1+AR_1+R_2}{R_1+R_2} \tag{10.2.16}$$

可见，该滤波器具有比例作用和低通特性。

3. 压控振荡器(VCO)

压控振荡器是一个电压到频率的转换装置，在锁相环中作为被控的振荡器。它的振荡频率会随输入控制电压 $u_c(t)$线性变化，即

$$\omega_V(t)=\omega_o+K_0u_c(t) \tag{10.2.17}$$

式中，$\omega_V(t)$是压控振荡器的瞬时角频率；K_0 是控制灵敏度或称增益系数，单位是 rad/s · V。

实际应用的压控振荡器的控制特性在一个有限的线性范围之内，超出这个线性范围，控制灵敏度将会下降。图 10-6 给出了压控振荡器的控制特性。

因为压控振荡器的输出被反馈到鉴相器上，对鉴相器输出误差电压起到作用的不是频率而是相位，因此，有

$$\int_0^t\omega_V(\tau)\,\mathrm{d}\tau=\omega_Vt+K_0\int_0^t u_c(\tau)\,\mathrm{d}\tau=\omega_Vt+\theta_2(t) \tag{10.2.18}$$

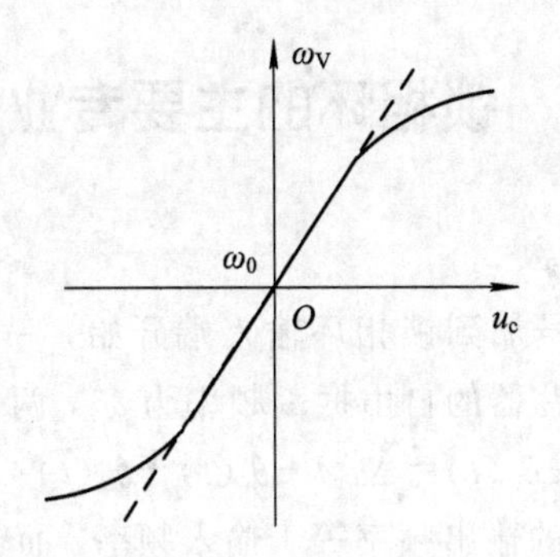

图 10-6　压控振荡器的控制特性曲线

即

$$\theta_2(t) = K_0 \int_0^t u_c(\tau) \mathrm{d}\tau \tag{10.2.19}$$

用传递函数表示为

$$\theta_2(s) = \frac{K_0}{s} U_c(s) \tag{10.2.20}$$

当锁相环处于锁定状态时，鉴相器(PD)的两输入端一定是两个频率完全一样但有一定相位差的信号。如果它们的频率不同，则在压控振荡器(VCO)的输入端一定会产生一个控制信号，使压控振荡器的振荡频率发生变化，最终使鉴相器(PD)的两输入信号(一个是锁相环的输入信号 $u_i(t)$，一个是压控振荡器的输出信号 $u_o(t)$)的频率完全一样，从而使环路系统处于稳定状态。

10.2.2　锁相环的相位模型

图 10-1 所示的锁相环基本模型可以变换成相位模型，如图 10-7 所示。

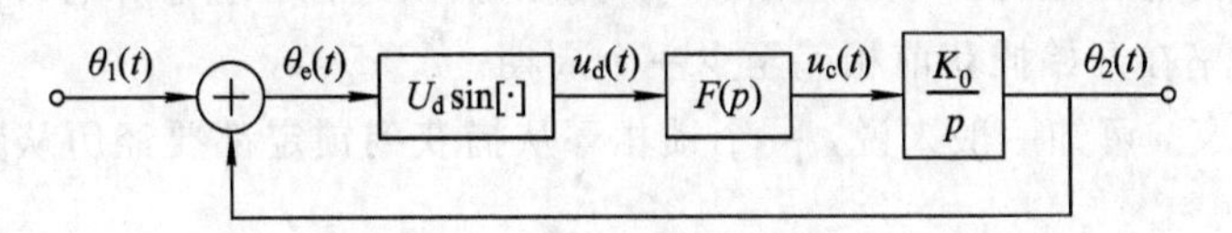

图 10-7　锁相环的相位模型

由图 10-7 可以看出，这是一个相位负反馈的误差控制系统。输入相位 $\theta_1(t)$ 与反馈的输出相位 $\theta_2(t)$ 进行比较，得到误差相位 $\theta_e(t)$，由误差相位产生误差电压 $u_d(t)$。误差电压经过环路滤波器 $F(p)$ 的过滤后得到控制电压 $u_c(t)$。控制电压加到压控振荡器上使之产生频率偏移，跟踪输入信号频率 $\omega_i(t)$。若输入的 $\omega_i(t)$ 为固有频率，则在 $u_c(t)$ 的作用下，$\omega_V(t)$ 向 $\omega_i(t)$ 靠拢，一旦两者相等，若满足一定的条件，环路就能稳定下来，达到锁定。锁定之后，被控的压控振荡器的输出频率与输入信号频率相同，但存在一定的稳态相位差。

根据图 10-7 所示的相位模型，可以推出环路的动态方程：

$$\theta_e(t) = \theta_1(t) - \theta_2(t) \tag{10.2.21}$$

$$\theta_2(t) = K_0 U_d \frac{F(p)}{p} \sin\theta_e(t) \tag{10.2.22}$$

将式(10.2.22)代入式(10.2.21)，得

$$p\theta_e(t) = p\theta_1(t) - K_0 U_d \sin\theta_e(t) \cdot F(p) \tag{10.2.23}$$

10.3 锁相环的主要专业术语

1. 捕获、锁定与跟踪的概念

所谓捕获，是指从输入信号加到锁相环输入端开始，一直到环路达到锁定的全过程。令输入信号频率为 ω_i、被控振荡器的自由振荡频率为 ω_o，两者之差为 $\Delta\omega_o(\neq 0)$，则有

$$\theta_e(t)=\Delta\omega_o t+\theta_i(t)-\theta_o(t) \tag{10.3.1}$$

锁相环的锁定是指锁相环的输出频率等于输入频率，而输出信号的相位跟随输入信号的变化而变化。

跟踪是指环路锁定后的状态，一旦锁相环进入锁定状态，若输入信号产生了相位的变化，环路就调整压控振荡器的控制电压使得其输出信号的相位跟随输入信号的相位变化，即保持恒定的稳态相位差。这种状态称为跟踪或同步状态。

2. 捕获时间和稳态相差

顾名思义，捕获时间是指捕获过程所需的时间。显然它的大小不但与环路参数有关，而且与起始状态有关。

当环路进入同步状态之后，环内被控振荡器的振荡频率已经等于输入信号的频率，两者之间只差一个固定的相位。这个相位差称为稳态相差。反过来说，若稳态相差为一个常数或等于0，则说明环路处于锁定状态。

3. 相位捕获和频率捕获

“相位捕获”指在捕获过程中，相位没有经过 2π 的周期跳跃就能进入的锁定状态，即捕获过程小于一个 2π 周期的捕获过程称为相位捕获，又称快捕获。

“频率捕获”指捕获经历一个以上的频率周期的捕获过程。它意味着环路的输入信号频率与输出信号频率在开始捕获前相差至少一个周期。

通过上述定义，可知一般来说，一个锁相环从捕获到锁定都要经历从频率捕获到相位捕获两个过程。

4. 捕获带和同步带

捕获带是指保证环路必然进入锁定的最大固有频差值。换句话说，也就是保证环路不出现稳定的差拍状态所允许的最大固有频差值。

一旦环路进入锁定状态，系统就处于跟踪状态。随着输入信号的频率和相位的变化，环路应该始终能跟踪其变化，但一旦输入信号的频率与被控压控振荡器的自由振荡器频率相差太多，环路就会失去跟踪能力，这种状态称为“失锁”。

同步带是指系统保持同步的最大固有频差值。

5. 杂散

理想的频率合成器应该只有一个单一频率以及其高次谐波。产生这些高次谐波的原因是因为本振信号并非理想的正弦信号，会有谐波的成分。但是在实际电路中，还会有其他频率成分出现，统称为杂散(spur)。杂散的产生原因有很多。最常见的一种是参考时钟杂散(reference spur)。由于各种原因，用于锁相环输入的参考时钟会通过串扰(如通过环路

滤波器输出端，或者通过电源、地线以及硅衬底等途径)到达振荡器内部，从而被振荡器调制到本振信号上。若参考时钟的频率为 f_{ref}，本振频率为 f_c，参考时钟杂散就会出现在 f_c+nf_{ref} 和 f_c-nf_{ref}，$n=1, 2, 3, \cdots$。另外若一个芯片中包含射频电路和数字电路，则数字电路的时钟信号会串扰到射频电路的振荡器中，也就造成了杂散。

6. 时钟抖动

在时钟恢复和很多时钟产生的应用场合，时钟抖动(clock jitter)是一个非常重要的性能指标。抽象地讲，时钟是指时钟周期的不确定性，如用时钟周期随时间变化的均方差(RMS error)来衡量时钟抖动。时钟抖动与相位噪声有着密切的关系，时钟抖动是时域的体现，而相位噪声是频域的体现。具体有三种时钟抖动。第一种是时钟沿到沿抖动，即从一个触发时钟沿到一个相应的响应时钟沿之间的时间方差(variance)，称为时间间隔误差。第二种是 k 周期抖动，即一个振荡器 k 个周期的时间长度的方差，称为周期抖动。周期抖动是振荡器很多个周期长度和长期平均周期的差值的分布，因此周期抖动反映了振荡器的较长期时钟抖动特性。第三种是相邻周期抖动，即振荡器相邻的两个周期之间的时间差值的方差。相邻周期抖动一般小于周期抖动，它反映短时间内两个周期之间的差值，是振荡器抖动的短期特性。

10.4　电荷泵锁相环

电荷泵在锁相环中的作用是：根据前级鉴频鉴相器的输出，将电荷泵入后级的环路滤波器或者从环路滤波器中泵出电荷，从而增加或者降低控制电压，以改变压控振荡器的频率，其性能的好坏对锁相环的噪声和杂散有很大的影响。

10.4.1　鉴频鉴相器与电荷泵

电荷泵的基本原理图如图 10-8 所示，电荷泵受前级鉴频鉴相器所输出的 UP 与 DN 信号所控制，当 UP 信号为高电平 1，DN 信号为低电平 0 时，会控制电流流入环路滤波器。当 UP 信号为 0，DN 信号为 1 时，会控制电流从环路滤波器中流出。理想情况下，当 UP 与 DN 信号同时为 0 时，此时电荷泵所有开关断开，控制电压不变；当 UP 与 DN 信号同时为 1 时，原本流入环路滤波器中的电流将会直接流出，也不会改变控制电压。

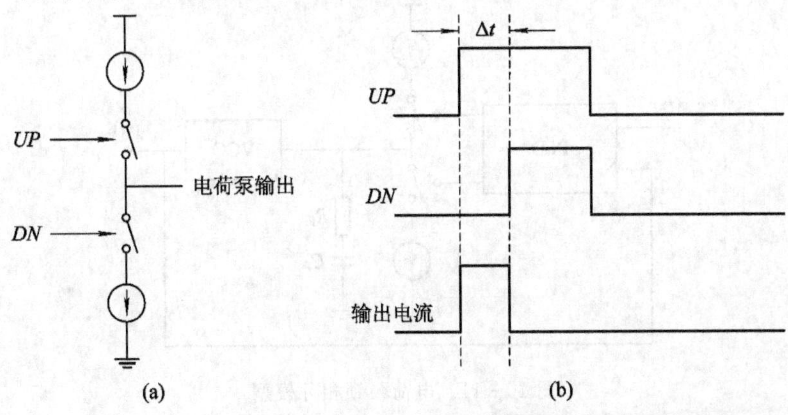

图 10-8　电荷泵的基本原理图

对周期信号，可以设计一个电路，使得它既能检测相位差又能检测频率差，这样的电路称为鉴频鉴相器(PFD)，如图 10－9 所示。

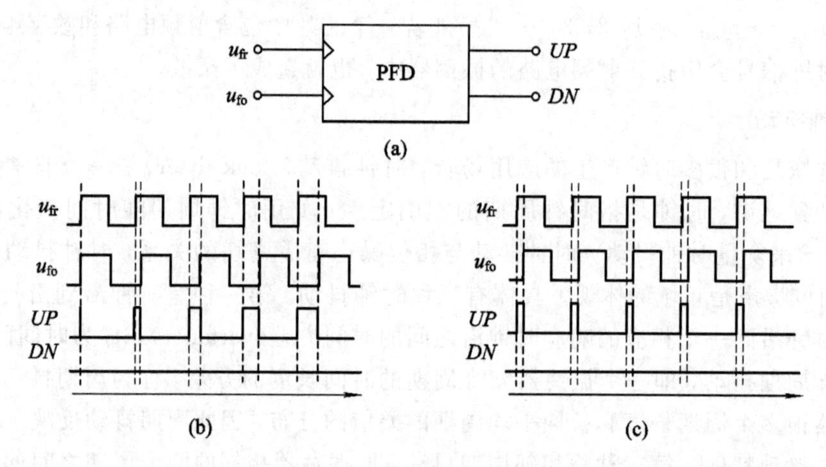

图 10－9　PFD 的工作原理图

电路使用时序逻辑建立三个状态，并且响应两个输入的上升沿或者下降沿。假设初始状态为：$UP=DN=0$，则在 u_{fr} 点的上升变化使得 $UP=1$、$DN=0$。电路保持这个状态一直到 u_{fo} 点变为高电平，此时 UP 变为 0。u_{fo} 点的情况与 u_{fr} 点的类似。鉴频鉴相器的三种状态转移图如图 10－10 所示。

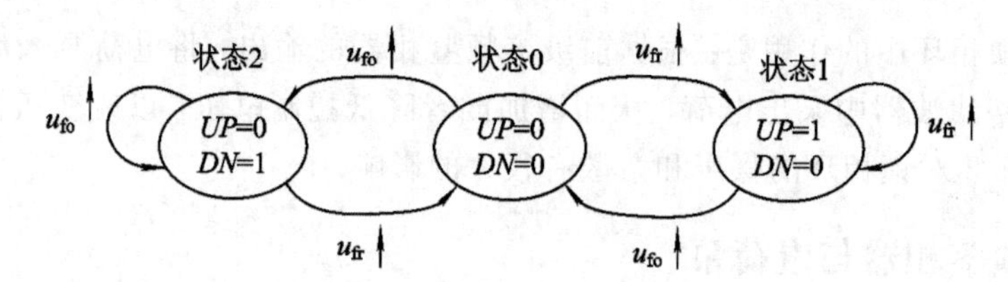

图 10－10　鉴频鉴相器的状态转移图

10.4.2　电荷泵锁相环的动态特性

电荷泵锁相环模型如图 10－11 所示。

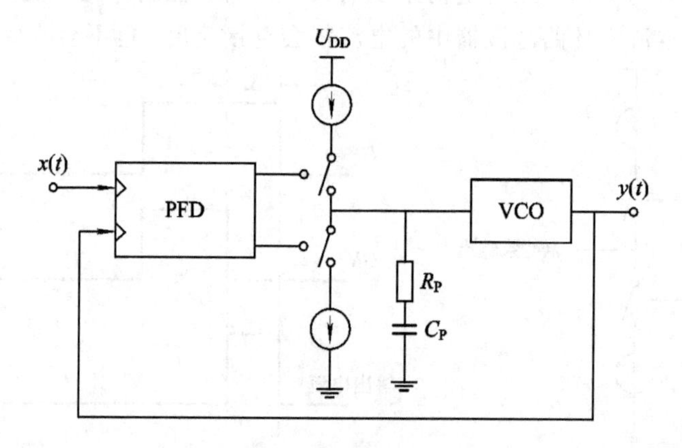

图 10－11　电荷泵锁相环模型

设滤波器的充电电流为 I_P，VCO 的增益为 K_0，经过推导可以得到电荷泵锁相环的闭环传递函数为[2]

$$H(s)=\frac{\frac{I_P K_0}{2\pi C_P}(R_P C_P s+1)}{s^2+\frac{I_P K_0 R_P}{2\pi}s+\frac{I_P K_0}{2\pi C_P}} \tag{10.4.1}$$

其中，

$$s_z=-\frac{1}{R_P C_P},\ \omega_n=\sqrt{\frac{I_P K_0}{2\pi C_P}},\ \xi=\frac{R_P}{2}\sqrt{\frac{I_P C_P K_0}{2\pi}} \tag{10.4.2}$$

时间常数为

$$\xi\omega_n=\frac{R_P I_P K_0}{4\pi} \tag{10.4.3}$$

10.4.3　Type Ⅰ和 Type Ⅱ型锁相环

Type Ⅰ和 Type Ⅱ型锁相环的“型”是按照原点的极点个数来分的。Type Ⅰ：原点处有一个极点；Type Ⅱ：原点处有两个极点。

Type Ⅰ闭环根轨迹图如图 10-12 所示，其闭环传递函数为

$$H(s)=\frac{K_{PD}K_0}{\left(1+\frac{s}{\omega_{LPF}}\right)s} \tag{10.4.4}$$

Type Ⅱ闭环根轨迹图如图 10-13 所示，其闭环传递函数为

$$H(s)=\frac{I_P}{2\pi}\left(R_P+\frac{1}{C_P s}\right)\frac{K_{PD}K_0}{s} \tag{10.4.5}$$

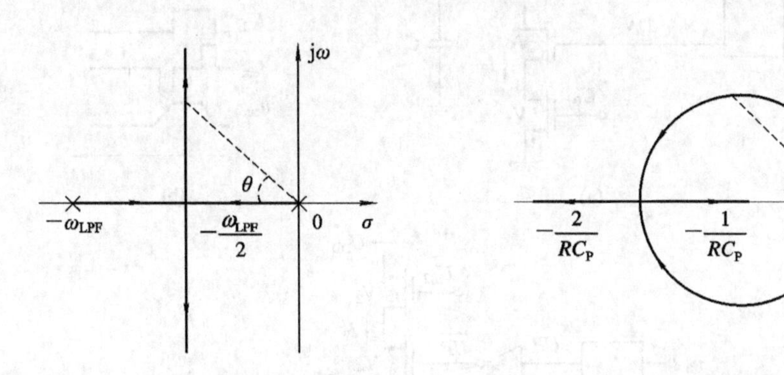

图 10-12　Type Ⅰ型锁相环的根轨迹图　　　图 10-13　Type Ⅱ型锁相环的根轨迹图

对于 $I_P K_0=0$，即 $I_P=0$，环路处于开路状态，因此两个极点处于原点位置。对于 $I_P K_0>0$ 的状态，有

$$s_{1,2}=-\xi\omega_n\pm\omega_n\sqrt{\xi^2-1} \tag{10.4.6}$$

因为 $\xi\propto\sqrt{I_P K_0}$，所以若 $I_P K_0$ 很小，则两个极点都为复数。可以证明，当 $I_P K_0$ 变大后，$s_{1,2}$ 将在图 10-13 所示的圆上运动。

10.4.4 Type Ⅱ型锁相环的非理想因素

1. "死区"现象

如果输入相位差 $\Delta\varphi$ 小于某个固定值 φ_0，PFD/CP/LPF 总体的输出电压就不再是 $\Delta\varphi$ 的函数，如图 10-14 所示。对于 $|\Delta\varphi|<\varphi_0$，电荷泵并没有注入电流，所以环路增益将为 0，输出相位没有锁定。定义 $|\Delta\varphi|<\varphi_0$ 的 $\Delta\varphi$ 区域为"死区"。"死区"的影响表现为相位"抖动"。

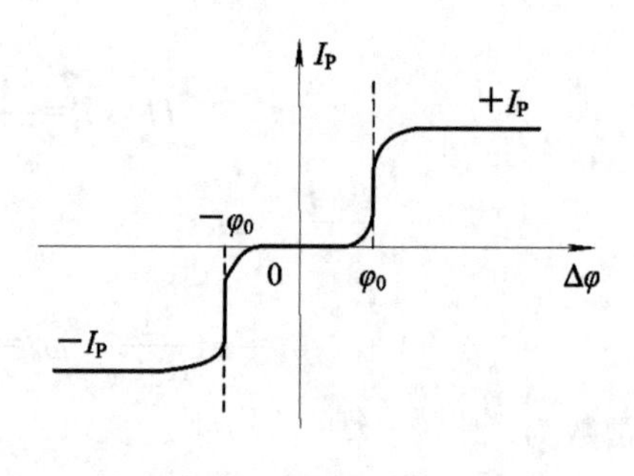

图 10-14 电荷泵电流的死区

2. 鉴频鉴相器输出到电荷泵的时延不等

图 10-15(a)中，$\overline{u_{fr}}$ 和 u_{fo} 在打开各自的开关时存在不同的延时，其波形变化如图 10-15(b)所示。从图可知，电荷泵向环路滤波器注入的净电流跳到 $+I_P$ 以及 $-I_P$，即使环路是锁定的，也对振荡器控制电压造成周期性的干扰。为了消除这个影响，可在 DN 支路上增加一个互补传输门，以使得延迟时间相等，如图10-15(c)所示。

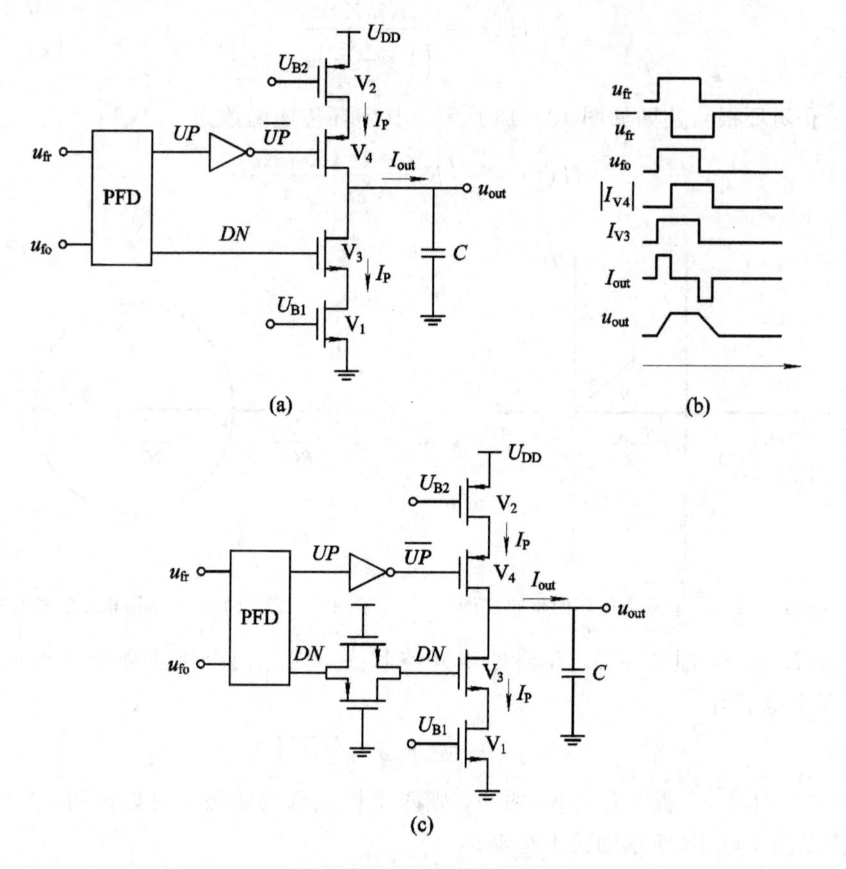

图 10-15 鉴频鉴相器输出到电荷泵的时延不等

3. 电荷泵上/下电流不等

图 10-15(a)中的问题之二是 V_1 和 V_2 之间的电流产生了失配，如图 10-16(a)所示。即使上拉和下拉脉冲完全对齐，电荷泵产生的净电流 I_{out} 也不为 0，这使得在每个相位比较瞬间都增加一个固定值。为了保持环路稳定，控制电压的平均值必须保持不变，这时在输入和输出之间产生了相位误差，使得电荷泵在每个周期注入的净电流为 0，如图 10-16(b)所示。

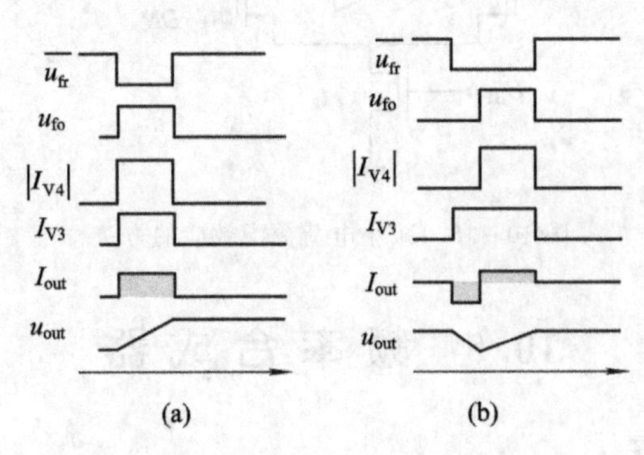

图 10-16　上拉和下拉电流失配的影响

4. 电荷分配效应

图 10-15(a)中的问题之三是来自 V_1 和 V_2 的漏端存在分布电容造成的电荷共享问题，即存在电荷分配效应。假设开关 S_1 和 S_2 都断开，如图 10-17(a)所示，则 V_1 使得节点 X 放电到零电位，V_2 使 Y 节点充电到 U_{DD}。在下一个相位比较瞬间，开关 S_1 和 S_2 都导通，如图 10-17(b)所示，使得 u_X 的电压上升，u_Y 的电压下降。忽略两个开关本身的电压降，则有 $u_X \approx u_Y \approx u_{out}$，如图 10-17(c)所示。

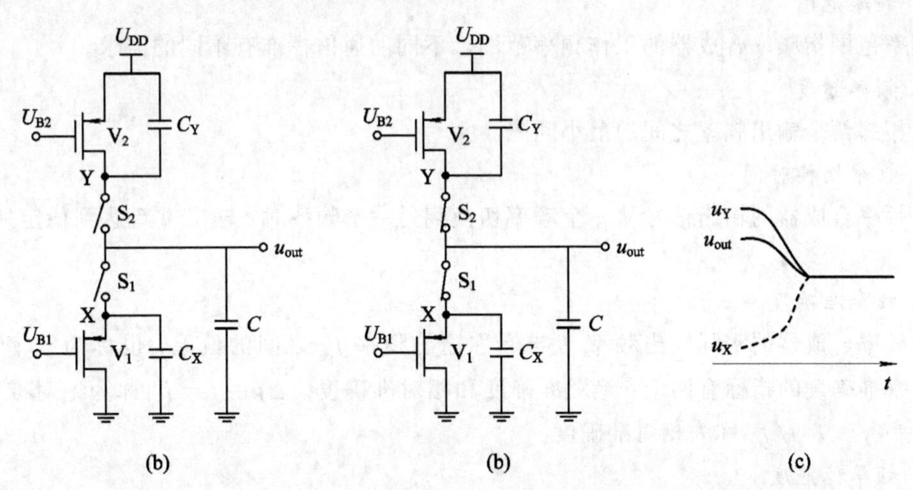

图 10-17　C、C_X、C_Y 点电容之间存在电荷共享

减小电荷共享的方法是“自举”，如图 10-18 所示。具体方法是在相位比较完成后，将 u_X 和 u_Y 电位保持在 u_{out}。这样，C、C_X 及 C_Y 之间就不会存在电荷共享情况了。

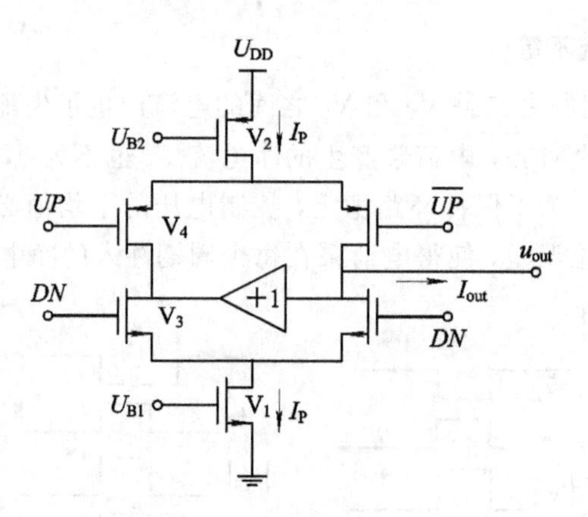

图 10-18 减小电荷分配效应的方法

10.5 频率合成器

10.5.1 频率合成器的技术指标及原理

频率合成器的功能是将一个高精度和高稳定度的标准参考频率，经过混频、倍频和分频等方式对它进行加、减、乘、除等四则运算，最终产生大量的具有相同精度和稳定度的频率源。

1. 技术指标

频率合成器主要有以下五个技术指标。

1）频率范围

频率范围指频率合成器的工作频率范围。不同的通信标准有不同的需求。

2）频率精度

指相邻两个输出频率之间的最小间隔。

3）频率切换时间

指频率合成器的输出信号从一个频率切换到另一个频率时，输出重新达到稳定所需的时间。

4）频率准确度

指频率合成器的实际输出频率 f 与标称输出频率 f_0 之间的偏差，也称为频率误差。描述频率准确度的指标有两个：绝对准确度和相对准确度。$\Delta f=f-f_0$ 称为绝对准确度，$\Delta f/f_0=(f-f_0)/f_0$ 称为相对准确度。

5）频率稳定度

指在一定时间间隔内，频率准确度的变化，实际上是指“频率不稳定度”。它分为三种：长期频率稳定度、短期频率稳定度和瞬时频率稳定度。

长期频率稳定度一般指一天以上乃至几个月内振荡器频率的相对变化量，它主要取决于有源器件、电路元件的老化特性。

短期频率稳定度一般指一天以内振荡频率的相对变化量，它主要与温度、电源电压变化和电路参数的不稳定性等因素有关。

瞬时频率稳定度是指一秒或一毫秒内振荡频率的相对变化量，这是一种随机的变化。

2. 原理

应用锁相环的频率合成方法称为间接频率合成。它是应用最为广泛的一种频率合成方法，如图 10-19 所示。

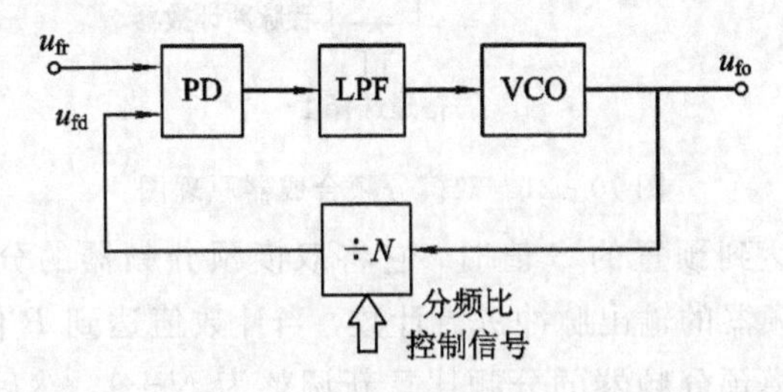

图 10-19　锁相环频率合成原理

在环路锁定时，鉴相器中两个输入的频率相同，即

$$f_r = f_d \tag{10.5.1}$$

其中，f_d 是经过 N 次分频后得到的频率。设 f_o 是 VCO 输出频率，则有

$$f_d = \frac{f_o}{N} \tag{10.5.2}$$

则输出频率为

$$f_o = N f_r \tag{10.5.3}$$

10.5.2　变模分频频率合成器

在图 10-19 中，VCO 输出频率直接加到可编程分频器上。由于可编程分频器的上限频率受到工艺的限制而做不高，因此采用在可编程分频器之前加前置分频器的方法来解决这一限制，如图 10-20 所示。这种方法虽然提高了工作频率，但输出频率只能以增量 Vf_r 变化。为了获得原来的分辨力，参考频率必须降为 f_r/V，使得频率转换时间延长到原来的 V 倍，但牺牲了转换时间。解决这个问题的办法是采用变模分频器技术(也叫吞脉冲技术)。图 10-21 给出了一个双模分频锁相环频率合成器原理图。

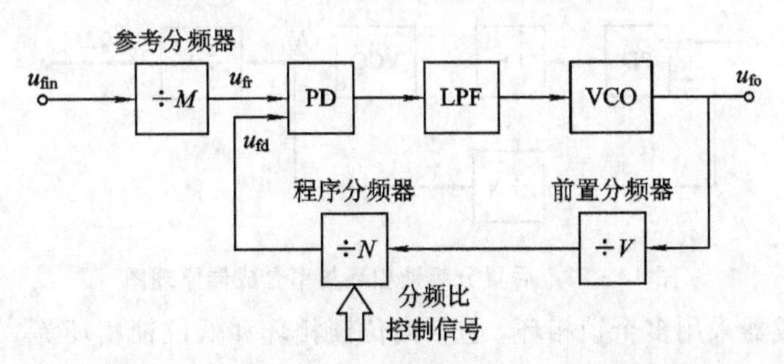

图 10-20　采用前置分频器的频率合成器原理图

在图 10-21 中，整个系统包含一个双模预分频器和两个可编程计数器。双模预分频器对 VCO 的输出信号进行分频，其分频比在 N 和 $N+1$ 之间选择。工作原理是：首先，双模预分频器对 VCO 输出信号进行 $N+1$ 分频，S(吞脉冲)计数器对双模预分频器的输出

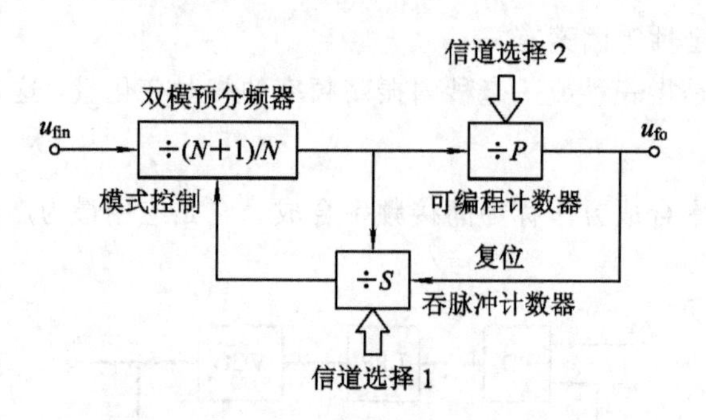

图 10-21　双模分频合成器原理图

脉冲进行计数，当计数达到预置的 S 值时，它将双模预分频器的分频比改为 N。与此同时，P 计数器也对预分频器的输出脉冲进行计数，当计数值达到 P 值时，它将其本身和 S 计数器复位，同时将双模预分频器的分频比重新调整为 $N+1$，然后重复上述过程。由 P 计数器、S 计数器和双模预分频器组成的模块的分频比为

$$K=(N+1)\cdot S+N\cdot(P-S)=P\cdot N+S \tag{10.5.4}$$

式(10.5.4)的限定条件是：

(1) K 要覆盖所有可能的整数值；

(2) S 在 $0\sim N-1$ 的区间内必须连续可变；

(3) P 必须大于 S；

(4) K 的最小值为 $K=N^2$。

10.5.3　多环频率合成器

用高参考频率并获得高频率分辨力的一种可能的方法是，在锁相环的输出端再进行分频，如图 10-22 所示。VCO 输出频率经过 M 次分频后为

$$f_o=\frac{Nf_r}{M} \tag{10.5.5}$$

式中，M 为后置分频器的分频比；N 为可编程分频比。频率分辨力为 f_r/M，因此只要 M 的值足够大，就可以得到很高的分辨力。

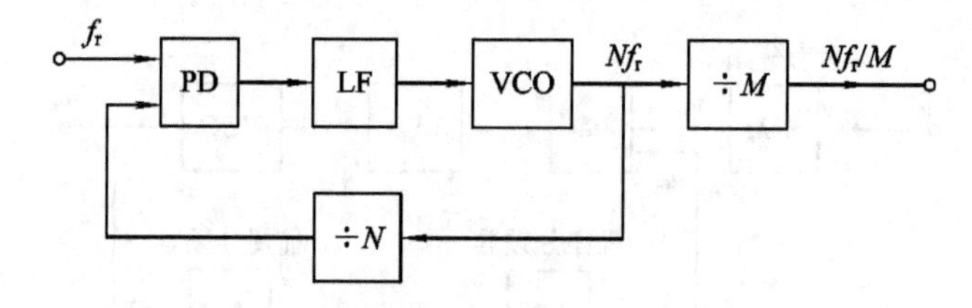

图 10-22　后置分频锁相环频率合成器原理图

多环频率合成器采用多个锁相环，包括高位锁相环和低位锁相环等。其中，高位锁相环提供频率分辨力相对较差但较高频率的输出，低位锁相环提供高频率分辨力的较低频率的输出，然后用一个锁相环将两个模块输出加在一起构成一个具有工作频率高、频率分辨力高且转换频率高的综合型锁相环频率合成器，如图 10-23 所示。

图 10-23 中，B 环为高位环，它工作在高频段，但分辨力仅为 f_r。A 环为低位环，它

的输出经过后置分频器 M 分频后输出较低频率，工作频段只等于高位环输出的频率增量，分辨力则可以达到 f_r/M。通过 C 环把 f_A 和 f_B 相加，最后得到三环合成器的输出频率 f_o。

合成器的频率转换时间由 A、B、C 三个环共同确定。频率合成器的频率转换时间的经验公式为

$$t_s=\frac{25}{f_r} \tag{10.5.6}$$

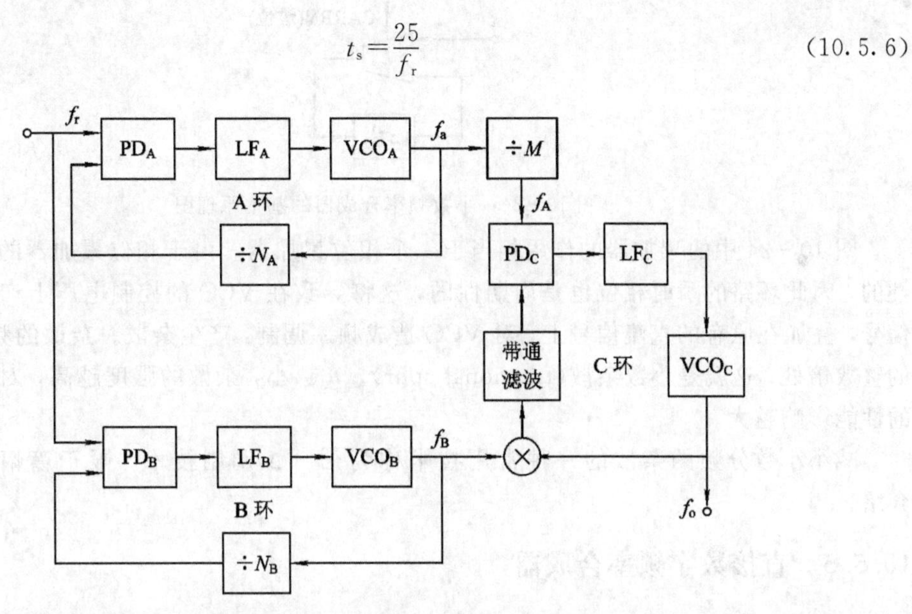

图 10-23　三环锁相频率合成器原理图

10.5.4　小数分频频率合成器

研究可知，整数型频率合成器由于采用整数分频，环路带宽受到信道间隔的限制，无法满足系统对宽环路带宽的要求。小数分频频率合成器就是为了解决这个问题而诞生的。它允许频率合成器使用较高的晶振频率和宽的环路带宽来实现窄信道间隔。同时宽的环路带宽可以提高环路的动态特性。

小数分频频率合成器是基于小数分频原理产生的，它强调“平均”的概念，虽然数字分频器无法直接实现小数分频，但是，如果让数字分频器的分频数随时间发生变化，则平均来看，就能实现小数分频。图 10-24 给出了小数分频频率合成器的原理图，其环路与整数频率合成器是一样的，不同的是分频器的分频系数是在 N 和 $N+1$ 之间切换，切换与否由一个累加器的进位信号来控制。控制原理是：如果累加器的进位信号为高电平，则分频器的分频比为 $N+1$，否则为 N。累加器的时间频率为输入参考信号频率 f_r，在每一个时钟周期内，累加器的输出增加 K(K 为输入信号，它也是一个二进制信号，位数与累加器运算位数相同)。令累加器的位数为 k，则在 2^k 周期内，发生溢出的周期数为 K，所以平均起来，分频器的分频比为

$$N_f=\frac{(2^k-K)\cdot N+K\cdot(N+1)}{2^k}=N+\frac{K}{2^k}=N+n \tag{10.5.7}$$

式中，k 为分频器的小数部分，通过对 K 的控制，可以选择不同的小数分频数。小数分频器的频率精度为 $f_r/2^k$。

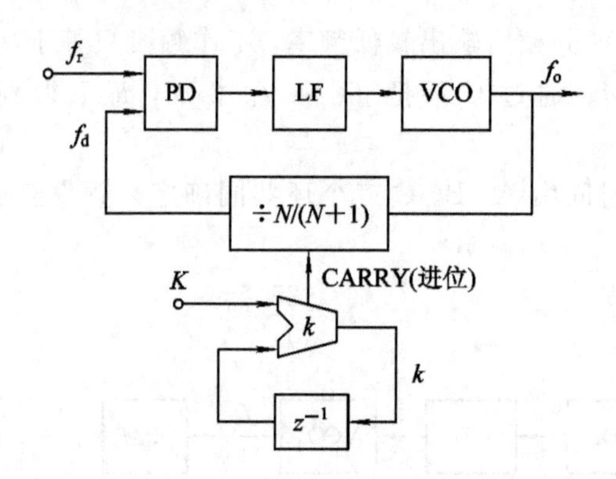

图 10-24 小数频率合成器的基本原理图

图 10-24 中的累加器的作用相当于一个相位累加器。由于相位累加器的输出是周期性的，因此环路的瞬时相位也是周期性的，这将导致在 VCO 的控制电压上产生一个交流信号，叠加在原有的直流信号上，对 VCO 造成频率调制，产生杂散。杂散的频率位于 nf_r 的整数倍处，这就是小数杂散(fractional spur)。n 越小，杂散的强度越高，对频率合成器的性能影响越大。

减小小数分频的杂散的一种常用技术称为 $\Sigma-\Delta$ 调制技术。限于篇幅，在此不再介绍。

10.5.5 直接数字频率合成器

频率合成器的一种特别敏捷的类型就是直接数字频率合成器(direct digital frequency synthesis，DDFS)，如图 10-25 所示。它包括一个累加器(ACC)、一个只读存储器(ROM)实现的查找表和一个数/模转换器(DAC)。累加器接收一个频率命令信号 f_{inc} 作为输入，然后在每一个时钟周期内以这个数值增加它的输出。输出信号就这样线性地增加直到溢出并重新开始下一个循环，所以输出就是一个锯齿形的信号。相位是频率的积分，一种有用的理解是累加器类似于频率输入命令的积分，而输出的锯齿波频率就是时钟频率、累加器字长和输入命令的函数。

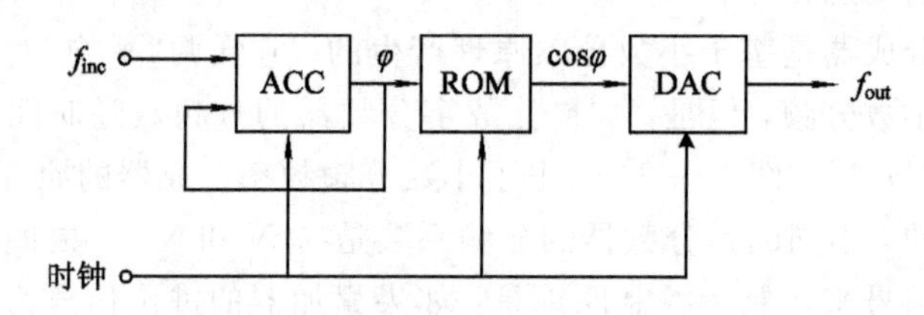

图 10-25 直接数字频率合成器原理图

通过改变 f_{inc} 的值就可以使得输出信号的频率迅速改变，而且相位是连续的。另外，频率和相位的两种调制都可以通过数字域内对 f_{inc} 或 φ 直接调制而方便地得到。最后，振幅的调制可以通过带乘法的 DAC 来实现，其中模拟输出是一个模拟输入信号(即振幅调制)和一个来自 ROM 的数字输入信号的乘积。

DDFS 的优点：

(1) 没有 VCO 和模拟电路；

(2) 频率步长精度高；

(3) 频率切换速度快；

(4) 可以实现信号的直接调制。

DDFS 可以作为双环路频率合成器的低频频率合成器。

10.6　S 波段频率合成器设计实例

本节采用 0.18 μm CMOS 工艺设计一种应用于 S 波段的频率合成器。该频率合成器工作在 1.8 V 的电源电压下，输入参考频率范围为 50～100 MHz，通过 Cadence Spectre 仿真，结果显示其输出范围为 1.97～4.06 GHz，在输出频率为 3 GHz 时相位噪声为－119.45dBc/Hz@1MHz。

10.6.1　设计指标

此处所设计的频率合成器所使用的工艺为 0.18 μm CMOS RF 工艺，所涉及的电路都基于该工艺。表 10.1 为所设计频率合成器的指标。

表 10.1　频率合成器的指标

输入参考频率	50～100 MHz
输出频率	2～4 GHz
相位噪声	>105 dBc/Hz@1MHz
锁定时间	<100 μs

10.6.2　鉴频鉴相器设计

图 10-26 为频率合成器所使用的鉴频鉴相器原理图。该鉴频鉴相器使用 0.18 μm 数字工艺库中的 D 触发器、与非门及反相器。频率合成器所要求的输入频率为 50～100 MHz，该数字库中的元器件完全能够在该频率下正常工作。

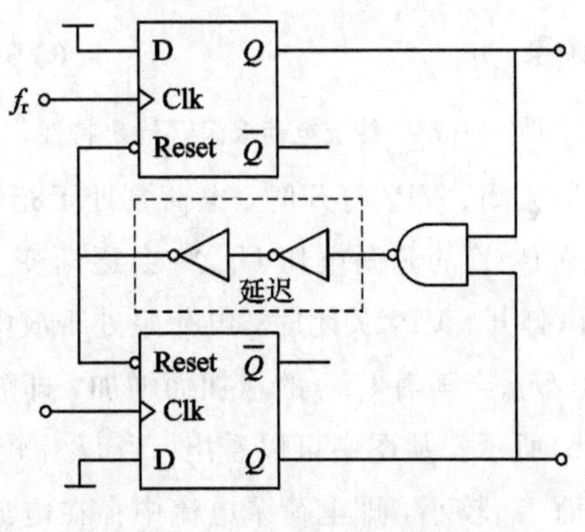

图 10-26　鉴频鉴相器

10.6.3 电荷泵设计

研究发现电荷泵的非理想因素中电流失配对锁相环的影响最为严重。本小节首先介绍两种传统的电荷泵电路及其非理想因素导致的缺陷，然后给出一个优化的设计方案。

考察图 10-27(a)，由于 PMOS 由低电平开启，为此 UP 信号需要做反向处理。MOS 管 VP_1 与 VN_1 为开关管，控制电荷泵的充放电。VN_2 与 VP_2 为偏置管，偏置电压 BIAS 控制 VN_2 使电荷泵放电电流达到预设值，而 VP_2 管决定充电电流的大小。这四个管子共同组成了电荷泵的主支路。此外该电荷泵中存在一条管子尺寸与主支路对应位置完全相同的副支路，这个副支路开关管始终保持打开状态。这样通过电流镜对该支路的电流复制，通过 VP_2 管使电荷泵充电电流达到预设值。下面分析该电荷泵存在缺陷。

列出两种 MOS 管的电流方程：

$$I_{\mathrm{VN}}=\frac{1}{2}\mu_{\mathrm{n}}C_{\mathrm{ox}}\left(\frac{W}{L}\right)(U_{\mathrm{GS}}-U_{\mathrm{TH}})^2(1+\lambda U_{\mathrm{DS}}) \tag{10.6.1}$$

$$I_{\mathrm{VP}}=-\frac{1}{2}\mu_{\mathrm{p}}C_{\mathrm{ox}}\left(\frac{W}{L}\right)(U_{\mathrm{GS}}-U_{\mathrm{TH}})^2(1+\lambda|U_{\mathrm{DS}}|) \tag{10.6.2}$$

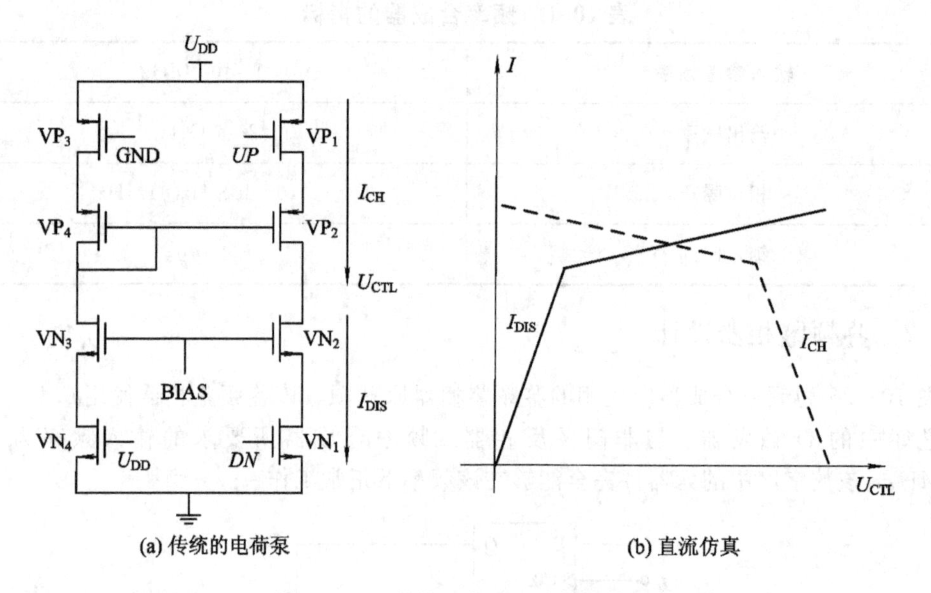

图 10-27 传统电荷泵及其输出特性

针对图 10-27，当 VN_1 关闭、VP_1 打开时，电荷泵处于充电状态，由于沟道长度调制的存在，随着 U_{CTL} 的增大，VP_2 管的源漏电压 U_{dsp} 将会逐渐变小，即充电电流 I_{CH} 会随着 U_{CTL} 的增加而减小。当 VN_1 打开、VP_1 关闭时，电荷泵处于放电状态。由于沟道长度调制的影响，VN_2 管的源漏电压 U_{dsn} 会随着 U_{CTL} 的增加而增加，即放电电流 I_{DIS} 会随着 U_{CTL} 的增加而增加，如图 10-27(b)所示。从图中可以看出，当 U_{CTL} 较小时，I_{DIS} 较小而 I_{CH} 较大；而当 U_{CTL} 较大时，I_{DIS} 较大而 I_{CH} 较小，即电荷泵电流中存在电流失配且电流失配最高达到了百分之三十。不仅如此，充放电电流不恒定将会使电流偏离设计值最大可达百分之二十，从而严重影响电荷泵的精准性[9]。

基于上述情况，相关文献利用运算放大器的特性构建改进型电荷泵来解决电流不匹配的问题。考察 10－28(a)，该电荷泵仍然由对应位置尺寸完全一样的主电流支路和副电流支路组构成。假设运算放大器增益无穷大(理想情况)，若电荷泵处于放电状态，当 U_{CTL} 值为某一值时，运算放大器通过比较 U_0 与 U_a 的差值，并反馈作用于 VP_4，直到 U_0 与 U_a 相等，即放电电流 I_{DIS} 与支路电流相等，此时反馈电压为 U_b。若电荷泵处于充电状态且 U_{CTL} 等于 U_0，运算放大器比较 U_0 与 U_a，反馈调节 VP_4，直到 U_0 与 U_a 相等，此时反馈电压仍然为 U_b，由于充电支路与副支路对应位置 MOS 管的尺寸及电压相等，即支路电流等于放电电流 I_{DIS} 且等于充电电流 I_{CH}。对于由 NMOS 管作为输入的运算放大器来说，当 U_{CTL} 较小时，NMOS 管处于截止区，即运算放大器并不工作。而对于由 PMOS 管作为输入的运算放大器，当 U_{CTL} 较大时，运算放大器也不会工作。为此，该结构的运算放大器通常使用轨对轨运算放大器以增加充放电电流的匹配范围，由于运算放大器的增益并不是无穷大，而是存在非理想效应的，因此此时电荷泵的充放电电流仍然会存在失配，但失配较小，其直流仿真曲线如图 10－28(b)所示。此外，随着 U_{CTL} 的增加，由于沟道长度调制的原因，放电电流会跟随着充电电流随着 U_{CTL} 的增加而增加，即电荷泵仍然存在输出电流不够恒定的问题，其电流将会偏离理想值[10]。

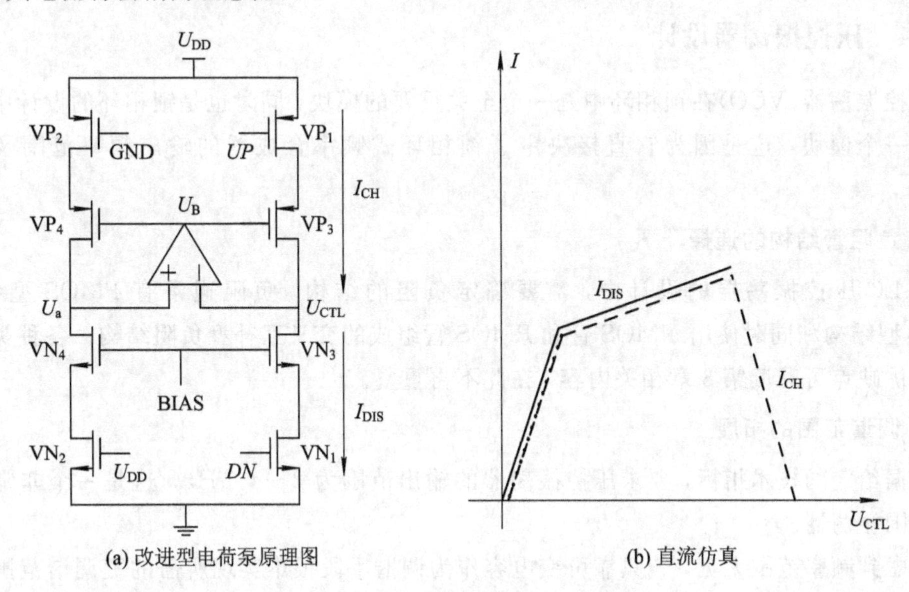

图 10－28　改进型传统电荷泵

对于电荷泵来说，输入输出电流的匹配越高越好，同时在此基础上还要有较宽的电压输出范围及恒定的输出电流，许多文献中对电荷泵的匹配度的改良往往是靠牺牲电压输出范围[13]得到的，或者付出了输出电流不够恒定的代价。

此处我们设计了一种新型的电荷泵，如图 10－29 所示。

该结构输出电流为 100 μA，且电流匹配度较高(失配小于 1%)，输出电压范围较大(78%)，有着较为恒定的输出电流(最大电流偏离低于 3%)。该电荷泵的基本思想是在传统的改进型电荷泵的基础上，增加一条电流镜支路，通过 U_{CTL} 同时改变该支路中 V_1、V_2 的导通电阻，从而使得电流随 U_{CTL} 变化的同时，反向变化偏置电压，以减小沟道长度调制所带来的电流的不恒定性。

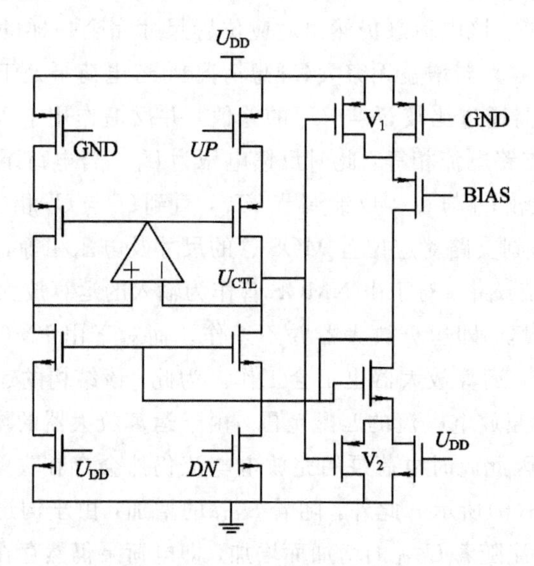

图 10-29 一种新型电荷泵

10.6.4 压控振荡器设计

压控振荡器(VCO)在锁相环中是一个至关重要的模块，同时也是锁相环的设计中难度较大的一个模块，这是因为它直接决定了锁相环式频率合成器的输出频率范围及相位噪声。

1. 负阻管结构的选择

在 LC 压控振荡器的设计中，需要确定负阻的结构，负阻通常有 PMOS 型结构、NMOS 型结构和同时使用 NMOS 管和 PMOS 管组成的交叉互补型负阻结构。各种类型的负阻的优缺点可阅读第 8 章相关内容，在此不再重复。

2. 调谐范围的拓展

根据给定的技术指标，要求压控振荡器的输出范围为 2～4 GHz。这是一个非常宽的调谐范围振荡器。

考虑到频率范围太宽，若只靠可变电容作为调谐手段很难实现所需的宽调谐范围。另外，可变电容的电容值变化范围太宽，则压控振荡器的压控灵敏度 K_0 要求很大。随着数字调谐技术的出现，这个难题得到解决，如图 10-30 所示，其基本工作原理是：通过开关电容阵列将比较宽的调谐范围分解成数个比较小的调谐范围的叠加，即宽频带被分解成数个窄频带。问题的关键是，设计开关电容阵列时必须保证频带的连续性，通常要求相邻的频带之间有一定的覆盖范围。开关电容阵列通过数字控制，从而选择出需要的频带。

本压控振荡器的设计将输出频带分成了 16 个子频带，开关电容阵列内的电容通过 4 位数字控制，如图 10-31 所示。该压控振荡器所采用的开关电容阵列，当数字控制位从 0000 递增到 1111 时，开关电容阵列的输出电容从 0 增加到 $15C_0$，且每次增加 $1C_0$。

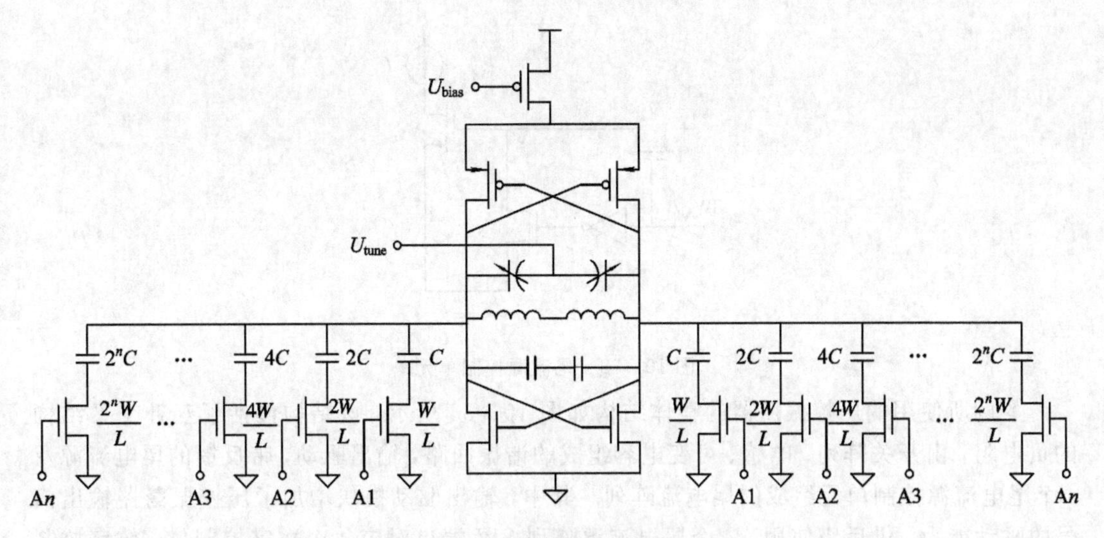

图 10-30　使用电容阵列的 VCO

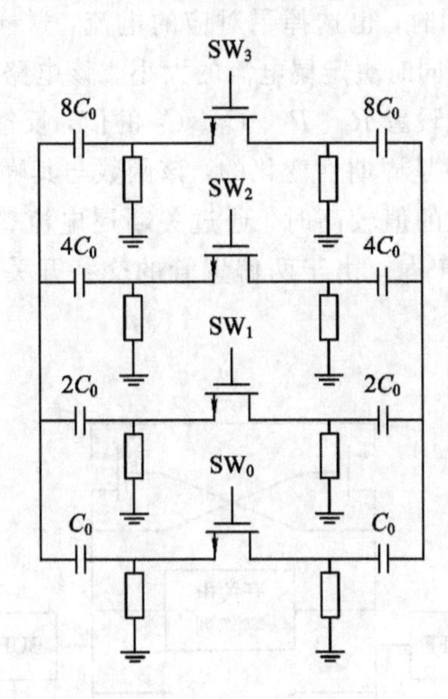

图 10-31　4 比特电容阵列

3. 反馈尾流源阵列

为了使压控振荡器有较好的输出相位噪声，设计的压控振荡器采用一种反馈型尾电流源阵列[15]。

基本工作原理为：对于带有开关阵列的压控振荡器来说，每一个频带对应一个开关电容阵列值，也对应了一个尾电流源。传统的尾电流源其值为固定值，即尾电流源并没有工作在最优状态。图 10-32 所示为尾电流控制单元，通过多个尾电流源的组合，可以使得每个频带工作在最适合的电流下。图中 V_1 管为偏置管，V_2 管、V_3 管为开关管，V_2 管的另一端偏置电压受控制电压 SW_A 控制。当控制电压为低时，该电流源不工作；当控制电压为高时，电流源工作。通过开关控制一组尾电流源控制单元而获得所需要的尾电流成为该尾电流源阵列的关键。

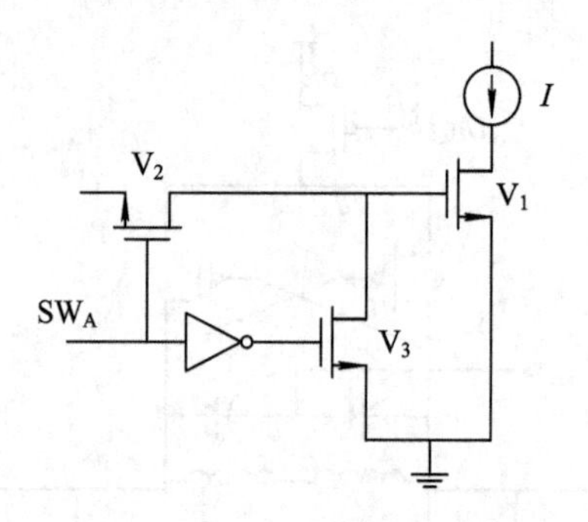

图 10－32 尾流源控制单元

本例所使用的压控振荡器的整体结构如图 10－33 所示，该结构包括了互补交叉结构的负电阻，由开关阵列、电感、可变电容组成的谐振回路，输出驱动，带反馈的尾电流源及 4 个尾电流源控制单元组成的尾电流阵列。其中，输出驱动模块增加了压控振荡器输出信号的驱动能力，供后级使用。4 个尾电流源阵列 SW 端口对应 4 个数字控制位，数字控制位在选择所需要的子频带的同时，也选择了对应的电流，这样不但减少了不必要的功耗，也降低了噪声。2 个尾电流管同时决定尾电流的大小。该电路中还存在从输出驱动到尾电流管的反馈回路，通过适当地设置 R_1、R_2、C_1、C_2 的值，反馈路径将会抑制尾电流噪声。其基本原理是：脉冲传递函数是周期性变化的，该函数与其噪声源相乘再积分则为振荡器的瞬时噪声，当脉冲传递函数的值较高时，通过关断尾电流管而减小此时的尾电流噪声，从而减小了振荡器的输出噪声[17]。由于两偏置管的交替开关，尾电流管始终工作在导通状态。

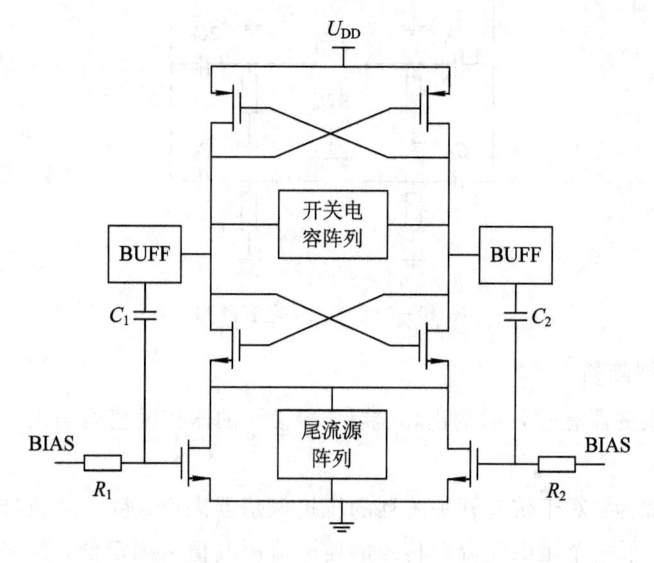

图 10－33 VCO 整体结构

4. VCO 电路图

图 10－34 所示电路为本设计的压控振荡器完整电路，它包括了谐振回路、负阻管、尾电流源阵列及开关电容阵列。

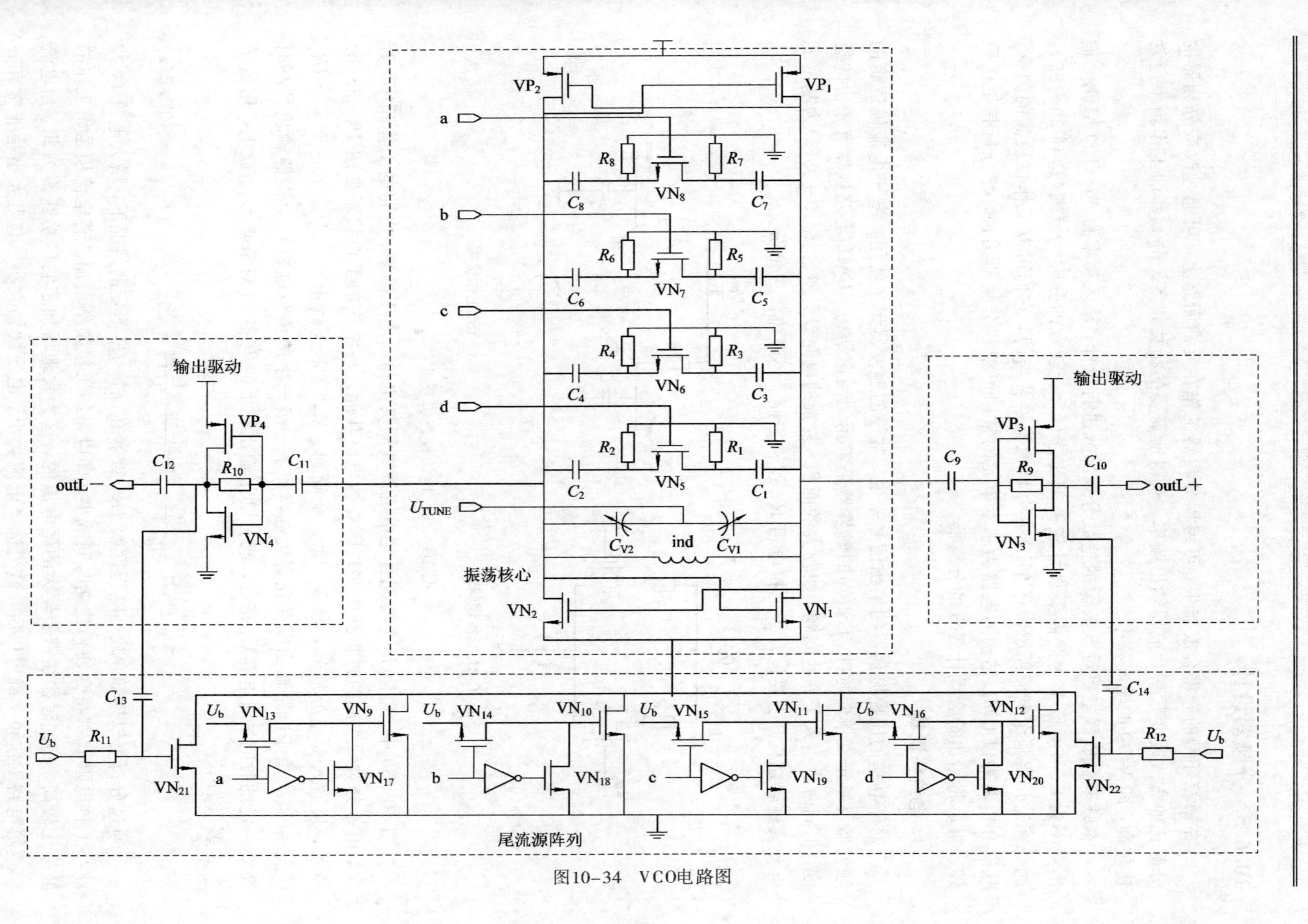

图10-34　VCO电路图

10.6.5 分频器设计

在锁相环型的频率合成器中，可编程分频器工作在反馈回路上，可通过改变分频器的分频比的方式改变频率合成器输出频率，获得所需要的相关频率。分频器的工作频率通常比较高，即VCO的输出频率。

本频率合成器主要对S波段的整数分频部分进行设计，输入频率为50～100 MHz，输出频率为2～4 GHz，为此需要设计较高的工作频率，较宽的分频比范围(达到20～80)。此处首先介绍基于电流模逻辑(CML)结构D触发器及与门，它们可以工作在较高的频率，接着介绍两种以CML结构的电路为基本单元的常用可编程分频器结构，并分析其工作原理。最后将给出符合设计要求的分频器。

1. 电流模逻辑

对于高速的压控振荡器的输出信号来说，常规的触发器无法使用。基于电流模逻辑的触发器及基于真单向时钟(TSPC)的触发器是常用的高速结构。CML电路虽然有较快的速度，但同时也引入了一些问题，如较大的面积、复杂的电路设计等。图10-35(a)为基本的电流模逻辑结构，主要包含了上拉电阻R、逻辑控制、尾电流源三部分。

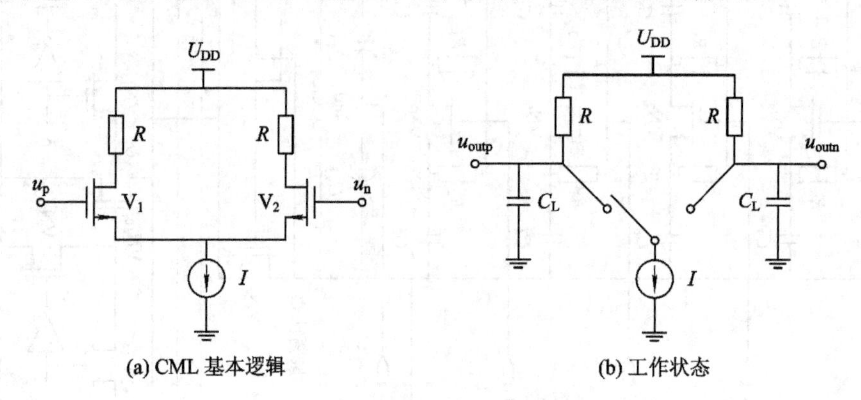

图10-35 电流模逻辑反相器

图10-35中，电阻R主要配合尾电流源共同决定输出电压摆幅、电路的工作频率，其次，由差分对管组成的逻辑开关实现需要的电路功能。该结构的工作状态如图10-35(b)所示，其输入为差分信号，当V_1管完全导通、V_2管完全截止时，$U_{outp}(t)=U_{DD}-IR$，$U_{outn}=U_{DD}$，由于电路输出端存在寄生电容和下一级产生的负载电容C_L，电路输出拉高时需要一定的时间τ对电容C_L充电，或者电路输出拉低时电容C_L对节点U_{outn}放电，用数学公式表示如下：

$$C_L\frac{dU_{outp}(t)}{dt}+I=\frac{U_{DD}-U_{outp}(t)}{R} \tag{10.6.3}$$

通过分析可以得知，减小电压摆幅IR，或者在保持IR不变的情况下，增大电流I，并减小上拉电阻R都将会使得建立时间减小，即电路的工作频率增加。若电流模逻辑工作的频率比较高，则此时往往需要较大的尾电流源，这大大地增加了它的功耗。为此，当电流模逻辑电路工作频率确定以后，适当选择电流大小、电压摆幅大小、电阻大小是非常有必要的。

2. 两种常用的可编程分频器

此处介绍两种常用的可编程分频器：一种为脉冲吞咽式分频器；另一种为基于除2/除3单元的分频器，主要针对除2/除3单元的结构、工作原理及整个分频器的结构及工作原理进行分析。

图10-36给出了由$N-1/N$双模预分频器、P计数器及S计数器所构成的脉冲吞咽式计数器。P计数器为可编程计数器，S计数器为吞脉冲计数器[18]。当时钟信号输入$N-1/N$双模预分频器后，时钟信号会被N分频，进而输入到P计数器和S计数器中。其中P计数器的计数个数P与S计数器的计数个数S均由数字信号控制，P计数器和S计数器可以是加计数器，也可以是减计数器。当S计数器加数计满或减计数到0以后，便会产生控制信号M，使双模分频器进行$N-1$分频。此时P计数器仍然在计数，再经过$P-S$个周期，计数达到P或者减为0，P计数器将会产生一个复位信号复位P计数器和S计数器。由此可得分频比：

$$N_{tot}=S\times N+(P-S)\times(N-1)=P\times(N-1)+S \tag{10.6.4}$$

从式(10.6.4)可以看出，若$S<N-2$，则分频比N_{tot}将无法连续且$P>S$。

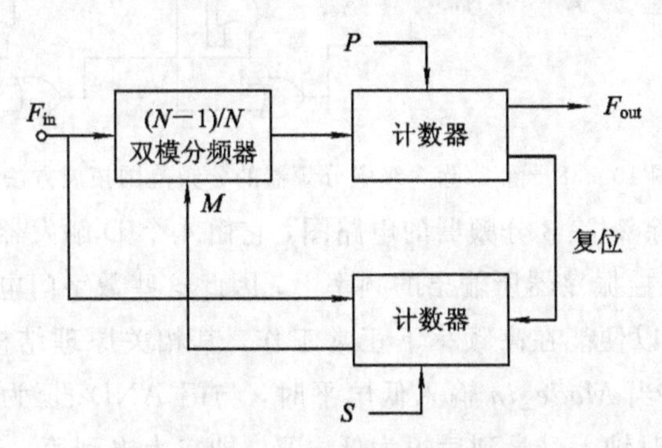

图10-36　脉冲吞咽式分频器

图10-37给出了由除2/除3单元级联所构成的分频器。该分频器的除2/除3分频器单元结构相同，上一级单元的输出频率F_{out}接到下一级单元的输入F_{in}，而下一级单元产生的控制信号$Mode_out$反馈给上一级单元的$Mode_in$，即它的反馈仅发生于相邻的两个单元之间。当输入$Mode_in$的信号为低电平时，该除2/除3单元对输入的频率只进行二分频，数字控制输入端P无论是高电平还是低电平，都对该单元的分频无影响。当$Mode_in$输入为高电平信号、数字控制输入端P输入为高电平时，该除2/除3单元对输入的信号进

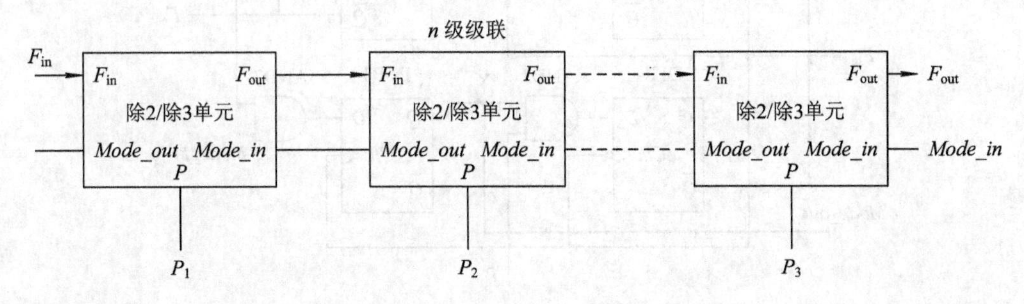

图10-37　除2/除3单元级联的分频器

行三分频。当 *Mode_in* 输入为高电平、数字控制输入端 P 输入为低电平时，该除 2/除 3 单元仍只进行二分频。无论 P 为高电平还是低电平，除 2/除 3 单元的控制输出端 *Mode_out* 只输出一个输入频率周期的高电平，即当 n 级该单元级联时，在总的分频周期内，每一级至多只存在一次三分频，所以时钟总分频比为

$$N_{tot}=P_0+2\cdot P_1+2^2\cdot P_2+2^3\cdot P_3+\cdots+2^{n-1}\cdot P_{n-1}+2^n \tag{10.6.5}$$

由式(10.6.5)可知，整个分频器的分频比 N_{tot} 的分频范围十分有限，其最小值为 2^n(所有数字控制端 P 输入低电平)，最大值为 $2^{n+1}-1$(所有数字输入端 P 输入高电平)。而本设计所需要的分频器的分频范围为 20～80，该分频器的分频范围远远无法达到。但通过分频比拓展技术，可以将该分频器的分频范围最大限度地拓宽[19-21]，如图 10-38 所示。

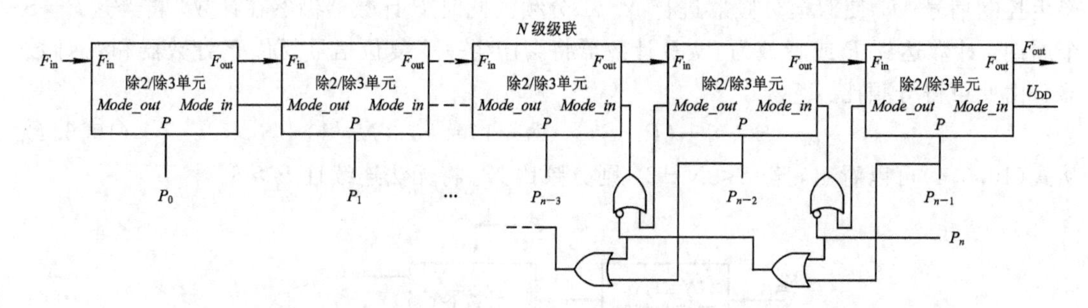

图 10-38　除 2/除 3 级联分频器的分频范围拓展方法

图 10-39 所示为除 2/除 3 分频器的电路图，它由 4 个 D 触发器和 3 个与门组成。由于该电路直接工作在压控振荡器所输出的频率上，因此这些数字门电路及触发器都需使用电流模逻辑电路构成，以便能在高频率下正常工作，其相关原理结构已在前面做了介绍。下面分析其工作原理：当 *Mode_in* 输入低电平时，与门 AND2 恒为低电平，而 D 触发器 DFF3 的输出在下一个时钟上升沿到后恒为低电平，即自上电到第一个时钟上升沿到来后，*Mode_out* 便恒输出低电平，则 AND3 恒输出高电平，DFF4 的 $\overline{Q}$ 接口恒输出高电平。此电路相当于一个由 DFF1 与 DFF2 所构成的常见的二分频器：上升沿时采样输入到 D 的信号，并保存在节点 Q 处，下降沿时，输出 F_{out} 反馈采样信号的反相到输入 D，并保持输出

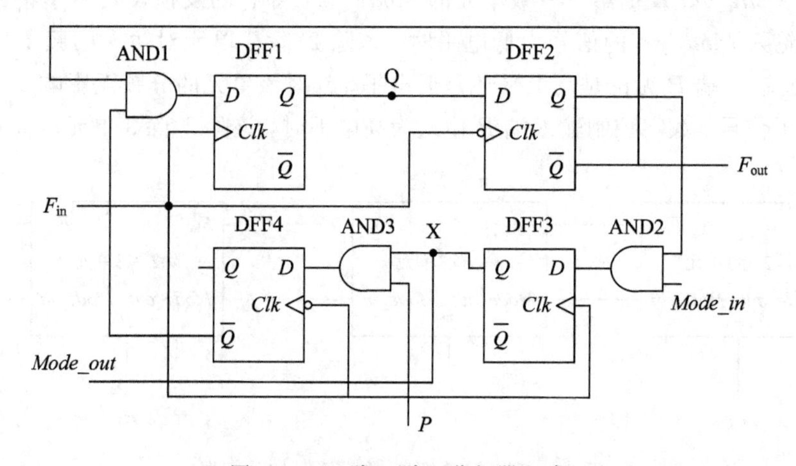

图 10-39　除 2/除 3 分频器电路

直到下个下降沿的到来。当 $Mode\_in$ 为高电平且 P 为低电平时，DFF4 的输出 $\overline{Q}$ 仍然恒为高电平，此电路仍然是一个二分频电路。当 $Mode\_in$ 与 P 都输入高电平时，除 2/除 3 分频器进行三分频：上升沿到来时，节点 Q 和节点 X 分别对 AND1 与 AND2 的输出进行采样。下降沿到来后 DFF4 输出 P 的反相，而 F_{out} 输出节点 Q 的反向。即第三个周期上升采样到节点 Q 的信号为第二个周期采样到的节点 Q 的信号与第一个周期采样到的节点 Q 的信号的或非值。假设第一个周期的 Q 点电平为高电平，第二个周期的 Q 点电平为高电平，则第三个周期为 1 与 1 的与非，即为低电平，第四个周期为 1 与 0 的与非，即低电平，节点 Q 所采样的信号依次为 110010010010010O……

3. 本例采用的分频器

将图 10 - 38 所示分频器作为本例频率合成器所使用的分频器，该结构通过与门、或门及反相器组成的数字控制单元拓展了分频器的分频范围，其分频范围为 16～127，且能够正常工作于 4 GHz 的频率下。分频比调节方法如下[22][23]：当 P_5P_6 为 00 时，

$$N_{tot}=P_0+2P_1+4P_2+8P_3+16P_4+32P_5+64 \tag{10.6.6}$$

当 P_5P_6 为 01 时，

$$N_{tot}=P_0+2P_1+4P_2+8P_3+16P_4+32 \tag{10.6.7}$$

当 P_6 为 1 时，

$$N_{tot}=P_0+2P_1+4P_2+8P_3+16P_4+32P_5+64 \tag{10.6.8}$$

该分频器在 4 GHz 频率下实现 40 分频，此时，数字控制端的输入为 0101000。

图 10 - 40 所示为该分频器使用 CML 结构所组成的 D 触发器电路图。

图 10 - 41 所示为工作在 4 GHz 频率下的 CML 结构与门逻辑电路图。

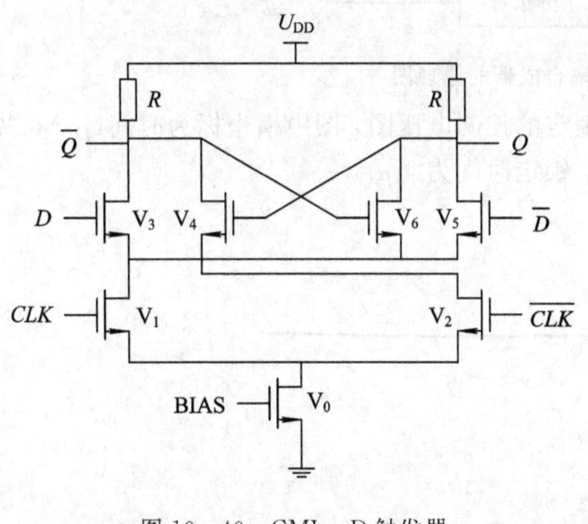

图 10 - 40　CML - D 触发器

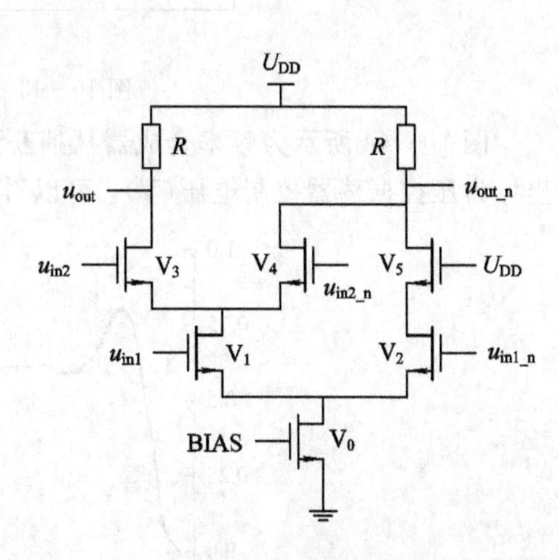

图 10 - 41　CML -与门

图 10 - 42 所示为除 2/除 3 单元的门级电路图，该电路由图 10 - 39 及图 10 - 40 所示的 CML 门级电路组成。

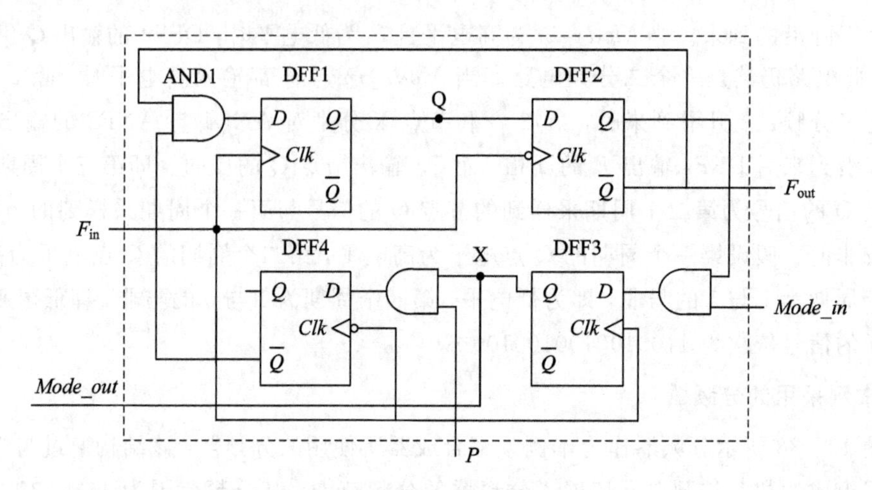

图 10－42　除 2/除 3 单元

10.6.6　整体电路及仿真

前面已经给出了频率合成器的各模块的设计，此处将对整个环路进行仿真。图 10－43 所示为所设计频率合成器的原理图。

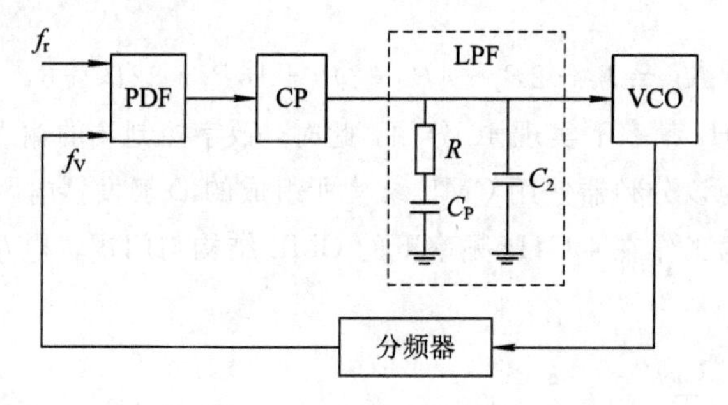

图 10－43　频率合成器的原理图

图 10－44 所示为频率合成器从捕获到锁定的控制电压图，图中横坐标为时间(μs)，纵坐标为压控振荡器控制电压(V)，可以看出，锁定时间为 4 μs。

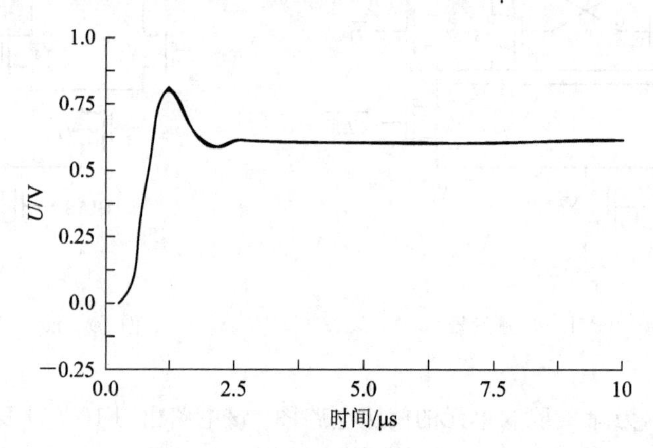

图 10－44　频率合成器瞬态仿真图

该频率合成器的相位噪声通过 matlab 拟合得到，在 1 MHz 的频率偏移处相位噪声为 −113.3～−128.6 dBc/Hz。图 10 - 45 所示为中心频率处通过 matlab 进行相位噪声拟合所得到的相噪图，其频偏 10 kHz 处相噪为 −109.6 dBc/Hz，500 kHz 处相噪为 −111.85 dBc/Hz，1 MHz 处相噪为 −119.45 dBc/Hz。

通过上述各模块及系统的仿真验证可以看出，该频率合成器的设计达到了指标的要求。

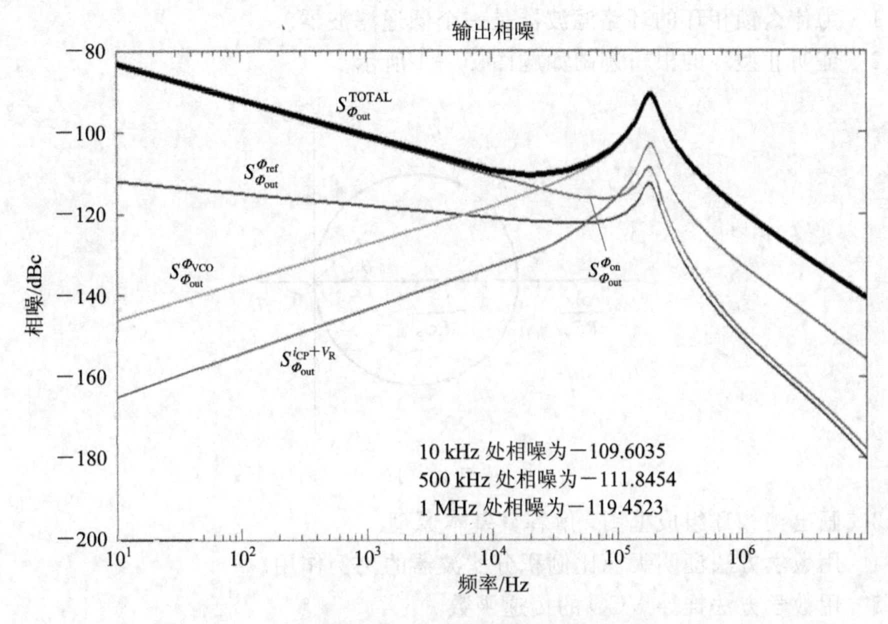

图 10 - 45　系统的相噪拟合

10.7　本章小结

锁相环由于其独特的优越性和多样性而在现在通信系统中占据重要地位。一个典型的锁相环主要包括鉴相器、压控振荡器和环路滤波器等三个部分。鉴相器实现相位比较功能；环路滤波器滤除不需要的高频信号；压控振荡器是一个电压到频率的变换装置，在锁相环中作为被控的振荡器。锁相环的多种专业术语和技术指标包括捕获、锁定与跟踪、捕获时间与稳态相差、相位捕获与频率捕获、捕获带与同步带、杂散以及时钟抖动等。

电荷泵锁相环是常用的结构，它根据前级鉴频和鉴相器的输出，将电荷泵入后级的环路滤波器，或从环路滤波器中泵出电荷，以达到增加或降低控制电压，从而实现 VCO 输出频率发生变化的目的。此外，锁相环还有“型”的概念，即 Type Ⅰ型和 Type Ⅱ型锁相环，是按照处于原点的极点个数来划分的。Type Ⅱ型锁相环的非线性因素包括“死区”现象、鉴频/鉴相输出时延不等、电荷泵上/下电流不等、电荷分配效应等多种因素，因此在设计中应该给予充分考虑。

频率合成器可以产生大量具有相同精度和准确度的频率，通常作为频率源使用。描述它的主要技术指标有：频率的范围、精度、切换时间、准确度和稳定度等。本章还介绍了频率合成的原理、变模分频频率合成器、多环频率合成器、小数分频频率合成器和直接数字频率合成器等。

本章在最后介绍了一个采用0.18 μm CMOS工艺设计的应用于S波段的频率合成器，给出了具体的设计过程和仿真结果。

习　题

10.1　为什么锁相环的环路滤波器是一个低通滤波器？

10.2　证明Ⅱ型环的根轨迹图如题图10-1所示。

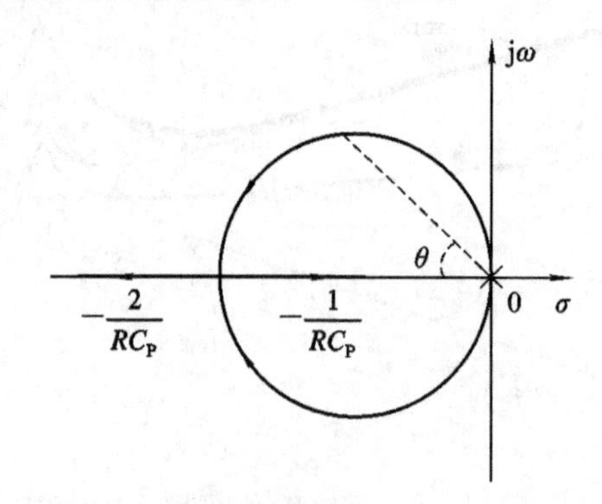

题图10-1

10.3　画出锁相环组成框图，解释其基本原理。

10.4　用数学方法证明无源比例积分滤波器的比例作用。

10.5　用数学方法推导VCO的传递函数。

10.6　画出锁相环的相位模型，并做相应的说明。

10.7　说明相位捕获与频率捕获的主要区别。

10.8　电荷泵锁相环有何特点？

10.9　Ⅱ型锁相环的非理想因素有哪些？

10.10　画出频率合成器的原理框图，简述其工作原理。

10.11　说明变模分频频率合成器的原理。

参考文献

[1]　Devendra K Misra. 射频与微波通信电路：分析与设计[M]. 张肇仪，祝西里，等译. 北京：电子工艺出版社，2005.

[2]　池保勇，余志平，石秉学. CMOS射频集成电路分析与设计[M]. 北京：清华大学出版社，2007.

[3]　李智群，王志功. 射频集成电路与系统[M]. 北京：科学出版社，2011.

[4]　张厥盛，郑继禹，万心平. 锁相技术[M]. 西安：西安电子工业出版社，2000.

[5]　Thomas H Lee. MOS射频集成电路设计[M]. 余志平，周润德，主译. 北京：电子工业出版社，2006.

[6]　杨阳. 应用于S波段的频率综合器的研究与设计[D]. 桂林：桂林电子科技大学，2018.

[7]　段吉海. 高频电子线路[M]. 重庆：重庆大学出版社，2004.

[8]　张刚. CMOS集成锁相环电路设计[M]. 北京：清华大学出版社，2013.

[9] Fazeel H M S, Raghavan L, Srinivasaraman C, et al. Reduction of Current Mismatch in PLL Charge Pump[C]. IEEE Computer Society Symposium on Vlsi, IEEE Computer Society, 2009, 7 - 12.

[10] Lee J S, Jin W K, Dong M C, et al. A wide range PLL for 64X speed CD-ROMs & 10X speed DVD-ROMs[J]. IEEE Transactions on Consumer Electronics, 2000, 46(3): 487 - 493.

[11] Lima J A D, Serdijn W A. Compact nA/V triode-MOSFET transconductor[J]. Electronics Letters, 2005, 41(20): 1113 - 1114.

[12] Kao S T, Lu H, Su C C. A 1.5V 7.5uW programmable gain amplifier for multiple biomedical signal acquisition[C]. IEEE Biomedical Circuits and Systems Conference, 2009, 73 - 76.

[13] Dan C. CMOS IC Layout: Concepts, Methodologies, and Tools with Cdrom[M]. Butterworth-Heinemann, 2000.

[14] Becker-Gomez A, Cilingiroglu U, Silva-Martinez J. Compact sub-hertz OTA-C filter design with MOS interface-trap charge pump [C]. Circuits and Systems, Midwest Symposium, 2002, 3: 145 -148.

[15] 张喜. 4-6GHz 宽频带 CMOS LC 压控振荡器的研究与设计[D]. 桂林：桂林电子科技大学. 2016.

[16] Mostajeran A, Bakhtiar M S, Afshari E. 25.8 A 2.4GHz VCO with FOM of 190dBc/Hz at 10kHz-to-2MHz offset frequencies in 0.13μm CMOS using an ISF manipulation technique[C]. IEEE Solid-State Circuits Conference, 2015.

[17] Mostajeran A, Bakhtiar M S, Afshari E. 25.8 A 2.4GHz VCO with FOM of 190dBc/Hz at 10kHz-to-2MHz offset frequencies in 0.13μm CMOS using an ISF manipulation technique[C]. Solid-State Circuits Conference, IEEE, 2015, 1 - 3.

[18] Arguello A M G, Navarro S J, Noije W V. A 3.5 mW Programmable High Speed Frequency Divider for a 2.4 GHz CMOS Frequency Synthesizer[M]. IEEE, 2005.

[19] Razavi B. A Family of LowPower Truly Modular Programmable Dividers in Standard 0.35m CMOS Technology[M]. Phase-Locking in High-Performance Systems: From Devices to Architectures, Wiley-IEEE Press, 2009, 346 - 352.

[20] Vaucher C, Wang Z. A low-power truly-modular 1.8GHz programmable divider in standard CMOS technology[C]. Solid-State Circuits Conference, Proceedings of the European, 1999, 406 - 409.

[21] Vaucher C, Kasperkovitz D. A wide band tuning system for fully integrated satellite receivers[C]. Solid-State Circuits Conference, Proceedings of the European, 1998, 56 - 59.

[22] 肖津津. 基于 SMIC40nmCMOS 工艺对分频器的研究与设计[D]. 长沙：长沙理工大学，2013.

[23] Vaucher C S, Ferencic I, Locher M, et al. A family of low-power truly modular programmable dividers in standard 0.35-/spl mu/m CMOS technology [J]. Solid-State Circuits, 2000, 35(7): 1039 - 1045.

第11章　版图匹配设计、ESD防护设计、接地设计及电磁兼容

11.1　概　　述

由于分布参数的影响，CMOS射频集成电路的版图设计是一个难点。尽管常规的版图设计方法也常用在RFIC设计中，但更多的是要针对RFIC本身进行版图设计。本章将针对版图的匹配设计进行详细探讨。限于篇幅，版图的可靠性设计、PAD设计以及温度均匀性设计等内容将在此不再介绍。感兴趣的读者可以查阅文献[3]。

针对静电放电(electrostatic discharge，ESD)等内容，首先ESD会造成电子设备的故障或误操作，产生电磁干扰；其次ESD有可能损坏集成电路和电子元件，或者造成元件老化，降低成品率，因此ESD防护设计在RFIC设计中是必不可少的。电磁兼容被应用于RFIC设计是一个新的课题，本章将尝试介绍电磁兼容在RFIC中的应用。

11.2　版图匹配设计

芯片制造厂家为了克服非理想因素造成的芯片性能和成品率下降，保证芯片的功能正确，制定了一系列版图设计规则。对于射频集成电路来说，仅仅满足版图设计规则还是不够的。

对于RFIC来说，版图的元器件之间的匹配是非常重要的。本节将对造成失配的原因以及减小失配的方法进行介绍。即使把两个晶体管放在一起，仍然不能保证这两个晶体管完全一致。这是工艺偏差所致。两个理想的CAD版图被加工后的行为和特性也有差异，这叫做非重复性。尽管在版图阶段是理想的，但仍然由于某种原因无法使得两个器件重复相同的特性。随着新的工艺技术的发展，许多一致性的偏差问题得到解决。这并不意味着不用关心基本匹配问题了，相反，匹配是一个永久的话题。匹配的最基本规则：将匹配器件放置在一起。

11.2.1　造成失配的原因

造成版图上的两个完全相同的元器件之间失配的原因可以归结为两个：一个是随机失配；另一个是系统失配。

所谓随机失配，是指元器件的尺寸、掺杂浓度、氧化层厚度等因素的影响导致元器件的特性和参量发生了微小变化而产生的失配。

所谓系统失配，是指工艺偏差、接触孔电阻、扩散区之间的相互影响、机械压力和温度梯度、工艺参数浓度等因素造成的元器件失配。

下面将从数学角度定义失配。若将失配定义为测量所得的元器件值之比与设计的元器件值之比的偏差，则归一化失配被定义为[3]

$$\Delta=\frac{(x_2/x_1)-(X_2/X_1)}{X_2/X_1}=\frac{X_1x_2}{X_2x_1}-1 \tag{11.2.1}$$

式中，X_1、X_2 为元器件的设计值；x_1、x_2 为元器件的实测值。

失配 Δ 是一个高斯随机变量，根据统计理论，若有 N 个测试样本 $\Delta_i(i=1,2,3,\cdots,N)$ 则它们的均值为[3]

$$m_\Delta=\frac{1}{N}\sum_{i=1}^{N}\Delta_i \tag{11.2.2}$$

均值 m_Δ 反映了系统失配的大小，可以用来衡量元器件之间的系统失配性能。

Δ 的方差为

$$\delta_\Delta=\sqrt{\frac{1}{N-1}\sum_{i=1}^{N}(\Delta_i-m_\Delta)^2} \tag{11.2.3}$$

方差 δ_Δ 反映了随机失配的大小，可以用来衡量元器件之间的随机失配性能。根据高斯分布的统计特性，失配处于 $|m_\Delta|\pm3\delta_\Delta$ 范围内的概率为 99.7%。

11.2.2　设计的规则及方法

1. 简单匹配

匹配规则 1：关注相邻的器件。即使两个器件挨得很近，但如果它们的形态匹配不好，也会产生一些问题。

对于一个 CMOS 晶体管，大多数影响晶体管性能的参数是栅的长度和宽度。制造工艺中的一些蚀刻在某个方向是很好的。如果一个元件被放置在一边，一旦蚀刻误差发生在晶体管的宽度上，则可能导致另一个元件的蚀刻误差发生在其沟道长度上。当然还有一种可能，举例来说，如果两个相邻器件栅宽的设计值为 200 nm，其中一个器件的实际值为 198 nm，另一个为 205 nm，这样，即使它们是相同的器件，但它们的特性也可能完全不同。

我们的首要规则是把它们放置在一起，但我们的第二个规则是观察这两个相邻元件：保证它们处于同一方向。

匹配规则 2：把器件放在同一方向。

匹配规则 3：版图工程师与电路设计者要保持沟通。意思是说，电路设计者也要考虑版图匹配问题，即从电路设计角度避免出现版图不匹配问题。

匹配规则 4：掩模设计者不是万能的，电路设计者应该知道他们想要的匹配。

2. “根”元件法(root component method)

有时候我们需要多个元件进行互相匹配。举个例子，如图 11-1 所示。

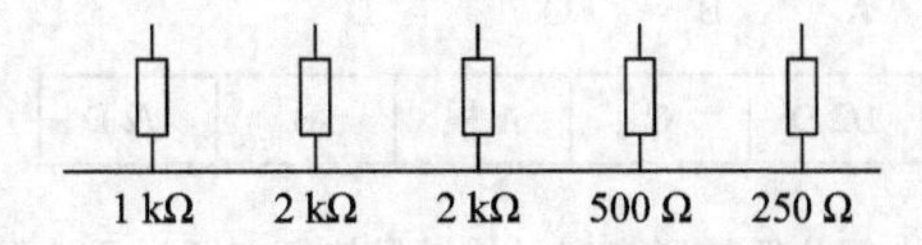

图 11-1　不同阻值的电阻连接的情况

第一个策略是尽可能地把它们放在一起。第二个策略是保持它们在同一方向上。除此之外，在这个例子中，一个好的匹配方法是采用一种称为“root component”，即根元件的方法。挑选其中一个器件做样本，用相同的库元件做所有剩下的。采用根元件法，如果所有的电阻具有相同的尺寸，则它们的版图具有相同的形状且方向相同，同时它们必须靠得很近。这样可以获得较好的匹配。如果这些电阻被“过蚀刻”，则它们在同一方向都“过蚀刻”，结果仍然是匹配的。

采用根元件策略的更好的办法是选择一个中间值作为根元件值。以图 11－2 为例，我们选择 1 kΩ 作为根电阻。2 kΩ 的电阻就是两个 1 kΩ 电阻的串联，而 500 Ω 就是两个 1 kΩ电阻的并联，依此类推。

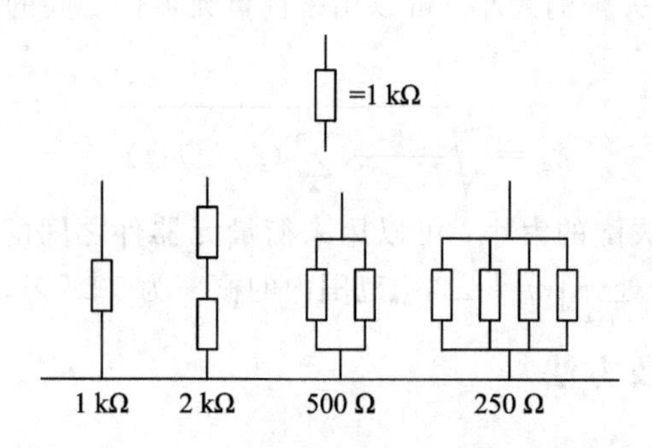

图 11－2　元件中间值作为根元件值的匹配

值得注意的是，根元件法不仅适用于电阻元件，也适用于任何其他元件的版图匹配设计。

3. 叉指元件法

我们还可以进一步改善电阻的匹配。在一般的电路中，一堆元件必须与一个给定的元件相匹配。这个元件称为指定元件(root)。首先，要找到指定元件，如图 11－3 所示，电阻 A 是定义电阻。如果在版图中从左到右排列元件，那么电阻 D 是离电阻 A 最远的电阻。当然我们希望电阻 D 尽可能靠近电阻 A，但是电阻 B 和电阻 C 的情况又如何呢？要求所有的元件都是邻居，具体方法是让电阻 A 在中间，电阻 B 和电阻 C 随其左右。然后再用类似方法放置其他元件。

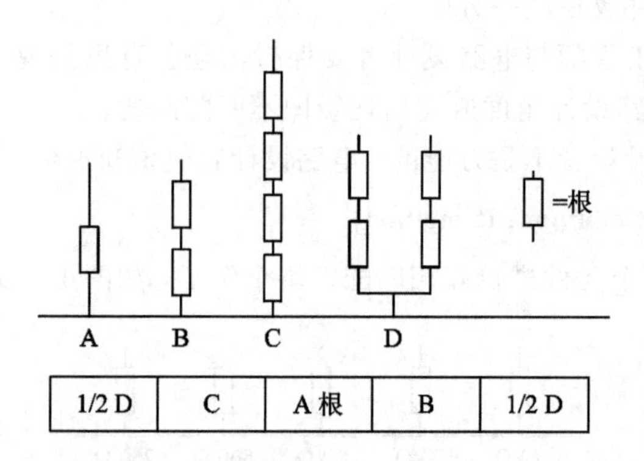

图 11－3　在中间位置放置指定元件以保持所有匹配元件靠的尽可能近

图 11－3 采用的匹配原则就是叉指结构。

注意到，图11-3中的电阻D被分成两个部分。一半被放置在最左边，另一半被放置在最右边。

图11-4和图11-5是另一个例子，是利用两个电阻的交错来实现版图匹配的。

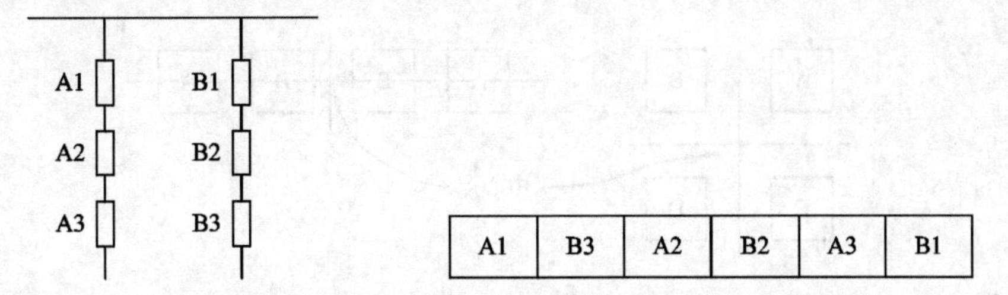

图11-4　需要匹配的电阻　　图11-5　两组电阻的交错

针对图11-5的交错电阻进行布线，如图11-6所示。

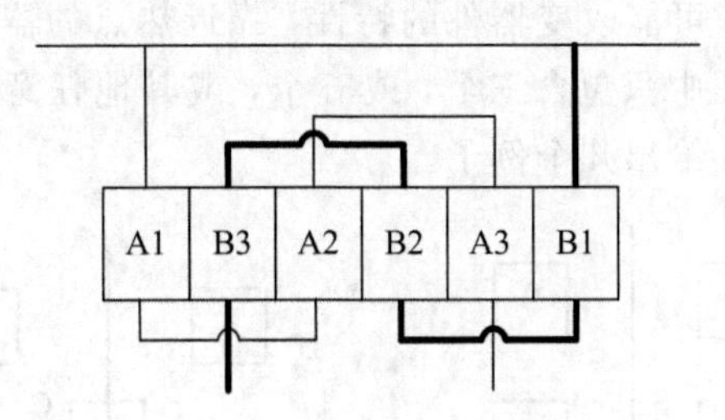

图11-6　交错电阻的布线

值得注意的是，叉指元件法不仅适用于电阻元件，也适用于任何其他元件的版图匹配设计。

4. 哑元元件法

除了上述方法之外，还有一种方法也可以改善版图匹配，这就是哑元元件法。让我们观察图11-6中的A1和B1，它们有半边是"悬空的"(无相邻元件)。当这些元件出现"过蚀刻"时，处于中间的元件和边上元件的状况是不一样的。处于边上的元件的"过蚀刻"会更厉害些，如图11-7(a)所示。

为了使每个元件的"过蚀刻"程度一致，我们在两边的元件旁放置一个"哑元"元件，如图11-7(b)所示。

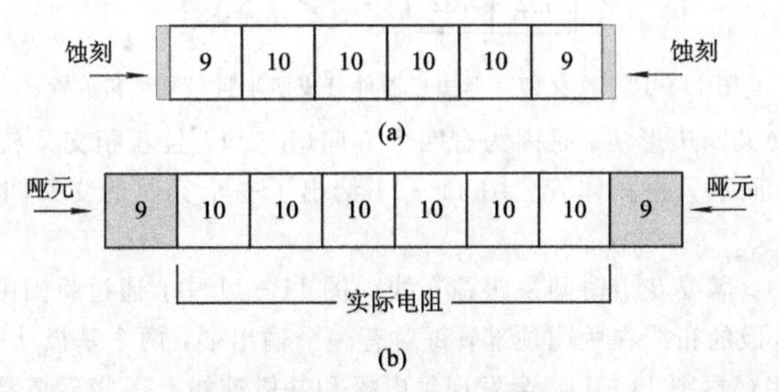

图11-7　哑元元件法版图匹配

同样道理，哑元元件法不仅适用于电阻元件，也适用于任何其他元件的版图匹配设计。

5. "共中心"法

把元件放置在一个中心点周围称为"共中心"布局，以线性对称放置元件是共中心技术的应用，如图 11-8 所示。

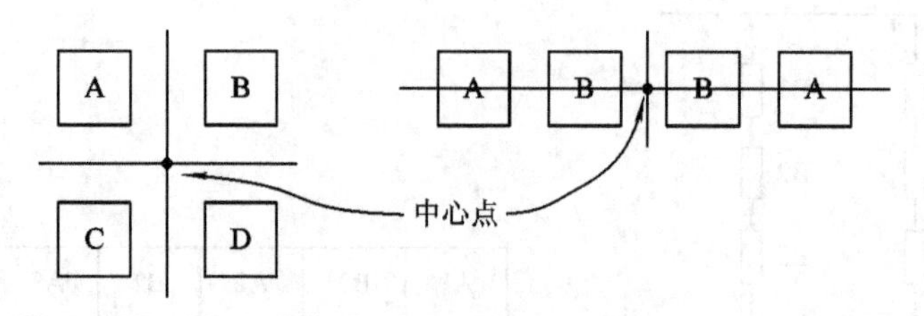

图 11-8　围绕共中心点的布局

"共中心"技术可以减小存在于集成电路中的热或工艺的线性梯度的影响。例如，热梯度由芯片上的发热点产生，可能改变器件的特性，靠近热点的器件受到的影响要比远离热点的器件更大。即使原理图中只包含三个，或五个，或其他任意个数的器件，仍然可以采用"共中心"技术。图 11-9 给出几个例子。

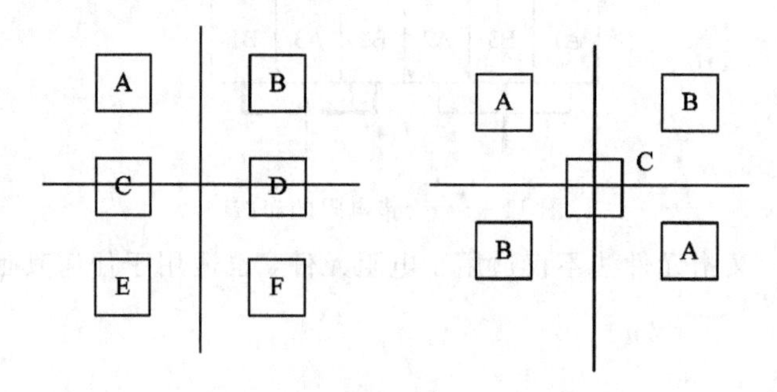

图 11-9　"共中心" 布局的几个例子

匹配规则 1：交叉四边形元器件对(cross-quad device pairs)。交叉四边形法将两个器件分成二等分。交叉四边形看起来像一个盒子。应注意图 11-10 中器件的二等分是互相呈交叉角的。

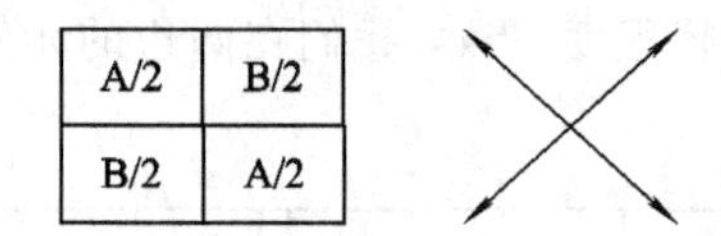

图 11-10　交叉四变形法把器件分成两半且呈交叉角放置

之所以叫它交叉四边形法，是因为有四个方向(正交)，且互相交叉放置。这种技术可以布局任何元件，而不只是晶体管。图 11-11 给出了一个完整的交叉四边形版图和它的原理图。

在版图匹配中，需要花点时间来跟踪布线。图 11-11 中，通过版图中布线，四个发射极连在一起，集电极的布线在版图顶部，每对有一个输出端，两个基极从版图的左边输出。

如果更仔细些观察图 11-11，会发现集电极和基极连线有一些不必要的额外交叠。这个额外的交叠帮助我们平衡一些交叉寄生参量。我们试图使互连线具有相同的长度、相同的交叠以及相同的金属类型。

匹配规则2：在互连线上进行寄生参数匹配。

如图11-11所示，我们采用额外的交叠来补偿互连线寄生效应。

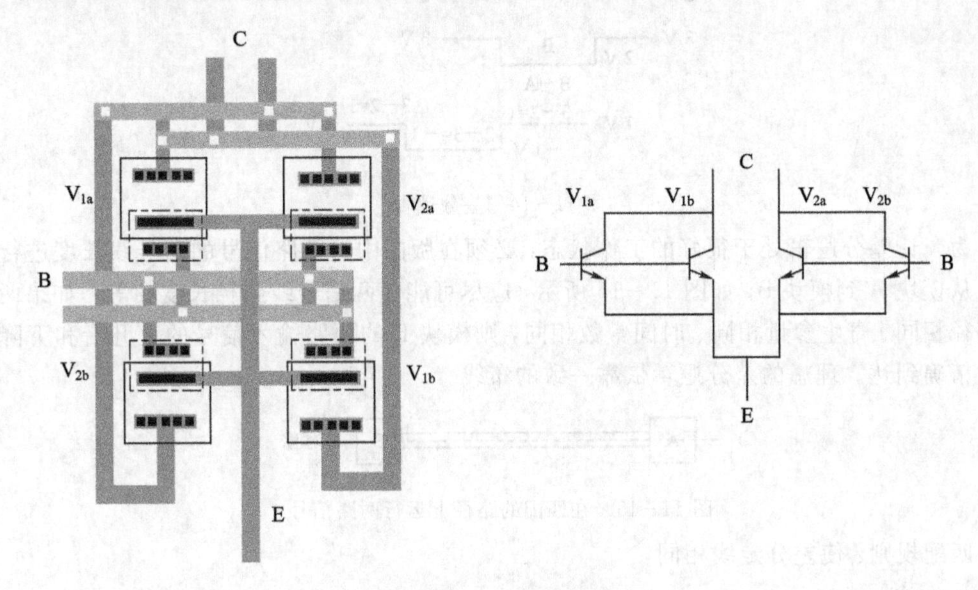

图11-11　交叉四边形双极型晶体管版图及原理图

6. 对称性设计法

在匹配器件中，对称性是一个重要的概念。比较图11-12和图11-13可知，图11-12中的模块C会产生寄生参量，因为它的互连线很长，而图11-13采用了镜像布局方法，得到了很好的寄生补偿效果。

匹配原则：保持所有一切都对称。

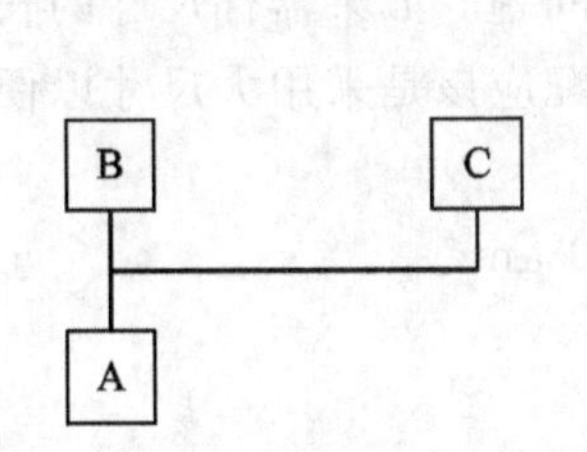

图11-12　随意布局的版图，差的匹配

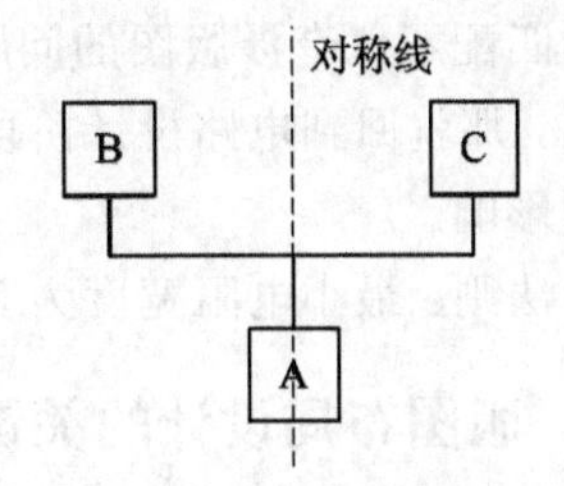

图11-13　对称布局的版图，好的匹配

7. 信号路径匹配法

有一种具有很好匹配性的电路称为差分逻辑。一般讲到差分就要和匹配联系起来。在高速数字电路设计中，CMOS逻辑经常被用到。在CMOS逻辑中，分别由高电平和低电平来代表逻辑0和1。在CMOS逻辑中，只有一根信号线，而差分逻辑有两根信号线。在差分逻辑中，我们确定逻辑状态是通过一路输出电压减去另一路输出电压的方法来完成的。图11-14给出了某个差分信号的两个波形。

在图11-14中，信号A总是与信号B反相，而两个波形在同一时刻发生变化。两个信号电压的差决定了其逻辑状态。

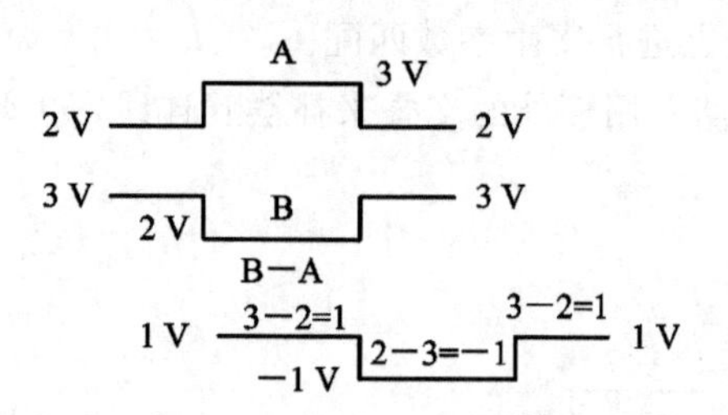

图 11 - 14　差分逻辑

为了让差分逻辑处于很好的工作状态，必须在版图中对两路信号的信号线长度进行匹配。从模块 A 到模块 B，如图 11 - 15 所示，应尽可能使两信号线路径长度相等。如果两线的路径相同、寄生参量相同、时间常数相同，则模块 B 的两路输入信号的上升沿和下降沿同时精确到达。理想的差分逻辑依靠一致的布线。

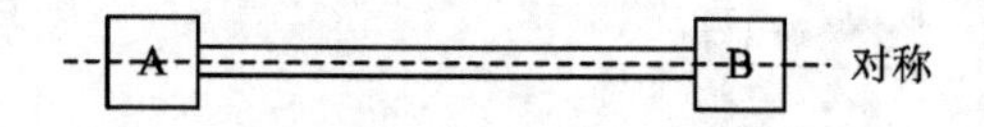

图 11 - 15　在匹配的路径上运行两路信号

匹配规则：使差分走线相同。

8. 器件尺寸选择

如果需要两个器件很好地匹配，应选择具有相同尺寸的器件。

匹配规则 1：匹配器件宽度。

如果你把所有的电阻做成 2 μm 的宽度，则它们会很好匹配。但由于工艺误差，会产生过窄的沟道宽度，从而受到光刻的影响会更大。例如，有一个 10 μm 宽度的电阻出现了 0.1 μm 的蚀刻误差，则相对偏离误差还是比较小的。

匹配规则 2：器件宽度足够大。

好的匹配不仅牵涉版图的问题，而且牵涉电路设计的问题。如果器件尺寸的长度和宽度都不同，那就回到电路设计阶段重新设计。一个好的匹配应该是采用大尺寸以便减小蚀刻误差的影响。

经验法则：最小电阻宽度为 5 μm，最小电阻长度为 10 μm[5]。

11.2.3　版图布局设计的关键问题

1. 走线

在 RFIC 版图设计时，如果工作频率很高，则互连线的布局应该为微带线。一般性原则是：当走线的长度远小于工作频率的四分之一波长时，走线不影响正常工作，这时走线的影响可以忽略，即要求

$$l \ll \frac{\lambda}{4} \tag{11.2.4}$$

如果不满足式(11.2.4)，则把这个互连线看做传输线处理。这个问题可以参照第 4 章关于传输线的方法处理。

除了互连线的长度以外，互连线的宽度也是至关重要的。作为传输线的互连线，其特征阻抗与互连线的宽度直接相关。为了标准化处理，建议尽可能按照 50 Ω 特征阻抗值来

设计。其他部分，如输入/输出端口的特征阻抗也应该设计为 50 Ω。

我们知道，一般在数字 IC 版图设计中为了节省面积，常常按照直线形或弯曲形平行走线方式来布线。但是如果采用这个方法来对 RFIC 版图进行布线，那大多是以失败告终的，其基本的原因是平行式互连线之间的分布电容和电感太大，射频信号之间会产生相互耦合和严重干扰。因此 RFIC 版图布线必须有其独特的方式。

RFIC 布线的一般原则是：第一，走线尽可能短；第二，走线宽度不允许突变，应该平滑过渡；第三，走线不允许构成锐角拐弯；第四，若是平行走线，则线间距遵循 3W 原则，即线间距是线宽的 3 倍以上；第五，互连线与地线的间距也要遵循 3W 原则。

2. 元器件布局

MOS 管等有源器件的排列要有利于 RF 信号的传输，使之不产生损失、延迟，不被干扰。对于电阻来说，要严格按照上述的版图匹配设计原则来布局。最需要注意的是电感，考虑到电感占用很大的面积，而且基于电磁感应的影响，必须严格按照元件库中电感版图所独占的版图排列，不允许其他元件或互连线占据或靠近其版图所要占据的区域，否则版图是无法成功设计与验证的。

11.3 ESD 防护设计

11.3.1 ESD 概述

ESD 即静电放电(electrostatic discharge)，这一过程会造成集成电路突然失效或者缓慢失效(老化)。ESD 引起集成电路失效的机理一般可以分为两类[8,9]：一类是静电放电过程中产生的高热量引起 pn 结击穿或者金属/多晶硅互连线烧毁；另一类是 ESD 引起的高电场会导致集成电路中的薄介质层(如 MOS 管中的栅氧化层)击穿。ESD 防护电路就是针对这两个机理对芯片进行防护，使芯片具有抗 ESD 损坏特性的电路。

ESD 测试的目的主要包含三项[2]：重现及仿真各种 ESD 事件所造成的破坏；判别 ESD 保护电路中的弱点及耐 ESD 程度；提供一个可重复的方法去仿真 ESD。

11.3.2 ESD 测试模型

目前工业中主要的 ESD 放电模型和测试方法分类如下。

1. 人体模型(human body model，HBM)

静电放电中最频繁发生的是由于操作不当导致人体所带静电荷转移到器件的放电现象。HBM 是被广泛采用的一种静电放电损伤模型。人体内部导电性较好，从手到脚的电阻约为数百欧姆。人体放电模型相当于人体对地电容 C_b 和人体电阻 R_b 的串联。当人体与器件接触时，人体所带电荷经过器件的管脚进而通过器件内部到地放电，放电时常数 $\tau = C_b R_b$。这个瞬态放电过程会在短至几百纳秒的时间内产生几个安培的瞬间放电电流，此电流会导致元器件被烧毁。图 11-16 给出了人体模型的等效电路图[3]。其中，充电的人体模型简化为一个充电的人体电容 $C_{ESD} = 100$ pF，典型的人体电阻 $C_{ESD} = 1500$ Ω。该模型通过一个短路终端进行校准，短路时的放电电流波形是指数型函数。

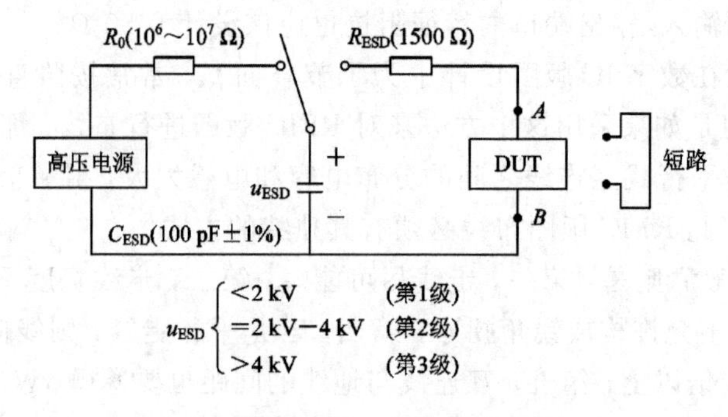

图 11-16　人体模型

2. 机器模型(machine model, MM)

除了人体能够引起ESD事件外，在相互接触时充电物体也能够通过对ESD敏感的电子元器件进行放电。例如在芯片封装和测试时，金属设备不可避免地会和芯片直接接触，因而会引起ESD现象。典型的MM测试方法分为在线检测和ATE(自动化测试设备)测试。与HBM ESD事件不同，这种放电过程中寄生电阻很小，导致峰值ESD电流比HBM ESD情况下更高。

3. 充电器件模型(charged device model, CDM)

充电器件模型是指IC器件因摩擦或其他因素在内部积累静电，一旦带有静电的IC在操作过程中引脚接触到地面，IC内部的静电电流便会从引脚流出，从而产生静电放电。CDM放电模型是一种自放电过程，与HBM模型有着本质的区别。由于电荷存储在相对很小的对静电敏感的DUT(device under test，待测器件)寄生电容中，寄生电阻和电感极小，因此CDM放电时间很短，约为几毫微秒，但可以产生非常大的放电电流(可达几十安培)。

11.3.3　ESD防护基本原理

ESD引起的芯片失效包括两种机制：一种是瞬态高电流所产生的局部高热量使得硅半导体材料或者金属互连线烧毁；另一种是ESD放电过程产生的高电压使得芯片上的栅氧化层被击穿。针对这两种失效机制的ESD防护基本方法是：使ESD通过一个低阻抗并联通道进行放电，同时将ESD电压钳制在某一个足够低的电平，从而能够避免硅和金属互连线被烧毁或者栅氧化层被击穿。图11-17给出了两种不同类型ESD防护方案的典型$I-U$特性曲线[2-3]。

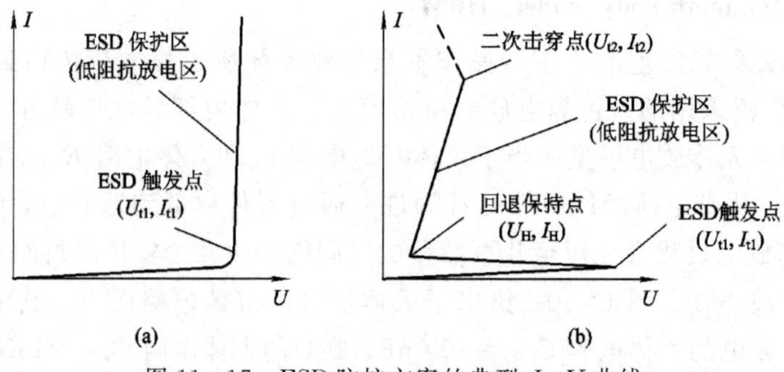

图 11-17　ESD防护方案的典型 $I-U$ 曲线

方案一，如图11-17(a)所示，采用符合图中$I-U$曲线的器件来作为ESD防护器件。这一防护器件在某个触发点(U_{t1}，I_{t1})开启，构成一条低阻抗放电通道，实现ESD瞬态放电。该开启电压U_{t1}要求足够低，目的是为了将ESD瞬态电压钳制在栅氧化层的击穿电压范围内，同时又高于电源电压。这样做可以避免ESD防护器件在电路正常工作时开启。防护器件处理电流的能力越强，ESD防护性能就越好，但它受限于放电通道上串联阻抗所产生的热量。二极管是具有这种$I-U$特性的典型器件。

方案二，如图11-17(b)所示，采用具有回退(snapback)$I-U$曲线的器件来作为ESD防护器件。该防护器件在某个触发点(U_{t1}，I_{t1})开启，将器件驱动并进入回退区，产生一条低阻抗放电通道以实现ESD瞬态放电。触发电压U_{t1}由芯片决定，而回退点保持电压U_H应足够低，目的是将ESD瞬态电压钳制在栅氧化层的击穿电压范围内，回退点保持电流I_H的选择主要是考虑到防止闩锁(latch-up)效应，回退越深，ESD防护性能越好。这种方案的ESD防护性能由防护器件二次击穿(热击穿)时的电流I_{t2}决定。具有这种特性的典型器件是双极型晶体管(BJT)、金属-氧化物-半导体场效应管(MOSFET)或者硅控整流器(SCR)。利用这类器件设计ESD防护电路的关键是选择合适的触发点(U_{t1}，I_{t1})、回退保持点(U_H，I_H)以及二次击穿的阈值点(U_{t2}，I_{t2})。

11.3.4　ESD防护元件

1. 二极管

最基本和最简单的ESD电压钳位器件是二极管，由二极管构成的典型ESD防护电路如图11-18所示。当二极管工作于反向偏置模式时，它的触发电压为pn结发生反向雪崩击穿时的电压，即$U_{t1} \approx U_{BR}$。虽然反偏二极管作为ESD保护的特点是结构简单，但它的反向导通电阻很大，它受限于放电通道上串联阻抗所产生的热量，因此通过合适的电路和版图设计来减小二极管的寄生串联阻抗是非常重要的。

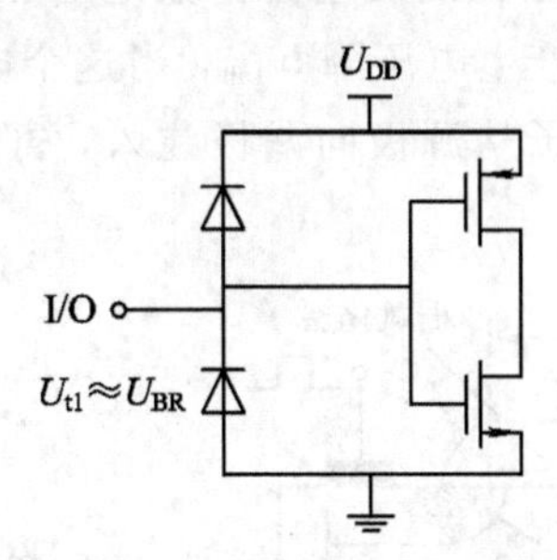

图11-18　典型的二极管ESD防护电路

2. 双极型晶体管

双极晶体管(BJT)作为ESD防护器件通常工作在回退模式，如图11-19所示。图11-19中的I/O端口接到管V_1、V_2的集电极。在正常情况下，管V_1、V_2的BE结和BC结都反偏，两晶体管都工作于截止区，因此不会影响电路的正常工作。当I/O端口上出现一个正ESD瞬态脉冲时，V_1的BC结反偏电压开始增加，增加到一定程度时，BC结发生雪崩倍乘效应，产生大量的电子空穴对，空穴为基极所吸收，并通过电阻R流向地，从而在V_1的BE结上建立起一个电压差。一旦这个电压差大于BE结的导通电压，V_1就开始进入正向有源工作区，集电极电压开始下降，晶体管进入回退区，形成一条低阻抗放电通道，同时I/O端口上的电压被钳制到维持电压U_H。这时，V_2的BC结正偏导通，形成对U_{DD}放电的一条并联放电通道。当I/O端口上出现一个负ESD瞬态脉冲时，V_1、V_2的作用互换。图11-19所示的每一个ESD防护器件可以提供正向和负向两种方向的ESD防护能力，但两种方向的防护是不对称的，一个方向依靠BJT提供ESD防护，另一个方向依靠BJT的BC结提供防护。

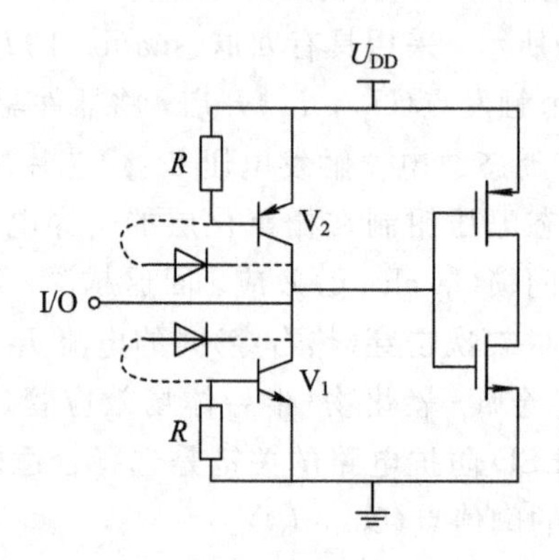

图11-19 BJT构成的ESD防护电路

3. MOS管

在CMOS工艺中，MOSFET被广泛用做ESD防护器件，主要是利用了它的回退特性[2,12-19]，如图11-20(a)所示。当ESD事件发生时，ESD电流在栅接地n型场效应管(gg NMOS)漏端注入。由于漏衬结处于反向偏置状态，pn结电场会不断增大。当电场大于某个阈值电压时，漏端电子在电场作用下会打破电子空穴对状态，产生大量载流子，使得漏衬结发生雪崩倍增效应。电子流直接流入漏端形成I_D，而空穴流I_{gen}则流入衬底，形成衬底电流I_{sub}。I_{sub}的大小随着雪崩击穿的发生而指数地增加。当I_{sub}流过衬底的时候，由于衬底电阻R_{sub}的作用而在衬底上产生电压降U_{sub}，当这个电压降U_{sub}增大到大于衬底和源端二极管的正向偏置电压时，电子从源极向漏极注入，寄生的横向BJT开启，使得MOS器件进入回退区域。

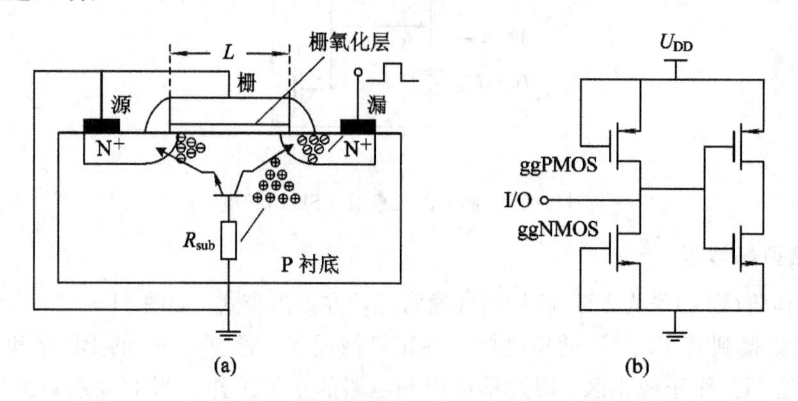

图11-20 MOSFET用于ESD防护的电路图

图11-20(b)给出了由MOSFET组成的ESD防护电路。I/O端口接到gg NMOS、gg PMOS的漏极，I/O端口对地的ESD防护由gg NMOS管(栅极、源极和衬底都接地的

NMOS 管)来实现，而 I/O 端口对 U_{DD} 的 ESD 防护由 gg PMOS 管(栅极、源极和衬底都接 U_{DD} 的 PMOS 管)来实现。因为 MOS 管作为 ESD 防护器件的防护能力是由寄生的水平方向 npn 管的特性来决定的，所以栅极接地(或栅极接 U_{DD}，对 PMOS 管)就是为了保证 NMOS 管在芯片正常工作时处于截止状态，而不会产生泄漏电流。由于 PMOS 的寄生 pnp 管处理电流的能力没有 NMOS 管的寄生 npn 管能力强，因此通常要求 gg PMOS 管的尺寸远大于 gg NMOS 管。

4. SCR 器件

硅控整流器(silicon controlled rectifier，SCR)是一种最有效的 ESD 防护器件，它的优点是具有很深的回退区，可以利用较小的芯片面积实现高瞬态电流处理，但 SCR 结构容易引起 CMOS 电路的闩锁效应。若用 SCR 结构作为 ESD 防护器件，则在电路和版图设计时必须考虑其闩锁效应问题[2,20-27]。图 11－21 给出了 SCR 器件的纵向结构的和等效电路。它由寄生水平 npn 管和垂直 pnp 管构成，pnp 管的集电极和 npn 管的基极重叠(皆为 P 型衬底)，pnp 管的基极与 npn 管的集电极重叠，形成一个四层三结的 pnpn 结构。这个四层器件的典型 $I-U$ 曲线如图 11－22 所示。$I-U$ 曲线分为五个不同的工作区：a 表示反向截止区；b 表示反向击穿区；c 表示正向截止区；d 表示负阻区；e 表示正向导通区。

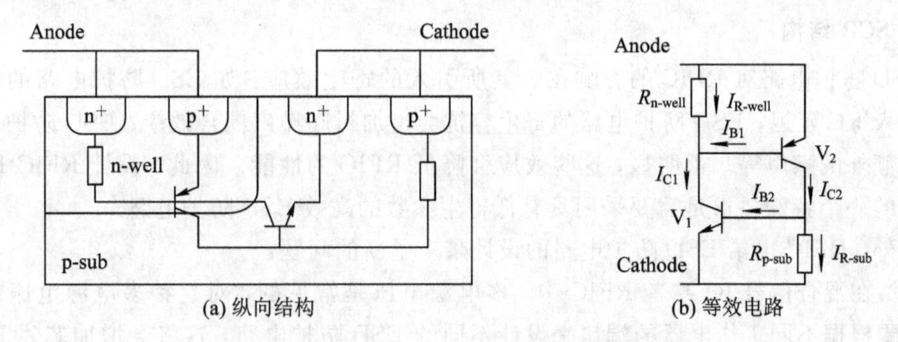

图 11－21　普通 SCR 的纵向结构和等效电路

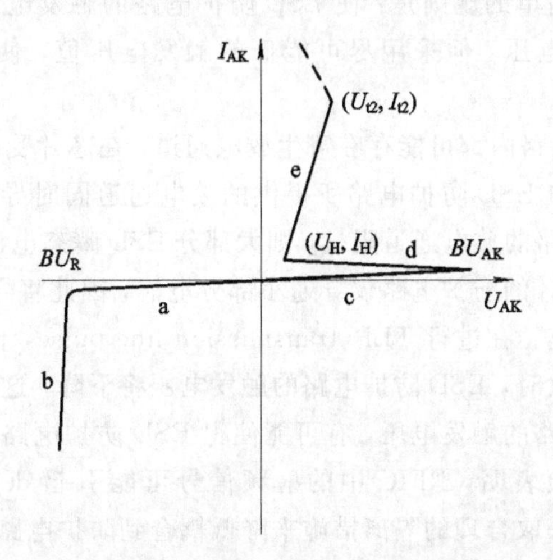

图 11－22　普通 SCR 的 $I-U$ 特性曲线

SCR 器件的导通电阻 R_{on} 的典型值为 1～2 Ω，功耗很低，从而具有很好的 ESD 保护能力。普通SCR的结构有一个很大的缺点：触发电压非常大(在先进的CMOS工艺中为防止闩锁效应的发生)，不能起到实际的保护效果。若要将SCR结构实用化，需要通过改善结构或者增加外围触发电路将开启电压降到10 V以下。

利用SCR结构作为ESD防护器件时，需要增加诸如衬底和阱阻抗，增加正反馈环路的电压增益等，以降低SCR的开启电压，这样导致增强了闩锁效应可能性。也即是说，意味着增加了在芯片正常工作状态下出现闩锁效应的概率。为了避免这种情况，在实际ESD设计中常用到的一个规则是：使SCR结构的保持电流I_H比芯片正常工作时的最大电流(一般为电源电流)还高，以破坏闩锁效应的工作条件。另外，在版图设计时，需要选择合适的SCR位置(如远离功耗大的模块和电荷泵模块等)和加入必要的隔离措施(如加入衬底或者阱保护环)，这些版图措施可以减小核心电路的衬底电流触发SCR结构并使之进入闩锁状态的概率。

11.3.5　ESD防护电路

RFIC的ESD设计与普通模拟/数字IC不同，根据不同端口和位置的特点要求需要采取不同的ESD防护策略。

1. SCR结构

ESD防护电路对RFIC的影响在于其所引入的寄生效应：如ESD防护电路的寄生阻抗会引入RC延迟；ESD防护电路的寄生容抗会增加衬底噪声耦合效应；ESD防护电路本身产生额外的噪声等。很明显，这些效应会降低RFIC的性能。因此，设计RFIC ESD防护电路的一个特殊要求是需要采用具有低寄生参数的高效ESD防护电路。

另外，RFIC也给ESD防护电路的设计带来了新的问题：

(1) 在混合信号IC或者RFIC中，多电源电压是常见的，对这种多电源电压芯片来说，需要根据不同工作电压的端口来设计不同的ESD防护电路，这将会增加芯片ESD防护设计的复杂性。一个简单的规则是：使ESD防护电路的触发电压高于局部电源电压波动后正常工作时的最高电压，但采用尽可能低的触发电压值，使得ESD防护电路能很快开启。

(2) 受保护的核心电路内部可能存在寄生放电通道，在芯片受到ESD攻击时，核心电路内部的寄生放电通道与ESD防护电路所提供的放电通道同时导通，此时若寄生放电通道阻抗小于ESD防护电路的放电通道阻抗，则大部分ESD瞬态电流会通过寄生放电通道，而专门针对ESD进行设计的防护电路仅导通小部分电流，因此将导致核心电路被烧毁。

(3) 存在dU/dt效应。在进行TLP(transmission line pulse，传输线脉冲)测试时，当测试脉冲的上升时间增大时，ESD防护电路的触发电压将下降，这就是dU/dt效应。这种效应会降低ESD防护电路的触发电压，有可能使得ESD防护电路在芯片正常工作时就开启，导致芯片短路。实验表明，RFIC中的射频信号可能引起dU/dt效应，因此在设计ESD防护电路时，必须采取合理的隔离措施来降低耦合到防护电路的数字噪声和射频信号(如采用保护环等)。

ESD瞬态脉冲对芯片进行攻击的模式可以分为五种，如图11-23所示。

(1) PD模式，指I/O端口上出现一个针对U_{DD}的正ESD脉冲；

(2) ND 模式，指 I/O 端口上出现一个针对 U_{DD} 的负 ESD 脉冲；

(3) PS 模式，指 I/O 端口上出现一个针对地的正 ESD 脉冲；

(4) NS 模式，指 I/O 端口上出现一个针对地的负 ESD 脉冲；

(5) DS 模式，指 U_{DD} 上出现一个针对地的正 ESD 瞬态波动。

任何理想 ESD 防护方案都应该针对以上五种 ESD 攻击模式对端口提供保护。

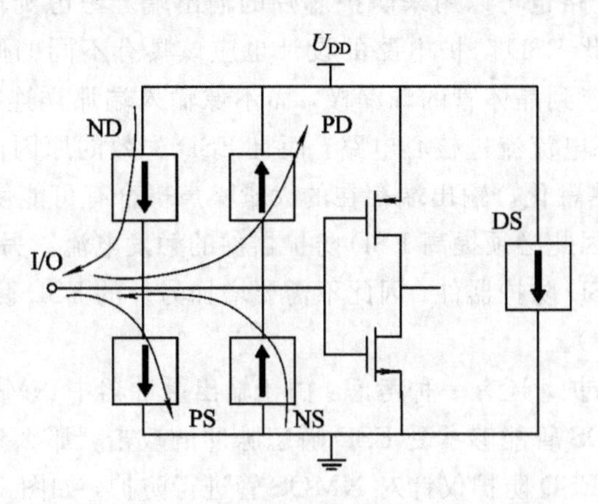

图 11－23　ESD 瞬态脉冲对芯片的攻击模式

2. 输入端的 ESD 防护

图 11－24 给出了芯片输入端常用的 ESD 防护方案，它由两级 ESD 防护电路和位于其间的隔离电阻构成。其中，第一级 ESD(ESDp)防护电路对 ESD(ESDs)瞬态的放电起主要作用；第二级 ESD 防护电路的作用是辅助第一级 ESD 防护电路开启，它的触发电压低于第一级 ESD 防护电路，而且它的钳位电压也必须足够低，防止后接的 MOS 管栅极击穿；隔离电阻 R 的作用是限制进入需保护核心电路的 ESD 电流。当端口上出现一个 ESD 瞬态时，第二级 ESD 防护电路在相对较低的电压下最先被触发，并对 ESD 瞬态进行放电。放电电流同时流过隔离电阻 R，在电阻 R 上产生一个电压降，于是提升了第一级 ESD 防护电路的攻击电压，使得第一级 ESD 防护电路也被触发。为了保证第一级 ESD 防护电路提供主要的放电通道，第一级 ESD 防护电路的放电通道阻抗必须小于第二级 ESD 防护电路的放电通道阻抗。第一级防护电路可以由厚氧 NMOS 管、SCR 或者二极管链构成，它应该具有处理大的 ESD 瞬态电流的能力。第二级 ESD 防护电路通常由 gg NMOS 管构成，它的触发电压较低。隔离电阻的功能是限流，在不影响芯片速度性能的情况下有足够大的值，它通常采用低寄生的多晶硅电阻或者具有良好散热特性的扩散区电阻。在大多数情况

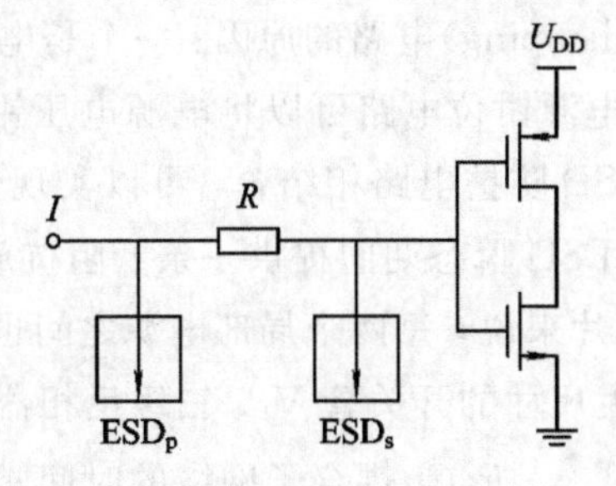

图 11－24　输入端两级 ESD 防护电路

下，被保护的核心电路内部本身就存在低触发电压的寄生放电通道，这时就可以省去第二级ESD防护电路，而用核心电路的寄生放电通道来代替第二级ESD防护电路的功能，但限流电阻还是不可或缺的。

3. 输出端的ESD防护

输入端ESD防护电路也可以用来防护芯片的输出端。考虑到输出端相对于输入端来说具有不同的特点，因此ESD防护电路的设计也应该具有不同的侧重点。对芯片的输出端来说，输出端口直接连到晶体管的源漏极，而不像输入端那样连接到晶体管的栅极，因此会有大量的ESD瞬态电流流进核心电路，而且ESD失效的原因由原来的栅氧化层击穿改为了pn结击穿或者热融化。输出端存在的大量噪声耦合有可能使得ESD防护电路在芯片正常工作时就开启，因此必须提高ESD防护器件的触发电流。另外，某些输出缓冲器晶体管本身就可以作为ESD防护器件，因此不需要增加另外的ESD防护电路(这种情况称为输出端的自我ESD防护)。

对于输出端ESD防护，还有一种考虑：由于输出缓冲器中NMOS管是对ESD攻击最脆弱的器件，只要NMOS管能够承受ESD瞬态脉冲的攻击，那么整个输出缓冲器就都是安全的。因此，输出端ESD防护仅针对NMOS管进行防护，如图11-25所示。在某些芯片中，输出缓冲器的晶体管尺寸很大，这些大尺寸晶体管具有很大的电流处理能力，因此本身就可以作为ESD防护器件，而不需要再增加额外的ESD防护电路。为了避免电流蜂窝效应(crowding)，输出缓冲器中的大尺寸MOS管应该被设计为叉指结构，由多个晶体管单元并联构成。

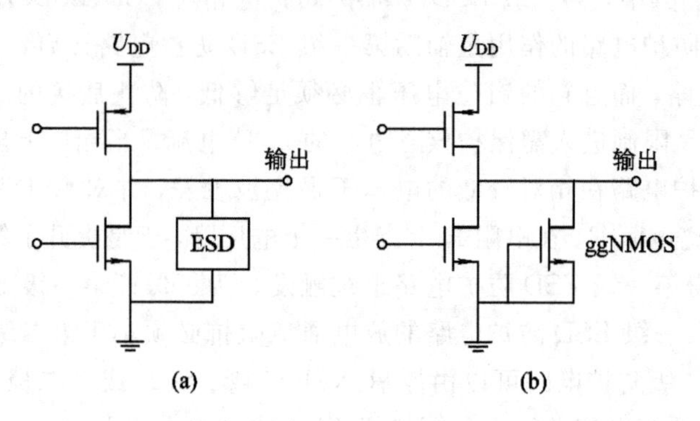

图11-25 输出端保护方案

4. 电源钳位

在芯片上引入电源钳位(clamping)电路的原因：一个是电源线上可能出现大的ESD瞬态，使得内部核心电路失效，电源钳位电路可以将电源电压钳制在合理的范围内；另一个是电源钳位电路同单向I/O ESD防护电路相结合，可以实现全芯片的ESD保护。电源钳位电路放在U_{DD}和地之间，在ESD瞬态期间提供一条低阻抗放电通道，并将电源电压钳制在安全范围内。对于多电源芯片来说，每两个局部电源之间也必须加入电源钳位电路。

图11-26是一种由一个大尺寸的开关管V_1、三级反相器链、R_1C_1耦合子网络和复位电阻R_2构成的电源钳位电路[2, 3]。R_1C_1耦合子网络的时间常数远小于核心电路的时间常数，不会干扰核心电路的工作，同时，R_1C_1耦合子网络的时间常数又要远大于ESD瞬态

的持续时间，保证在 ESD 瞬态期间有足够的耦合。当 U_{DD} 上出现一个 ESD 瞬态时，R_1C_1 耦合子网络将第一个反相器的输入电位拉低，经三级反相后，在 V_1 的栅极产生一个高电平，使得开关管 V_1 导通，在 U_{DD} 和 U_{SS} 之间提供一条低阻抗放电通道，对 ESD 瞬态进行放电。电阻 R_2 的作用是在 ESD 瞬态后对钳位电路进行复位。

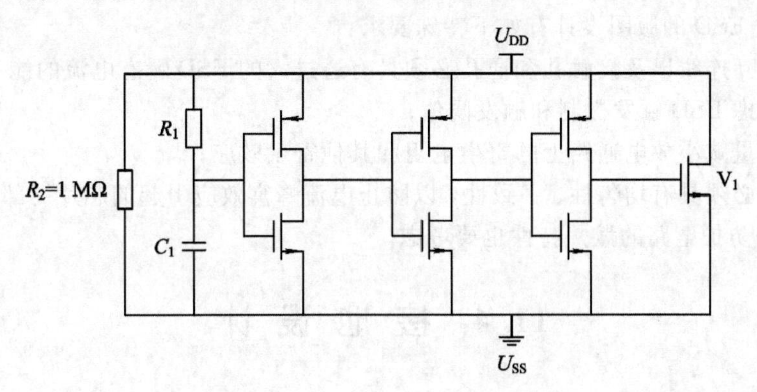

图 11-26　开关型电源钳位电路

5. 全芯片 ESD 防护

一旦 ESD 损伤发生在 IC 的内部电路，要找到 ESD 损伤的部位加以改善处理是既耗时又困难的工作。当发生 ESD 事件时，ESD 电压可能以正、负两种方式施加在任何两个端口之间，因此为了提供全芯片的 ESD 防护，任何两个端口之间都应该存在一条低阻抗放电通道，对高 ESD 瞬态进行放电，并将端口电压钳制在足够低的电平。

图 11-27 给出了针对多电源电压芯片的全芯片 ESD 防护方案[2, 3]。图中每一个 ESD 防护单元都是单向有源防护，为适应多电源电压的 ESD 防护需要，图中还加了 ESD 钳位电路。因为在每两个端口之间出现的正 ESD 瞬态脉冲或者负 ESD 瞬态脉冲，都存在一条有源放电通道，所以可以提供全芯片的 ESD 防护能力。在设计这种全芯片 ESD 防护电路时，最长放电通道(图中虚线所示的通道)上的寄生阻抗必须被控制在一定数值以下，同时这条放电通道上各个 ESD 防护单元的总电压降也必须被控制在一定电平以下。

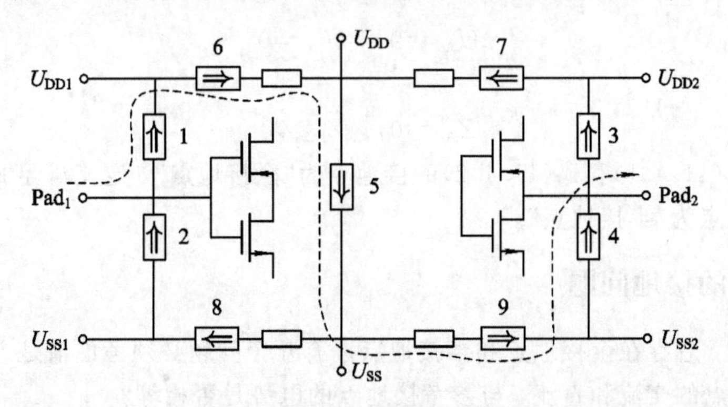

图 11-27　多电源电压芯片的全芯片 ESD 防护方案

全芯片的 ESD 防护设计在 IC 开发阶段就应该加以考虑，以事先防范各种可能的 ESD 问题[28]。系统级设计主要考虑两大问题，即金属走线过长造成的 ESD 保护能力下降和多电源间的 ESD 保护。当 ESD 防护技术在全芯片级时，金属走线的长度大大增加，带来了寄生的电阻和电容效应，只有克服了这个问题，芯片整体防护能力才可能提高。

11.3.6　ESD 版图设计

对于 ESD 防护电路来说，合理的版图设计是非常必要的，这是因为版图对 ESD 有较大影响。针对 ESD 的版图设计有如下特殊要求：

(1) 各种互连线以及接触孔和通孔必须具有通过大的 ESD 瞬态电流的能力；

(2) 要考虑 ESD 触发机制和触发阈值；

(3) 要尽量减小放电通路上的寄生电阻和其他寄生效应；

(4) 版图必须具有均匀性、一致性，以防止电流蜂窝效应引起的芯片局部过热现象；

(5) ESD 防护电路的散热特性也要考虑。

11.4　接地设计

11.4.1　接地概述

接地是电路工程师都关心的问题。众所周知，正确接地特别重要。对于射频电路来说，由于工作频率较高，所以接地就显得尤为重要了。这是因为不正确的接地会造成诸多问题。说到接地点，我们认为是一个公共电位点，或者是一个公共参考点。相对于参考节点，短路连接点的电压和阻抗的交/直流分量都必须满足如下关系[4]：

$$U_{AC}=0, \quad U_{DC}=0 \tag{11.4.1}$$

及

$$Z_{AC}=0, \quad Z_{DC}=0 \tag{11.4.2}$$

式中，下标“AC”和“DC”分别表示参数的交流和直流分量。

另外一个值得注意的是，对于直流电源的非直流接地端，即正负电源端，我们希望直流不接地而交流是接地的。也就是说，相对于参考地来说，其电压和阻抗的交/直流成分必须满足以下条件：

$$U_{AC}=0, \quad U_{DC}\neq 0 \tag{11.4.3}$$

及

$$Z_{AC}=0, \quad Z_{DC}\neq 0 \tag{11.4.4}$$

定义满足式(11.4.1)和式(11.4.2)的接地点为“全接地点”，定义满足式(11.4.3)和式(11.4.4)的接地点为“半接地点”。

11.4.2　常见的接地问题

在电路图中，总存在全接地点和半接地点。有几个问题必须考虑清楚[4]：

(1) 全接地点的交流和直流，与参考接地点的电势是否相等？

(2) 半接地点到参考接地点满足交流短路而直流不短路吗？

(3) 如果不满足式(11.4.1)～式(11.4.4)的等电势条件，则前向电流和反向电流出现耦合。

事实上，只从仿真角度看，是无法得到接地所带来的问题的。下面介绍一些典型事例。

事例一是考虑旁路电容的影响。交流旁路电容的作用是实现信号通过该电容引入到地，此时是交流短路，即交流阻抗等于零，因此称为“零阻抗电容”[4]。在工程上，旁路电容的选择很重要。旁路电容的选择应该考虑电容自谐振频率与工作频率相等。

事例二是不良接地问题。这个问题主要体现在接地路径太长。正确的接地方式是采用微带线以共面波导方式进行信号和接地连接。一个接地良好的射频电路模块的整个接地平面都是等电位的。如果出现接地不良，就会导致接地平面的电势不相等。这个时候就会产生所谓的电流耦合现象。为了保证接地平面的等电势，最好设计尺寸远小于 1/4 波长的 PCB 或 IC 芯片接地线长度。

11.4.3　直流地与交流地

直流地指的是直流通路的参考地。所谓直流通路，是指放大电路的静态工作情况，就是当电路没有外加的变化量(即交流量)输入时，电路应该建一个合适的静态工作点。

交流地指的是交流通路中的参考地，即有交流变换量输入时的参考点。在交流通路中，直流电源因为变化量等于 0，所以相当于交流接地。

为了更好地理解这些概念，我们还将其他关于地的概念一并给出，供读者参考：

(1) 数字地：也叫逻辑地，是各种开关量(数字量)信号的零电位。

(2) 模拟地：是各种模拟量信号的零电位。

(3) 信号地：通常为传感器的地。

(4) 交流地：交流供电电源的地线。这种地通常是产生噪声的地。

(5) 直流地：直流供电电源的地。

(6) 屏蔽地：也叫机壳地，是为防止静电感应和磁场感应而设的。

11.4.4　“零阻抗”电容

“零阻抗”电容(或称“零”电容)[4]和微带线是广泛应用于射频系统的两个主要部件。在此，我们首先要弄清楚什么是“零”电容？所谓“零阻抗”电容，是指在特定的工作频率下，电容的阻抗等于零。如果将一个“零”电容并联到 RF/AC 接地端和参考接地点 GND 之间，则这个电容可以起到旁路的作用。也就是说，电容两端的直流电压不变，而交流电压等于零。还有一种情况就是如果将一个“零阻抗”电容和 RF/AC 端子串联，则它起到隔直电容的作用，即阻断直流而通交流。图 11-28 给出了作为交流旁路和隔直电容的两种应用。

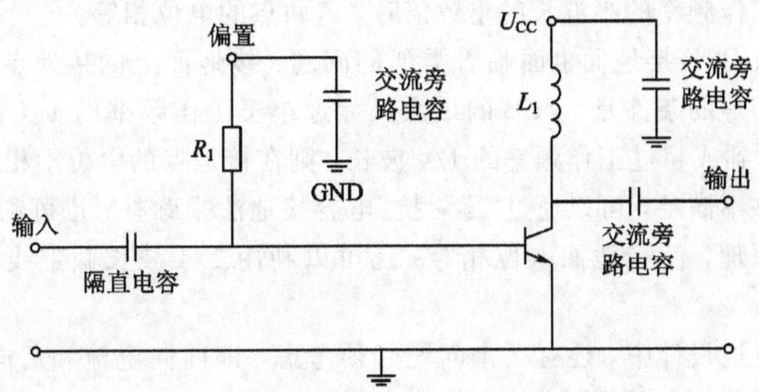

图 11-28　“零阻抗”电容作为旁路电容和隔直电容的两种应用

在U_{CC}和偏置节点上，“零阻抗”电容并联连接，因此起旁路电容的作用；在输入和输出节点上，“零阻抗”电容串联连接，起隔直电容的作用。因此，旁路电容和隔直电容都是“零阻抗”电容。

下面介绍如何正确地选择“零阻抗”电容。一个理想电容的阻抗Z_C可以写成：

$$Z_C=\frac{1}{j\omega C} \tag{11.4.5}$$

式中，C是电容值；ω是工作角频率。

从理论上，如果$\omega\neq0$，则在射频频率范围内，理想电容的阻抗通过增加电容值来逼近零。换言之，“零阻抗”电容是$\omega\neq0$时具有无限大电容量的理想电容。但在实际中，理想电容是不存在的。在第2章中已经介绍了射频情况下的电容不是理想电容，它具有其他分布参数的复杂模型。例如，一个贴片电容的电路模型等效为一个理想电容C、理想电感L_s和一个理想电阻R_s的串联。当寄生电感L_s和电容C发生谐振时，实际电容的阻抗等于纯电阻R_s。实际电容的谐振频率为

$$f_{sc}=\frac{1}{2\pi\sqrt{L_sC}} \tag{11.4.6}$$

设工作频率为f，若$f=f_{sc}$，则该电容为“零阻抗”电容。选择工作频率接近旁路电容或隔直电容的自谐振频的电容器是最恰当的选择。

“零阻抗”电容还面临带宽的问题。文献[4]介绍了贴片电容的S_{21}测试方法。带宽取决于指定的“趋于零阻抗”的S_{21}临界值。S_{21}临界值越低，阻抗值就越接近于零，但覆盖的带宽就越窄。那对于宽带系统如何处理呢？方法是由几个电容并联组合构成“阻抗”电容。这种方法可以改变电容的自谐振频率，在要求的频率范围内，当S_{21}小于设定值时可以逼近“零阻抗”。

11.4.5　正确的接地设计

以同轴电缆为例，其外导体通常是两端接地的，当用于射频系统时，我们要考虑如下几个问题：

(1) 外导体的任意两个接地点具有相同的电位吗？

(2) 射频电缆两端接地点的电位相等吗？

上述问题的答案是：大多数情况下，它们的电位不相等，但有一种情况例外，当两个接地点的距离为工作频率的半波长的整数倍时，这两点的电位相等。

以PCB为例，PCB接地面也面临着类似的问题：接地面上的接地点之间的电位是否相等？满足电位相等的条件是：PCB的最大尺寸远小于工作频率的1/4波长。若PCB很大，其最大尺寸达到或超过工作频率的1/4波长，则在接地点的电位不相等。

如果上述条件不满足，可以通过“零阻抗”电容接地法来弥补；也可利用半波长传输线的等阻抗变换的原理，使接地面电位相等；还可以利用1/4波长微带线实现接地面的等电位[4]。

在射频系统接地设计中，还有一个问题必须考虑，即前向电流和后向电流耦合问题。如果半接地点的电位不相等，则通过电缆或电线由直流源正极流出，流向每个接地分支的电流(称为前向电流)将产生磁耦合。这时，采用“零阻抗”电容使每个分支的直流输入节点

电位相等，则前向电流耦合消失。也就是说，如果接地平面是理想的等势面，则没有电流耦合现象[4]。如果每个分支向直流电源负极的电流(称为反向电流)存在，则也会产生磁耦合。如果整个接地面电势相等则反向电流耦合现象消失。

关于前向和反向电流耦合的详细内容请参考文献[4]。

11.5 电磁兼容

11.5.1 电磁兼容概述

电磁兼容(electro-magnetic compatibility, EMC)指设备在共同的电磁环境中能一起执行各自功能的共存状态，即该设备不会由于受到处在同一电磁环境中其他设备的电磁发射导致或遭受不允许的性能降级，它也不会使其他设备因受其电磁发射而导致不允许的性能降级。

印制电路板(PCB)是电子产品中元器件的支撑体，并提供电路元器件间的电气连接，因此 PCB 设计的好坏对抗干扰能力影响很大。现代电子产品发展趋势越来越小型化、多功能化和高智能化，势必导致设计与生产越来越多地采用更小型、更高集成度、更高频的元件，电磁兼容的难度也越来越大。通过采用正确的设计方案和布线技术可以有效降低印制电路板的电磁辐射，提高电路本身的抗干扰性和电路工作的稳定性。

事实上，集成电路芯片就是在缩小的 PCB 上放置各种元件。常规的射频电路用的 PCB 分析方法对 RFIC 的电磁兼容研究具有参考价值。

11.5.2 天线效应

在芯片生产过程中，暴露的金属线或者多晶硅(polysilicon)等导体就像是一根根天线，会收集电荷(如等离子刻蚀产生的带电粒子)，导致电位升高。天线越长，收集的电荷也就越多，电压就越高。若某个导体只接了 MOS 管的栅极，那么高电压就可能把薄栅氧化层击穿，使电路失效，这种现象就是“天线效应(process antenna effect, PAE)”。

1. 天线效应的产生

在深亚微米集成电路加工工艺中，经常使用一种基于等离子技术的离子刻蚀工艺(plasma etching)。该技术适应尺寸不断缩小，掩模刻蚀高分辨率的要求，但在蚀刻过程中，会产生游离电荷，当刻蚀导体(金属或多晶硅)时，裸露的导体表面就会收集游离电荷。所积累的电荷多少与其暴露在等离子束下的导体面积成正比。如果积累了电荷的导体直接连接到器件的栅极上，就会在多晶硅栅下的薄氧化层形成 F-N 隧穿电流泄放电荷。当积累的电荷超过一定数量时，这种 F-N 电流会损伤栅氧化层，从而使器件甚至整个芯片的可靠性和寿命严重降低。在 F-N 泄放电流作用下，面积比较大的栅的损伤较小。因此，PAE 又称为等离子导致栅氧损伤[2-4,6,7](plasma induced gate oxide damage, PID)。

如果积累在导体表面的电荷能够通过一条低阻抗泄放回路来释放，如从已生成的器件的掺杂区(源区/漏区)泄放，则不会造成栅氧化层的损伤。

电荷在导体上的积累和泄放如图 11-29 所示[7]，当作为互连的金属没有生成时，AB 段积累的电荷通过金属 1 的栅泄放从而损伤栅氧，而 CD 段积累的电荷会通过金属 2 的源

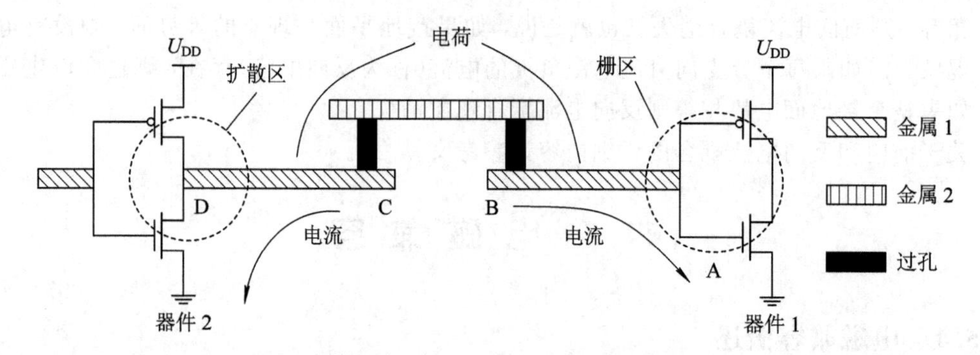

图 11 - 29　电荷在导体上的积累和泄放

漏区泄放，对金属 2 的栅氧不会造成损伤。当金属 2 生成后，AB 段积累的电荷通过ABCD 回路到金属 2 的有源区泄放，金属 1 和金属 2 的栅氧化层都不会受到损伤。

下面介绍在深亚微米 VLSI 的加工工艺中的三种基于等离子技术的刻蚀工序，并讨论积累电荷量与图形的关系。

1）导体连线和图形的刻蚀工序

金属层或多晶硅等导体层面在等离子束的刻蚀下，形成各种各样的图形和线条。在工序结束前，导体图形的侧面会暴露在等离子束下从而积累电荷，其积累电荷量的多少与导体图形或线条的侧面积成正比。

2）掩模胶的去除工序

导体图形刻好后，要用等离子束去掉导体图形上覆盖的掩模胶。掩模胶在工序的最后被去除时，导体层的顶面直接暴露在等离子束下，其积累电荷的多少正比于导体层图形的面积。

3）通孔刻蚀工序

在导体层与层之间的绝缘层上刻出通孔。在通孔刻蚀完成时，通孔下层的导体层直接暴露在等离子束下，其积累电荷量的多少正比于通孔的总面积。

从这三种典型等离子工序可看出，栅氧化层被损伤的概率正比于导体层的图形面积和侧面积，反比于其直接相连的栅的面积。

2. 天线效应的消除

由前面分析的天线效应的产生机理可以得到天线效应的消除机理：减小暴露的导体面积或加入其他电荷泄放回路。图 11 - 30 所示为消除天线效应的方法。

在集成电路版图设计中，消除天线效应的方法一般有四种[7]：

(1) 跳线法，又分为“向上跳线”和“向下跳线”两种方式，如图 11 - 30(b)所示。跳线即断开存在天线效应的金属层，通过通孔连接到其他层(向上跳线法接到天线层的上一层，向下跳线法接到下一层)，最后再回到当前层。该方法通过改变金属布线的层次来解决天线效应，但是同时增加了通孔。由于通孔的电阻很大，会直接影响到芯片的时序和串扰问题，所以在使用此方法时要严格控制布线层次变化和通孔的数量。在版图设计中，向上跳线法用得较多，其原理是：考虑当前金属层对栅极的天线效应时，上一层金属还不存在，通过跳线，减小存在天线效应的导体面积来消除天线效应。现代的多层金属布线工艺，在低层金属里出现 PAE 效应时，一般都可采用向上跳线的方法消除。但当最高层出现天线效应时，就不能用该方法了。

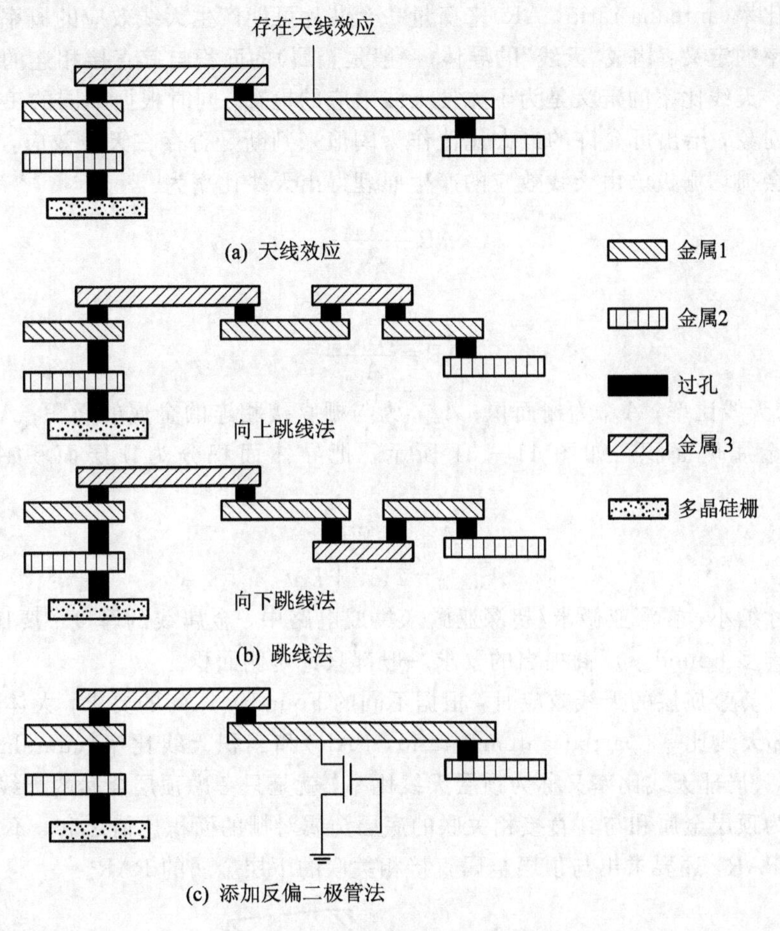

图 11－30　消除天线效应的方法

(2) 添加天线器件法，即给“天线”加上反偏二极管，如图 11－30(c)所示。通过给直接连接到栅的存在天线效应的金属层接上反偏二极管，形成一个电荷泄放回路，累积电荷就对栅氧构不成威胁，从而消除了天线效应。当金属层位置有足够空间时，可直接加上二极管，若遇到布线阻碍或金属层位于禁止区域，就需要通过通孔将金属线延伸到附近有足够空间的地方，插入二极管。

(3) 给所有器件的输入端口都加上保护二极管的方法。该方法能保证完全消除天线效应，但是会在没有天线效应的金属布线上浪费很多不必要的资源，且使芯片的面积增大数倍。所以该方法不合理，也是不可取的。

(4) 对于上述方法都不能消除的长走线上的天线效应，可通过插入 buffer[10] 切断长线来消除天线效应。

在实际设计中，需要考虑到性能和面积及其他因素的折中要求，常常将方法(1)、方法(2)和方法(4)结合使用来消除天线效应。

3. 天线规则

EDA 版图设计工具是通过 Foundry 厂商提供的天线规则来检查天线效应的。天线规则规定了能够连接到栅极上而不需要源极或漏极作为放电器件的最大金属面积。基本天线规则用天线比率(antenna ratio, AR)来衡量一个芯片可能产生天线效应的概率。

天线比率的定义:构成“天线”的导体(一般是金属)的面积与其直接相连的栅氧化层的面积的比值。天线比率的定义是为了方便天线效应的检查,同时根据不同的工艺条件以及不同的检查对象,给出可允许的最大比值作为阈值来判断是否存在天线效应,以确保金属上的电荷不会损坏栅极。由天线效应的产生原理得出天线比率为[7]

$$\mathrm{AR}=\frac{A_{\mathrm{metal}}}{A_{\mathrm{gate}}} \tag{11.5.1}$$

或为

$$\mathrm{AR}=\frac{A_{\mathrm{s,metal}}}{A_{\mathrm{gate}}} \tag{11.5.2}$$

式中,AR为天线比率;A_{gate}为栅面积;A_{metal}为与栅直接相连的金属的面积;$A_{\mathrm{s,metal}}$为与栅直接相连的金属侧面积。如图11-31所示,把导体面积分为顶层面积A_{metal}和侧面积$A_{\mathrm{s,metal}}$:

$$A_{\mathrm{metal}}=WL \tag{11.5.3}$$

$$A_{\mathrm{s,metal}}=2(W+L)t \tag{11.5.4}$$

随着器件尺寸缩小,在深亚微米/超深亚微米集成电路中,金属线的厚度t要比宽度W大得多。所以许多Foundry厂商提出的要求一般都只针对侧面积。

在实际计算金属层的天线效应时,根据不同的Foundry厂商的要求,大体可以分为两种方式:局部天线比率(partial antenna ratio, PAR)和累积天线比率(cumulated antenna ratio, CAR)。局部天线比率又称为顶层天线比率,就是只考虑顶层金属的天线效应;累积天线比率即为顶层金属和与其直接相关联的底层金属对栅的面积比值之和,不但需要求出顶层金属的PAR,还要求出与顶层金属直接相关联的下层金属的PAR。

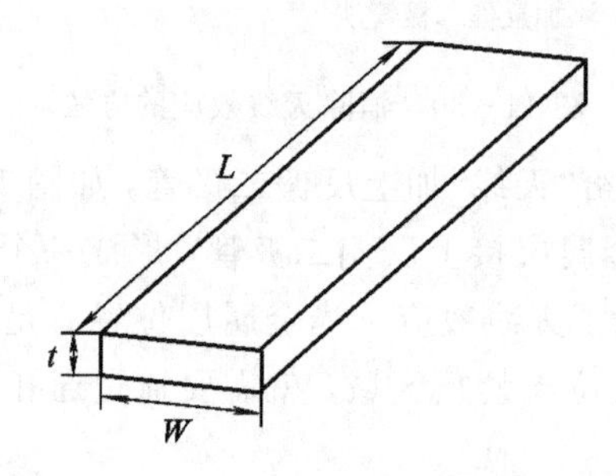

图11-31 金属面积计算示意图

(1) 局部天线比率$\mathrm{PAR}\{\mathrm{M}_i(\mathrm{N}_j),\ \mathrm{g}(k)\}$表示直接连接到栅$k$的第$j$个节点的金属$i$层的天线比率:

$$\mathrm{PAR}\{\mathrm{M}_i(\mathrm{N}_j),\ \mathrm{g}(k)\}=\frac{A_{\mathrm{M}i}(\mathrm{N}_j)\times A_{\mathrm{A}}/F_{\mathrm{s}}}{\sum A_{\mathrm{gate}}(\mathrm{M}_i,\ \mathrm{N}_j)} \tag{11.5.5}$$

式中,g(k)表示gate(k);$A_{\mathrm{M}i}(\mathrm{N}_j)$表示第$i$层金属($j$节点)的面积;$A_{\mathrm{A}}$表示天线面积;$F_{\mathrm{s}}$表示侧面积调整因子;$A_{\mathrm{gate}}(\mathrm{M}_i,\ \mathrm{N}_j)$表示直接连接到第$i$层金属$j$节点的栅面积。例如:

$$\mathrm{PAR}\{\mathrm{M}_3(\mathrm{N}_1),\ \mathrm{g}(k)\}=\frac{A_{\mathrm{M3}}(\mathrm{N}_1)}{\sum A_{\mathrm{gate}}(\mathrm{g}(1),\ \mathrm{g}(2),\ \mathrm{g}(3),\ \mathrm{g}(4),\ \mathrm{g}(5))}$$

(2) 累积天线比率为

$$\mathrm{CAR}\{M_i(N_j),\ g(k)\} = \sum_{n<i} \mathrm{PAR}\{M_i(N_j),\ g(k)\} \tag{11.5.6}$$

例如：

$$\mathrm{CAR}\{M_3(N_1),\ g(1)\} = \mathrm{PAR}\{M_1(N_1),\ g(1)\} + \mathrm{PAR}\{M_2(N_1),\ g(1)\} + \mathrm{PAR}\{M_3(N_1),\ g(1)\}$$

图 11 - 32 为天线比率计算示意图。

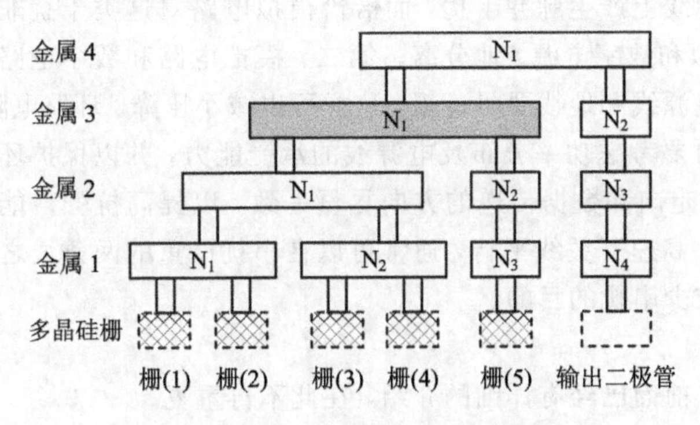

图 11 - 32　天线比率计算示意图

11.5.3　数/模混合集成电路电磁兼容

通常，集成电路由数字电路和模拟电路混合组成，其干扰也同时包含传导干扰和辐射干扰。因而，抗干扰设计体现为一个整体的概念，需要在设计时予以全面整体的考虑。

1) 系统设计上的考虑

在电路类型选择上，在技术参数指标范围内，采用直流噪声容限高的数字电路；在工艺方案选择上，随着特征尺寸的减小，互连延迟比门延迟更重要，它在集成电路设计中将产生严重的物理效应，因此合理选择加工工艺可降低寄生参数，保持信号完整性，提高电路的 EMC 能力。

2) 电源及地的设计考虑

根据系统和电路特点，针对不同模块采用不同的电源和地，并进行必要的滤波和隔离。采用不同的电源电压，可有效降低功耗、电流峰值和寄生噪声。

3) 输入/输出(I/O)端口的设计考虑

输入、输出信号接口的 I/O 单元一般都具有一定功能，如驱动逻辑电路、逻辑电平转换电路、ESD 保护电路、guard ring 保护环等担负着对外的驱动、电平转换、ESD 保护等功能，尽量避免因为驱动能力不够和外围电路电平不匹配、无静电保护等原因而造成失效性问题。

4) 版图的布局设计考虑

通过布局设计，合理布局模拟部分、数字部分、IP、接口电路等的位置来提高集成电路的抗 EMC 能力。模拟电路模块位置与数字电路模块要分开布局，并将接口电路与内核电路分开设计，同时对敏感电路采用双保护环进行屏蔽，对敏感信号线利用地线进行屏蔽。

5）接口电路的抗干扰设计考虑

设计接口电路时，合理布局PAD、ESD、电源地保护环的个数与金属线宽、电平转换等控制电路的位置，通过设置不同电源地保护环对各模块电路进行隔离。

6）抗串扰设计

串扰(crosstalk)是两条信号线之间的耦合，信号线之间的互感和互容引起线上的噪声。串扰设计的好坏会影响电路时序、功耗、噪声以及可靠性等性能指标。第一，由于数字模块会在电源、地线上产生脉冲干扰，而恰恰模拟电路对这类干扰非常敏感，因此在版图设计时尽量将模拟和数字电源、地分离。第二，模拟电路和数字电路也必须隔离，不能交叉混合。第三，电源线和地线要尽量粗，这样可以减小压降、环路电阻和降低耦合噪声。第四，电源线设计时要考虑功率分布及电源线的承受能力，并以保护环作为隔离环进行隔离；电源线、地线的走向和数据传递的方向尽量一致，以提高抗噪声能力。第五，敏感信号线不要与大电流、高速开关线平行，通常可以在串扰严重的两条线之间插入一条地线以起隔离作用，达到减少串扰的目的。

7）抗ESD设计

关于这一内容，前面已经有详细的介绍，在此不再重复。

11.6　本章小结

常规的版图设计规则和步骤不属于本章的内容，本章主要针对版图的匹配设计进行探讨。关于版图匹配设计，我们介绍了：

(1) 造成失配的原因：一个是随机失配；另一个是系统失配。

(2) 版图匹配设计规则与方法。这些规则与方法包括：简单匹配、“根”元件法、叉指元件法、哑元元件法、“共中心”法和对称性设计法等。

本章的第二个重要内容是ESD的防护设计，从ESD概念、ESD测试模型、ESD防护原理、ESD防护元件和电路，到ESD版图设计进行了深入的探讨。

本章第三个重要内容是接地设计，包括接地概念、常见接地问题、直流地与交流地、“零阻抗电容”以及如何实现正确的接地设计等内容。这部分内容对RFIC版图的优化设计具有很大的参考价值。

电磁兼容是本章的第四个重要内容，首先介绍电磁兼容概念，然后介绍天线效应及其消除方法、天线规则，最后介绍数/模混合IC的电磁兼容问题。

习　题

11.1　为什么要进行版图的匹配设计？

11.2　造成失配的原因是什么？

11.3　版图匹配的规则与方法有哪些？各有什么特点？

11.4　什么是天线比率？什么是局部天线比率和累积天线比率？

11.5　什么是跳线法？

11.6　列出几种关于“地”的概念或定义。

11.7　ESD版图设计有何特殊要求？

11.8　什么是ESD？

11.9　ESD防护的基本原理是什么？

11.10　常见的接地问题是什么？

11.11　什么是直流地、交流地、数字地和模拟地？

11.12　“零阻抗”电容是指什么？

11.13　如何实现正确接地？

11.14　什么是电磁兼容？

11.15　什么是天线效应？如何消除天线效应？

11.16　什么是全芯片的ESD防护？

11.17　ESD防护元件有哪些？各有什么特点？

11.18　简述“共中心”法版图设计的基本原理。

11.19　简述哑元元件法版图设计的基本原理。

11.20　简述叉指元件法版图设计的基本原理。

11.21　数/模混合集成电路电磁兼容要注意些什么？

11.22　假设在RFIC或PCB中，有三个模拟电路模块需要接地，试将这三个模块进行正确的接地连接，并画出连接框图。

11.23　假设在RFIC或PCB中，有三个模拟电路模块需要接电源，试将这三个模块进行正确的直流电源连接，并画出连接框图。

参考文献

[1] Devendra K Misra. 射频与微波通信电路：分析与设计[M]. 张肇仪，祝西里，等译. 北京：电子工艺出版社，2005.

[2] 李立. RFIC的ESD防护电路与优化设计技术研究[D]. 西安：西安电子科技大学，2012.

[3] 池保勇，余志平，石秉学. CMOS射频集成电路分析与设计[M]. 北京：清华大学出版社，2007.

[4] Richard Chi-His Li. 射频电路工程设计[M]. 鲍景富，唐宗熙，张彪，等译. 北京：电子工业出版社，2014.

[5] Christopher Saint，Judy Saint. IC Mask Design：Essential Layout Techniques[M]. 北京：清华大学出版社，2004

[6] 吕江平. 集成电路中电磁兼容(EMC)设计[J]. 微波学报，2012，233-237.

[7] 李蜀霞，刘辉华，赵建明，等. 超深亚微米IC设计的天线效应分析[J]. 电子科技大学学报，2008，37[1.8]

[8] Dabral S，Maloney T. Basic ESD and I/O design. New York：John Wiley & Sons，1998.

[9] Duvvury C，Anderson W，Gieser H，et al. ESD in Silicon Integrated Circuits. New York：John Wiley & Sons，2002.

[10] Hodges D A. 数字集成电路分析与设计[M]. 蒋平安，主译. 北京：电子工业出版社，2005.

[11] 尹飞飞，陈铖颖，范军，等. CMOS模拟集成电路版图设计与验证[M]. 北京：电子工业出版社，2017.

[12] Zhang B，Chai C C，Yang Y T. A Novel ESD Protection Circuit Applied in High-Speed CMOS IC. Solid-State and Integrated Circuit Technology，2008，345-348.

[13] Ker M D, Chen T Y, Wu C Y. CMOS On-Chip ESD Protection Design with Substrate-Triggering Technique. Electronics Circuits and Systems, 1998, 273 - 276.

[14] Chan M, Yuen S S, Ma Z J, et al. Comparison of ESD Protection Capability of SOI and Bulk CMOS Output Buffers. Reliability Physics Symposium, 1994, 292 - 298.

[15] Ker M D, Chang H H, Wang C C, et al. Dynamic-Floating-Gate Design for Output ESD Protection in a 0. 35 μm CMOS Cell Library. Circuit and Systems, 1998, 216 - 219.

[16] Lee J W, Li Y. Effective Electrostatic Discharge Protection Circuit Design Using Novel Fully Silicided N-MOSFETs in Sub-100-nm Device era. IEEE TransactionsonNanotechnology, 2006, 5(3): 211 - 215.

[17] Ker M D, Chen S H, Chuang C H. ESD Failure Mechanisms of Analog I/O Cells in 0. 18 μm CMOS Technology. IEEE Transactions on Device and Materials Reliability, 2006, 6(1): 102 - 111.

[18] Chang H H, Ker M D. Improved Output ESD Protection by Dynamic Gate Floating Design. IEEE Transactions on Electron Device, 1998, 45(9): 2076 - 2078.

[19] Ker M D. Whole-Chip ESD Protection Design with Efficient VDD-to-VSS ESD Clamp Circuits for Submicron CMOS VLSI. IEEE Transactions on Electron Device, 1999, 46(1): 173 - 183.

[20] Azais F, Caillard B, Dournelle S, et al. A New Multi-Finger SCR-Based Structure for Efficient On-Chip ESD Protection. Microelectronics Reliability, 2005, 45: 233 - 243.

[21] Vashchenko V A, Hopper P. Bipolar SCR ESD Devices. Microelectronics Reliability, 2005, 45: 457 - 471.

[22] Brennan C J, Chang S, Woo M, et al. Implementation of Diode and Bipolar Triggered SCRs for CDM Robust ESD Protection in 90 nm CMOS ASICs. Microelectronics Reliability, 2007, 47: 1030 - 1035.

[23] Semenov O, Sarbishael H, Axelrad V, et al. Novel Gate and Substrate Triggering Techniques for Deep Sub-Micron ESD Protection Devices. Microelectronics Journal, 2006, 37: 526 - 533.

[24] Ker M D, Chang H H, Wu C Y. A Gate-Coupled PTLSCR/NTLSCR ESD Protection Circuit for Deep-Submicron Low-Voltage CMOS IC's. IEEE Journal of Solid-State Circuit, 1997, 32 (1): 38 - 51.

[25] Juliano P A, Rosenbaum E. A Novel SCR Macro model for ESD Circuit Simulation. Electron Devices Meeting, 2001, 14. 3. 1 - 14. 3. 4.

[26] Salcedo J A, Liou J J, Bernier J C. Design and Integration of Novel SCR-Based Devices for ESD Protection in CMOS/Bi CMOS Technologies. IEEE Transactions on Electron Devices, 2005, 52 (12): 2682 - 2689.

[27] Russ C C, Mergens M P J, Verhaege K G, et al. GGSCRs: GGNMOS Triggered Silicon Controlled Rectifiers for ESD Protection in Deep Sub-Micron CMOS Process. Electrical Overstress// Electrostatic Discharge Symposium, 2001, 22 - 31.

[28] Wang A Z, Feng H G, Zhan R Y, et al. ESD Protection Design for RF Integrated Circuits: New Challenges. IEEE 2002 Custom Integrated Circuits Conference, 2002, 22(1): 1.

第 12 章　射频集成电路的测试

12.1　概　　述

测量是指以确定被测量的大小或取得测定结果为目的一系列操作过程，而测试是指具有试验性质的测量，即测量和试验的综合，其测试手段是仪器仪表。

集成电路的设计制造按照产业链可以分为电路设计、芯片制造、封装和测试四个环节。不管是在实验室还是在制造工厂，芯片测试是不可缺少的环节。事实上，随着人们对集成电路产业品质的重视，集成电路测试正在成为集成电路产业中的一个不可或缺的独立行业。集成电路测试需要一定的外部环境和测试条件以及测试设备，特别是 RFIC 的测试仪器比较昂贵，测试环境要求也较高。本章将分别从洁净间的防静电管理、常用测试设备简介、RFIC 测试步骤与方法三个方面进行详细的介绍。

12.2　洁净间的防静电管理

洁净间也叫洁净厂房、洁净室(Clean Room)、无尘室，是符合一定洁净度、温湿度、气压和气流分布标准的特殊工作空间。

1. 静电概述

从直观角度看，静电是指相对静止的电荷，它通常是由不同物体之间相互摩擦而产生的在物体表面所带的正负电荷。

静电放电是指具有不同静电电位的物体由于直接接触或静电感应所造成的物体之间静电电荷的转移。

从微观上分析，根据原子物理理论，电中性时物质是处于电平衡状态的。不同物质的原子间的接触会产生电子得失，进而使物质失去电平衡，于是产生静电效应。

从宏观上分析，有如下几个因素将会产生静电：

(1) 物体间的接触与分离产生电子转移；

(2) 物体间摩擦生热激发电子转移；

(3) 电磁感应使物体表面电荷处于不平衡状态；

(4) 物体间摩擦以及电磁感应共同的效应导致静电等。

2. 静电的危害

静电的危害主要分为静电放电和静电引力所造成的危害两种[1]。

1) 静电放电(electro-static-discharge，ESD)的影响

首先，ESD 会造成电子设备的故障或误操作，产生电磁干扰；其次，ESD 有可能损坏

集成电路和电子元件，或者造成元件老化，降低成品率；再次，高压ESD会电击人体，造成人身安全事故；最后，ESD有可能对易燃物起到引燃作用而造成火灾等事故。

2）静电引力(electro static-attraction，ESA)的影响

首先，ESA会吸附尘埃，造成集成电路或半导体元件的污染，使得成品率下降；其次，对胶片和塑料有尘埃附着作用，影响其性能；最后，对其他行业或产品有一定影响，例如纺织品及造纸业等。

3. 静电防范

人体静电防护系统主要由防静电手腕带、脚腕带、脚跟带、工作服、鞋袜、帽、手套或指套等组成，具有静电泄放、中和与屏蔽等功能。通过以下措施可有效防范静电造成的危害：

(1) 从人做起，凡是进入静电保护区域的工作者必须接地，以防止任何静电的累积，并通过接地保持人体本身及穿戴物表面处于同一电位，避免ESD发生。

(2) 采用防静电腕带，并使其正确接地。

(3) 防止来自内部和外表运输中的ESD。

(4) 使测试仪器具有共同接地电位。

4. 芯片测试时的防静电措施

进行芯片测试时的防静电措施有：

(1) 测试平台采用标准的接地线。接地电阻必须符合行业标准。

(2) 测试人员使用接地腕带和防静电鞋。

(3) 仪器车和产品车、工作台采用防静电垫。

(4) 工作地面采取防静电措施。

(5) 对包装材料进行防静电处理等。

12.3　常用测试设备简介

12.3.1　在芯片测试探针台

在芯片测试探针台分为手动、半自动和全自动几种。图12-1所示为Cascade Summit 12000B-S射频半自动探针台，其作用是测试尚未封装的裸芯片。

图12-1　Cascade Summit 12000B-S射频半自动探针台

在芯片测试探针台的主要技术指标为：

(1) X－Y 轴位移为8寸；

(2) 分辨率为0.1 μm；

(3) 重复精度性为±2 μm；

(4) 速度大于50 mm(2in.)/s；

(5) 载片台镀金或镀镍可选；

(6) 超低损耗微波ACP探头小于0.25 dB；

(7) 有标准阻抗接触基片。

12.3.2　其他测试仪器

1. 射频信号源

以Agilent N5182A信号源(见图12－2)为例。

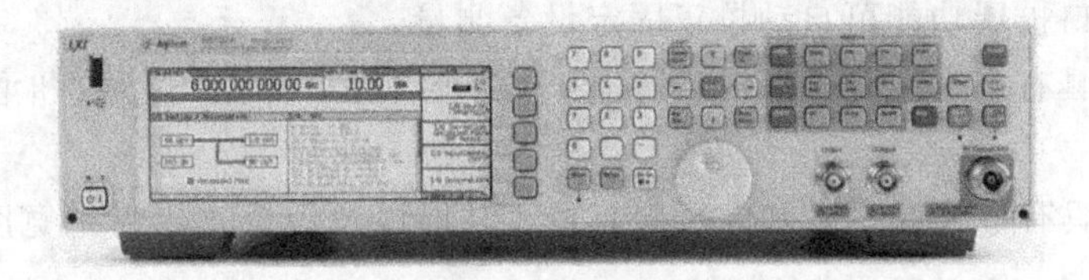

图12－2　Agilent N5182A信号源

主要技术指标：

(1) 频率范围为250 kHz至3 GHz或6 GHz(可设置到100 GHz)；

(2) 最大输出功率为＋13 dBm@ 千兆赫兹；

(3) W－CDMA的动态范围≤－73 dBc(输出功率＋5 dBm)；

(4) 在列表模式下，同时频率、幅度和波形切换速度不大于900 μs。

主要用途：用做信号源。

功能特色：具有快速频率、幅度和波形切换能力，业界领先的ACRR性能，高可靠性以及易于自我维护的特性。

2. 射频示波器

以Agilent 90604A示波器(见图12－3)为例。

主要技术指标：

(1) 出色的示波器信号完整性，具有6 GHz带宽，能提供非常高的实时测量精度，业界最低的本底噪声(即100 mV/格时为1.92 mV)；

(2) 具有超过30种适用于一致性测试、调试和分析的应用软件。

主要用途：获得最精确的波形和数据测量结果。

功能特色：为测试现代高速串行信号提供了无与伦比的实时测量精度和更高带宽(16 GHz、20 GHz或30 GHz)，以及高达8.5 Gb/s的数据速率。

3. 矢量网络分析仪

以Agilent N5230A矢量网络分析仪(见图12－4)为例。

主要技术指标：

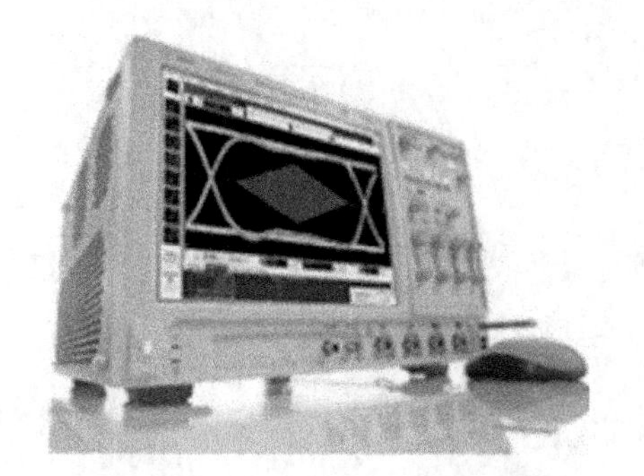

图 12-3 Agilent 90604A 示波器

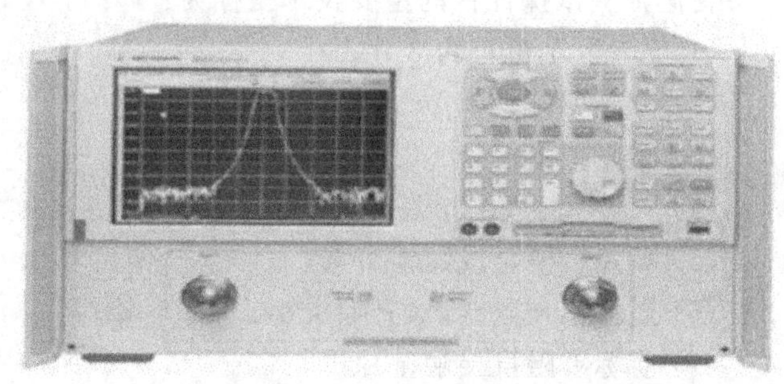

图 12-4 Agilent N5230A 矢量网络分析仪

(1) 用于测量平衡器件时，具有 108 dB 的动态范围、0.004 dB 的轨迹噪声以及小于 4.5 μs/点的测量速度；

(2) 具有 32 条测量通道，其中每条通道最多 16 001 点；

(3) 自动端口扩展功能可自动校正固定设备测量。

主要用途：具有基本混频器/转换器的测量功能，可以测量 S 参数和增益压缩的频率和功率扫描。

功能特色：具有混模 S 参数和高级夹具校正功能以及低至 2 μs 脉冲宽度的脉冲射频测试功能。

4. 噪声分析仪

以安捷伦 N8975A 噪声分析仪及噪声源(见图 12-5)为例。

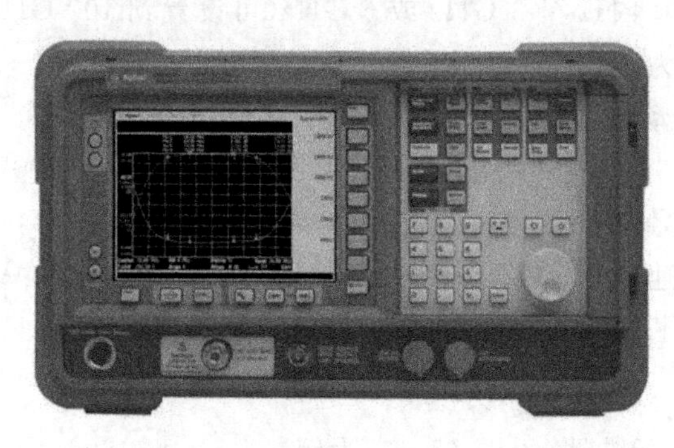

图 12-5 安捷伦 N8975A 噪声分析仪

主要技术指标：

(1) 频率范围：10 MHz～40 GHz；

(2) 噪声系数测量精度小于 0.05 dB(f<3 GHz)；

(3) 增益测量精度小于 0.17 dB；

(4) 噪声系数分析仪噪声系数为 12 dB；

(5) 输入端口驻波为 1.3∶1(3 GHz<f<6.7 GHz)；

(6) 工作温度范围为 0～+55℃。

主要用途：用于噪声系数分析与测量。

功能特色：可用于变频、非变频器件的测试；可外控安捷伦信号源。

5. 频谱分析仪

以 41 所 AV4051H 频谱分析仪(见图 12-6)为例。

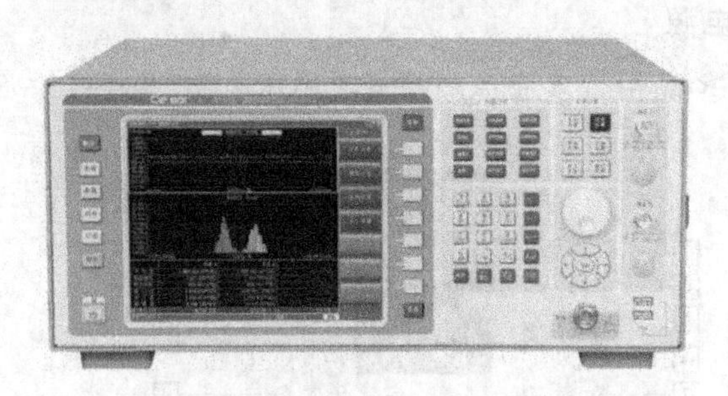

图 12-6　41 所 AV4051H 频谱分析仪

主要技术参数：

(1) 频率覆盖范围为 3 Hz～50 GHz；

(2) 最大分析带宽为 200 MHz；

(3) 最佳测试灵敏度为－152 dbm/Hz；

(4) 50 GHz 测试灵敏度为－127 dBm/Hz；

(5) 扫描速度为 90 次/s；

(6) 相位噪声：优于－115 dBc/Hz；

(7) 高中频输出的频率范围为 275～475 MHz，步进分辨率为 1 Hz。

主要用途：可广泛应用于微波、毫米波等电子系统及集成电路与器件的信号频谱分析、多域分析、相位噪声等参数测试。

功能特色：是一台高精度、高频率分辨率的信号频谱分析、相位噪声测试分析设备；频率覆盖范围为 3 Hz～50 GHz，具有动态范围大、灵敏度高、扫描速度快等优点。

6. 微波功率计

以安捷伦 N1913A 微波功率计(见图 12-7)为例。

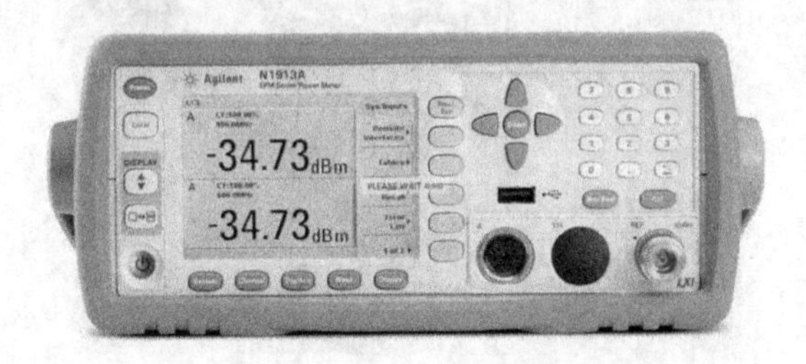

图 12-7　安捷伦 N1913A 微波功率计

主要技术指标：

(1) 频率范围为 10 MHz～110 GHz(与探头相关)；

(2) 校准源精度为±0.4%；

(3) 动态范围不小于 90 dB；

(4) 显示分辨率默认为 0.01 dB；

(5) 工作温度范围为 0～55 ℃。

主要用途：微波功率测量。

功能特色：可基于LAN、GPIB进行远程控制，特别是可以兼容LXI－C的协议，并可以基于Internet进行远程控制，大大提高了教学和科研中对于自动测试的能力。

7. 精密直流稳压电源

以PMR18－1.3TR高精密多通道跟踪直流稳压电源(见图12－8)为例。

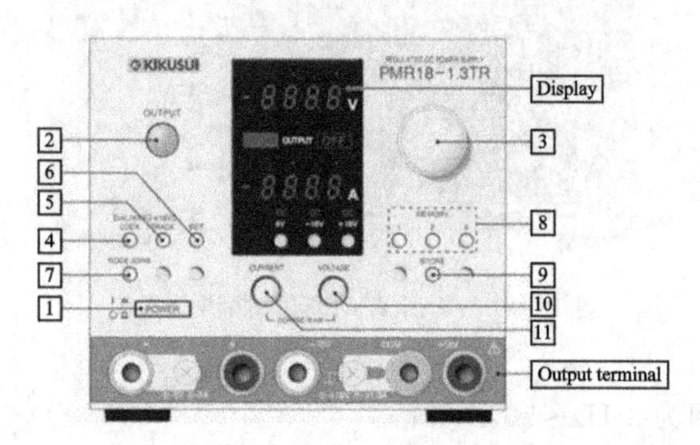

图12－8　高精密多通道跟踪直流稳压电源

主要技术指标：

(1) 至少3个直流输出；

(2) 输出电压范围为0～±25 V；

(3) 输出电流范围为0～5 A。

主要用途：精密直流稳压电源。

功能特色：是一种高精密多通道跟踪直流稳压电源。

12.3.3　键合与封装设备

以Hybond 626三用引线键合机(见图12－9)为例。

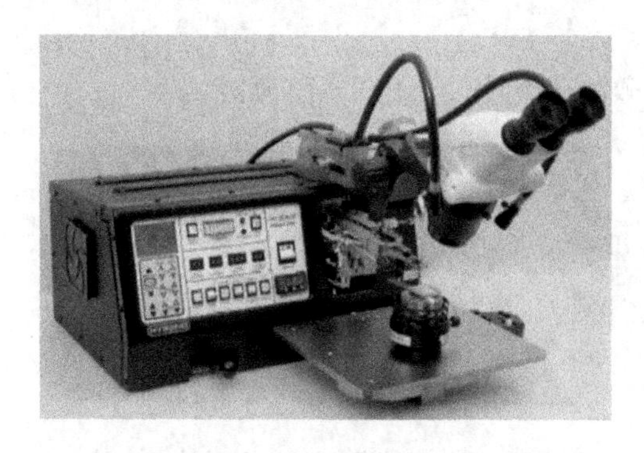

图12－9　Hybond 626三用引线键合机

技术指标：

(1) 球焊、楔形焊、做凸点能力三用键合机；

(2) 键合力控制范围为12～250 g；

(3) 温度控制范围为室温到250 ℃；

(4) 线径。球焊为0.7～2.0 mil (18～51 μm)；楔形焊为3.0 mil (12，7～76 μm)；金带焊为1×20 mil (25，4×510 μm)。

主要用途：球焊，楔形焊，做凸点能力三用键合。

功能特色：Z轴自动，手动控制两种模式。

12.4　测试步骤与方法

12.4.1　测试概述

本节将从RFIC测试的系统构建、RFIC测试遇到的问题、去嵌入处理以及测试结果后处理及分析方法等方面进行描述。

主流RFIC的高频率、高带宽、多射频端口的特点对现在的RF系统构成了不小的挑战。射频芯片的设计过程不仅要根据芯片技术性能以及市场的需求选择合适的工艺，而且要考虑在应用过程中芯片键合、外围元件与电路等这些敏感的片外因素对芯片实际性能的影响。RFIC测试具有其特殊性，它不仅环境要求高、仪器昂贵，而且方法也有特殊要求，否则无法实现精确的测试。

一般来说，一个RFIC测试系统可以由待测RF芯片或系统、射频测试仪器、精密直流稳压源、信号源和测试附件(如同轴电缆、端接匹配负载、连接器、巴伦等)组成。处于研发阶段的RFIC芯片测试有三类：在芯片测试、键合测试和封装测试。

所谓在芯片测试，是指通过专用测试探针与芯片的焊盘相连而不需要键合和封装的测试方法。这种方法可减小引线的寄生参数，但芯片的实际工作条件与在芯片测试的条件差别很大。另外，探针台设备通常也是很昂贵的，不利于普及。

键合测试是先将待测芯片用键合线(一般为微细金丝)通过专用键合机键合到基板上再进行测试的一种测试方法。它的测试环境和实际工作条件接近。更重要的是，它不用投资昂贵的探针台设备。

封装测试，顾名思义是将芯片封装后进行的测试。芯片的测试环境本身就是实际工作环境，因而测试结果更加接近实际情况，它也是产品级测试方式。

RFIC的主要测量指标包括增益、噪声系数、输入/输出匹配、1 dB压缩点、三阶截点、变频增益等。下面介绍几种常用的RFIC测量。

12.4.2　射频放大器的S参数测量

1. S参数测量模型

图12-10给出了某个差分放大器的S参数测量框图[7]，采用的主要测试设备为矢量网络分析仪和精密直流稳压电源，被测件为键合后的放大器测试板。在测试之前要完成两个基本工作：一个是要保证放大器与矢量网络分析仪的连接有隔直电容隔直；另一个是要对矢量网络分析仪进行校准。矢量网络分析仪通常包括以下四个基本组成部分：

(1) 内置锁相(合成)压控振荡器的扫描信号源；

(2) 用来分离正向和反向测试信号的信号分离器件，如定向耦合器；

(3) 用于检测信号的高灵敏度接收机；

(4) 用于观察结果的显示/处理设备。

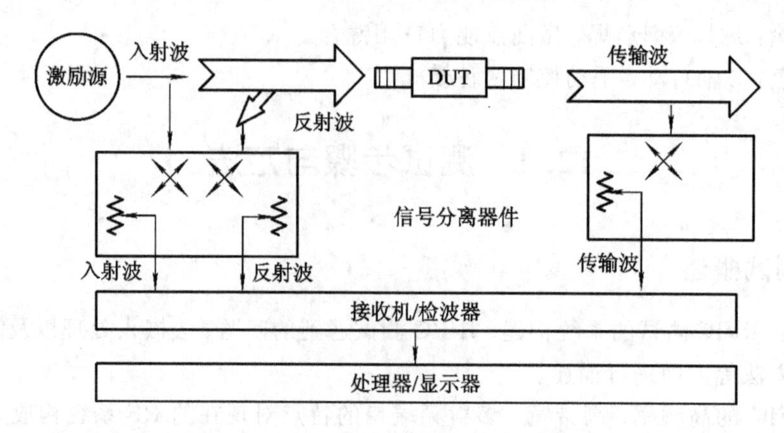

图 12-10 差分放大器的S参数测量框图

2. 矢量网络分析仪误差分析

根据S参数的定义可知，网络的S参数只有在完全匹配的系统中测量才能得到精确的结果。可是，在矢量网络分析仪中，既有有源器件又有无源器件，同时其内部的微带线并不是完全和其他连接点匹配，因此其性能无法做到非常理想。

矢量网络分析仪系统中可能存在的测量误差可以分为漂移误差、随机误差和系统误差三大类[8,9]。

漂移误差主要由温度变化造成，当完成一次校准之后，测试系统的性能变化时，便出现漂移误差。然而，通过构成具有稳定环境温度的测试环境，往往能将漂移误差减至最小。

随机误差以随机方式随时间变化，由于它们不可预测，故不可通过校准来消除。随机误差是不可重复的误差项，如电路特性随环境温度的漂移、外部电气干扰、测量系统的噪声、测试信号源相位噪声、测量过程或校准过程中连接端口的测量重复性和开关重复性等都属于随机误差。减小随机误差的最有效方法是对测试数据进行多次测量取平均或平滑处理。

系统误差是由微波和毫米波部件的不完善所引起的，网络测量中涉及的系统误差与信号泄漏、信号反射和频率响应有关，主要包括以下6种类型：

(1) 方向性误差。由于定向耦合器的不理想，使来自信号源的测量信号的一部分在经过被测件反射之前泄漏到了耦合口，从而给测量引进了误差，即方向性误差。

(2) 源失配误差。由于S参数测量系统的不理想匹配，从被测件向信号源方向看，源反射系数不完全等于零，有一部分在被测件和信号源之间来回反射，从而引进测量误差，即源失配误差。

(3) 负载失配误差。从被测件向负载方向看，因负载失配会引进负载失配误差。

(4) 传输跟踪误差。由于矢量网络分析仪内部器件的频率响应特性，会造成测试系统的频率响应误差。在传输通道上存在的频响误差即为传输跟踪误差。

(5) 反射跟踪误差。在反射通道上存在的频率响应误差即为反射跟踪误差。

(6) 串扰误差。由于在测试装置的端口1和端口2之间存在信号泄漏，从而引进了串扰误差。

虽然系统误差是网络分析仪系统中最大的误差源，但绝大部分系统误差可以通过校准技术予以消除。

在测量过程中用数学方法进行系统误差修正时主要有四个关键的步骤：

(1) 进行误差分析，建立误差模型；

(2) 用已知特性的校准件进行测量校准；

(3) 提取误差模型中误差参数；

(4) 从被测网络的实测 S 参数中提取真实的 S 参数。

系统误差通常用二端口误差网络模型来表征，误差修正通常有响应修正和矢量修正两种基本类型。其中，矢量校准是全面消除系统误差的方法，被广泛应用于矢量网络分析仪的系统误差修正。

3. S 参数测量中的校准技术

矢量网络分析仪校准的过程就是提取误差模型中的误差参数的过程，其基础是测量一些已知的电标准器件，即校准件。

1) 校准件

在用矢量网络分析仪测量被测网络之前，需用已知特性的校准件连接测量参考面来进行测量校准。校准件即为标准件，其技术指标是已知的且是可表征的。常用的校准件有开路件、短路件、匹配负载和直通件等。每一套校准件至少包含三个性能差别很大且相对独立的标准。以开路件为例，理想的开路件阻抗为无限大，对入射波全反射且反射系数的模值是 1，相位为零。同理，理想的短路件阻抗为零，与开路件的特性相类似，所不同的是反射系数的相位为 180 度。实际上理想的开路件和短路件是不存在的，尤其是开路件，由于终端边缘电容的影响，其反射系数的相位偏离理想值，随着频率的升高相位偏移增大。相位偏差可以通过理论计算或高精度测量系统的测试来获得，而且该相位偏移是稳定的、可计算的和可预测的，因而也是可修正的。根据测量的夹具不同，标准件可分为用于在晶圆测试的校准件和用于 PCB 测试的校准件两大类。图 12－11 给出了采用共面波导探针 GSG 进行在晶圆测试时的校准件示意图[4]。其中，开路件的实现方法是：将探针悬浮在空气中。

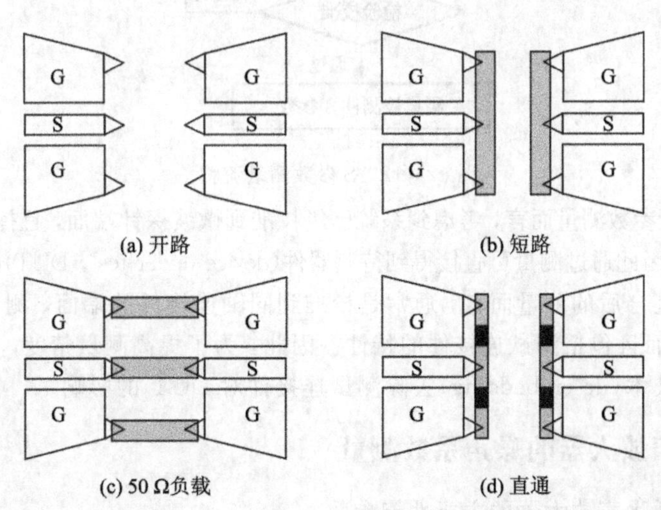

图 12－11　在晶圆测试时的校准件示意图

2）校准方法

根据使用的校准件的不同，校准方法分为许多种[10]，常用的包括：

（1）SOLT，即使用的校准件为短路-开路-负载-直通(short-open-load-through)；

（2）TRL，即直通-反射-传输线(through-reflect-line)；

（3）LRM，即传输线-反射-匹配(line-reflect-match)；

（4）LRRM，即传输线-反射-反射-匹配(line-reflect-reflect-match)。

3）检验校准的方法

判断矢量网络分析仪是否校准良好，最简单直接的方法就是再次测量标准的校准件，其验证方法为：

（1）使用短路件。端口1和端口2分别接短路件，观察回波损耗。

（2）使用开路件。端口1和端口2分别接开路件，同样，设置合理的坐标间隔观察回波损耗。

（3）使用匹配负载。端口1和端口2分别接匹配负载。良好的校准后，S_{11}和S_{22}应集中在S圆图的中心。

（4）使用直通件。端口1和端口2分别接直通件。良好的校准后，S_{12}和S_{21}的幅值应为零点零几dB左右。

一个典型的S参数测量流程如图12-12所示[4]。

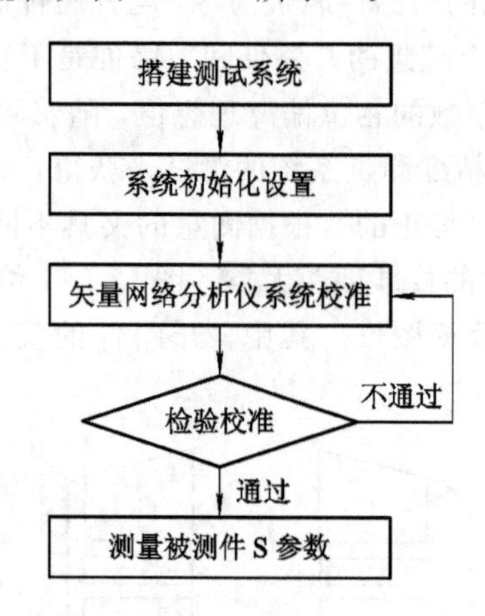

图12-12　S参数测量流程

对于在晶圆S参数测量而言，考虑到系统已经校准到微波探针端面，且探针直接接触电路的输入和输出端，因此通过测量可直接得到待测器件(device under test，DUT)的S参数。

对于封装或键合后的测量而言，通常是校准到同轴连接件的端面，测量得到的S参数不仅包括DUT，而且包括测试连接件的特性。因此，为了提高测量精度，可以利用S参数测量中的去嵌入技术(de-embedding)去除测试连接件对DUT的影响。

12.4.3　低噪声放大器的噪声系数测量

噪声系数是低噪声放大器的主要性能参数。

1. 噪声系数测量原理

噪声系数的精确测量对于产品的研发和制造至关重要。在研发领域，高测量精度可以使得设计仿真和真实测量之间的可复验性很高，并有助于发现在仿真过程中未予以考虑的噪声来源。在生产和制造领域，更高的测量精度意味着在设定和验证器件的技术指标时可以把指标的余量设定得更小。

目前，用于测量噪声系数的方法主要有两种[11]：Y 因子法或者冷/热噪声源法。

Y 因子法使用一个与 DUT 的输入端直接相连的噪声源，提供两个输入噪声电平。这种方法可以测试 DUT 的噪声系数和标量增益。频谱分析仪和噪声系数分析仪测试噪声系数用的就是此方法。Y 因子法使用起来比较方面，特别是当噪声源具有良好的源匹配，并且可以与 DUT 直接连接时，测试结果的精度是很好的。

测试噪声系数的另一方法称为冷噪声源法或者直接噪声法。该方法不需要在 DUT 的输入端连接一个噪声源，只需要一个已知的负载(通常为 50 Ω)。但是，冷噪声源法需要单独测量 DUT 的增益。该方法特别适用于用矢量网络分析仪测试噪声系数，因为可以用矢量误差校准的方法来得到非常精确的增益(S_{21})测量结果。冷噪声源法还具有只需与 DUT 进行一次连接便可同时测量 S 参数和噪声系数的优点。冷噪声源法虽然在测试的时候不需要噪声源，但是在系统的校准过程中，需要使用噪声源。

2. 噪声系数测试系统

一个系统总的噪声系数是三个独立部分各自呈现的综合结果：用于测量噪声系数的仪表、测量或者校准时所用的噪声源以及 DUT。Y 因子法是大多数噪声系数测量的基本方法，它用一个噪声源来确定 DUT 内部产生的噪声，无论是进行校准还是进行测试，都需要用到这个噪声源。

可以使用 Y 因子法进行测试的仪表有噪声系数分析仪(NFA)和配置有噪声系数测试功能选件的信号/频谱分析仪。而使用冷噪声源法的仪表目前只是配置了噪声系数测试功能选件的 PNA - X 微波矢量网络分析仪。

3. 测试噪声系数的三种仪器及特点

1) 噪声系数分析仪(NFA)

NFA 系列是专为精确地进行噪声系数测量而设计的，配有标准的内部前置放大器，有三个频率范围可供选择：3 GHz、6.7 GHz 和 26.5 GHz。

NFA 系列也可以与多种宽带下变频器一起使用，最高的测试频率可以达到 110 GHz。

NFA 系列采用 Y 因子法测量噪声系数，仪表本身具有很低的噪声系数。相比基于信号/频谱分析仪的噪声系数测试仪的应用灵活性和基于矢量网络分析仪的噪声系数测试仪的高测试精度来说，NFA 是一种非常好的折中方案。

2) 信号/频谱分析仪

在应用比较灵活的频谱分析仪上增加特殊的选件使之具有噪声系数测试的功能是一种比较经济的噪声系数测试方法。同样使用 Y 因子法，它的测试精度和测试的频率范围取决于采用的是哪一种信号/频谱分析仪。通过在仪表内部或外部增加信号前置放大器可以提高测试的精度。

3) 网络分析仪

如果想得到最高精度的噪声系数测试结果，可选择使用安捷伦 PNA - X 微波矢量网络分析仪和专为测试噪声系数而配的选件和附件。PNA - X 测量噪声系数时使用的是冷噪声源法。它的另一个显著的优点是只要把被测器件与测试仪表连接好，就可以同时完成S参数和噪声系数的测试，极大地提高了测试效率。

4. 选择噪声源

测量噪声系数时，噪声源的质量对于获得精确和可复验性很好的测量结果非常关键。噪声源的输出是以频率范围和超噪比(excess noise ratio，ENR)定义的。ENR是指噪声源输出超过常温噪声部分与常温噪声相比的dB值。标称值为6 dB和15 dB的ENR是最常用的。ENR值比较低时可以把由于噪声检测仪的非线性导致的误差降到最低。如果在仪表检测仪的更小范围(也是线性更好的范围)内进行测量，则此误差还会更小。6 dB的ENR噪声源所用的检测仪测量范围比15 dB的ENR噪声源更小。

6 dB ENR噪声源用于：

(1) 测量其增益对源阻抗变化特别敏感的器件；

(2) 测量噪声系数非常低的DUT；

(3) 测量噪声系数不超过15 dB的器件。

15 dB ENR噪声源用于：

(1) 测量高达30 dB的噪声系数；

(2) 测量高增益器件，用户校准仪表的整个动态范围。

5. 专用噪声系数分析仪

专用噪声系数分析仪(NFA)是专用的噪声系数分析仪产品，专为综合表征DUT的特征而设计。它简单易用的特性使任何工程师或者技术人员都能快速、正确地进行测试的设置，用不同格式显示测量结果，并可以把测量结果打印出来或者存储在磁盘上。通过选择不同的频率范围、使用高性能特性和不同的测量带宽可以严格地比照所要求的技术指标进行测量。

NFA的特点：

(1) 3 GHz、6.7 GHz和26.5 GHz一体化测试仪表，通过外部宽带下变频可以扩展到110 GHz；

(2) 有翔实的技术指标说明这些仪表在频率高达26.5 GHz以及配置了内部前置放大器时的性能；

(3) 可以使用安捷伦科技智能噪声源系列和346系列噪声源；

(4) 内装测量结果不确定性计算程序。

6. 噪声系数测试系统的误差分析

任何物理可实现的测试系统，都不可避免地存在测量误差。与矢量网络分析仪测试S参数一样，使用经过校准的噪声系数分析仪测量被测件的噪声系数时也存在误差。我们将噪声系数测试系统的误差分为两大类[5,6]：一类是可以通过校准消除的，如测试仪自身的噪声；另一类是不能消除的，如噪声源超噪比的变化等。下面简要介绍产生这些误差的原因。

1) 失配误差

雪崩二极管是常用的噪声源，当噪声源处于“开”状态时，相当于短路状态；当噪声源处于“关”状态时，相当于开路状态。虽然噪声源具有输出阻抗匹配电路来减小“开”“关”时的阻抗变化，但是实际的电路不可能提供精确的匹配，噪声源“开/热”和“关/冷”两种状态时不可避免地存在阻抗差异，从而带来失配误差。此外，噪声源输出端和测量系统输入端的失配，噪声源输出端和被测件输入端的失配以及被测件输出端和测试系统输入端的失配都会引起测试误差。

2）计算误差

通过有关噪声系数公式可知，为了去除测试仪噪声对被测件噪声系数的影响，噪声参数分析仪采用噪声系数级联公式进行误差纠正。然而，在这个误差纠正公式中，将被测件的插入增益当作了资用功率增益，将带来误差。消除这个误差的方法就是测量源反射系数Γ_s，被测件输出反射系数 Γ_o 和负载反射系数 Γ_L，得到资用功率增益和插入增益的关系为

$$G_{av}=\frac{(1-|\Gamma_s|^2)(1-\Gamma_o\Gamma_L)^2}{(1-|\Gamma_o|^2)(1-\Gamma_s\Gamma_L)^2}G_{in} \tag{12.4.1}$$

3）噪声系数和增益的不连续性

测试系统中的器件在设定的测量频率范围内可能存在噪声系数或增益的不连续现象，并且，校准和测试过程中系统的不连续点通常不是发生在同一个频率点上，如图 12－13 所示。这样，就带来了测量误差。避免这种误差的方法是：采用小的频率步长，如 1～5 MHz，保证在测量频率范围内测试系统噪声系数和增益曲线变化平坦；在测试系统输入端另加一个高增益低噪声的前置放大器，可以减小系统噪声对测试结果的影响。

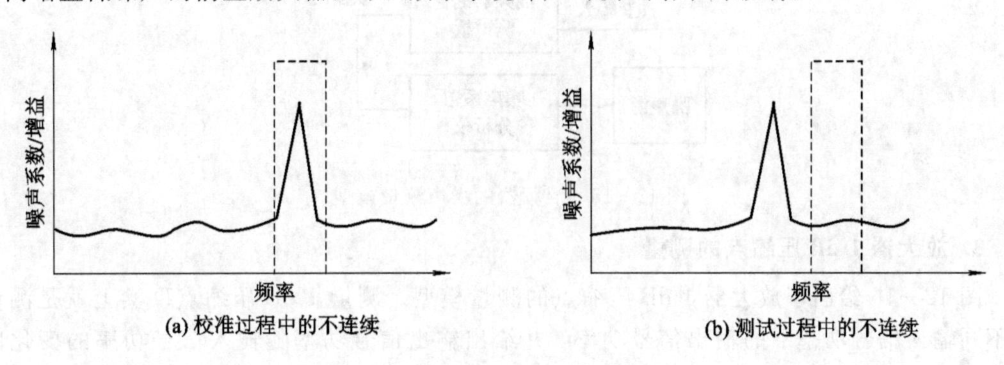

图 12－13　测试系统不连续性示意图

4）抖动

测试环境中存在的随机噪声会引起测试曲线的抖动，由这种抖动引起的测量误差可以通过多次测量取平均的方法来减小。此外，测试系统中连接电缆和转接件的污渍、损伤等也会引起误差。

12.4.4　其他参量测试模型

1. 差分放大器波形观察与测量

图 12－14 给出了一个放大器的输出波形测量模型，主要测量仪器为高频示波器以及射频信号源。射频信号源用来产生一个预先设定的射频小信号，包括振幅、频率等指标；巴伦的作用是实现单端转双端的变换；隔直器的作用是通过电容进行直流隔断；高频示波器用来观察所测的信号波形。

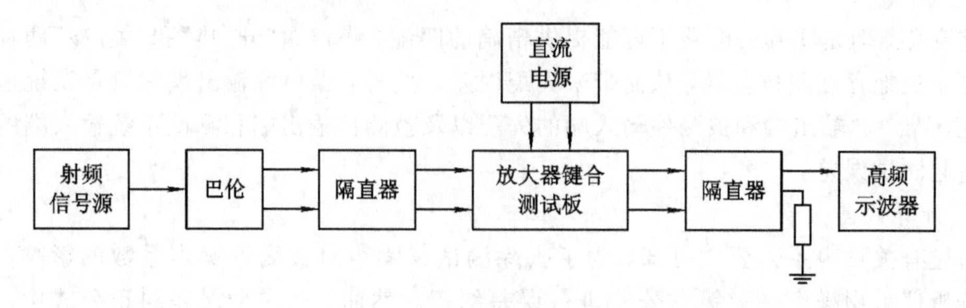

图 12-14 放大器的输出波形测量模型

2. 混频器的噪声测量

图 12-15 给出了混频器的噪声测量模型，图中的噪声系数分析仪输出脉冲信号，驱动噪声源，噪声源产生噪声以驱动混频器噪声，混频器为待测模块，混频器的输出信号传给噪声系数分析仪。在这里，噪声源的噪声以及信噪比对于噪声系数分析仪来说是已知的，通过分析仪可以得到该混频器的噪声系数并显示。具体测量方法在前面已经有了详细介绍，在此不再重复。

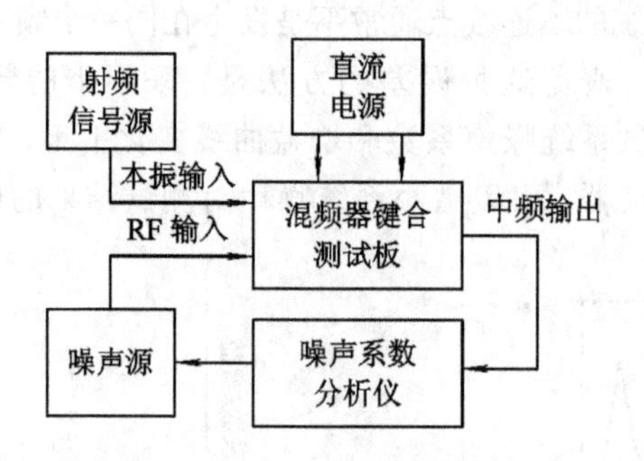

图 12-15 混频器的噪声测量模型

3. 放大器 1 dB 压缩点的测量

图 12-16 给出了放大器 1 dB 压缩点的测量模型。测量 1 dB 压缩点事实上就是测量在不同输入信号功率下的输出信号功率，并给出输出信号功率随输入信号功率的变化曲线，然后在曲线上确定 1 dB 压缩点。

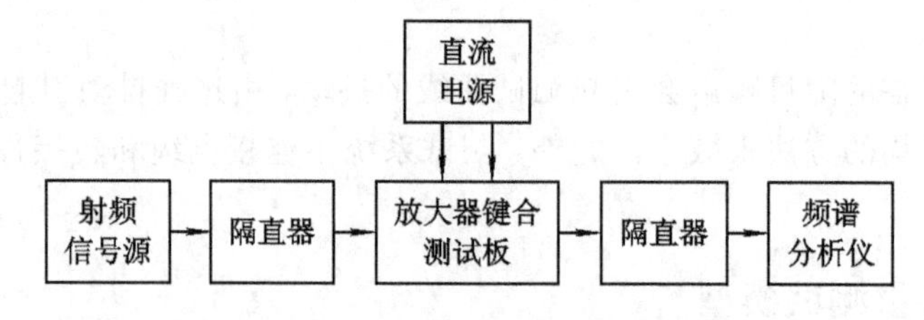

图 12-16 放大器 1 dB 压缩点的测量模型

4. 混频器的变频增益测量

图 12-17 给出了混频器的变频增益测量模型。测量混频器的变频增益时，需要使用两个射频信号源，其中一个用来产生射频输入信号，另一个用来产生本振信号，频谱分析仪用来测量中频输出信号的频谱。值得注意的是，测量时需控制射频输入信号在 1 dB 压缩点以下 5 dB，而本振信号功率控制在需要的范围以内。

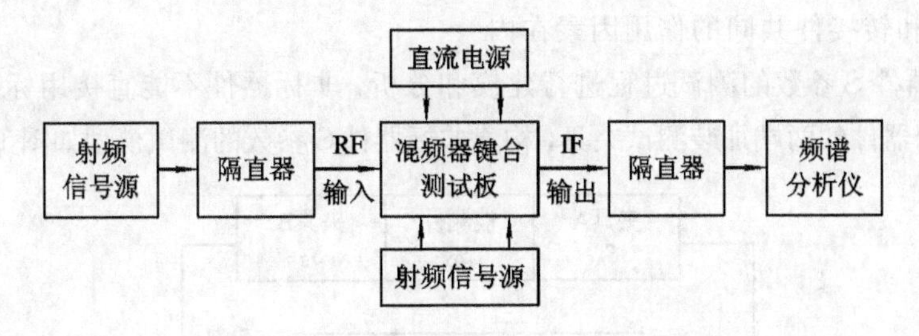

图 12 - 17　混频器的变频增益测量模型

5. 振荡器的相位噪声测量

图 12 - 18 给出了振荡器的相位噪声测量模型。用频谱分析仪直接测量振荡器输出信号的频谱图，由图读出频谱分析仪的分辨率带宽(即测量带宽)、振荡频率、振荡信号功率、在偏移某个频率值处的噪声功率，根据以下公式进行计算得到相位噪声：

$$G_{av}=\frac{(1-|\Gamma_s|^2)(1-\Gamma_o\Gamma_L)^2}{(1-|\Gamma_o|^2)(1-\Gamma_s\Gamma_L)^2}G_{in} \tag{13.4.2}$$

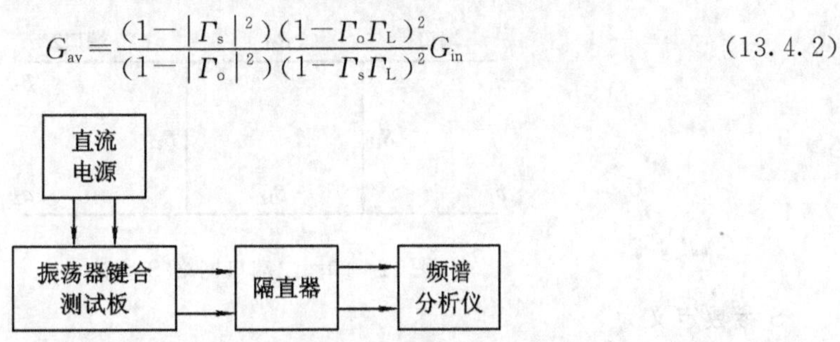

图 12 - 18　振荡器的相位噪声测量模型

12.4.5　测试遇到的问题

RFIC 测试面临的问题可以归纳为以下几个方面：

(1) 测试平台或测试环境问题。包括两个方面：一方面是 ESD 防护问题；另一方面是测试环境的洁净度和温湿度问题，特别对于在芯片的裸片测试尤为重要。

(2) 测量的有效性及可靠性问题。有效性包括设备连接是否有效，如同轴电缆连接到位否，是否存在不匹配或衰减等，测试方法有效否；可靠性包括在芯片测试探针是否可靠，芯片键合电路是否可靠，仪器性能是否稳定可靠等。

(3) 可测试性问题。首先，对于在芯片测试来说，芯片事先应该设计有标准的测试探针(如是 100 μm 还是 150 μm 的 GSGSG 探针等)，否则无法测试。其次，测试设备的接口是否适配。最后，其他因素考虑，如天线效应问题、ESD 问题、电源稳定性的影响等。

(4) 测试人员的影响。包括知识水平、熟练技巧、工作经验等因素。

12.4.6　去嵌入处理

要得到准确的被测件的 S 参数，需要消除转接件对测试结果所引入的误差。在获取转接件自身 S 参数的基础上，对网络分析仪的测试结果进行去嵌入化(de-embedding)，从而获得被测非标微波器件 S 参数的测试结果。采用网络分析仪测试 RFIC，往往需要被测件和网络分析仪之间配置合适的转接件或者测试夹具才能进行，无疑网络分析仪的测试结果包含了被测件和转接件共同的作用因素在内。

现对非标器件S参数的测试过程进行建模和分析，非标器件不能直接用标准仪器端口测试，需要在被测器件的两端加装测试夹具，构建非标器件S参数的测试模型如图12-19所示[3]。

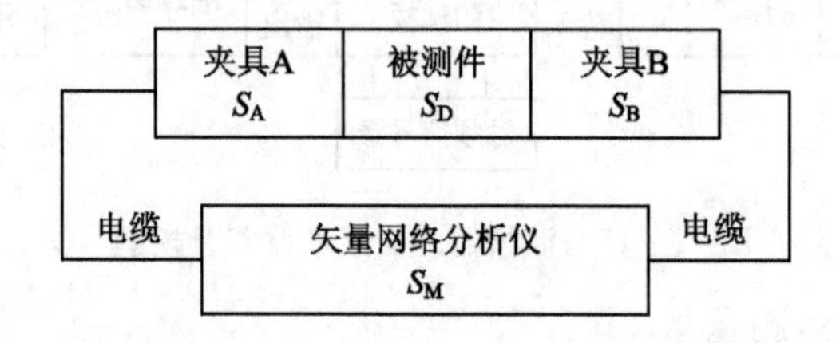

图12-19 矢量网络分析仪测试带夹具非标器件的三级互联模型

为了说明T参数模型的基本原理，有必要进行二端口网络的S参数和T参数的推导。二端口网络的S参数如图12-20所示。

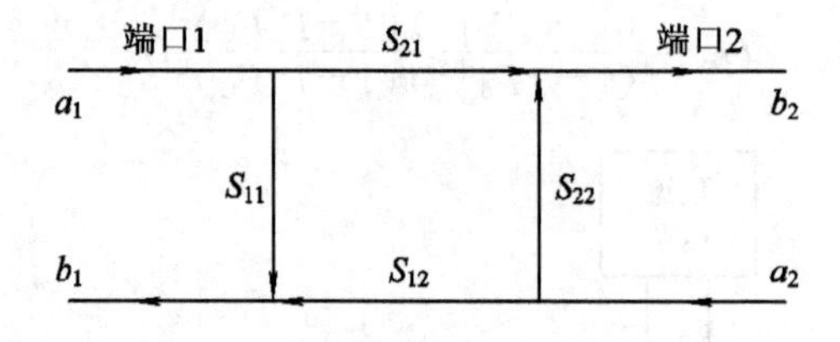

图12-20 二端口网络S参数

S参数定义为

$$\begin{pmatrix} b_1 \\ b_2 \end{pmatrix} = \begin{pmatrix} S_{11} & S_{12} \\ S_{21} & S_{22} \end{pmatrix} \begin{pmatrix} a_1 \\ a_2 \end{pmatrix} \tag{12.4.3}$$

在分析过程中，将会出现多个二端口网络级联的情况，这就需要将S参数转换至级联网络的传输参量矩阵T参数中，T参数定义为

$$\begin{pmatrix} a_1 \\ a_2 \end{pmatrix} = \begin{pmatrix} T_{11} & T_{12} \\ T_{21} & T_{22} \end{pmatrix} \begin{pmatrix} b_1 \\ b_2 \end{pmatrix} \tag{12.4.4}$$

由式(12.4.3)和式(12.4.4)求解，可以得到S参数和T参数相互转换的公式为

$$\begin{pmatrix} S_{11} & S_{12} \\ S_{21} & S_{22} \end{pmatrix} = \frac{1}{T_{22}} \begin{pmatrix} T_{11} & T_{12}T_{21} - T_{11}T_{22} \\ 1 & -T_{21} \end{pmatrix} \tag{12.4.5}$$

$$\begin{pmatrix} T_{11} & T_{12} \\ T_{21} & T_{22} \end{pmatrix} = \frac{1}{S_{21}} \begin{pmatrix} S_{12}S_{21} - S_{11}S_{22} & S_{11} \\ -S_{21} & 1 \end{pmatrix} \tag{12.4.6}$$

在上述模型中，矢量网络分析仪的测试数据S_M并不能完全代表被测件的测试结果，其中还包含着测试夹具A和B引入的测试误差，因此需要考虑在测试结果中消除测试夹具带来的影响，从而得到被测件的真实结果S_D。由于S参数在二端口网络级联时不便于使用，我们采用T参数模型分析：

$$[T_M] = [T_A][T_D][T_B] \tag{12.4.7}$$

对于任意的矩阵，在其存在逆矩阵的情况下，均存在如下关系：

$$[T_A][T_A]^{-1} = [T_B][T_B]^{-1} = \begin{pmatrix} 1 & 0 \\ 0 & 1 \end{pmatrix} \tag{12.4.8}$$

由式(12.4.7)和式(12.4.8)可以求解得到

$$[T_D]=[T_A]^{-1}[T_M][T_A]^{-1} \tag{12.4.9}$$

因此，要想获得非标器件的 S 参数，可以遵循如下步骤：

(1) 得到测试夹具的 S 参数或者 T 参数；

(2) 校准网络分析仪，并使用测试夹具测试被测件，得到包含测试夹具影响在内的被测件的 S 参数测试结果；

(3) 将上述测试结果转换为 T 参数，并计算被测件的 T 参数；

(4) 将被测件的 T 参数转换为 S 参数，即可得到被测非标器件真实的测试结果。

如果用于测试的夹具加工精度较高，可以将之看做理想的微波器件，则可通过采用 ADS 或者 HFSS 等软件的方法进行建模，并计算出其 S 参数模型。由于频段越高，器件的加工精度要求也越高，因而对于一般的测试夹具，这种方法得出来的 S 参数模型准确度较差，难以应用到实际的测试中，需要考虑借助 TRL 校准方式获取测试夹具的 S 参数。

T 模式下，A、B 两个测试夹具直通，可以得到测试结果为

$$[T_t]=[T_A][T_B] \tag{12.4.10}$$

L 模式下，A、B 两个测试夹具中间插入一段长度已知的延迟线，其 T 参数模型为

$$[T_t]=\begin{bmatrix} e^{-\gamma l} & 0 \\ 0 & e^{\gamma l} \end{bmatrix} \tag{12.4.11}$$

R 模式下，A、B 两个测试夹具端面接入特定反射系数的失配器，可以得到其 S 参数模型为

$$\Gamma_A=S_{11A}+\frac{S_{21A}S_{12A}\Gamma_L}{1-S_{22A}\Gamma_L} \tag{12.4.12}$$

$$\Gamma_B=S_{11B}+\frac{S_{21B}S_{12B}\Gamma_L}{1-S_{22B}\Gamma_L} \tag{12.4.13}$$

联立上述公式求解，即可得到测试夹具的 T 参数。

通过上述研究可知，在缺乏非标器件校准件或测试夹具的高精度模型的情况下，采用去嵌入的方法实现非标器件的 S 参数测试是一个较佳的途径。

12.4.7　测试结果的后处理与分析方法

我们用示波器等仪器测量完信号后，最原始的处理方法是通过拍照来保持测试结果。当然现在的仪器已经具有波形输出和数据输出两种功能。下面以 S 参数测试为例简要说明其方法。

波形输出步骤：在网络分析仪的屏幕上，依次选择文件(file)→save as→image，选择要保存的路径，以图片(jpeg 或 png)格式保存；再通过 USB 接口，用存储设备拷贝出来即可。

数据输出步骤：在仪器屏幕上，依次选择文件(file)→save as→data，选择要保存的路径，以数据(csv)格式保存。通过 USB 口用有储设备拷贝出来即可。

数据格式文件的导出方法如下：

(1) 通过 USB 接口，用存储设备拷贝出数据(csv)格式文件；

(2) 利用数据处理软件(如 Origin)导入数据，并进行数据处理与波形重现。这种方式多应用于标准出版物的测试成果展示中。

12.5 射频频段均衡器芯片测试实例

12.5.1 测试内容

本实例以作者及其指导的研究生设计的高速连续时间线性均衡器芯片测试为例。该均衡器应用于高速串行通信领域，即用于补偿信道对高频信号的衰减，提高通信质量。待测量参数：最高数据率、均衡补偿、抖动(p－p)和输出幅度(difpp)等。

12.5.2 芯片测试

1. 芯片照片

高速连续时间线性均衡器芯片的照片如图12－21所示。

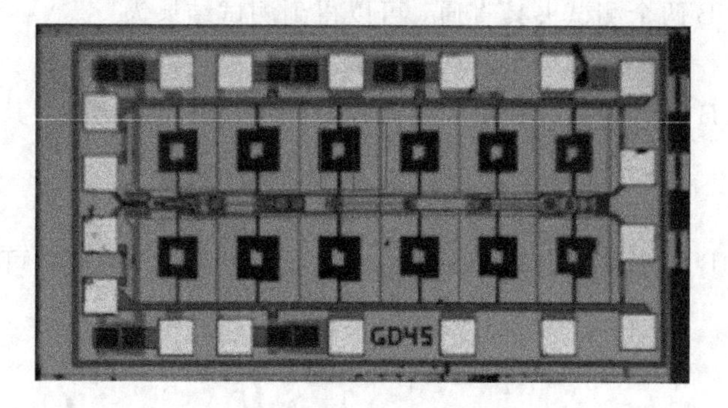

图12－21 高速连续时间线性均衡器芯片照片

2. 测试仪器

测试所用的主要仪器有高速脉冲发生器、高速示波器、稳压电源、衰减信道和特征阻抗为50 Ω的电缆等。

3. 测试方案

测试方案如图12－22所示。

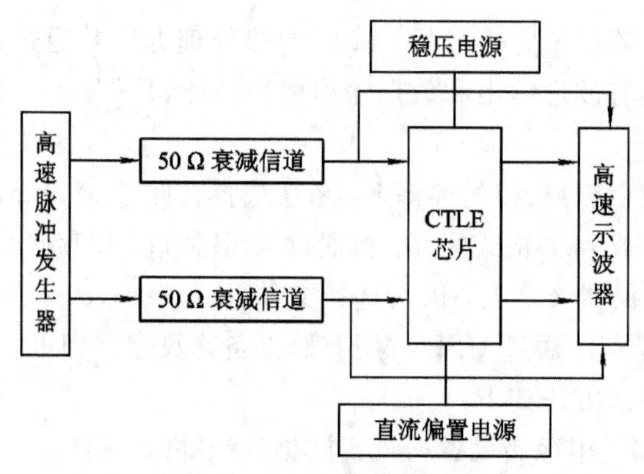

图12－22 芯片测试方案

4. 测试数据

衰减信道 S_{11} 测试数据如图 12－23 所示；衰减信道 S_{21} 测试数据如图 12－24 所示。

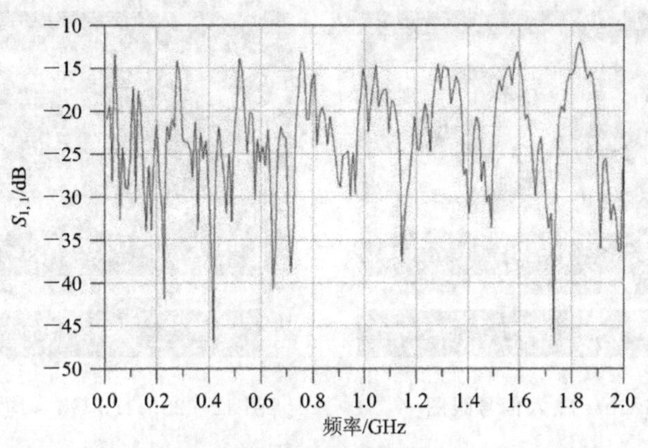

图 12－23　衰减信道 S_{11}

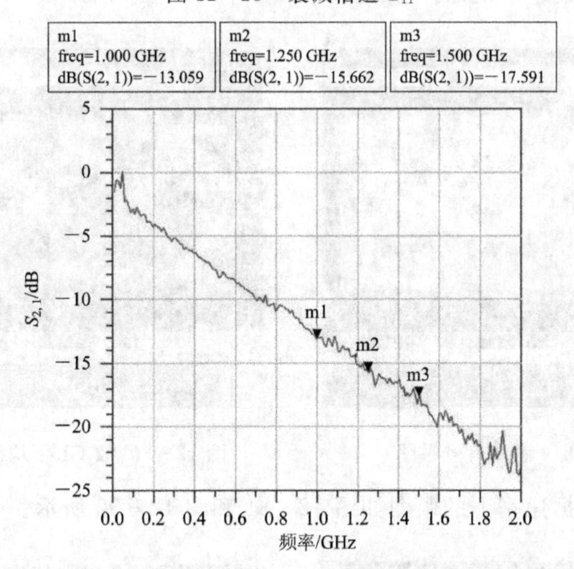

图 12－24　衰减信道 S_{21}

(1) 1 Gb/s 数据速率下的眼图如图 12－25 和图 12－26 所示。

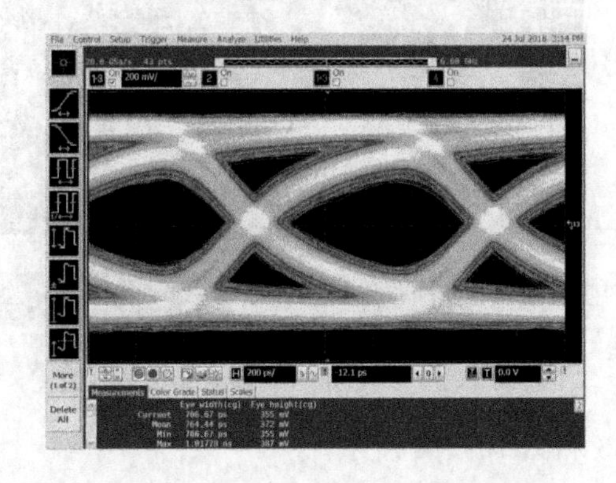

图 12－25　1 Gb/s 输入信号眼图

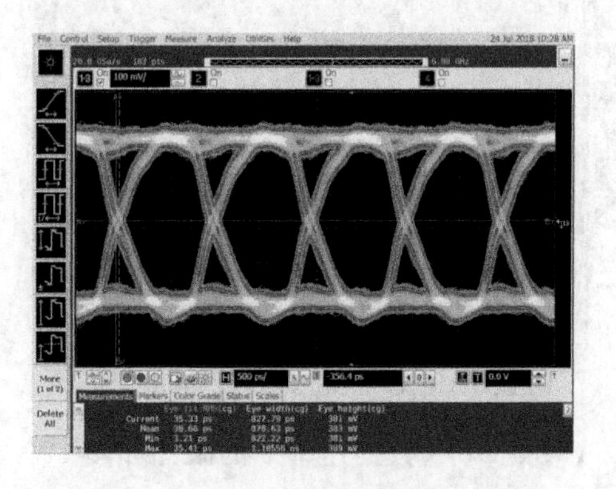

图 12－26　1 Gb/s 均衡后输出信号眼图

(2) 1.5 Gb/s 数据速率下的眼图如图 12-27 和图 12-28 所示。

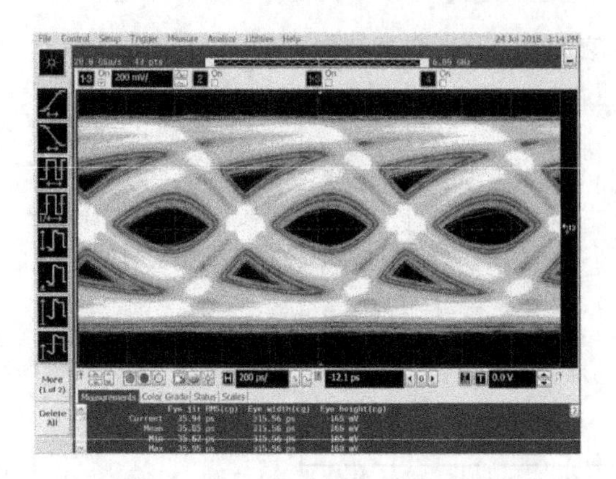

图 12-27　1.5 Gb/s 输入信号眼图

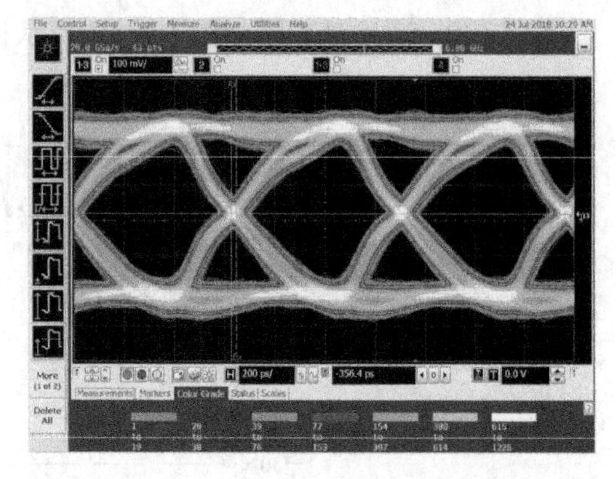

图 12-28　1.5 Gb/s 均衡后输出信号眼图

(3) 2 Gb/s 数据速率下的眼图如图 12-29 和图 12-30 所示。

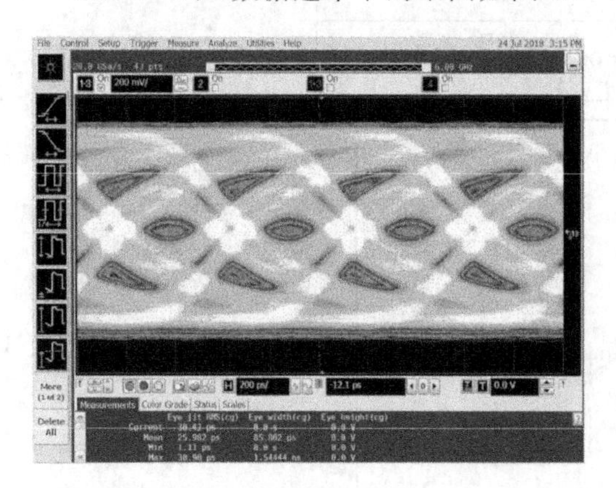

图 12-29　2 Gb/s 输入信号眼图

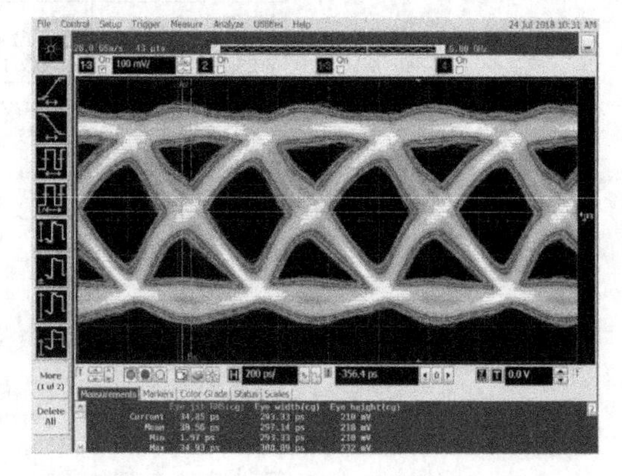

图 12-30　2 Gb/s 均衡后输出信号眼图

(4) 2.5 Gb/s 数据速率下的眼图如图 12-31 和图 12-32 所示。

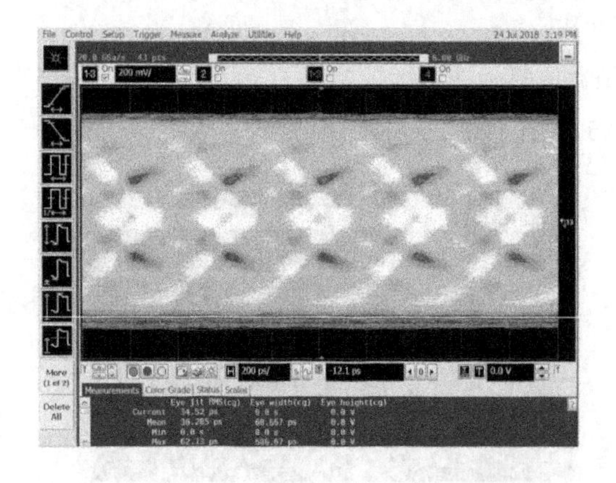

图 12-31　2.5 Gb/s 输入信号眼图

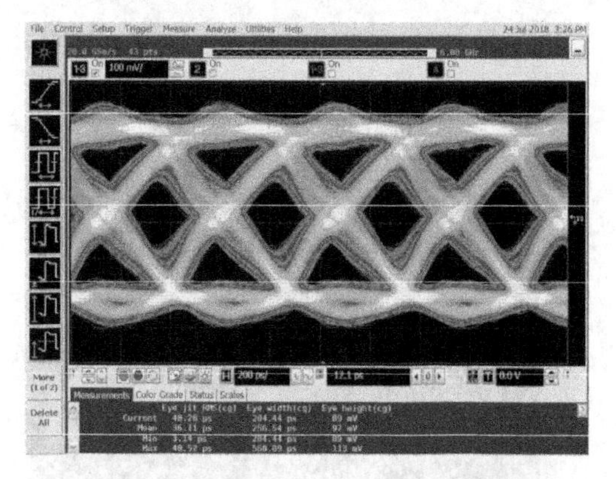

图 12-32　2.5 Gb/s 均衡后输出信号眼图

(5) 3 Gb/s 数据速率下的眼图如图 12-33 和图 12-34 所示。

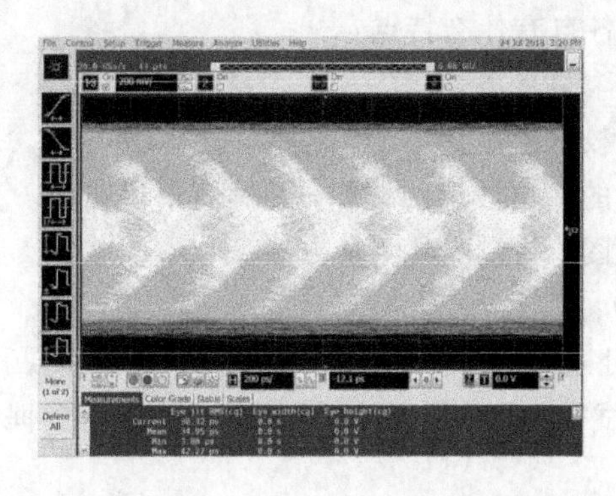

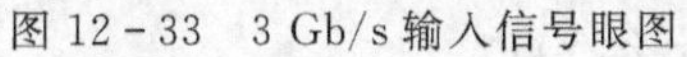

图 12-33　3 Gb/s 输入信号眼图

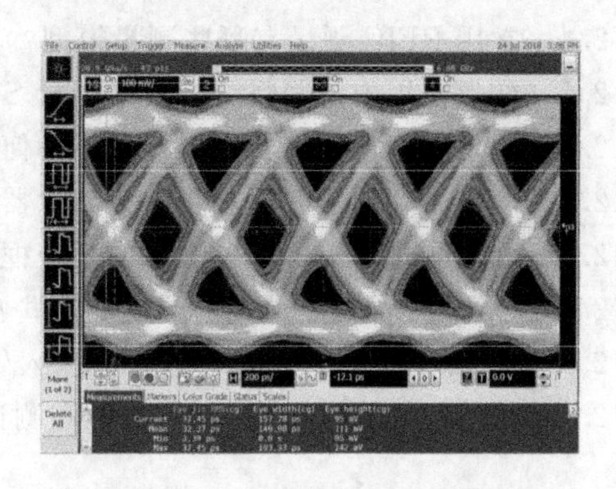

图 12-34　3 Gb/s 均衡后输出信号眼图

测试结果汇总如表 12.1 所示。

表 12.1　均衡器芯片测试结果汇总

指标(信号衰减)	输入信号眼高/峰峰抖动	输出信号眼高/峰峰抖动
240 cm 2 Gb/s(−13.1 dB)	0 V/26 ps	218 mV/30.6 ps
240 cm 2.5 Gb/s(−15.7 dB)	0 V/36.3 ps	97 mV/36.1 ps
240 cm 3 Gb/s(−17.6 dB)	—/—	111 mV/32.4 ps
消耗的总电流/mA 和功耗/mW	87.2 mA/157 mW	

12.6　本章小结

本章作为本书的扩展和补充内容，将为 RFIC 设计和测试人员提供有益的参考。

首先，介绍了洁净间的防静电管理，内容包括静电概念、静电危害以及静电防止。

接着，对一些 RFIC 常用的测试仪器进行简单介绍。这些仪器尽管价格昂贵，但在 RFIC 测试中却不可缺少，因此对它们进行一定程度的了解是必要的。

再接着，介绍了 RFIC 的测试步骤与方法，内容包括 RFIC 测试概念、射频放大器的 S 参数测量、低噪声放大器的噪声系数测量以及其他参量测量，着重讲解测量原理、测试模型及方法。

测试仪器的校准技术在本章也有专门阐述，它事关测试的准确性。去嵌入处理技术作为单独的一个知识点进行了详细的讲解，它是射频测试时必须考虑的内容之一。

然后，对 RFIC 测量面临的问题进行了归纳总结。

最后，给出了一个芯片测试实例，包括测试内容、芯片照片、测试仪器、测试方案、测试数据与图形等。通过这个实例可以了解芯片测试的基本过程和基本方法。

习　题

12.1　什么是 ESD?

12.2　静电有什么危害？如何防止静电？

12.3　在芯片测试的防静电措施有哪些？

12.4 常用RFIC测量有哪些测量模型？各自有什么特点？

12.5 如何使用矢量网络分析仪来测量S参数？

12.6 网络分析仪为什么需要校准？如何校准？

12.7 画出用高频示波器测量差分放大器的输出波形的框图，并做简单说明。

12.8 画出测量振荡器相位噪声的系统框图，并说明其测量方法。

12.9 RFIC测试可能遇到的问题有哪些？

12.10 什么是去嵌入？如何进行去嵌入处理？

12.11 如何从测量仪器中导出波形和测试数据？用什么方法来进行图形和数据的后处理？

12.12 研发类芯片的测试分为哪几类？各有什么特点？

12.13 举例说明几种用于射频芯片测试的仪器和平台，并简单说明各自的特点。

12.14 理解和掌握RFIC测试的基本方法对RFIC设计有何意义？

12.15 RFIC设计也要考虑可测试性设计吗？为什么？

12.16 RFIC的在芯片测试对测试接口有何特殊要求？举例说明。

参考文献

[1] 王芳，徐振．集成电路芯片测试[M]．杭州：浙江大学出版社，2015.

[2] 李智群，王志功．射频集成电路与系统[M]．北京：科学出版社，2008.

[3] 李新伟，易磊．非标器件S参数去嵌入测试方法研究[J]．计量与测试技术，2014，41(6).

[4] 孙玲．光接收机前端电路测试技术研究[D]．南京：东南大学，2007.

[5] HP. Noise Figure Measurement Accuracy：The Y-Factor Method. Application Note 57-2.

[6] Agilent. 10Hints for Making Successful Noise Figure Measurements. Application Note 57-3.

[7] 刘国林，殷贯西．电子测量[M]．北京：机械工业出版社，2003.

[8] 陈伟，王桂琼，漆燕．双口网络S参数测量误差校正分析及应用[J]．仪器仪表学报，2005，26(7)：757-760.

[9] 沈文娟．矢量网络分析仪的原理及故障检修[J]．电子工程师，2001，27(5)：51-53.

[10] 祝宁华，王幼林，陈振宇．微波网络分析仪的校准[J]．中国科学E辑，2004，34(3)：329-336.

[11] 噪声系数测量方法原理．http://www.21ic.com/app/test/201712/746791.html.